DER FELDVERSUCH IN DER PRAXIS

ANLEITUNG ZUR DURCHFÜHRUNG VON FELDVERSUCHEN FÜR VERSUCHSLEITER, LANDWIRTE UND STUDIERENDE

VON

DR. E. MÖLLER-ARNOLD UND ING. DR. E. FEICHTINGER
VERSUCHSRINGLEITER, DIEBAN DIEBAN/WIEN

MIT 45 ABBILDUNGEN IM TEXT

WIEN
VERLAG VON JULIUS SPRINGER
1929

ISBN-13: 978-3-7091-9556-7 e-ISBN-13: 978-3-7091-9803-2
DOI: 10.1007/978-3-7091-9803-2

DEM VERSTÄNDNISVOLLEN

FÖRDERER PRAKTISCHER VERSUCHSARBEIT

ADMINISTRATOR WILHELM GOBRECHT

DIEBAN

IN DANKBARKEIT GEWIDMET

Vorwort

Diese Anleitung hier will das sein, was ihr Name bedeutet: ein praktisches Instrument für den arbeitenden Versuchsleiter. Nicht eine wissenschaftliche Abhandlung, nicht eine Polemik über schwebende Fragen. In mehrjähriger Versuchstätigkeit wurde von den Verfassern immer wieder der Mangel einer solchen Anleitung empfunden. Die Arbeit Mitscherlichs behandelt einen besonderen Fall des Düngungsversuches. Die Abhandlung Römers befaßt sich im wesentlichen mit den wissenschaftlichen Grundlagen des Feldversuches. Die Unzahl der übrigen Veröffentlichungen ist größtenteils polemisch oder behandelt nur ganz eng begrenzte Spezialfragen. So fehlte bisher eine wirklich umfassende, praktische Anleitung.

Die Verfasser haben mit Ausarbeitung dieser Anleitung nicht nur versucht, die vielfältigen Erfahrungen eigener praktischer Betätigung im schlesischen Versuchswesen niederzulegen. Sie sind bemüht gewesen, auch die Erfahrungen anderer Gebiete im weitesten Maße mit heranzuziehen und auszuwerten. Studienreisen und persönliche Freundschaften vermittelten genaue Kenntnis des hochentwickelten Versuchswesens der Provinzen Ostpreußen und Sachsen. Vor allen wurde aber auch das Versuchswesen der auf diesem Gebiete am weitesten fortgeschrittenen Gebiete Europas in eigener Anschauung studiert und überall das Beste und Zweckmäßigste herausgeholt: die Niederlande, Dänemark, Schweden, Norwegen, England und Schottland wurden daraufhin bereist. So stellen die hier empfohlenen Maßnahmen das Beste ausgebreiteter Erfahrungen dar. Um das Buch handlich und praktisch so brauchbar wie möglich zu gestalten, wurde im einzelnen darauf verzichtet anzugeben, welche speziellen Erfahrungen und Überlegungen gerade zur Ausführung der betreffenden Arbeit in dieser bestimmten Form führten. Das wäre in einem rein wissenschaftlichen Werke notwendig gewesen, hier in der praktischen Anleitung würde es als Ballast empfunden werden. So ist in vielen Fällen oft nur eine einfache Ausführungsanleitung ohne weitere Begründung angegeben. Das soll nicht andere Ausführungsformen ausschließen, sondern nur besagen, daß die Verfasser unter Berücksichtigung all der genannten Erfahrungen und der zahlreichen wissenschaftlichen Arbeiten diese Ausführungsform als die beste erprobt haben. Wer sich für das

Für und Wider interessiert, mag die zu jedem Abschnitt gegebene Literaturzusammenstellung daraufhin studieren.

Trotzdem das Buch kein wissenschaftliches Werk sein soll, konnte nicht darauf verzichtet werden, die wissenschaftlichen Grundlagen in gedrängter Form voranzuschicken. Einerseits, um dem Benutzer Doppelanschaffungen zu ersparen, anderseits um den immerhin bedeutsamen Fortschritten, die auf diesem Gebiet in den letzten Jahren zu verzeichnen waren, Rechnung zu tragen.

Die in vielen Zeitschriften und Jahrbüchern verstreuten Arbeiten sind in ihren Ergebnissen darin verarbeitet worden. Die wissenschaftliche Mitarbeit der Verfasser an diesen Fragen mag Gewähr dafür bieten, daß auch auf diesem Gebiete das wichtigste erfaßt wurde und hier in praktisch brauchbarer Form dargeboten wird.

So mag diese Anleitung jedem Versuchsansteller in der Praxis ein handliches, gutes Werkzeug sein, das ihn instandsetzt, zuverlässige, wissenschaftlich einwandfreie Resultate mit geringstem Aufwand an Arbeit und Kosten zu erzielen. Es erübrigt sich wohl, darauf hinzuweisen, daß aller Voraussicht nach gerade das Versuchswesen der Praxis in den kommenden Jahrzehnten in Mitteleuropa von rasch wachsender Bedeutung sein wird. Denn die Landwirtschaft ist bereits in weiten Gebieten auf einer Stufe angelangt, da allgemeine Rezepte weniger Versuchsfelder nicht mehr genügen und die wichtigsten Fragen der Pflanzenbautechnik für enger begrenzte Gebiete und für die einzelnen Wirtschaften gelöst werden müssen.

Da mag diese Anleitung ein Wegbereiter sein.

Die Bearbeitung der einzelnen Kapitel verteilt sich auf beide Verfasser im wesentlichen wie folgt:

Von Dr. E. Möller-Arnold wurden folgende Kapitel bearbeitet: Vorwort; Düngungsversuche: Getreide 1 bis 5, Kartoffel 1 bis 4, Rüben 1 bis 4, Wiesen 1 bis 4, Luzerne, Weiden; Sortenversuche: Getreide 1 bis 5, Rüben 1 bis 4, Kartoffel 1 bis 4; Anlage und Durchführung von sonstigen Versuchen; Versuche zu sonstigen Früchten; Auswertung und Berichterstattung; Disposition der Versuchsarbeiten.

Von Ing. Dr. E. Feichtinger: Einleitung; Theoretischer Teil; Düngungsversuche: Getreide 6, Kartoffel 5, Rüben 5, Wiesen 5; Sortenversuche: Getreide 6, Rüben 5, Kartoffel 5; Buchführung; Laboratoriumsarbeit.

Breslau-Wien im November 1928

Die Verfasser

Inhaltsverzeichnis

B. Praktischer Teil

1 Abschnitt:

Durchführung des Feldversuches

I. Anlage und Durchführung von Düngungsversuchen

III. Anlage und Durchführung von sonstigen Versuchen

IV. Hinweise zur Durchführung von Feldversuchen mit sonstigen Früchten

2. Abschnitt:

Versuchsbuchführung

3. Abschnitt:

Auswertung von Versuchsergebnissen und Berichterstattung

4. Abschnitt:

Laboratoriumsarbeit

I. Untersuchungen des Bodens

II. Untersuchungen an Erzeugnissen des Bodens

Einleitung

Es gibt wenige Arten menschlicher Tätigkeit, welche von so verschiedenen Gebieten des menschlichen Wissens unmittelbar berührt werden, wie die Landwirtschaft. Selbst bei der Bearbeitung eines so eng umgrenzten Gebietes, wie es der praktische Feldversuch ist, stößt man von Schritt zu Schritt auf die Notwendigkeit, die verschiedensten Wissensgebiete miteinander zu vereinigen. Aus Mathematik, Chemie, Botanik, Physiologie — um nur einige der wichtigsten zu erwähnen — von überall her müssen Teile zusammengesucht werden, die nur dadurch miteinander verknüpft sind, daß sie der Versuchsansteller im Verlaufe seines Tagewerkes benötigt, das von dem Streben erfüllt sein muß, alle, auch die jüngsten Errungenschaften der Wissenschaft, dem Fortschritte der praktischen Landwirtschaft dienstbar zu machen.

In dem vorliegenden Buche findet der Leser denn auch Teile aus den verschiedensten Wissensgebieten, beinahe selbständig, als einzelne Blöcke nebeneinandergestellt; besonders aus dem augenblicklich noch in stetem Flusse und in reger Entwicklung begriffenen Gebiete der Agrikulturchemie war es schwer, das Wesentlichste und Brauchbarste herauszusuchen. Und trotzdem mußte es geschehen, um dem praktischen Versuchsansteller das wichtigste Arbeitszeug aus diesem Gebiete an die Hand zu geben.

Die Einteilung des Stoffes in vorliegender Arbeit ist folgende:

Das Buch beginnt mit dem theoretischen Teil. Dieser enthält das Wichtigste aus dem Gebiete der Fehlerrechnung, deren Anwendung auf die Feldversuchstechnik heute schon so gut wie selbstverständlich geworden ist. Er enthält ferner noch die Methoden der Versuchsauswertung, welche wir heranziehen können, wenn durch Veränderungen des Bodens auf der Versuchsfläche das Ergebnis in Frage gestellt wird. Ein kurzer Überblick über die allgemeinsten Gesichtspunkte, welche die Wahl der Parzellengröße, Form usw. bestimmen, bildet den Abschluß.

Bei weitem den wichtigeren Teil des Buches bildet der nunmehr folgende praktische Teil, der die Anleitung zur unmittelbaren Versuchsdurchführung bietet. Düngungsversuche, Sortenversuche und sonstige Versuche sind bei den einzelnen Feldfrüchten in ihrer Erstreckung über den ganzen Jahresverlauf hin geschildert, die Auswertung der Ergebnisse besprochen. Ferner ist hier enthalten, was an Laboratoriumsarbeiten zur Vervollständigung der Versuchsresultate herangezogen werden kann — sei es, daß der Versuchsansteller diese Arbeiten an Regentagen oder in der arbeitsstillen Zeit selbst durchzuführen in der Lage ist, sei es, daß er sie durch irgend ein wissenschaftliches Laboratorium durchführen läßt, über den Gang der Untersuchung aber wenigstens so weit unterrichtet sein muß, daß er die Ergebnisse beurteilen und richtig verwerten kann. Ein kleiner Abschnitt über „Versuchsbuchführung" leitet dazu an, in den zahlreichen notwendigen Aufschreibungen ohne viel Mühe Ordnung zu halten.

Den Abschluß des Ganzen bildet dann der Überblick darüber, wie alle die bisher im einzelnen besprochenen Arbeiten sich über den Verlauf des ganzen Jahres verteilen und wie die Disposition im großen zu treffen ist.

A. Theoretischer Teil

I. Grundlagen der Fehlerrechnung[1]

Die Fehlerrechnung, welche heute bei allen exakt arbeitenden statistischen Wissenschaften in Anwendung steht, beruht auf der Erscheinung, daß die zahlenmäßigen Ergebnisse wiederholter Beobachtungen miteinander nie genau übereinstimmen. Wenn wir einen Sortenversuch z. B. in sechsfacher Wiederholung angelegt haben, so werden wir finden, daß die sechs Teilergebnisse jeder Sorte sich nicht ganz decken; wir hätten z. B. als Ergebnis einer Sorte erhalten: 20, 23, 19, 24, 25, 21 dz/ha. Es fragt sich nun: Worauf sind diese Ungleichmäßigkeiten der Ergebnisse zurückzuführen und welches ist das richtige Ergebnis?

Mathematisch läßt sich nachweisen, daß das arithmetische Mittel (M) aus den sechs Teilergebnissen, also in unserem Falle

$$M = \frac{20 + 23 + 19 + 24 + 25 + 21}{6} = 22{,}0$$

dem unbekannten richtigen Werte am nächsten kommt.

Die Ursachen der Schwankungen der Einzelergebnisse um dieses Mittel können nun sehr verschieden sein; wir wollen sie in folgende zwei grundsätzlich verschiedene Gruppen teilen:

Gruppe 1. Zufällige Fehler: Hier wirken eine ganze Reihe von verschiedenen Umständen mit, welche je nach der Art ihres Einflusses bald eine Erhöhung, bald eine Herabsetzung des Ertrages zur Folge haben können. Es sind dies z. B. kleine Ungenauigkeiten bei Anbau und Ernte, beim Abmessen der Teilstücke, wechselnde Schäden durch Unkraut, Mäusefraß, Vögel, Ausfall der Körner beim Drusche, Auswuchs usf. Der Feldversuch ist mehr als der Laboratoriumsversuch dem Zufalle ausgesetzt. Die zufälligen Schwankungen des Feldversuches werden daher auch höher sein als die des Laboratoriumsversuches.

[1] Literaturverzeichnis am Ende des Abschnittes (S 23).

Gruppe 2. Systematische Fehler: Mit diesem Ausdrucke werden solche Einflüsse bezeichnet, welche sich bei allen Teilstücken in bestimmter gleichmäßiger Weise geltend machen, so daß sie erfaßbar sind und mithin durch Anwendung bestimmter Methoden ausgeschaltet werden können. Solche systematische Fehler können z. B. Falschwägungen sein, wie sie durch eine schlecht geeichte Wage hervorgerufen werden. In den meisten Fällen wendet der Landwirt den Ausdruck „systematische Fehler" jedoch auf seinen ärgsten Feind bei der Durchführung von Feldversuchen an: auf den Einfluß der Bodenverschiedenheiten, die sich selbst auf der kleinen Fläche eines Versuches in sehr störender Weise geltend machen können. Glücklicherweise verlaufen solche Bodenänderungen in den meisten Fällen nicht sprunghaft, sondern gleichmäßig an- oder absteigend. Durch eine Reihe von Methoden, die erst in den letzten Jahren ausgearbeitet worden sind, ist es daher in der Regel möglich, derartige Fehler rechnungsmäßig zu erfassen und ihren Einfluß größtenteils auszuschalten. Wir müssen uns jedoch zunächst mit den zufälligen Fehlern näher beschäftigen.

Zu Gruppe 1: Zufällige Fehler. Wie wir gesehen haben, entziehen sich diese (wie Vogelfraß, Wild- und Mäuseschäden) teils vollkommen dem Einflusse des Versuchsanstellers, teils können sie (wie Bearbeitung, Drusch usf.) durch sorgfältiges Arbeiten, geschickte Anlage und genaue Kontrolle auf ein Minimum herabgedrückt werden. Es fragt sich nun: Welcher Maßstab steht uns zur Verfügung, ein Urteil darüber zu gewinnen, wie stark das vorliegende Resultat von solchen Zufälligkeiten beeinflußt ist, welche Genauigkeit wir ihm daher beilegen können? Es wird ohneweiters einleuchten, daß es nicht dasselbe ist, ob ich das Durchschnittsresultat 22 aus sehr nahe beieinander liegenden Einzelergebnissen wie oben (20, 23, 19, 24, 25, 21) gewinne oder ob ich es etwa aus den Zahlen: 10, 25, 20, 35, 15, 27 ableite. Die Sicherheit des Ergebnisses ist doch jedenfalls im ersten Falle eine bedeutend höhere als im zweiten. Es hat sich nach langjährigen Diskussionen über dieses Thema heute bereits allgemein eingebürgert, dieser Sicherheit durch Errechnung des mittleren Fehlers m nach den Grundsätzen der von Gauss[1] begründeten, sogenannten Fehlerwahrscheinlichkeitsrechnung (oder, wie sie noch genannt wird, Ausgleichrechnung, Schwankungsrechnung) Ausdruck zu verleihen. Wir wollen kurz auf das wesentlichste aus diesem Gebiete eingehen.

---

[1] Karl Friedr. Gauss, 1777 bis 1855.

Fehlerwahrscheinlichkeitsrechnung

Wir greifen hier zunächst einmal wieder auf unser bereits gebrachtes Beispiel zurück. Wie wir gesehen haben, konnten wir den Durchschnitt 22 aus folgenden beiden Zahlenreihen gewinnen:

Reihe I	Abweichungen vom Mittel	Quadrate der Abweichungen	Reihe II	Abweichungen vom Mittel	Quadrate der Abweichungen
20	− 2	4	10	− 12	144
23	+ 1	1	25	+ 3	9
19	− 3	9	20	− 2	4
24	+ 2	4	35	+ 13	169
25	+ 3	9	15	− 7	49
21	− 1	1	27	+ 5	25
Sa. 132	12	28	132	42	400
Durchschnitt 22	2	4,66	22	8,4	66,66

Woran liegt es nun, daß wir im Falle II den Durchschnitt für so viel unsicherer ansehen? Doch wohl daran, daß die einzelnen Resultate vom Mittel wesentlich stärker abweichen als im ersten Beispiele. Schreiben wir — wie oben geschehen — diese Abweichungen nach unten (—) und oben (+) neben die Ertragszahlen der Einzelparzellen, so wird dies noch viel deutlicher. Zählen wir diese Abweichungen unter Berücksichtigung ihrer Vorzeichen zusammen, so muß ihre Summe = 0 ergeben, wenn wir bei der Berechnung des Mittels M keinen Fehler gemacht haben, was gleichzeitig als Rechnungskontrolle dienen kann. Zählen wir sie jedoch ohne Berücksichtigung ihrer Vorzeichen zusammen und ziehen wir den Durchschnitt, so erhalten wir eine Zahl, die durchschnittliche Abweichung vom Mittel, den sogenannten durchschnittlichen Fehler,[1] den wir bereits als Maßstab für die Genauigkeit heranziehen könnten. Wir haben jedoch in der Berechnung des sogenannten mittleren Fehlers nach der vom Mathematiker Gauss 1795 gefundenen Methode der kleinsten Quadrate einen viel richtigeren Maßstab hierfür, dessen Anwendung sich allgemein eingebürgert hat; diese Methode zieht ebenfalls die Abweichungen der Einzelbeobachtungen vom Mittel heran, jedoch in etwas anderer Weise. Der Mittelwert M hat nämlich die charakteristische Eigenart, daß die Abweichungen

[1] Auch „mittlere Abweichung“ nach Johannsen, S. 57.

von ihm die kleinste Quadratsumme geben, welche Abweichungen überhaupt geben können. Von jedem anderen Werte ist diese Summe größer, während die durchschnittliche Abweichung gleichbleiben kann. Ziehen wir hiefür unser Beispiel heran, so finden wir Abweichungen (v) und deren Quadrate (v^2):

	von $M = 22$		von 23		von 21		von 24		von 20	
	v	v^2	v	v^2	v	v^2	v	v^2	v	v^2
20	− 2	4	− 3	9	− 1	1	− 4	16	0	0
23	+ 1	1	0	0	+ 2	4	− 1	1	+ 3	9
19	− 3	9	− 4	16	− 2	4	− 5	25	− 1	1
24	+ 2	4	+ 1	1	+ 3	9	0	0	+ 4	16
25	+ 3	9	+ 2	4	+ 4	16	+ 1	1	+ 5	25
21	− 1	1	− 2	4	0	0	− 3	9	+ 1	1
	12	28	12	34	12	34	14	52	14	52

Wir sehen hier, daß die Summe der Abweichungen vom Mittel dieselbe bleibt, ob ich nun das Mittel 22 oder die Zahlen 21 und 23 heranziehe, während die Summe der Quadrate bereits eine größere ist (34 gegen 28). Der Grund hiefür liegt darin, daß bei der Berechnung nach der Quadratmethode größere Einzelabweichungen einen höheren Einfluß gewinnen, als bei der gewöhnlichen Berechnung. Um eine Ziffer analog der oben errechneten durchschnittlichen Abweichung zu erhalten, müssen wir die Quadratsumme (geschrieben Σv^2 wobei Σ = das Summationszeichen, v = die einzelne Abweichung vom Mittel M ist) durch die Zahl der Abweichungen n teilen, also wie oben den Durchschnitt bilden und dann daraus die Quadratwurzel ziehen. Wir erhalten dann eine Zahl, die allgemein als mittlerer Fehler der Einzelbeobachtung oder Standardabweichung, gelegentlich auch als Streuung bezeichnet und mit dem Zeichen σ geschrieben wird. Die allgemeine Formel zur Errechnung dieser Zahl lautet:

$$\sigma = \pm \sqrt{\frac{\Sigma v^2}{n}}$$

im speziellen in unserem obigen Beispiel

aus Versuchsreihe I $\sigma = \pm \sqrt{\frac{28}{6}} = \pm \sqrt{4{,}66} = \pm 2{,}15.$

„ „ II $\sigma = \pm \sqrt{\frac{400}{6}} = \pm \sqrt{66{,}66} = \pm 8{,}16.$

Die Formel in obiger Form besteht nur dann zu Recht, wenn wir annehmen, daß der arithmetische Mittelwert das absolut wahre

Resultat darstellt. Da er dies aber nur dann bildet, wenn eine unendliche Zahl von Beobachtungen vorliegt, so ist σ nach der obigen Berechnung etwas zu klein gegriffen; wir erhalten nach den Ableitungen der höheren Mathematik das richtigste Resultat, wenn wir die Formel $\sigma_1 = \pm\sqrt{\frac{\Sigma v^2}{n}}$ in die Formel $\sigma_2 = \pm\sqrt{\frac{\Sigma v^2}{n-1}}$ umändern. Die Mathematik bezeichnet diesen Fehler σ_2 als den „praktischen" mittleren Fehler der Einzelbeobachtung zum Unterschiede vom strengen mittleren Fehler σ_1. In der landwirtschaftlichen Versuchspraxis hat es sich eingebürgert, allgemein mit der zweiten Formel zu arbeiten und das so gewonnene Resultat als den mittleren Fehler der Einzelbeobachtung zu bezeichnen.[1] Daß die zweite Formel richtiger ist, geht am einleuchtendsten aus folgender Erwägung hervor: liegt nur eine einzige Beobachtung vor, so ergibt Formel 2 richtig $\sigma_2 = \sqrt{\frac{0}{0}}$, also unbestimmt, während Formel 1 $\sigma = 0$ ergäbe, was zu dem falschen Schlusse führen würde, daß eine einzige Wägung immer das exakt richtige Resultat ergeben müsse. Je größer anderseits n, d. i. die Zahl der Wiederholungen, wird, um so geringer wird der Unterschied der beiden Berechnungsarten; es wächst ja auch gleichzeitig die Sicherheit, daß der Mittelwert M mit der Wahrheit übereinstimmt. Berechnen wir in unserem Beispiele, wie allgemein üblich, σ nach der Formel $\sigma = \pm\sqrt{\frac{\Sigma v^2}{n-1}}$, so erhalten wir

aus Versuchsreihe I.... $\sigma = \sqrt{\frac{28}{5}} = \sqrt{5{,}6} = \pm 2{,}36$,

„ „ II.... $\sigma = \sqrt{\frac{400}{5}} = \sqrt{80} = \pm 8{,}92$.

Die errechneten Werte sind also etwas größer als oben.

Um nun einzusehen, welchen Vorteil die Berechnung von σ gegenüber der durchschnittlichen Abweichung bietet, müssen wir uns mit einigen Kapiteln der Wahrscheinlichkeitslehre etwas genauer beschäftigen. Wir haben in unserem Beispiele gesehen, daß der Ertrag des einzelnen Teilstückes nicht genau dem Mittelwerte M gleichkommt; er wird vielmehr bald etwas darüber, bald etwas darunter liegen, je nach dem Einflusse zufälliger Umstände, welche ihn in positiver (+) oder negativer (—) Richtung beeinflussen können. Wir können uns ein anschauliches Bild der Art und Weise bilden, wie diese Umstände den Ertrag beeinflussen,

[1] Wir werden von nun an nur mehr mit dem sogenannten praktischen mittleren Fehler rechnen.

indem wir folgendes Experiment machen: Wir stecken in ein glattes Brett eine Reihe von Stecknadeln in regelmäßigen Abständen, durch die wir dann von einer Seite her aus einer engen, in der Mitte gelegenen Öffnung Schrotkörner herabrieseln lassen (vgl. Abb. 1). Fangen wir dann die Körner in Fächern unten auf, so ergibt sich folgendes Bild: Der größte Teil der Schrotkörner wird sich in der Mitte ansammeln, da das von der einen Nadel rechts abgelenkte Korn von der nächsten meistens wieder zurück nach links gelenkt werden wird usf. Nur in wenigen Fällen werden die Impulse der beiden Nadeln gleichsinnig wirken und das Schrotkorn noch weiter nach rechts abgeben; auf diese Art kommen die wenigen, in den Außenfächern abgelagerten Körner zustande. Als Gesamtresultat erhalten wir das Bild einer Kurve, die infolge der Einteilung in Fächer treppenmäßiges Aussehen zeigt und gewissen Gesetzmäßigkeiten entspricht, auf die wir näher eingehen müssen.[1]

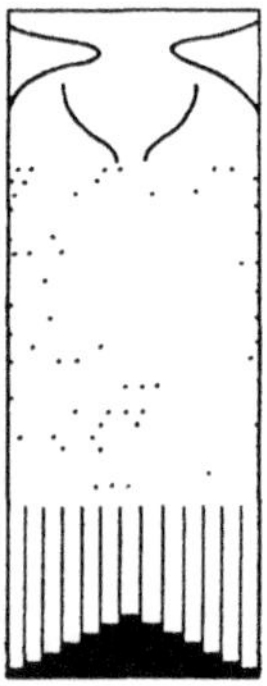

Abb. 1. Galtons Apparat zur Demonstration der zufälligen Verteilung

Werfen wir eine Münze in die Luft, so können wir bei einem Wurf entweder Kopf (+) oder Wappen (—) werfen. Die Wahrscheinlichkeit, bei einem Wurf einen von beiden möglichen Fällen, also Kopf (+) zu werfen, ist ½ oder 50%, die Zahl der sich bietenden Möglichkeiten = 2.

Werfen wir die Münze nun nochmals in die Höhe, so haben wir bei diesem zweiten Wurfe wieder die beiden gleichen Möglichkeiten, + und — zu werfen. In zwei Würfen stecken also im ganzen bereits 4 (2^2) Möglichkeiten, welche als gleich wahrscheinlich betrachtet werden können, nämlich:

1. das erste Mal —, das zweite Mal —;
2. „ „ „ —, „ „ „ +;
3. „ „ „ +, „ „ „ —;
4. „ „ „ +, „ „ „ +.

Werfen wir die Münze ein drittes Mal, so treten zu jedem der vier soeben genannten Fälle noch zwei weitere Möglichkeiten hinzu. Die Zahl der Möglichkeiten ist nunmehr $4 \times 2 = 8$ (2^3), nämlich folgende: 1. — — —; 2. — — +; 3. — + —; 4. — + +; 5. + — —; 6. + — +; 7. + + —; 8. + + +.

Bei vier Würfen hat man so $8 \times 2 = 16 = 2^4$, bei fünf Würfen 2^5, bei 20 Würfen 2^{20} und bei n Würfen 2^n Möglichkeiten.

[1] Vgl. Johannsen a. a. O. S. 38. Dritte Vorlesung.

Wenn wir die Zahl der Möglichkeiten überblicken, so finden wir, daß viele von ihnen denselben summarischen Endwert ergeben. In unserem Brettspiele ist es z. B. vollständig gleichgültig, ob ein Schrotkorn etwa nach Fall 2 (— — +) oder Fall 5 (+ — —) abrollt; es wird stets unten in demselben Fache anlangen. Wollen wir uns also in dieser Weise einen ziffernmäßigen Überblick über den Enderfolg der verschiedenen Kombinationen verschaffen, so legen wir jedem Fall einen numerischen Wert, am einfachsten 1, bei. Die zwei Möglichkeiten eines einzigen Wurfes sind dann + 1 oder − 1. Die vier Möglichkeiten zweier Würfe werden demnach folgendes ergeben:

1. $-1-1=-2$; 3. $+1-1=0$;
2. $-1+1=0$; 4. $+1+1=+2$.

Wir erhalten also folgende Übersicht:

Numerischer Wert	−2	0	+2	
Anzahl Fälle	1	2	1	im ganzen 4.

Führen wir dieselbe Rechnung mit drei Würfen durch, so erhalten wir

Numerischer Wert	−3	−1	+1	+3	
Anzahl Fälle	1	3	3	1	im ganzen 8.

Mit sechs Würfen erhalten wir

−6	−4	−2	0	+2	+4	+6
1	6	15	20	15	6	1

Betrachten wir die gefundenen Ausdrücke, so sehen wir, daß der für 2 Würfe (4 Möglichkeiten) gefundene Wert 1 + 2 + 1 ganz dem Werte der Binomiums $(a + b)^2 = a^2 + 2\,a\,b + b^2$ entspricht, wenn wir $a = b = 1$ einsetzen. Ebenso entspricht der Verteilung bei 3 Würfen der Ausdruck $(a + b)^3 = a^3 + 3a^2\,b + {} + 3\,a\,b^2 + b^3 = 1 + 3 + 3 + 1$, der Verteilung bei 6 Würfen der Ausdruck $(a + b)^6$; analog der Verteilung bei 20 Würfen, der Ausdruck $(a + b)^{20}$; usf. Die Verteilung der summarischen Werte entspricht somit dem entsprechenden Binomium. Stellen wir uns die Verteilung der Fälle graphisch dar, so erhalten wir bei 6 Würfen etwa folgende Verteilung (Abb. 2):

Erheben wir das Binom $(a + b)$ zu einer sehr hohen Potenz, so gehen die einzelnen Abteilungen obiger Darstellung, praktisch gesprochen, ineinander über und wir erhalten als Ergebnis eine völlig kontinuierliche Kurve, die sogenannte Binomialkurve oder Fehlerkurve (Abb. 3).

Auf die mathematische Begründung und Ableitung dieser Kurve und ihrer Gesetzmäßigkeiten kann hier nicht weiter eingegangen werden. Es sollen nur folgende Einzelheiten hervorgehoben werden, welche für uns von Wichtigkeit sind:

Die Kurve gibt uns in ihrem Flächeninhalt anschaulich ein Bild, wie sich Einzelbeobachtungen um ihren Mittelwert gruppieren,

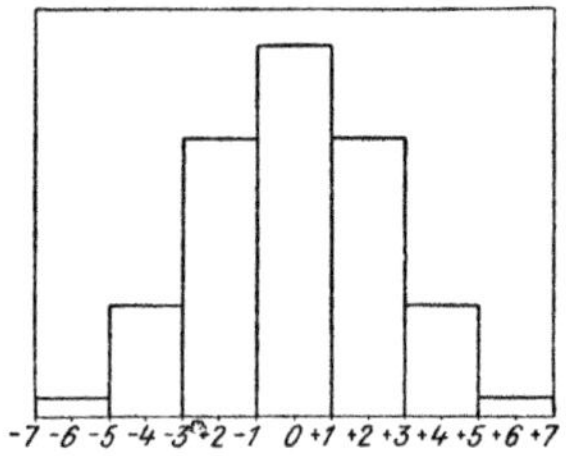

Abb. 2. Verteilung der Falle fur $(a + b)^6$, wenn $a = b = 1$

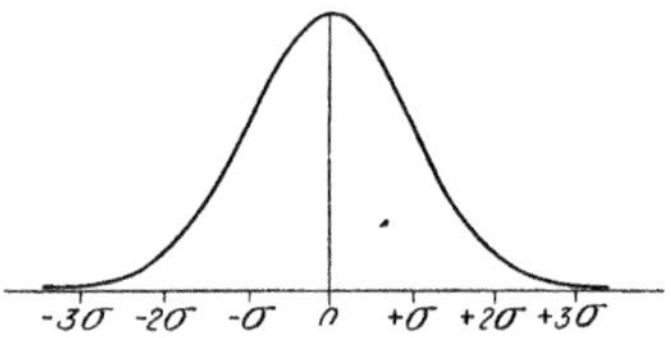

Abb 3. Binomialkurve

wenn sehr viele Beobachtungen vorliegen und die Einflüsse rein zufälliger Natur sind, wie etwa durch die Nadeln im Fortunaspiele. Der Zahl der Beobachtungen entspricht der Flächeninhalt dieser Kurve. Die meisten Beobachtungen liegen naturgemäß nahe dem Mittelwerte und nehmen dann symmetrisch nach der +- und —-Seite hin gleichmäßig in der Zahl ab. Und hier zeigt es sich nun, warum wir lieber σ, die Standardabweichung, errechnet haben als den durchschnittlichen Fehler: σ ist nämlich mathematisch bedeutungsvoll für die Gestaltung der Kurve, was auch in der Zeichnung zum Ausdrucke kommt, da sich bei $+\sigma$ und $-\sigma$ je ein Wendepunkt von konkav zu konvex (bzw. umgekehrt) befindet. Außerdem gibt uns die Mathematik ganz genau an, wieviel der Fälle z. B. innerhalb der Grenzen $+\sigma$ und $-\sigma$ liegen. Von 10000 Fällen sind dies 6826 Fälle, also 68,3%. Innerhalb $\pm 2\sigma$ liegen 9546 Fälle oder 95,5%, innerhalb $\pm 3\sigma$ 9974 Fälle oder 99,7% usw. Nachfolgende kleine Zusammenstellung wird einen guten Überblick darüber geben.

Es liegen:

innerhalb der Grenzen	Falle	außerhalb
$M \pm 0{,}5\,\sigma$	38,3%	61,7
$M \pm 1\,\sigma$	68,3	31,7
$M \pm 1{,}5\,\sigma$	86,6	13,4
$M \pm 2\,\sigma$	95,5	4,5
$M \pm 2{,}5\,\sigma$	98,8	1,2
$M \pm 3{,}0\,\sigma$	99,7	0,3

Da also innerhalb $\pm 3\,\sigma$ von 10000 Fällen 9974 Fälle liegen, so gibt es außerhalb $\pm 3\,\sigma$ nur eine verschwindend geringe Anzahl von Fällen — von 10000 nur 26!

Kehren wir nun zu unserem Beispiele zurück; wir haben dabei folgende Werte für σ erhalten:

bei Versuchsreihe I........ $\sigma = 2{,}36$
" " II........ $\sigma = 8{,}92$

Was bedeuten diese Zahlen? Sie sagen uns: Vorausgesetzt, daß die Abweichungen der sechs Parzellen durch zufällige Ursachen bewirkt worden sind, kann ich mit 68 : 32 (genau 68,3 : 31,7) wetten, daß der Ertrag einer unter den gleichen Umständen gebauten Parzelle innerhalb der Grenzen $M \pm 1\,\sigma$, d. i. also bei Versuch I zwischen 19,64 (= 22 — 2,36) und 24,36 (= 22 + 2,36) bei Versuchsreihe II zwischen 13,08 und 30,92 liegen wird. Mit 95 : 5 kann ich wetten, daß diese eine Parzelle einen Ertrag zwischen $M \pm 2\,\sigma$, d. i. also bei Versuch I zwischen 17,28 und 26,72, bei Versuch II zwischen 4,16 und 39,84 bringen wird usf.

Nun interessiert uns das aber eigentlich nicht so sehr, mit welcher Sicherheit ein Teilstück wieder dem Durchschnittsertrag des Versuches nahe kommen wird. Wir möchten vielmehr wissen, mit welcher Sicherheit wir in einem neuerlichen Versuche dasselbe Ergebnis erzielen werden. Oder, wenn wir davon ausgehen, daß wir den Versuch so angelegt haben, daß sein Durchschnittsergebnis möglichst dem feldmäßigen Ertrag nahekommt, mit welcher Sicherheit wir im feldmäßigen Anbau dem Mittel M unseres Versuches nahe kommen werden. Es ist leicht einzusehen, daß dieser Durchschnitt dem gewonnenen Mittel aller Wahrscheinlichkeit nach näher kommen wird als der Ertrag einer Einzelparzelle.

Wir können uns diese Verhältnisse an dem bekannten, aus dem Leben entnommenen Beispiele[1] des Scheibenschießens am

[1] Aus Pfeiffer: Der Vegetationsversuch. S. 232. S. Parey. 1918.

besten klarmachen: Eine Anzahl von Soldaten erreicht beim Scheibenschießen eine Durchschnittsleistung, die selbstverständlich, da die Treffer nicht gleich liegen, mit einem gewissen Fehler behaftet ist. Die Wahrscheinlichkeit, daß ein Soldat dieser Gruppe unter den gleichen Bedingungen wieder diesem Durchschnittsergebnis nahekommt, ist offenbar geringer als die Wahrscheinlichkeit, daß die ganze Gruppe nochmals dieses Resultat erzielt. Je größer die Gruppe der Soldaten war, um so wahrscheinlicher wird dieses mittlere Ergebnis wieder erreicht werden, d. h. also: bei Vergrößerung der Anzahl der Wiederholungen muß der mittlere Fehler des Mittels kleiner werden.

Es hat sich nun gezeigt, daß der mittlere Fehler nicht einfach proportional der Anzahl der zur Bildung des Mittels herangezogenen Einzelwägungen oder Messungen abnimmt. Ist der Fehler des einen herangezogenen Falles σ, so ist der Fehler, der bei zwei Wiederholungen zu erwarten ist, nicht etwa $\frac{\sigma}{2}$, sondern $\frac{\sigma}{\sqrt{2}}$.

Für die Durchschnittswerte von 3, 4, 5...n beliebigen Fällen hat man dann den mittleren Fehler $\frac{\sigma}{\sqrt{3}}, \frac{\sigma}{\sqrt{4}}, \frac{\sigma}{\sqrt{5}}, \ldots \frac{\sigma}{\sqrt{n}}$. Den mittleren Fehler des Mittels (m), wie diese Zahl genannt wird, erhält man also dadurch, daß man den mittleren Fehler der Einzelbeobachtung durch die Quadratwurzel aus der Zahl der Beobachtungen, aus denen das Mittel gebildet wurde, dividiert. Als Formel angeschrieben ergibt sich:

$$1) \qquad m = \frac{\sigma}{\sqrt{n}} = \pm \sqrt{\frac{\Sigma v^2}{n-1}} : \sqrt{n} = \pm \sqrt{\frac{\Sigma v^2}{n(n-1)}}.$$

Da die Berechnung dieses mittleren Fehlers m, wie er kurz genannt wird, heute fast überall im Feldversuchswesen durchgeführt wird, so ist diese Formel die wichtigste für den praktischen Versuchsansteller. Von dem Umwege über die Errechnung von σ wird in den meisten Fällen abgesehen, vielmehr m direkt berechnet. Es wird in folgendem an einem praktischen Beispiel gezeigt werden, wie sich diese Berechnung am schnellsten und einfachsten durchführen läßt. Vorher möge aber nochmals betrachtet werden, was uns der mittlere Fehler m zu leisten und was er uns nicht zu leisten vermag, denn der durch lange Jahre fortgeführte Streit, ob die Fehlerrechnung auf den Feldversuch anwendbar ist, dreht sich wohl vor allem um diesen Punkt: Man darf von m nicht zu viel verlangen, anderseits seine Bedeutung nicht unterschätzen.

Der mittlere Fehler bedeutet uns also:

1. Einen Maßstab dafür, welche Sicherheit wir einem Durch-

schnittsergebnis beilegen können, mit welcher Wahrscheinlichkeit wir auf ein Wiedereintreten des Durchschnittes im neuerlichen Versuche oder im feldmäßigen Anbau rechnen können.

2. Einen Maßstab über die Genauigkeit des Arbeitens im Versuche.

3. Einen Maßstab zur Beurteilung, mit welcher Sicherheit aus den Versuchsergebnissen auf eine Überlegenheit einer Sorte, einer Düngung oder dergleichen gegenüber einer anderen zu rechnen ist.

Zu Punkt 1 ist zu bemerken, daß die Wahrscheinlichkeitsrechnung nur Gültigkeit für eine große Anzahl von Fällen hat; die Ergebnisse eines Feldversuches mit seiner geringen Anzahl von Wiederholungen werden in der Fehlerverteilung stets mehr oder weniger stark von der Binomial- oder Fehlerverteilungskurve abweichen. Es können also hier Schlußfolgerungen nur mit Vorsicht gezogen werden; stets wird es hierbei für den Versuchsansteller von größter Bedeutung sein, auch alle sonstigen Umstände des Versuches in Miterwägung zu ziehen.

Die Beurteilung wird weiter erschwert durch den Umstand, daß es durchaus nicht immer leicht ist festzustellen, auf welche Ursachen die Schwankungen der Teilergebnisse zurückzuführen sind. Die Trennung der systematischen von den zufälligen Fehlern ist durchaus keine einfache Sache und gelingt in vielen Fällen nur recht mangelhaft.

Ein dritter Umstand, der die Anwendung der Grundsätze der Wahrscheinlichkeitsrechnung für Voraussagen sehr in Frage stellt, ist der, daß sie, genau genommen, nur dann angewendet werden darf, wenn man sicher ist, daß der Versuch unter genau denselben Verhältnissen wiederholt wird. Und wann wäre dies in der Landwirtschaft jemals der Fall! Dies zwingt uns ja auch, in der Praxis der Versuchsauswertung stets mit mehrjährigen Durchschnitten zu arbeiten, wovon später noch eingehender die Rede sein soll. Eine Störungsquelle bietet weiter der Umstand, daß wir stets die Ergebnisse eines Versuches mit sechs- oder achtfacher Wiederholung auf das ganze Feld übertragen wollen. Denn wenn auch einerseits das Durchschnittsergebnis auf dem ganzen Felde insofern sicherer erwartet werden kann, als die Feldfläche ein Vielfaches der Versuchsfläche darstellt und daher einer Wiederholung des Versuches mit einem Vielfachen der im Versuche angewandten Wiederholungszahl gleichkommt, so steht dem anderseits gegenüber, daß ein ganzes Feld in den einzelnen Teilen stets größere Bodenverschiedenheiten usf. aufweisen wird als ein für den Versuch eigens ausgesuchtes Teilstück.

Diese zahlreichen Mängel, welche alle in anderen Wissensgebieten nicht oder nur in erheblich geringerem Maße vorliegen, haben es mit sich gebracht, daß von mancher Seite die Anwendung der Fehlerrechnung auf den Feldversuch als wissenschaftlich unverantwortlich hingestellt wird. Glücklicherweise liegt aber die große Bedeutung der Errechnung des mittleren Fehlers nicht in seiner theoretischen Auswertung nach den Grundsätzen der Wahrscheinlichkeitslehre. Sie liegt vielmehr darin, daß dadurch eine schnelle und übersichtliche Kontrolle über die Genauigkeit der Versuchsarbeit gewonnen werden kann. In diesem Falle wird der Fehler am besten in Prozenten des dazugehörigen Mittels ausgedrückt (m). In unserem Beispiele wäre das

$$\text{Versuch I} \quad M \pm m = 22 \pm 2{,}36 \quad m\% = \frac{2{,}36 \times 100}{22} = 10{,}8\,\%$$

$$\text{,, II} \quad M \pm m = 22 \pm 8{,}92 \quad \text{,,} \; = \frac{8{,}92 \times 100}{22} = 40{,}5\,\%$$

Dies sind nun ganz außerordentlich hohe Fehlerprozente. Als erstrebenswertes und in vielen Fällen bereits erreichtes Ziel des Feldversuches stellt Römer[1] eine durchschnittliche Genauigkeit von $m\,\% = 2\%$ hin. Es muß übrigens noch hinzugefügt werden, daß auch diese $m\%$, trotzdem sie zur Beurteilung der Genauigkeit allgemein angewendet werden, noch keinen ganz einwandfreien Maßstab hierfür darstellen. Denn einerseits ist die Größe von m von der Zahl der Wiederholungen abhängig. Bei derselben Genauigkeit des Arbeitens werden die $m\%$ z. B. bei doppelter Wiederholungszahl (nach der S. 12 gebrachten Gesetzmäßigkeit) nur mehr $\frac{m}{\sqrt{2}}\% = {}^7/_{10}\, m\%$ groß sein. Es wäre für diesen Zweck also σ vorzuziehen. Anderseits ist auch die Höhe des Mittelwertes M nicht ohne Einfluß auf die Höhe von $m\%$. Bei einem Roggenertrag von 30 dz/ha wird ein mittlerer Fehler von $m = \pm 0{,}30$ nur $m\% = 1{,}0\%$ ergeben, während er bei 15 dz/ha auf $m\% = 2{,}0\%$ steigt. Trotz dieser beiden Mängel gilt $m\%$, der mittlere Fehler des Mittels in % ausgedrückt, als das bisher beste Maß für die Genauigkeit eines Versuches. In vielen Fällen wird sogar noch weiter gegangen. Da es uns beim Feldversuch fast immer auf Differenzen zwischen zwei Versuchsobjekten ankommt und uns die Sicherheit dieser Differenzen durch den mittleren Fehler dieser Differenzen bestimmt erscheint (dessen Errechnung siehe S. 16), so dient oft in solchen Fällen dieser mittlere Fehler der Differenz (m_D), in

[1] Römer: Der Feldversuch, 2. Aufl., S. 44. 1925.

Prozenten des Durchschnittsertrages der beiden verglichenen Objekte ausgedrückt ($m_D\%$), als bestes Maß für die Versuchsgenauigkeit. Da in der Regel die Höhe des Mittelwertes M und die Wiederholungszahl stets leicht festzustellen sind, so hat es übrigens jedermann in der Hand, den Einfluß dieser beiden störenden Faktoren zu kontrollieren. Daß heute bei jedem Versuche, der Anspruch auf Ernsthaftigkeit macht, die Angabe des mittleren Fehlers als Selbstverständlichkeit gilt, ist von segensreicher Wirkung gewesen; denn ein niederer Fehler ist nur bei exaktester Arbeit zu erzielen.

Wir wollen uns nun an der Hand eines Beispieles die gewöhnliche Ausrechnung eines Versuches klar machen; diese Berechnungsweise ist dann anzuwenden, wenn keine systematischen Fehler durch Bodenvariation vorliegen. Der Einfachheit halber wählen wir einen schematischen Versuch mit drei Sorten in vierfacher Wiederholung. Es hatten ergeben:

Sorte I				II				III			
	v		v^2		v		v^2		v		v^2
19,5		−0,5	0,25	24,3		−0,7	0,49	30,8	+0,8		0,64
19,4		−0,6	0,36	25,7	+0,7		0,49	29,2		−0,8	0,64
20,6	+0,6		0,36	24,3		−0,7	0,49	30,8	+0,8		0,64
20,5	+0,5		0,25	25,7	+0,7		0,49	29,2		−0,8	0,64
Σ 80,0	+1,1	−1,1	1,22	100,0	+1,4	−1,4	1,96	120,0	+1,6	−1,6	2,56
M 20,0	2,2			25,0	2,8			30,0	3,2		

Als Mittel ergeben sich: $M_{\mathrm{I}} = 20$, $M_{\mathrm{II}} = 25$, $M_{\mathrm{III}} = 30$. Rechts von den Erträgen der einzelnen Teilstücke tragen wir uns nun deren Abweichungen v vom Mittel ein. Eine Anordnung in zwei Reihen nach + und — erleichtert die Kontrolle der richtigen Rechnung, da die Summe der + und der — Abweichungen gleich sein muß. In einer weiteren Kolonne erfolgt die Eintragung der Quadrate (v^2), deren Summe wir unten bilden. Nun erfolgt die Errechnung des mittleren Fehlers m (des Mittels) nach der Formel $m = \pm\sqrt{\frac{\Sigma v^2}{n(n-1)}}$. Da n = Zahl der Wiederholungen in diesem Falle gleich 4 ist, so ergibt sich

$$\text{für Sorte I } m = \pm\sqrt{\frac{1,22}{12}} = +\sqrt{0,10} = 0,32 \quad m\% = 1,6$$

$$\text{,, ,, II } m = \pm\sqrt{\frac{1,96}{12}} = +\sqrt{0,16} = 0,40 \quad m\% = 1,6$$

$$\text{,, ,, III } m = \pm\sqrt{\frac{2,56}{12}} = +\sqrt{0,21} = 0,45 \quad m\% = 1,5$$

Wir können also jetzt das Endergebnis unseres Versuches in der üblichen Weise anschreiben.

Ertrag von Sorte I	....	$20{,}0 \pm 0{,}32$ dz/ha
,, ,, ,, II	....	$25{,}0 \pm 0{,}40$,,
,, ,, ,, III	....	$30{,}0 \pm 0{,}45$,,

Was besagen uns nun diese Resultate? Zunächst einmal können wir als wahrscheinlich annehmen, daß bei Wiederholung des Versuches unter gleichen Umständen das dort erzielte Mittel mit 95,5% Sicherheit innerhalb der Grenzen $M \pm 2\,m$, d. i. für Sorte I zwischen 19,36 und 20,64, für Sorte II zwischen 24,20 und 25,80 und für Sorte III zwischen 29,10 und 30,90 liegen wird. Ferner besagt uns der Fehler von durchschnittlich $m\% = 1{,}6\%$, daß wir gut und sorgfältig gearbeitet haben. (Die bei chemischen Analysen erreichbare Genauigkeit liegt zwischen 1 und $2\,m\%$). Endlich — und das ist das Wichtigste für uns, denn deswegen haben wir ja den ganzen Versuch angelegt — ergibt sich daraus eine deutliche Überlegenheit von Sorte II über Sorte I und von Sorte III über Sorte I und II. Die Differenzen der Erträge sind es, auf die es uns ankommt; in obigem Beispiele ergibt sich auf den ersten Blick hin, daß sie gesichert sind, denn die untere Grenze des Schwankungsbereiches von Sorte II (24,20) ist noch weit entfernt von der oberen Grenze von Sorte I (20,64). Die Differenz der beiden Sorten ist $25 - 20 = 5$. Welche Sicherheit können wir nun dieser Differenz zuschreiben? Daß deren mittlerer Fehler nicht einfach durch Subtraktion der beiden mittleren Fehler der Sorten, etwa so:

$$\begin{array}{r} 25 \pm 0{,}40 \\ 20 \pm 0{,}32 \\ \hline 5 \pm 0{,}08 \end{array}$$

zu gewinnen ist, leuchtet ohneweiters ein, denn er muß ja wohl größer sein als die mittleren Fehler der Einzelerträge, da beide Schwankungen der Einzelsorten zusammenwirken, die Grenzen der Erträge einander zu nähern. Daß auch die bloße Addition $(0{,}32 + 0{,}40 = 0{,}72)$ kein richtiges Ergebnis zeitigen wird, ist begreiflich, wenn man bedenkt, daß die mittleren Fehler nach der Methode der kleinsten Quadrate errechnet sind.

Wir müssen uns hier vielmehr nach den Regeln der sogenannten Fehlerfortpflanzung richten, welche besagen: den mittleren Fehler einer Differenz (m_D) zweier unabhängig voneinander bestimmten Mittelwerte M_1 und M_2 erhalte ich, indem ich die Quadrate der einzelnen mittleren Fehler addiere und die Wurzel daraus ziehe. Als Formel angeschrieben, ergibt sich:

$$m_D = \sqrt{m^2_1 + m^2_2}$$

In unserem Beispiel ergibt das also

$$m_D = \pm \sqrt{0{,}32^2 + 0{,}40^2} = \pm \sqrt{0{,}262} = \pm\, 0{,}51$$

Die Differenz der beiden Sorten I und II ist also dann $5 \pm 0{,}51$. Analog bestimmt sich die Überlegenheit von Sorte III vor II mit $5 \pm 0{,}60$ und Sorte III vor I mit $10 \pm 0{,}55$.

In der Wissenschaft gilt die Differenz zweier Größen dann als gesichert, wenn sie größer ist als dreimal der mittlere Fehler dieser Differenz ($D > 3\,m_D$). Im landwirtschaftlichen Versuchswesen können die Grenzen etwas weiter gezogen werden — wir können hier ruhig $D > 2\,m_D$ als Maßstab für genügende Sicherheit nehmen, da hierbei die Wahrscheinlichkeit eines Mehrertrages immer noch 97,73% beträgt. Wie wir bereits festgestellt haben, können wir aus der Fehler- oder Binomialkurve (bzw. der dazu berechneten Zahlentabelle) entnehmen, wieviel Prozente der Fälle innerhalb der Grenzen $\pm\, m$ oder eines Vielfachen von m liegen. (Vgl. die Tab. S. 18). So liegen z. B. innerhalb $\pm\, 1\,m$ 68,3%, innerhalb $\pm\, 2\,m$ 95,5% der Fälle. Um nun zu erfahren, wieviel Prozent der Fälle im Spielraum 0 bis D liegen, brauchen wir nur zu berechnen, welches Vielfache vom mittleren Fehler m_D die Ertragsdifferenz D darstellt, d. h. wie oft m_D in D enthalten ist. Ist z. B. $D = m$, also $\frac{D}{m} = 1$, so liegen innerhalb der Grenzen $0 - 2\,D$ 68,3%, unter 0 15,85 und über $2\,D$ ebenfalls 15,85% der Fälle. Im ganzen ergeben also 68,3 + 15,85, d. i. 84,15% der Fälle einen Mehrertrag. Mit Hilfe des Ergebnisses der Wahrscheinlichkeitsrechnung können wir uns eine Tabelle zusammenstellen, in der wir die den Werten von $\frac{D}{m_D}$ entsprechende Wahrscheinlichkeit in Prozenten anführen. (Siehe Tab. S. 18.)

Es erscheint nämlich dem praktischen Landwirt viel einleuchtender, wenn man ihm angibt: Die Sorte I wird mit 95% Wahrscheinlichkeit der Sorte II überlegen sein, als wenn man ihm sagt: Der Mehrertrag der Sorte I hat den mittleren Fehler von $\pm\, 0{,}3$. In manchen neueren wissenschaftlichen Publikationen erscheint übrigens der Quotient $\frac{D}{m_D} = L$ direkt als Maß für die Sicherheit einer Differenz angeführt.

Die Benutzung der vorstehenden Tabelle ist einfach. In einem Sortenversuch hätten z. B. die Sorte A gegenüber B eine Überlegenheit von $3 \pm 1{,}9$ dz/ha gehabt. Welche Sicherheit kommt dieser Differenz zu? Wir berechnen zunächst $\frac{D}{m_D} = \frac{3}{1{,}9} = 1{,}6$. In der ersten Spalte der Tabelle suchen wir nun den Wert 1,6

$\frac{D}{m_D}$	Innerhalb des Spielraumes 0 bis 2 D	Außerhalb des Spielraumes von 0 bis 2 D		Also insgesamt uber 0
		insgesamt	davon uber 2 D	
		Prozent		
3,0	99,74	0,26	0,13	99,87
2,6	99,06	0,94	0,47	99,53
2,4	98,36	1.64	0,82	99,18
2,2	97,22	2,78	1,39	98,61
2,1	96,42	3,58	1,79	98,21
2,0	95,46	4,54	2,27	97,73
1,9	94,26	5,74	2,87	97,13
1,8	92,82	7,18	3,59	96,41
1,7	91,08	8,92	4,46	95,54
1,6	89,04	10,96	5,48	94,52
1,5	86,64	14,26	7,13	93,77
1,4	83,84	16,16	8,08	91,92
1,3	80,64	19,36	9 68	90,32
1,2	76,98	23,02	11,56	88,49
1,1	72,86	27,14	13,57	86,43
1,0	68,26	31,74	15,87	84,13
0,9	63,18	36,32	18,16	81,34
0.8	57,62	42,38	21,19	78,81
0,7	51,60	48,40	24,20	75,80
0,6	45,16	54,84	27,42	72,58
0,5	38,30	61,70	30,85	69,15
0,4	31,08	68,92	34.46	65,54
0,3	23,58	76,42	38,21	61,79
0,2	15,86	84,14	42,07	57,93
0,1	7,96	92,04	46,02	53,98

auf und finden in der zweiten Spalte 89,04%. Diese Zahl bedeutet uns, daß in 89 von 100 Fällen bei Wiederholung des Versuches die Erträge der beiden Sorten so liegen werden, daß A einen höheren Ertrag ergibt als B, daß also zwischen den beiden Sorten ein Ertragsunterschied sein wird, der von 0 bis 2 D schwanken kann. Innerhalb dieses Gebietes 0 — 2 D werden sich die Mehrzahl dieser 89% nach dem bekannten Bilde der Fehlerkurve um den Wert D gruppieren. Von den übrigen 11% der Fälle wird wieder in 5½% der Fälle Sorte A einen um mehr als 2 D, d. i. also um mehr als 6 dz höheren Ertrag als B geben — nur in ganzen 5½% der Fälle wird Sorte B der Sorte A überlegen sein, die Differenz A — B also einen Wert von 0 oder unter 0 annehmen. Wir können so mit 94½% Wahrscheinlichkeit auf eine Überlegenheit der Sorte A über B rechnen, einen Wert, den wir direkt bei $\frac{D}{m_D} = 1{,}6$ in der letzten Kolonne der Tabelle ablesen können.

In der Praxis ist eine weitere Vereinfachung der Berechnung von m üblich; denn selbst mit Rechenschieber oder Quadrattafeln[1] ergibt sich bei Versuchen mit 8 — 10 Wiederholungen und 10 bis 15 Sorten eine langwierige Rechnerei. Wir machen dann von der von Peters[2] vorgeschlagenen vereinfachten Berechnung Gebrauch; diese gilt, streng genommen, nur dann, wenn unendlich viele Beobachtungen vorliegen und die Abweichungen der Binomialkurve gut entsprechen. Da diese vereinfachte Berechnung jedoch in den letzten Dezimalen fast stets etwas höhere Werte für m ergibt als die strenge Berechnung, so können wir sie unbekümmert anwenden. Wir haben es ja in der Hand, im Falle zweifelhafter Differenzen den Fehler m durch Anwendung der strengen Berechnung zu kontrollieren, wenn wir es nicht vorziehen, in einem solchen Falle nach anderen allgemeinen Anhaltspunkten (z. B. Vergleich mit anderen Versuchen gleicher Fragestellung) die Wahrscheinlichkeit des Ergebnisses zu beurteilen. Denn man darf nicht vergessen: Berechnungen allein entscheiden nie den Wert und die Wichtigkeit eines Versuches, sie vermögen nur wertvolle Anhaltspunkte abzugeben. Stets wird der kritische Scharfblick des Versuchsanstellers das Entscheidende bleiben.

Nach der Methode von Peters erfolgt die Berechnung von der ohne Berücksichtigung der Vorzeichen gewonnenen Summe der Einzelabweichungen $\Sigma\, v$ aus, wir ersparen daher das Quadrieren und Wurzelziehen.

Wir erhalten als Formeln

für die Standardabweichung σ

$$\sigma = 1{,}2533 \frac{\Sigma\, v}{\sqrt{n\,(n-1)}} = \frac{1{,}2533}{\sqrt{n\,(n-1)}} \cdot \Sigma\, v,$$

für den mittleren Fehler m

$$m = 1{,}2533 \frac{\Sigma\, v}{n\sqrt{n-1}} = \frac{1{,}2533}{n\sqrt{n-1}} \cdot \Sigma\, v.$$

Ist uns die Zahl der Beobachtungen bekannt, so können wir uns den größten Teil dieser Formel voraus berechnen; wir brauchen

[1] Vgl. die speziell für den Feldversuch errechneten Tafeln von Zöllner, Formeln und Tabellen zur Errechnung des mittleren Fehlers. Vlg. von O. Schlegl.

[2] Astron. Nachr. Bd. 44, S. 29, entnommen aus König, Bd. I, 5. Aufl., S. 143.

dann im Einzelfalle nur die Summe der Abweichungen ohne Berücksichtigung der Vorzeichen zu bilden und sie mit dem vorberechneten Faktor zu multiplizieren. Im nachfolgenden geben wir eine Zusammenstellung dieser Faktoren:

Faktoren zur Errechnung von σ und m aus Σv.

Aus König, Bd. I, S. 143 ff.

Zahl der Beobachtungen	Faktoren zur Errechnung von			
	σ $\frac{1{,}2533}{\sqrt{n(n-1)}}$	m $\frac{1{,}2533}{n\sqrt{n-1}}$	r[1] $\frac{0{,}845}{\sqrt{n(n-1)}}$	R[1] $\frac{0{,}845}{n\sqrt{n-1}}$
2	0,886	0,627	0,597	0,422
3	0,512	0,295	0,345	0,199
4	0,362	0,181	0,244	0,122
5	0,280	0,125	0,189	0,084
6	0,229	0,093	0,154	0.063
7	0,193	0,073	0,130	0,049
8	0,168	0,059	0,113	0,040
9	0,148	0,049	0,100	0,033
10	0,132	0,042	0,089	0,028
11	0,119	0,036	0,080	0,024
12	0,109	0,032	0,074	0,021
13	0,100	0,028	0,068	0,019
14	0,093	0,028	0,063	0,017
15	0,086	0,022	0,058	0,015
16	0,081	0,020	0,055	0,014
17	0,076	0,018	0,051	0,012
18	0,072	0,017	0,048	0,011
19	0,068	0,016	0,046	0,010
20	0,064	0,014	0,043	0,010

Wenden wir diese vereinfachte Berechnung auf unser Beispiel (S. 15) an, so erhalten wir:

	gegen		gegen
Sorte I $m = 2{,}2 \times 0{,}181 = 0{,}40$	0,32	$m\% = 2{,}0$	1,6
Sorte II $m = 2{,}8 \times 0{,}181 = 0{,}50$	0,40	$m\% = 2{,}0$	1,6
Sorte III $m = 3{,}2 \times 0{,}181 = 0{,}58$	0,45	$m\% = 1{,}9$	1,5

Wir erhalten also hier etwas höhere Fehler als S. 15; bei einer höheren Zahl von Wiederholungen sind die Differenzen noch

[1] Diesbezuglich s. später, S. 21.

geringer und können für die Praxis (nicht für wissenschaftliche Arbeiten) vernachlässigt werden; die Vorteile der schnellen Rechnung sind viel wesentlicher.

Wahrscheinlicher Fehler[1]

Trotzdem heute bereits fast überall in der Literatur der mittlere Fehler des Mittels m errechnet wird, verwendet die Königsberger Schule noch den sogenannten wahrscheinlichen Fehler. Man unterscheidet

r = wahrscheinlicher Fehler der Einzelbeobachtung,
R = ,, ,, des Mittels.

Beide sind — vorausgesetzt, daß die Gruppierung der zufälligen Abweichungen der Binomialkurve entspricht — mit den entsprechenden mittleren Fehlern durch ein einfaches mathematisches Verhältnis verbunden und können jederzeit daraus errechnet werden. Es ist

$$r = 0{,}6745\,\sigma \quad \text{oder umgekehrt} \quad \sigma = 1{,}4825\,r$$
$$R = 0{,}6745\,m \qquad\qquad m = 1{,}4825\,R.$$

Das Umrechnungsverhältnis ist also fast genau $^2/_3$ (bzw. $^3/_2$). Der wahrscheinliche Fehler hat den Vorteil einer gewissen Anschaulichkeit. Innerhalb der Grenzen $\pm R$ liegen nämlich die Hälften der Varianten. Wir können also mit 50% Wahrscheinlichkeit erwarten, daß eine Variante innerhalb dieses Spielraumes liegt. (Diese Grenzen $\pm R$ werden auch nach Galton Quartilgrenzen genannt). In Tabelle S. 20 wurden die Faktoren zur vereinfachten Berechnung von r und R aus der Summe der Einzelabweichungen angeführt. Infolge des einfachen Umrechnungsverhältnisses brauchen wir uns mit dem wahrscheinlichen Fehler nicht weiter zu befassen. Wir müssen uns bei der Beurteilung eines Ergebnisses nur stets klar sein darüber, ob wir es mit dem mittleren oder dem (bei gleicher Wahrscheinlichkeit kleineren) wahrscheinlichen Fehler zu tun haben.

---

[1] Entsprechend der Unterscheidung, S. 7, mußte man hier auch, streng genommen, unterscheiden zwischen wahrscheinlichem Fehler der Einzelbeobachtung

$$r = 0{,}674 \pm \sqrt{\frac{\Sigma v^2}{n}}$$

und praktisch wahrscheinlichem Fehler der Einzelbeobachtung

$$r = 0{,}674 \pm \sqrt{\frac{\Sigma v^2}{n-1}}.$$

Einige Vereinfachungen des Rechenverfahrens

1. Vereinfachung der Mittelbildung

Wenn das Mittel von nur wenigen Zahlen z. B. 6, 3, 4, 5, 8, 7 zu bilden ist, so summiert man die Zahlen $6 + 3 + 4 + 5 + 8 + + 7 = 33$ und dividiert durch ihre Anzahl $33:6 = 5{,}5$. Haben wir jedoch längere Reihen zu berechnen, so können wir uns die Sache auf folgende Weise vereinfachen. Wir nehmen irgend einen Wert A an, der eine runde Zahl darstellt und in der Nähe des vermuteten Mittels liegt. Von den Einzelposten bilden wir dann die +- oder —-Abweichungen vom vermuteten Mittel, aus deren Summe sich dann durch Mittelbildung der Betrag b ergibt, um den A vom genauen Mittel M abweicht. Nachfolgend ein kurzes Beispiel:

Ertrage	Abweichungen von $A = 80$		
	+	—	va^2
82,5	2,5		6,25
82,0	2,0		4,00
84,0	4,0		16,00
76,0		4.0	16,00
73,5		6,5	42,25
81,2	1,2		1,44
79,0		1,0	1,00
80,2	0,2		0,04
80,7	1,7		2,89
83,9	3,9		15,21
Summe....	+15,5	—11,5	105,08

Von den zehn vorliegenden Posten schätzen wir A auf 80 und tragen die +- und —-Abweichungen daneben ein. Wir erhalten $+ 15{,}5 - 11{,}5 = + 4{,}0$, davon der Durchschnitt $\frac{4{,}0}{10} = + 0{,}4$, das Mittel $M = A + b = 80 + 0{,}4 = 80{,}4$. Das geht so viel schneller, als wenn wir erst die Gesamtsumme aller Posten hätten bilden wollen. Bei langen Reihen ist der Gewinn noch größer. Einen Nachteil muß man jedoch in den Kauf nehmen: die Kontrolle, daß die Summe der +- und —-Abweichungen vom Mittel gleich sein muß, fällt weg. Bei langen Reihen führt man die Kontrolle dann so durch, daß man von einem zweiten angenommenen, von A verschiedenen Mittel ausgehend, neuerlich die Rechnung durchführt. (In unserem Beispiel z. B. $A = 81$.)

2. Vereinfachung der Errechnung des mittleren Fehlers

Wenn wir den mittleren Fehler nach der Petersschen Formel errechnen, so können wir dazu ohne weiteres die Summe der Abweichungen von A heranziehen, wenn A und M nahe beisammen liegen (vgl. dazu S. 6)[1]. Aber auch, wenn wir aus irgend einem Grunde mit der strengen Formel arbeiten, können wir die bei der abgekürzten Mittelbildung errechneten Abweichungen benützen. Der mittlere Fehler errechnet sich nämlich in diesem Falle nach der Formel[2]

$$m = \sqrt{\frac{\Sigma\, v\, a^2}{n\,(n-1)} - b^2}$$

wobei wir unter $\Sigma\, v_a{}^2$ die Summe der quadrierten Abweichungen vom angenommenen Mittel A verstehen. Wir führen die Rechnung an obigem Beispiel durch:

$$v_a{}^2 = 105{,}08 \qquad n\,(n-1) = 90 \qquad b^2 = 0{,}16$$

$$m = \sqrt{\frac{105{,}08}{90} - 0{,}16} = \sqrt{1{,}16 - 0{,}16} = \sqrt{1} = 1$$

Endresultat unseres Beispieles: $80{,}4 \pm 1{,}0$.

Literatur zu „Grundlagen der Fehlerrechnung“

Ausfuhrliche mathematische Behandlung in:

Czuber: Wahrscheinlichkeitsrechnung, 4. Aufl. Teubner. 1924. — Johannsen: Elemente der Exakten Erblichkeitslehre, 3. Aufl. G. Fischer. 1926. — Jordan: Handbuch der Vermessungskunde, 3. Aufl. 1888. — Michaelis: Einführung in die Mathematik für Biologen und Chemiker, 2. Aufl. Springer. 1922.

Weitere Literatur:

Alexandrowitsch, J.: Die Wahrscheinlichkeitsrechnung im landwirtschaftlichen Versuchswesen. Mitteil. d. D. L. G. 28, S. 268. 1913. — Baule, B.: Unter welchen Voraussetzungen ist die Wahrscheinlichkeitsrechnung auf die Versuche in der Land- und Forstwirtschaft anwendbar? Fühlings Landw. Zeitung, Bd. 62, S. 160. 1913. — Derselbe: Über die Verwertung der Fehlertheorie in der Land- und Forstwirtschaft. Fühlings Landw. Zeitung, Bd. 62, S. 852. 1913. — Derselbe: Ein Nachwort zur Frage: mittlere oder wahrscheinliche Schwankung. In: Römer, Feldversuch, 1. Aufl. 1919. — Christiansen-Weniger: Die Anwendung der Schwankungsrechnung bei Feldversuchen. Pflanzenbau Nr. 22, S. 341 bis 349. 1926/27. — Czuber, E.: Die Anwendung der Wahrscheinlichkeitsrechnung auf Fragen der Landwirtschaft. Zeitschr. f. d. Landw. Versuchswesen in Österr., Bd. 21, S. 1 bis 100. 1918. — Densch, A.: Ist die Heranziehung

[1] Die Summe der Abweichungen von A und M ist insolange gleich, als $A - M$ nicht größer ist als die kleinste Abweichung eines Einzelwertes von M.

[2] Ableitung s. Johannsen a. a. O. S. 45ff.

der Fehlerwahrscheinlichkeitsrechnung zur Beurteilung von Feld- und Gefäßversuchen berechtigt? Mitteil. d. D. L. G., S. 720. 1915. — Edler, W.: Die Anwendung der Ausgleichsrechnung bei der Ausnutzung von feldmaßigen Anbauversuchen. Fuhlings Landw. Zeitung, Bd. 56, S. 641. 1907. — Ehrenberg, P.: Versuch eines Beweises fur die Anwendbarkeit der Wahrscheinlichkeitsrechnung bei Feldversuchen. Landw. Versuchsstat., Bd. 87, S. 29. 1915. — Derselbe: Ein Beitrag zur Verarbeitung der Erntezahlen bei Feldversuchen. Fühlings Landw. Zeitung, Bd. 67, S. 285. 1918. — Derselbe: Versuch eines Beweises für die Anwendbarkeit der Wahrscheinlichkeitsrechnung bei Feldversuchen. Landw. Versuchsstation, Bd. 95, S. 157. 1920. — Feichtinger, E,: Die wirtschaftliche Bedeutung des mittleren Fehlers. Fortschr. d. Landw., Bd. 2, S. 447 bis 449. 1927. — Fisher, R. A.: Statistical methods for research workers. London 1925. — Frischauf, J.: Zur Anwendbarkeit der Methode der kleinsten Quadrate. Landw. Jahrb., Bd. 43, S. 501. 1912. — Fröhlich, O.: Zur Anwendbarkeit der Methode der kleinsten Quadrate in der Landwirtschaft. Mitteil. d. Landw. Inst. Breslau, Bd. 6, S. 683. 1910. — Gorski, M. und Stefaniow, M.: Die Anwendbarkeit der Wahrscheinlichkeitsrechnung bei Feldversuchen. Landw. Versuchsstat., Bd. 90, S. 225. 1917. — Hall, A. D.: The experimental error in field trials. Journ. Bd. Agr., Bd. 16, 2, S. 365 bis 370. 1909. — Derselbe u. Russel, E. J.: Field trials and their interpretation. Journ. Bd. Agr., Suppl. S. 5 bis 14. 1911. — Harnoth: Die Wahrscheinlichkeitsrechnung im landwirtschaftlichen Versuchswesen. Mitteil. d. D. L. G., Bd. 28, S. 70, 87, 105. 1913. — Derselbe: Die Genauigkeitsprufung bei landwirtschaftlichen Versuchen. Fühlings Landw. Zeitung, Bd. 63, S. 383. 1914. — Harris, O. A.: On the significance of variety tests. Science, u. s. 36, S. 318 bis 320, 1912, und u. s. 37, S. 493, 494, 1913. — Holtsmark, G.: Über eine Anwendung der Fehlerwahrscheinlichkeitsrechnung auf Größen, die sich nicht rein zufällig ändern. Zeitschr. f. Math. u. Phys., Bd. 52, S. 410. 1906. — Derselbe u. Larsen: Über die Fehler, welche bei Feldversuchen durch die Ungleichartigkeit des Bodens bedingt werden. Landw. Versuchsstat., Bd. 65, S. 1. 1907. — Kiesselbach, T. A.: Experimental error in field trials. Journ. Americ. Soc. Agr., Bd. 11, S. 242 bis 247. 1919. — Kristensen, R. K.: Fejltheori og Markforsög. Tidskr. f. Planteavl, S. 627. 1910. — Derselbe: Nöiagtigheden ved varietets- og stamesforsög med roer. Tidskr. f. Planteavl, Bd. 28, S. 95 bis 118. 1912. — Derselbe: Anvendelse av fejltheori paa Resultates av Markforsök. Tidskr. f. Planteavl, S. 283. 1914. — Derselbe: Anlaeg og opgörelse av markforsök. Tidskr. f. Planteavl, Bd. 31, S. 464 bis 494. 1925. — Lindhard, E.: Om det matematiske Grundlag for Dyrknings forsök. Tidskr. f. Planteavl, S. 337. 1909. — Derselbe: Om Fejlberegning in Dyrkningsforsögets Tjeneste. Tidskr. f. Planteavl, S. 116. 1915. — Derselbe: Fejlberegning og Variationsstatistik med saerlig Henblik paa Dyrknings forsöget. Nord. jordbr. forskn., S. 228. 1922. — Love, H. H.: The experimental error in field trials. Journ. Americ. Soc. Agr., Bd. 11, S. 212 bis 216.

1919. — Derselbe: The application of probable error to agricultural experimentation. Proceedings of the 36the Annual Convention of the Association of Land-Guard-Colleges, S. 129 bis 140. 1922. — Derselbe: The importance of the probable error concept in the interpretation of experimental results. Journ. Americ. Soc. Agr., Bd. 15, S. 217 bis 224. 1903. — Mercer u. Hall: The experimental error of field trials. Journ. agr. science, Bd. 4, S. 107. 1911/12. — Mitscherlich, E. A.: Fehlerausgleichsrechnung. Mitteil. d. D. L. G., Bd. 27, S. 655. 1912. — Derselbe: Über die Anwendung der Fehlerwahrscheinlichkeitsrechnung auf die Resultate von Düngungsversuchen. Landw. Zeitung, Bd. 61, S. 504. 1912. — Derselbe: Über zufällige und systematische Fehler bei Anbau und Dungungsversuchen. Fühlings Landw. Zeitung, Bd. 65, S. 360. 1916. — Derselbe: Die Anwendung der Wahrscheinlichkeitsrechnung auf Fragen der Landwirtschaft. Fuhlings Landw. Zeitung, Bd. 67, S. 233. 1918. — Derselbe: Zu den Einwendungen von Czuber. Landw. Jahrb., Bd. 67, S. 507. 1923. — Derselbe: Zur Fehlerberechnung auf Versuchsfeldern. Pflanzenbau S. 113. 1926/27. — Pfeiffer, Ph.: Die sogenannte statistische Methode der Felddüngungsversuche und die Ausgleichsrechnung. Mitteil. d. Landw. Inst. Breslau, Bd. 2, S. 647. 1904. — Derselbe: Die Bedeutung der Wahrscheinlichkeitslehre für die Landwirtschaft. Fühlings Landw. Zeitung, Bd. 59, S. 569. 1910. — Derselbe: Fehlerausgleichsrechnung. Mitteil. d. D. L. G., Bd. 27 S. 655. 1912. — Derselbe: Die Anwendung der Wahrscheinlichkeitslehre auf Fragen der Landwirtschaft. Fühlings Landw. Zeitung, Bd. 65, S. 193. 1916. — Derselbe: Der Vegetationsversuch. Berlin 1918. Daselbst auch ausführliches Literaturverzeichnis. — Derselbe: Die Bedeutung der Wahrscheinlichkeitslehre für die Landwirtschaft. Fühlings Landw. Zeitung, Bd. 71, S. 373. 1922. — Remy u. Samel: Die Bedeutung der Wahrscheinlichkeitslehre fur die Landwirtschaft. Bl. f. d. Zuckerrübenbau, Bd. 18, S. 41. 1911. — Report of committee on standardization of field experiments. Journ. Soc. Agr., Bd. 16, Nr. 1. 1924. Daselbst ausführliche Literaturangabe. — Rodewald, H.: Die Anwendung der Ausgleichsrechnung bei der Ausnutzung von feldmäßigen Anbauversuchen. Mitteil. d. D. L. G., Bd. 22, S. 353. 1907. — Derselbe: Die Bedeutung der Fehlerausgleichung für die Lösung landwirtschaftlich wichtiger Fragen. Fühlings Landw Zeitung, Bd. 58, S. 12. 1909. — Rumker, K.: Über die Ausrechnung von Versuchsergebnissen. Fühlings Landw. Zeitung, S. 458. 1928. — Simony, O.: Über die Anwendbarkeit der Fehlerwahrscheinlichkeits- und Ausgleichsrechnung auf Ertragsbestimmungen. Zeitschrift f. landw. Versuchswesen in Österr., Bd. 8, S. 87. 1905. — Student: The probable error of a mean. Biometrica, Bd. 6, S. 1 bis 25. 1908. — Vik, Knut: Betydningen av feil og feilberegningen ved markforsök. Beretning fra N. J. Fs. Kongress i Oslo, Juni 1926. — Wood, T. B.: The interpretation of experimental results. Journ. Bd. Agr., Suppl. S. 15 bis 37. 1911. — Wood u. Stratton: Interpretation of experimental results. Journ. Agr. Science, Dez. 1910. — Yule, G. U.: An Introduction of the Theory of Statistics. London 1924.

II. Die Ausschaltung der systematischen Bodenfehler[1]

Die sichersten Ergebnisse erhält man, wenn der Versuch auf einem möglichst gleichmäßigen Felde angelegt werden kann. Leider ist dies aber in der Mehrzahl der Fälle nicht möglich, ja, für die breite Praxis kann man sogar behaupten, daß in vielen Fällen diejenigen Versuche wirtschaftlich die wichtigeren sind, die auf schwer zu beurteilenden Böden angestellt werden. Es ergab sich daher die Notwendigkeit, ein besonderes Augenmerk der Auffindung von Methoden zuzuwenden, welche auch auf solchen Feldern verwertbare Resultate liefern. Wir verfügen heute bereits über eine ganze Reihe bewährter Methoden dieser Art, die im nachfolgenden einzeln der Reihe nach besprochen werden sollen.

Zu was für falschen Ergebnissen die Anwendung der gewöhnlichen Methode führt, sei an einem theoretischen Beispiele dargelegt. Zunächst müssen wir jedoch vorausschicken, daß wir auf S. 15 (Grundlagen der Fehlerrechnung) bisher bloß eine Möglichkeit der Ausrechnung von Versuchen ohne systematischen Bodenfehler kennen gelernt haben — es gibt noch ein etwas abweichendes Verfahren, das wir im nachfolgenden zunächst vorausschicken wollen.

Direkte und indirekte Differenzbildung

Worauf es uns beim landwirtschaftlichen Versuch ankommt, ist stets eine Differenzbildung. Ob wir die Wirkung eines Nährstoffes, den Einfluß einer bodenbearbeitenden Maßnahme, den Ertrag einer Sorte zu beurteilen haben — immer handelt es sich letzten Endes darum, das Mehr zu erfassen, das diese eine Düngung, Ackerung, Sorte .... vor den anderen voraus hat. Die Höhe der absoluten Erträge ist uns in der Regel recht gleichgültig — denn wir wissen ja, daß die Erträge je nach Boden, Witterung usw. schwanken. Diesen Unterschied zweier Versuchsobjekte können wir auf zweierlei Art ausdrücken. Entweder wir bilden die Differenz der absoluten Erträge und erhalten den Mehrertrag als absolute Größe, dies ist der eine Weg; der andere ist der, daß wir die Ertragssteigerung als prozentische Beziehung der beiden Größen zu erfassen suchen. Welche der beiden Ausdrucksformen von pflanzenphysiologischen Gesichtspunkten aus die richtigere ist, läßt sich nicht von vornherein ausmachen. Es hängt dies davon

[1] Literaturverzeichnis S. 76.

ab, wie die Pflanzenarten auf die Versuchsmaßnahmen reagieren. Die prozentische Ausdrucksweise setzt voraus, daß die Pflanzen den Ertrag im Verhältnis zu ihrem Grundertrage verändern, daß also Pflanzensorten, die geringere Erträge ergeben, bei einer bestimmten Düngung z. B. den Ertrag pro Parzelle um weniger Kilogramme vermehren als Pflanzensorten mit hohen Erträgen. Die andere Berechnungsart nimmt an, daß in demselben Falle die Ertragszunahme sowohl bei Pflanzensorten mit hohen als auch bei solchen mit niedrigen Erträgen gleich viel Kilogramm beträgt. Die bisherigen Untersuchungen haben ergeben, daß beide Verhalten vorkommen können[1]. In wissenschaftlich exakten Arbeiten ist daher stets nachzuprüfen, welche der beiden Bezugsweisen bessere Ergebnisse liefert. Im praktischen Feldversuch wird man in der Regel das bequemere Arbeiten mit absoluten Differenzen vorziehen. In logischer Beziehung sind beide Ausdrucksweisen gleichwertig. Nachfolgende Überlegungen gelten daher sowohl für absolute Differenzen als auch für prozentische Beziehungen, trotzdem sie der Einfachheit halber nur für die absoluten Differenzen durchgeführt sind.

In dem Beispiel auf S. 15 haben wir den Ertragsunterschied dadurch errechnet, daß wir z. B. zunächst den Ertrag von Sorte I und Sorte II errechneten, daraus die Differenz bildeten und den mittleren Fehler dieser Differenz nach dem Fehlerfortpflanzungsgesetz ermittelten.

Sorte	I	$20 \pm 0{,}32$
,,	II	$25 \pm 0{,}40$
Differenz	II — I	$5 \pm 0{,}51$

Diese Differenz läßt sich aber auch noch derart gewinnen, daß man direkt in jeder einzelnen Wiederholung die Differenz II zu I

I	II	II—I	v	v^2
19,5	24,3	+ 4,8	— 0,2	0,04
19,4	25,7	+ 6,3	+ 1,3	1,69
20,6	24,3	+ 3,7	— 1,3	1,69
20,5	25,7	+ 5,2	+ 0,2	0,04
		20,0		
		+ 5,0		

$$m = \sqrt{\frac{\Sigma v^2}{n(n-1)}} = \sqrt{\frac{3{,}46}{12}} = \sqrt{0{,}29} = \pm 0{,}54.$$

[1] Vgl. Knut Vik a. a. O. S. 17ff.

bildet, von diesen derart gewonnenen einzelnen Differenzen das Mittel sucht und aus den Abweichungen von diesem Mittel den mittleren Fehler berechnet. Diese direkte Differenzbildung — wie sie zum Unterschiede von der oben angewandten indirekten Differenzbildung heißt — ist S. 27 unten durchgeführt.

Wir erhalten also, sowohl was die Höhe der Differenz als auch die des Fehlers betrifft, hier annähernd das gleiche Ergebnis wie bei der indirekten Differenzbildung, was auch durch eingehende Untersuchungen an Blindversuchen bestätigt ist.[1] Kommt es uns also nur auf die Differenz II zu I an, so können wir das Verfahren durch direkte Differenzbildung gegenüber dem gewöhnlichen Verfahren etwas abkürzen, da wir dabei nur einen Durchschnitt und einen mittleren Fehler zu errechnen brauchen.

Wie verhalten sich diese beiden Methoden bei Vorhandensein einer systematischen Bodenvariation? Als Beispiel wählen wir die von Mitscherlich wiederholt zu Demonstrationszwecken gebrachte schematische Reihe von Rodewald.

Es handelt sich um einen Versuch, bei dem der gleiche Ertrag aller Vergleichsobjekte vorausgesetzt ist; eine systematische Veränderung der Bodengüte von der einen Seite des Versuches zur anderen bewirkt jedoch, daß die Erträge gleichmäßig ansteigen und, wie folgt, verlaufen. Zufällige Schwankungen sind dabei nicht vorhanden:

1,	2,	3,	4,	5	6,	7,	8,	9,	10	11,	12,	13,	14,	15	16,	17,	18,	19,	20
I	II	III	IV	V	I	II	III	IV	V	I	II	III	IV	V	I	II	III	IV	V
		a					b					c					d		

Die gewöhnliche Berechnung des Unterschiedes von II zu I, der nach den Voraussetzungen 0 ± 0 sein sollte, ergibt

1. Indirekte Differenzbildung

	I	II	
Wiederholung a	1	2	$I = 8{,}5 \pm 3{,}6$
b	6	7	$II = 9{,}5 \pm 3{,}6$
c	11	12	$II - I = 1 \pm 5{,}1$
d	16	17	
	8,5	9,5	

[1] Vgl. Möller und Feichtinger: Direkte oder indirekte Differenzbildung. Landw. Jahrbücher, Bd. 67, S. 99. 1927.

2. Direkte Differenzbildung

	I	II	II — I	
Wiederholung a	1	2	1	
b	6	7	1	II — I = 1 ± 0
c	11	12	1	
d	16	17	1	

Beide Berechnungsweisen führen also zu dem falschen Ergebnis, daß zwischen I und II (und ebenso zwischen II und III, III und IV, IV und V) ein Unterschied von 1 vorhanden ist. Bei der indirekten Bildung der Differenz geht jedoch diese systematische Bodenänderung in den mittleren Fehler über, sogar die Differenz I zu V bleibt dadurch noch unsicher. Der mittlere Fehler enthält also hier die volle systematische Bodenänderung. Bei der direkten Berechnung haben wir überhaupt keinen mittleren Fehler — was ja eigentlich den Voraussetzungen entspricht, da die schematische Reihe keine zufälligen Schwankungen enthält und der mittlere Fehler nur die zufällige Schwankung enthalten soll —, dafür aber wird eine falsche Differenz, welche auf systematische Bodenvariation zurückzuführen ist, sicher. Was wir brauchen, sind also Methoden, welche den systematischen Fehler sowohl aus der Differenz als auch aus dem Fehler entfernen, so daß wir als Differenz den Ertragsunterschied zweier Sorten, Düngungen usf. unbeeinflußt von der systematischen Bodenvariation erhalten und daß der mittlere Fehler dieser Differenz bloß die zufälligen Schwankungen enthält. Die direkte Differenzbildung erweist sich dabei nur bei Anwendung solcher korrigierender Methoden oder bei Abwesenheit von systematischen Bodenvariationen als zulässig. Da man den Einzelzahlen eines Versuches jedoch nicht sofort ansehen kann, ob eine Bodenvariation vorliegt, so ist bei Berechnung ohne Anwendung korrigierender Methoden sicherheitshalber zunächst stets die Berechnung mit indirekter Differenzbildung wie S. 15 vorzuziehen.

Graphische Darstellung

Da, wo systematische Bodenvariationen vorzuliegen scheinen, bietet die graphische Darstellung ein ganz vorzügliches Mittel, um einen Überblick über den Verlauf systematischer Bodenänderungen zu verschaffen. Nachfolgend die Ziffern eines 1924 durchgeführten Düngungsversuches als Beispiel.

	Erträge der Wiederholung						
	a	b	c	d	Ds	m	m%
U = ungedüngt	12	10,0	4,5	6,0	8,1	± 2,4	30
V = Volldüngung	15	13,0	7,5	9,0	11,1	± 2,1	19
—N = „ ohne N	11,5	8,0	4,5	6,5	7,6	± 1,5	20
—P = „ „ P	16,5	9,0	8,0	12,0	11,4	± 2,1	18
—K = „ „ K	14,0	8,5	8,0	12,0	10,6	± 1,7	16

Also ein Ergebnis, das auf den ersten Blick hoffnungslos aussieht. Die Differenz von ungedüngt zu Volldüngung + 3,0 ± 3,2, also eine Wirkung der Volldüngung mit bloß 82% Wahrscheinlichkeit (vgl. Tab. S. 18 $\frac{D}{m_D} = 0,9$) usw. Wieso kommt das?

Wir wollen uns auf Millimeterpapier die Erträge — der besseren Sichtbarkeit halber in starker Überhöhung — auf-

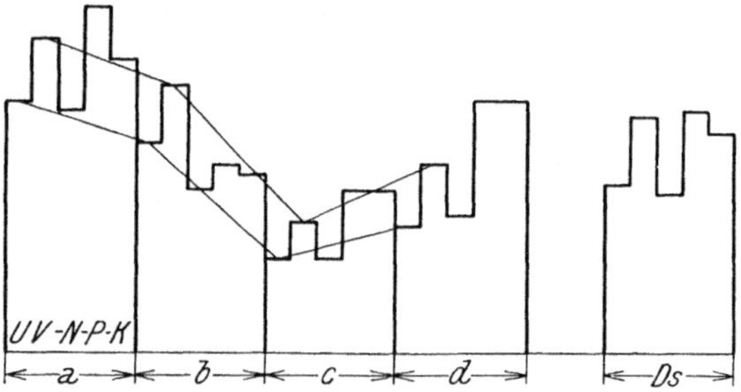

Abb. 4. Graphische Darstellung der Erträge eines Versuches mit systematischer Bodenvariation (Kolonnenform)

zeichnen, eine Arbeit, die wenige Minuten in Anspruch nimmt. Vgl. die graphische Darstellung Abb. 4.

Wir sehen nun auf den ersten Blick: von links nach rechts zunächst ein Abfall in der Bodengüte, bis etwa zu Beginn der c-Wiederholung, dann wieder ein langsamerer Anstieg bis zum Ende der d-Wiederholung. Die Bilder der einzelnen Gruppen spiegeln — verzerrt durch diesen Bodeneinfluß — das rechts am Ende angeschlossene Bild des Durchschnittes. Verbinden wir die Scheitelpunkte der einzelnen Kolonnen (in der Zeichnung nur für U und V durchgeführt), so finden wir eine seltene Parallelität der Linien von ungedüngt, Volldüngung, ohne Stickstoff und ohne Kali. Die Phosphorsäurelinie schwankt etwas stärker. Immerhin können wir aus dieser bloßen graphischen Darstellung bereits sagen: sichere Überlegenheit der Volldüngung über ungedüngt, beruhend ausschließlich auf der N-Wirkung. Keine P- und K-Wirkung. Wie groß diese Wirkung ziffernmäßig ist, können wir allerdings erst sagen, wenn wir die Erträge mit einem der nachfolgenden „korrigierenden" Verfahren berechnet haben.

Eine andere übliche Art der Darstellung beruht darin, die Erträge nicht in Kolonnenform zu zeichnen, sondern die Ertragspunkte durch Linien zu verbinden — für dieses Beispiel in Abb. 5 durchgeführt. Die dicke Linie, welche in dieser Zeichnung gewissermaßen als „Linie der Bodenvariation" verläuft, wurde dadurch gewonnen, daß jeweils das Mittel aus fünf nebeneinanderliegenden Parzellen gebildet und bei der Mitte der Gruppe eingetragen wurde. (Vgl. dazu das Prinzip der Gleitmethoden S. 41.)

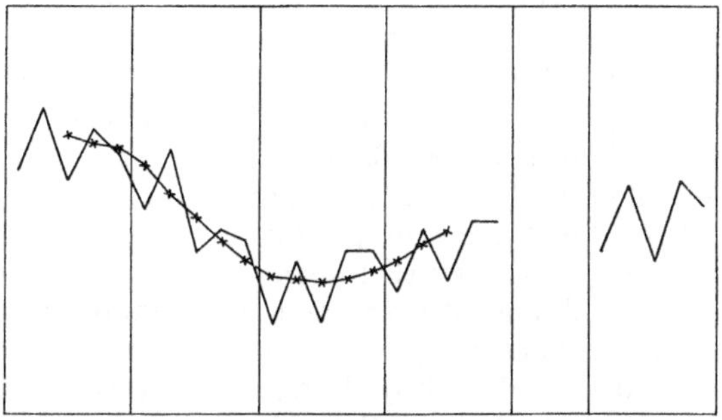

Abb. 5. Andere Darstellungsweise der Ertrage eines Versuches mit systematischer Bodenvariation

Es ist Gewohnheits- und Geschmacksache, welche der beiden Darstellungen man vorzieht. Korrekter ist vielleicht die Darstellung in Kolonnenform, da die Flächeninhalte der Kolonnen zueinander sich wie die Ertragshöhen verhalten — man daher auch sofort einen Einblick in die Ertragssteigerung, im Verhältnis zum Grundertrag, gewinnen kann. Verfolgen wir z. B. in Abb. 4 die beiden verbindenden Linien von Volldüngung und ungedüngt, so sehen wir, daß sich ihr Abstand bei den geringen, absoluten Erträgen verringert — ein Hinweis dafür, daß die Wirkung der Volldüngung im bestimmten Verhältnis zum Grundertrag des Feldes steht, bei hohem Grundertrag also auch einen höheren Mehrertrag zur Folge hat als bei niedrigerem.

Errechnung der Fruchtbarkeitszahlen

Eine andere Methode, sich einen Überblick über die Bodenschwankungen zu verschaffen, ist die Errechnung der Fruchtbarkeitszahlen.[1] Es wird von jedem im Versuche geprüften Objekte der Durchschnittsertrag errechnet und bei jeder Parzelle die absolute oder prozentische Abweichung von diesem Durchschnittsertrag eingetragen. Da diese Zahlen ohnedies bei der gewöhnlichen Versuchsauswertung ausgerechnet werden müssen, bedeutet dies keine Mehrarbeit. In dem bereits graphisch dargestellten Beispiele würde sich diese Berechnung folgendermaßen gestalten:

Erträge ungedüngt	12	10	4,5	6,0	Mittel 8,1
Abweichungen vom Mittel	+ 4	+ 2	— 5,5	— 2	

Darstellung in Fruchtbarkeitszahlen:

+ 4	+ 4	+ 4	+ 5	+ 3,5	+ 2	+ 2	— 0,5	— 2,5	— 2
Ia	IIa	IIIa	IVa	Va	Ib	IIb	IIIb	IVb	Vb
— 5,5	— 3,5	— 3	— 3,5	— 2,5	— 2	— 2	— 1	+ 0,5	+ 1,5
Ic	IIc	IIIc	IVc	Vc	Id	IId	IIId	IVd	Vd

Wir sehen, daß sich aus diesen Ziffern ein ganz guter Einblick in die Verhältnisse der Felder gewinnen läßt: erhöhte Fruchtbarkeit am linken Ende, Abfall gegen die Mitte zu, leichter Wiederanstieg am rechten Ende. So plastisch wie die graphische Darstellung ist diese Reihe natürlich nicht — sie zeigt jedoch, wie ein erfahrener Versuchsansteller aus den Abweichungen vom Mittel, die er bei der Ausrechnung des Versuches bildet, sofort einen Einblick in die Bodenschwankungen gewinnen kann. Von erheblichem Vorteil ist diese Methode beim schachbrettförmigen Versuche, wo die graphische Darstellung auf Schwierigkeiten stößt. Ein Beispiel darüber bringen wir später S. 52.

Es darf jedoch nicht unerwähnt bleiben, daß die Anwendung der Fruchtbarkeitszahlen in manchen Fällen ein völlig falsches Bild ergeben kann. Davon kann man sich leicht überzeugen, wenn man die Fruchtbarkeitszahlen z. B. für die bekannte Rodewaldsche Reihe (siehe S. 28) berechnet. Man erhält in diesem Falle folgende Zahlen:

— 7,5	— 7,5	— 7,5	— 7,5	— 7,5	— 2,5	— 2,5	— 2,5	— 2,5	— 2,5
Ia	IIa	IIIa	IVa	Va	Ib	IIb	IIIb	IVb	Vb
+ 2,5	+ 2,5	+ 2,5	+ 2,5	+ 2,5	+ 7,5	+ 7,5	+ 7,5	+ 7,5	+ 7,5
Ic	IIc	IIIc	IVc	Vc	Id	IId	IIId	IVd	Vd

Ein völlig gleichmäßiges Ansteigen der Bodengüte erscheint hier in der Form von vier sprunghaften Änderungen.

Nur dann erhält man mit Hilfe der Fruchtbarkeitszahlen ein richtiges Bild, wenn entweder die Wiederholungen in Gebiete

[1] Knut Vik.: Fehlerberechnung u.s.f. S. 10ff.

gleicher Bodenfruchtbarkeit zu liegen kommen oder wenn die Anordnung derart getroffen ist, daß ein gleichmäßiger Anstieg die Objekte in den einzelnen Wiederholungen in verschiedener Reihenfolge trifft. Dies ist im Quadratverbande bei der üblichen systematischen Vertauschung der Objekte fast immer der Fall — bei Langreihen muß bei der Anordnung der Objekte (z. B. durch Umkehrung der Reihenfolge) besonders darauf geachtet werden, soferne die Fruchtbarkeitszahlen als Maßstab für die Bodenänderungen herangezogen werden sollen (wie z. B. bei der Methode Richey S. 62).

Bei der nun folgenden Besprechung der rechnungsmäßigen Ausschaltung der systematischen Bodenveränderungen wollen wir zunächst als allgemeinen Vorläufer der Standardmethode den Blindversuch besprechen und dann die einzelnen, auf reihenförmigen und schachbrettförmigen Versuchsfeldern in Anwendung befindlichen Methoden einzeln erläutern. Den Schluß soll dann ein kurzer Vergleich der Methoden untereinander bilden.

Der Blindversuch

Diese von Drechsler 1880 das erste Mal angewandte Versuchsanstellung ist auf dem Gedanken aufgebaut, daß es möglich sein müsse, die Unterschiede in der Bodenbeschaffenheit dadurch zu erfassen, daß man das in Aussicht genommene Versuchsfeld einheitlich mit derselben Sorte, Düngung, Bearbeitung usw. bebaut, dann vor der Ernte in zahlreiche gleich große Teilstücke zerlegt und von jedem dieser Stücke einzeln das Erntegewicht bestimmt. Die Erträge dieser Stücke sollten alle gleich groß sein — treten größere, über die zufälligen Abweichungen hinausgehende Schwankungen auf, so sind sie auf Verschiedenheiten im Boden des Feldes zurückzuführen.

Diese „Blindversuche" leisten nun tatsächlich ganz vorzügliche Dienste, wenn es gilt, sich darüber zu orientieren, inwieweit ein Versuchsfeld gleichmäßig ist — eine Frage, die für das Arbeiten wissenschaftlicher Institute von großer Bedeutung sein kann. Des weiteren geben solche Versuche ein ganz vorzügliches Material für vergleichende Untersuchungen über die Richtigkeit oder Sicherheit verschiedener Versuchsmethoden ab, da man ja hier stets weiß, welches Resultat herauskommen soll. Diese Versuche sind jedoch nicht brauchbar, um etwa in folgenden Jahren danach Korrekturen an den Ernteergebnissen eines wirklichen Versuches vorzunehmen. Wie eingehende Untersuchungen ergeben haben, sind die Einflüsse der Jahreswitterung, der Feuchtigkeit usw. viel zu groß und viel zu wechselnd, um auch nur halbwegs die Richtigkeit solcher Maßnahmen zu gewährleisten. Für eine tatsächliche Ausschaltung von systematischen Bodenvariationen im praktischen Feldversuch ist also der reine Blindversuch nicht anwendbar.

Methoden für Langreihen

1. Standardmethode

Diese von Holtsmark und Larsen[1] zuerst angewandte Methode besteht dem Wesen nach aus einer Kombination des bereits erwähnten Blindversuches mit einem gleichzeitig angestellten tatsächlichen Versuche. Zwischen die tatsächlichen Frageparzellen sind, je nach Bedarf häufiger oder weniger häufig, Parzellen einer ein-

Standardmethode mit je einer Zwischenparzelle (Jambische Standardmethode)

mit 2	mit 3	mit 4 Objekten
I	I	I
II	II	II
I	I	I
II	III	III
I	I	I
II	II	IV
I	I	I
II	III	II
I	I	I
usw.	usw.	III
		I
		usw.

Parzellenbedarf z, wenn n = Zahl der Wiederholungen und p = Zahl der Objekte (ohne Standardobjekt) $z = n \,.\, 2p + 1$.

[1] Holtsmark und Larsen: Über die Fehler, welche bei Feldversuchen durch die Ungleichartigkeit des Bodens bedingt werden. Landwirtschaftliche Versuchsstationen 65/1907. Holtsmark und Larsen arbeiteten allerdings seinerzeit nur mit schachbrettförmiger Anordnung (s. S. 50), für welche die Methode Vik vorzuziehen ist. Von Möller-Arnold wurde die Standardmethode auf Langreihen übertragen (s. Pflanzenbau, H. 12, S. 202, 1924).

heitlichen Sorte oder Düngung — der sogenannten Standardsorte oder Standarddüngung — eingeschaltet, welche dazu dienen, die Veränderungen des Bodens festzustellen und danach die erhaltenen Erträge zu korrigieren. Je nach der Zahl der zu prüfenden Objekte und der erforderlichen Genauigkeit wird die Anlageform verschieden sein. Nachfolgende Zusammenstellung zeigt einige Beispiele der für Versuche in Langreihen möglichen Anordnungen.

Standardmethode mit je zwei Zwischenparzellen. (Daktylische Standardmethode)

mit 3	mit 5	mit 7 Objekten
I	I	I
II	II	II
III	III	III
I	I	I
II	IV	IV
III	V	V
I	I	I
II	II	VI
III	III	VII
I	I	I
usw.	IV	usw.
	V	
	I	
	usw.	

Parzellenbedarf $\left(p + \frac{p}{2}\right) n + 1$

Standardmethode mit je drei Zwischenparzellen

I	II	III	IV	I	V	VI	VII	I	usw.

Parzellenbedarf $\left(p + \frac{p}{3}\right) n + 1$

Standardmethode mit je vier Zwischenparzellen

I	II	III	IV	V	I	VI	VII	VIII	IX	I	usw.

Parzellenbedarf $\left(p + \frac{p}{4}\right) n + 1$

Daktylische Standardmethode. Anordnung hintereinander

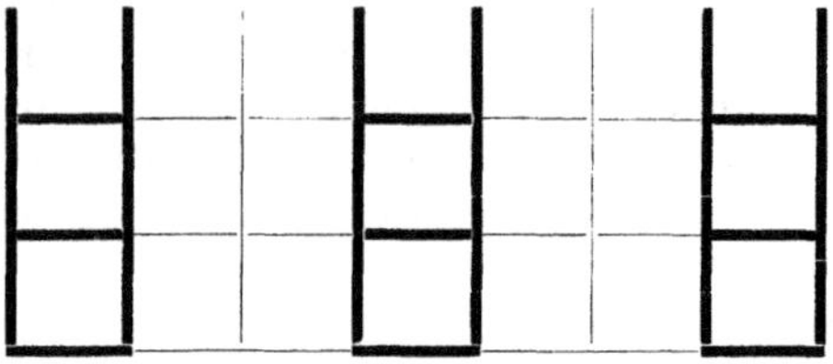

I II III I IV V I

usw.

Parzellenbedarf $\left(p + \frac{p}{2} + 1\right) n$

Aus den zahlreichen hier gebrachten Möglichkeiten ist leicht zu ersehen, daß diese Methode außerordentlich anpassungsfähig ist: je wechselnder der Boden ist, desto häufiger werden Standardparzellen einzufügen sein; auf nicht zu ungleichmäßigen Feldern wird es genügen, nur jede dritte, allenfalls jede vierte Parzelle als Maßparzelle einzuschalten. Auch ist der Mehrbedarf an Parzellen bei dieser Methode nicht groß, wenn man stets als Standardparzelle eine Frageparzelle nimmt, wie nachfolgende Zusammenstellungen für die häufigsten praktischen Fälle dies zeigen:

Für drei Objekte:

	Gewöhnliche Methode	Gleitmethode	Jamb. Standardmethode	Daktyl. Standardmethode
Wiederholungen	6 fach	5 fach	4 fach	6 fach
Parzellenanzahl	18	17	17	19

Für fünf Objekte:

	Gewohnliche Methode	Gleitmethode	Jamb. Standardmethode	Daktylische Standardmethode	
Wiederholungen	6 fach	5 fach	4 fach	5 fach	6 fach
Parzellenanzahl	30	29	33	31	37

Bei drei Objekten beansprucht die daktylische Standardmethode bei gleicher Wiederholungszahl nur eine Parzelle, bei fünf Objekten nur sieben Parzellen mehr als die gewöhnliche Methode.

Die Standardmethode mit Anordnung der Parzellen hintereinander steht bei Sortenversuchen vielfach in Anwendung; es ist dies eine Anlageform, die der Arbeitsweise des Anlagegerätes, der Drillmaschine, am besten angepaßt ist.

Bei der Ausrechnung von Versuchen, die nach der Standardmethode angelegt sind, wird angenommen, daß zwischen je zwei Standardparzellen der Bodenabfall gleichmäßig verläuft. Liegt eine Parzelle dazwischen (jambische Methode), so wird die Differenz zwischen den Standardparzellen halbiert, liegen zwei Parzellen dazwischen (daktylische Standardmethode), so wird diese Differenz gedrittelt usw. Hätten also z. B. zwei Standardparzellen den Ertrag 7 und 10 gegeben, so wäre der interpolierte Standardwert bei einer dazwischenliegenden Parzelle $7 + \frac{10 - 7}{2} = 8\frac{1}{2}$, die Standardwerte bei zwei dazwischenliegenden $7 + \frac{10 - 7}{3} = 8$ und $7 + 2\left(\frac{10 - 7}{3}\right) = 9$, bei n dazwischen liegenden Objekten $a_1 + \frac{a_1 - a_2}{n + 1}$, $a_1 + 2\left(\frac{a_1 - a_2}{n + 1}\right)$ bis $a_1 + n \,.\left(\frac{a_1 - a_2}{n + 1}\right)$ usw.

Dieselbe Rechnung kann auch prozentisch durchgeführt werden.

Es folge nun, zur Erläuterung der Berechnung, zunächst ein Blindversuch von neunzehn Parzellen, der einen leichten Abfall der Bodengüte von einem Ende zum anderen aufweist. Angenommen wurde, daß es sich um drei verschiedene Objekte handelt.

Erträge der Parzellen in Kilogramm:

18,0,	20,0,	20,0,	19,0,	17,0,	19,0,	20,5,	20,5,	18,5,	18,5,
1	2	3	4	5	6	7	8	9	10

19,0,	17,0,	15,0,	15,5,	15,0,	15,0,	16,5,	15,0,	(14,5)
11	12	13	14	15	16	17	18	19

Die gewöhnliche Verrechnung sei vorwegnehmend durchgeführt; sie ergibt in diesem Falle:

I	18,0	+ 0,3		II	20,0	+ 1,9		III	20,0	+ 2,6	
	19,0	+ 1,3			17,0		— 1,1		19,0	+ 1,6	
	20,5	+ 2,8			20,5	+ 2,4			18,5	+ 1,1	
	18,5	+ 0,8			19,0	+ 0,9			17,0		— 0,4
	15,0		— 2,7		15,5		— 2,6		15,0		— 2,4
	15,0		— 2,7		16,6		— 1,6		15,0		— 2,4
	106,0	5,2	5,4		108,5	5,2	5,3		104,5	5,3	5,2
		10,6 × 0,093				10,5				10,5	
		17,7 ± 0,98			18,1 ± 0,97				17,4 ± 0,97		

Resultat I — II = — 0,4 ± 1,39 ($= \sqrt{0,98^2 + 0,97^2} = \sqrt{1,94}$)
„ I — III = + 0,3 ± 1,40.

Es folgt nun die

Berechnung nach der Standardmethode, jede zweite Parzelle Standard (jambische Standardmethode)

1	2	3	4	5	5 a	6	6 a
	Standard-Parzellen	Interpolierte Werte J	Werte von II und III	II — J	Abweichungen vom Mittel	III — J	Abweichungen vom Mittel
I	18,0						
II		19,0	20	+ 1,0	(+ 0,6)		
I	20,0						
III		18,5	19,0			+ 0,5	(+ 0,3)
I	17,0						
II		18,7	19,0	+ 0,3	(— 0,1)		
I	20,5						
III		19,5	20,5			+ 1,0	(+ 0,8)
I	18,5						
II		18,7	18,5	— 0,2	(— 0,6)		
I	19,0						
III		17,0	17,0			+ 0,0	(— 0,2)
I	15,0						
II		15,0	15,5	+ 0,5	(+ 0,1)		
I	15,0						
III		15,7	15,0			— 0,7	(— 0,9)
I	16,5				(1,4 × 0,181)		(2,2 × 0,181)
	Resultate			+ 0,4	± 0,25	+ 0,2	± 0,40

In der 3. Spalte wurden also die Höhen des Standardertrages für die zwischen zwei Standardparzellen liegenden Parzellen errechnet, ihnen in Spalte 4 die Frageparzellen gegenübergestellt und in den Spalten 5 und 6 die Differenzen gebildet. Daraus ergibt sich als Resultat das Mittel dieser Differenzen; aus den Abweichungen von diesem Mittel wurde in den Spalten 5a und 6a der mittlere Fehler dieser Differenzen errechnet.

Dasselbe Beispiel, in Prozentrechnung durchgeführt, sieht folgendermaßen aus:

1	2	3	4	5	5 a	6	6 a
	Standardparzelle	Interpoierte Werte J	Werte von II und III	II in % von J	Abweichungen vom Mittel	III in % von J	Abweichungen vom Mittel
I	18,0						
II		19,0	20,0	105	(+ 3)		
I	20,0						
III		18,5	19,0			103	(+ 2)
I	17,0						
II		18,7	19,0	102	(0)		
I	20,5						
III		19,5	20,5			105	(+ 4)
I	18,5						
II		18,7	18,5	99	(—3)		
I	19,0						
III		17,0	17,0			100	(—1)
I	15,0						
II		15,0	15,5	103	(+ 1)		
I	15,0						
III		15,7	15,0			96	(—4)
I	16.5				(7 × 0,181)		(11 × 0,181)
	17.7			102,2	± 1,3	101	± 2,0

Die Ausrechnung der Spalten 1 bis 4 erfolgt genau so, wie bei der Rechnung mit absoluten Differenzen; in Spalte 5 und 6 werden jedoch nicht die absoluten Abweichungen der Reihen II und III von den interpolierten Werte eingetragen, sondern die Werte von II und III werden in Prozenten der interpolierten Zahlen ausgedrückt, also z. B. 20 ist 105% von 19 $\left(\frac{20 \cdot 100}{19{,}0}\right)$ usw. Daraus errechnet sich dann der Durchschnitt der prozentischen Werte von II und III sowie der Fehler dieser Werte. Wollen wir dann etwa den Mehrertrag in absoluten Zahlen haben, so nehmen wir den Durchschnittsertrag der Standardparzellen zur Grundlage. Sorte II hätte z. B. 2,2 ± 1,3% mehr als 17,7, d. i. also absolut

0,39 ± 0,23 mehr ergeben usw. Es sei an dieser Stelle ausdrücklich darauf hingewiesen, daß ein mittlerer Fehler des Durchschnittsertrages von 17,7 nicht errechnet werden darf, denn dieser so errechnete mittlere Fehler enthält dann nicht nur die zufälligen Schwankungen der Reihe I, sondern auch die systematischen Bodenabweichungen des Feldes, fällt also viel zu hoch aus. Die zufälligen Schwankungen der Standardsorte gehen ohnedies über die interpolierten Werte auf das Endresultat über.

Dasselbe Beispiel sei im folgenden noch nach der „daktylischen" Standardmethode, also je zwei Frageparzellen von den Standardparzellen eingeschlossen, gerechnet:

1	2	3	4	5	5 a	6	6 a
	Standard-Parzellen	Inter-polierte Werte J	Werte von II und III	II — J	Ab-weichungen vom Mittel	III — J	Ab-weichungen vom Mittel
I	18,0						
II		18,3	20,0	+ 1,7	(+ 1,1)		
III		18,7	20,0			+ 1,3	(+ 1,2)
I	19,0						
II		19,5	17,0	— 2,5	(— 3,1)		
III		20,0	19,0			— 1,0	(— 1,1)
I	20,5						
II		19,8	20,5	+ 0,7	(+ 0,1)		
III		19,2	18,5			— 0,7	(— 0,8)
I	18,5						
II		17,3	19,0	+ 1,7	(+ 1,1)		
III		16,2	17,0			+ 0,8	(+ 0,9)
I	15,0						
II		15,0	15,5	+ 0,5	(— 0,1)		
III		15,0	15,0			0,0	(— 0,1)
I	15,0						
II		14,8	16,5	+ 1,7	(+ 1,1)		
III		14,7	15,0			+ 0,3	(+ 0,2)
I	14,5				(6,6 × 0,093)		(4,3 × 0,093)
				+ 0,63	± 0,61	+ 0,11	± 0,4

Die Einschaltung der interpolierten Werte erfolgt hier durch Dritt-Teilung der Differenz zweier Standardparzellen — im übrigen gestaltet sich die Ausrechnung ganz analog der jambischen Standardmethode. Eine Durchrechnung dieses Beispieles nach Prozenten erübrigt sich, da die Art und Weise dieses Verfahrens durch das eine gebrachte Beispiel bereits genügend klar geworden sein dürfte. Ein weiteres Beispiel s. S. 119. Bleibt zum Schlusse noch die Frage zu erörtern:

Wie hilft man sich bei der Standardmethode, wenn aus irgend einem Grunde eine Parzelle ausfällt; sei es, daß sie vermäht wurde, sei es, daß beim Drusche ein Teil des Saatgutes verschüttet wurde oder was derlei leidige Zufälle sind, die nicht vorkommen sollten und doch immer wieder sich ereignen, und zwar gerade in den Versuchen, die am besten gelungen sind? Von Schädigungen, welche den Wert einer ganzen Gruppe von Parzellen herabsetzen — wie z. B. Mäuseschäden, stehende Wasser u. dgl. m. ist natürlich hier nicht die Rede, sondern nur von solchen Zufällen, welche bewirken, daß der Wert lediglich einer einzelnenParzelle ausfällt. Handelt es sich um irgend ein Objekt des Versuches, so hat diese eine Schädigung nicht viel zu sagen: das Resultat dieses einen Objektes wird dann eben bloß aus den übrigen unbeschädigten Wiederholungen errechnet. Trifft der Schaden jedoch eine Standardparzelle, so ist die Sache schon schlimmer; man müßte in diesem Falle eigentlich eine ganze Wiederholung ausfallen lassen. Ausnahmsweise kann man sich dann dadurch helfen, daß man den Wert dieser fehlenden Standardparzelle als Zwischenwert zwischen den nächstliegenden Standardparzellen interpoliert. Ist die Standardparzelle jedoch eine Endparzelle, so ist nicht mehr viel zu retten; denn ihren Wert dadurch zu bestimmen, daß man einen gleichmäßigen Bodenabfall zwischen beiden zunächst liegenden Standardparzellen voraussetzt und daraus ihren Wert extrapoliert, ist bereits unzulässig.

2. Gleitmethoden (Methoden mit verschiebbaren Abteilungen)

Der Grundgedanke aller auf diesen Methoden beruhenden Verfahren besteht darin, die durch den Boden bedingten Ertragsunterschiede der Versuchsobjekte untereinander dadurch auszuschalten, daß sie zu Gruppen zusammengefaßt werden, welche alle Versuchsobjekte je einmal enthalten. Wir haben diese Zusammenfassung zu Gruppen bereits in der graphischen Darstellung S. 31, Abb. 5, bei Eintragung der Linie der Bodenschwankungen in Anwendung gebracht. Die Höhe dieser Gruppenerträge kann nunmehr als Maßstab für die auftretenden Bodenveränderungen herangezogen werden.

Die wichtigsten nach diesem System arbeitenden Verfahren sind:

a) die einfache Gleitmethode mit verschiebbaren Abteilungen, im folgenden kurz Gleitmethode genannt,

b) das Ausgleichsverfahren nach Mitscherlich.

Beide Verfahren können sowohl mit direkten Differenzen als auch mit Prozentzahlen durchgeführt werden.

a) Die Gleitmethode[1]

Hier wird der Ertrag einer Parzelle stets in Beziehung gesetzt zu dem Ertragsmittel der Parzellengruppe, in deren Mitte sie liegt. Daraus ergibt sich, daß sie — streng genommen — nur dann Anwendung finden kann, wenn eine ungerade Anzahl von Frageparzellen vorliegt. Die Durchführung der Rechnung wird am besten an einem Beispiele klar werden, wozu wir wieder die Zahlen unseres bereits verwendeten Blindversuches (s. S. 37) wählen.

1	1 a	2	3	3 a	4	4 a	5	5 a	6	6 a
Fortlaufende Nummern	Objekte	Erträge	Gruppen		Differenzen samtlicher Abweichungen					
			aus den Teilstücken	Mittel M	I — M		II — M		III — M	
1	I	18,0								
2	II	20,0	1—3	19,3			+ 0,7	(+ 0,5)		
3	III	20,0	2—4	19,7					+0,3	(+0,4)
4	I	19,0	3—5	18,7	+ 0.3	(+ 0,4)				
5	II	17,0	4—6	18,3			— 1,3	(— 1,5)		
6	III	19,0	5—7	18,8					+0,2	(+0,3)
7	I	20,5	6—8	20,0	+ 0,5	(+ 0,6)				
8	II	20,5	7—9	19,8			+ 0,7	(+ 0,5)		
9	III	18,5	8—10	19,2					—0,7	(—0,6)
10	I	18,5	9—11	18,7	— 0,2	(— 0,1)				
11	II	19,0	10—12	18,2			+ 0,8	(+ 0,6)		
12	III	17,0	11—13	17,0					0,0	(+ 0,1)
13	I	15,0	12—14	15,8	— 0,8	(— 0,7)				
14	II	15,5	13—15	15,2			+ 0,3	(+ 0,1)		
15	III	15,0	14—16	15,2					—0,2	(—0,1)
16	I	15,0	15—17	15,5	— 0,5	(— 0,4)				
17	II	16,5				(2,2)		(3,2)		(1,5) (× 0,125)
		17,9			— 0,14 ± 0,27		+ 0,24 ± 0,40		—0,08 ± 0,19	

[1] Möller-Arnold: Untersuchungen über Möglichkeiten der Verminderung der Fehler von Feldversuchen. Landw. Jahrb., Bd. 65, S. 943.

Spalte 2 unserer Berechnung enthält die Erträge. Bei fünf Wiederholungen von drei Objekten benötigen wir bei der Gleitmethode $5 \times 3 = 15$ plus 2 Endparzellen $= 17$ Parzellen.[1] Spalte 3 enthält das Mittel von je drei nebeneinander liegenden Parzellen, also z. B. als ersten Posten $\frac{18 + 20 + 10}{3}$ usw. Beim praktischen Rechnen wird man sich die Bildung dieses Mittels dadurch erleichtern, daß man folgendermaßen vorgeht: Das erste Mittel in unserem Beispiel ist 19,3; rücke ich um eine Parzelle zur zweiten Gruppe $(20 + 20 + 19)$ vor, so scheidet der Ertrag 18 aus, neu kommt der Ertrag 19 hinzu, Differenz $+ 1$. Diese Differenz kommt beim Mittel zu $^1/_3$ in Anrechnung, das nächste Mittel ist also $19{,}3_3 + 0{,}3_3 = 19{,}6_5 = 19{,}7$ usf. Diese Rechnungsweise bietet besonders dann, wenn es sich um größere Gruppen handelt, erhebliche Vorteile. Die Spalten 4, 5 und 6 enthalten die absoluten Abweichungen der einzelnen Frageparzellen vom Gruppenmittel; daraus wird dann auf die übliche Art und Weise der Durchschnitt und dessen mittlerer Fehler bestimmt (4a, 5a, 6a). Als Endergebnis erhalten wir:

$$\mathrm{I} - \mathrm{II} = -0{,}38 \pm 0{,}48 \quad \left(\sqrt{0{,}27^2 + 0{,}40^2}\right)$$
$$\mathrm{I} - \mathrm{III} = -0{,}06 \pm 0{,}33 \quad \left(\sqrt{0{,}27^2 + 0{,}19^2}\right)$$
$$\mathrm{II} - \mathrm{III} = +0{,}32 \pm 0{,}44 \quad \left(\sqrt{0{,}40^2 + 0{,}19^2}\right)$$

Wollen wir die absolute Höhe der Erträge wissen, so beziehen wir auf das Ertragsmittel des Versuches 17,9[2] und erhalten:

$$\mathrm{I} = 17{,}76 \pm 0{,}27$$
$$\mathrm{II} = 18{,}14 \pm 0{,}40$$
$$\mathrm{III} = 17{,}82 \pm 0{,}17$$

Dieselbe Berechnung kann analog wie bei der Standardmethode selbstverständlich auch mit Prozentzahlen durchgeführt werden. Folgendes Beispiel möge dies zeigen:

---

[1] Gewöhnlich wiederholt man allerdings dann die drei Objekte sechsmal, so daß man $6 \times 3 = 18$ Parzellen hat. Eines der Objekte erscheint dann in der Ausrechnung nicht fünfmal, sondern sechsmal wiederholt.

[2] Streng genommen müßten bei Bildung des Mittels die letzten beiden Parzellen (15,0 und 16,5) ausgeschaltet werden, da Objekt I und II sonst in der Gesamtsumme einmal öfter enthalten sind als Objekt III.

Gleitmethode für drei Objekte in fünffacher Wiederholung[1]

Fortlaufende Nummer	Objekt	Erträge	Gruppen aus den Teilstücken	Gruppen -Mittel M	Ertrage in % des Gruppenmittels I	II	III
1	I	18,0	.	.	.	.	.
2	II	20,0	1—3	19,3	.	104 (+ 2)	.
3	III	20,0	2—4	19,7	.	.	102 (+ 2)
4	I	19,0	3—5	18,7	102 (+ 3)	.	.
5	II	17,0	4—6	18,3	.	93 (— 9)	.
6	III	19,0	5—7	18,8	.	.	101 (+ 1)
7	I	20,5	6—8	20,0	102 (+ 3)	.	.
8	II	20,5	7—9	19,8	.	104 (+ 2)	.
9	III	18,5	8—10	19,2	.	.	96 (— 4)
10	I	18,5	9—11	18,7	99 (± 0)	.	.
11	II	19,0	10—12	18,2	.	.	.
12	III	17,0	11—13	17,0	.	104 (+ 2)	.
13	I	15,0	12—14	15,8	95 (— 4)	.	100 (± 0)
14	II	15,5	13—15	15,2	.	102 (± 0)	.
15	III	15,0	14—16	15,2	.	.	99 (— 1)
16	I	15,0	15—17	15,5	97 (— 2)	.	.
17	II	16,5	16—18	15,5	.	106 (+ 4)	.
18	III	15,0			(0,125 × 12)	(0,093 × 19)	(0,125 × 8)
		17,7			99 ± 1,5	102_1 ± 1,8	99_6 ± 1,0

Erträge I in % = 99 ± 1,5 absolut von 17,7 = 17,6 ± 0,27
„ II „ % = 102 ± 1,8 „ „ 17,7 = 18,0 ± 0,32
„ III „ % = 100 ± 1,0 „ „ 17,7 = 17,7 ± 0,18

Nach dem bisher Gebrachten ergibt sich der Gang der Rechnungen von selbst. (Vgl. Prozentrechnung bei der Standardmethode S. 39.) Die bei der Prozentrechnung erforderliche Mehrarbeit wird nur in den seltensten Fällen lohnen. Zwecks Angleichung an die später durchgeführte Berechnung desselben Beispieles nach der Mitscherlichmethode wurde hier Objekt III in sechsfacher Wiederholung gerechnet.

Im nachfolgenden sei an demselben Beispiele noch die Gleitmethode in Anwendung bei fünf Objekten vorgeführt (s. Tabelle S. 45).

[1] Objekt II in sechsfacher Wiederholung vgl. Anm. S. 43.

Gleitmethode für 5 Objekte in 3facher Wiederholung mit direkten Differenzen

1	1 a	2	3	3 a	4	5	6	7	8
Fortlaufende Nummer	Objekt	Ertrage	Gruppenbildung aus den Teilstucken	Gruppenbildung Mittel M	I — M	II — M	III — M	IV — M	V — M
1	I	18,0	.	.	.	.	.	.	.
2	II	20,0	.	.	.	.	.	.	.
3	III	20,0	1—5	18,8	.	.	+ 1,2	0,0	.
4	IV	19,0	2—6	19,0	.	.	(+ 0,9)	(+ 0,3)	— 2,1
5	V	17,0	3—7	19,1	.	.	.	.	(— 1,2)
6	I	19,0	4—8	19,2	— 0,2	.	.	.	.
7	II	20,5	5—9	19,1	(— 0,5)	+ 1,4	.	.	.
8	III	20,5	6—10	19,4	.	(+ 0,5)	+ 1,1	.	.
9	IV	18,5	7—11	19,4	.	.	(+ 0,8)	— 0,9	.
10	V	18,5	8—12	18,7	.	.	.	(— 0,6)	— 0,2
11	I	19,0	9—13	17,6	+ 1,4	.	.	.	(0,7)
12	II	17,0	10—14	17,0	(+ 1,1)	0,0	.	.	.
13	III	15,0	11—15	16,3	.	(— 0,9)	— 1,3	.	.
14	IV	15,5	12—16	15,5	.	.	(— 1,6)	0,0	.
15	V	15,0	13—17	15,4	.	.	.	(+ 0,3)	— 0,4
16	I	15,0	14—18	15,4	— 0,4	.	.	.	(+ 0,5)
17	II	16,5	15—19	15,2	(— 0,7)	+ 1,3	.	.	.
18	III	15,0		.	.	(+ 0,4)	.	.	.
19	IV	14,5	.	.	.	.	.	.	.
					(2,3)	(1,8)	(3,3)	(1,2)	(2,4) × (0,295)
					0,27 ± 0,68	+ 0,9 ± 0,53	+ 0,33 ± 0,97	— 0,3 ± 0,35	— 0,9 ± 0,71

Die Zahl der erforderlichen Parzellen ist hier $3 \times 5 = 15$ plus 4 Endparzellen = 19 Parzellen. Ganz allgemein läßt sich für die Zahl der bei der Gleitmethode erforderlichen Parzellen die Formel $n \,.\, p + (p - 1)$ aufstellen, wenn wir n als Anzahl der Wiederholungen und p als Anzahl der Objekte annehmen. Bei Anwendung der Gleitmethode auf fünf Objekte ist in Spalte 3 der Durchschnitt aus fünf nebeneinander liegenden Parzellen enthalten — die übrige Berechnung erfolgt ganz wie bei drei Objekten.

Streng genommen dürfte diese Form der Gleitmethode nur auf Versuche mit einer ungeraden Anzahl von Objekten Anwendung finden, da nur dann die jeweils zu vergleichende Parzelle genau in der Mitte der Vergleichsgruppe liegt. Praktisch kann sie jedoch ohne Bedenken auch bei einer geraden Anzahl von Objekten angewendet werden — die Bodenvariation verläuft niemals so gleichmäßig, daß dieser kleine Mangel bei einer größeren Zahl von Wiederholungen ins Gewicht fallen könnte. Nachfolgend ist die Berechnung an der Zahlenreihe des Blindversuches auch für vier Objekte zur Durchführung gebracht. Die Zahl der erforderlichen Parzellen ist hier nach der Formel $n \,.\, p + (p - 1) = 4 \,.\, 4 + 3 = 19$ Parzellen. Nach dem bisher Gebrachten ergeben sich alle Einzelheiten aus folgender Tabelle (s. S. 47) von selbst.

Auch bei der Gleitmethode kommt es vor, daß eine einzelne Parzelle durch unvorhergesehene Zufälle ausfällt. Für das betreffende Objekt bedeutet das, daß eine Wiederholung fehlt und das Endergebnis aus einer geringeren Zahl von Wiederholungen gewonnen wird; der Schaden ist also nicht groß. Es bedeutet aber weiterhin auch, daß das Mittel M für eine ganze Reihe von Parzellen ausfällt; bei Anwendung der Gleitmethode für z. B. fünf Objekte fehlt dieses Mittel für sechs zu errechnende Werte. Man hilft sich in diesem Falle so, daß man die benachbarten zwei Gruppen, bei denen ebenfalls eine Wiederholung der fehlenden Parzelle die Mitte der Gruppe einnimmt, zum Vergleiche heranzieht. Man bildet dort zunächst die Gesamtsumme aller zur Gruppe gehörigen Parzellen; dann läßt man die in der Nachbargruppe fehlende Parzelle weg und bildet ebenfalls wieder die Summe. Nach dem Verhältnis dieser beiden Summen kann man dann in der Nachbargruppe den fehlenden Parzellenwert einsetzen — natürlich nur so weit, als man ihn zur Gruppen-Mittelbildung benötigt. Für das betreffende Versuchsobjekt selbst darf dieser Wert bei der Berechnung des Ertrages nicht herangezogen werden.

Gleitmethode fur 4 Objekte in 4facher Wiederholung mit direkten Differenzen

1	1a	2	3	3a	4	5	6	7
			Gruppenbildung					
Fortlaufende Nummer	Objekt	Erträge	aus den Teilstucken	Mittel M	I — M	II — M	III — M	IV — M
1	I	18,0	.	.	.	.	.	.
2	II	20,0	1—4	19,2	.	+ 0,8	.	.
3	III	20,0	2—5	19,0	.	(+ 0,5)	+ 1,1	.
4	IV	19,0	3—6	18,7	.	.	(+ 0,2)	+ 0,3
5	I	17,0	4—7	18,9	— 1,9	.	.	(0,0)
6	II	19,0	5—8	19,2	(— 1,4)	— 0,2	.	.
7	III	20,5	6—9	19,6	.	(— 0,5)	+ 0,9	.
8	IV	20,5	7—10	19,5	.	.	(+ 0,1)	+ 1,0
9	I	18,5	8—11	19,1	— 0,6	.	.	(+ 0,7)
10	II	18,5	9—12	18,2	(— 0,1)	+ 0,3	.	.
11	III	19,0	10—13	17,4	.	(0,0)	+ 1,6	.
12	IV	17,0	11—14	16,6	.	.	(+ 0,8)	+ 0,4
13	I	15,0	12—15	15,6	— 0,6	.	.	(+ 0,1)
14	II	15,5	13—16	15,1	(— 0,1)	+ 0,4	.	.
15	III	15,0	14—17	15,5	.	(+ 0,1)	— 0,5	.
16	IV	15,0	15—18	15,4	.	.	(— 1,3)	— 0,4
17	I	16,5	16—19	15,2	+ 1,3	.	.	(— 0,7)
18	II	15,0	.	.	(+ 1,8)	.	.	.
19	III	14,5	.	.	.	.	.	.
					(3,4)	(1,1)	(2,4)	(1,5) × (0,181)
					— 0,45 ± 0,61	+ 3,2 ± 0,20	+ 0,75 ± 0,43	+ 0,32 ± 0,27

b) Die Mitscherlichsche Ausgleichsrechnung[1]

Dieses von der Königsberger Schule angewendete Verfahren unterscheidet sich von der einfachen Gleitmethode dadurch, daß nicht bloß diejenige Parzelle, die in der Mitte der Parzellengruppe liegt, auf das Gruppenmittel bezogen wird, sondern auch alle anderen Parzellen, welche in der Gruppe liegen, zu diesem Mittel in Beziehung gesetzt werden. In unserem Beispiele S. 44 hatten wir berechnet:

1. Gruppe	I	18		
	II	20	Mittel 19,3	Parzelle II davon 104%
	III	20		

Mitscherlich rechnet außerdem noch

$$\left.\begin{array}{ll}\text{Parzelle} \quad \text{I} = & 93\% \\ \text{,,} \quad \text{III} = & 104\%\end{array}\right\}\text{ dieses Mittels,}$$

Er erhält daher in unserem Beispiel für jedes Objekt nicht 5 (bzw. 6 bei II) Vergleichswerte wie bei der einfachen Gleitmethode, sondern deren 16, im ganzen also 48 Werte, aus denen dann — natürlich in entsprechend angepaßter Weise — Sortendurchschnitt und Fehler errechnet werden. Wir wollen diese Berechnung an demselben Beispiel durchführen (s. Tabelle S. 49).

Der Gang der Berechnung ist folgender: Die Bildung der Gruppenmittel erfolgt genau so, wie beim einfachen Gleitverfahren; bei der Berechnung der Prozentzahlen werden jedoch — wie schon erwähnt — alle in der Gruppe befindlichen Teilstücke in Prozenten des Gruppenmittels ausgedrückt. (In der Berechnung sind diejenigen Prozentzahlen, die wir bei der Gleitmethode erhalten hatten, zur Hervorhebung fett gedruckt.) Nun folgt die Mittelbildung aus den Prozentzahlen, Berechnung der Abweichungen und deren Summierung. Die Summe der Abweichungen wird dann mit dem Faktor zur Berechnung des mittleren Fehlers der Einzelabweichung (also nicht des Mittels!), in unserem Falle 0,081, multipliziert. Zur Errechnung des mittleren Fehlers des Mittels ist dann σ durch die Wurzel aus der Zahl der Wiederholungen zu dividieren — hier durch $\sqrt{6} = 2{,}45$. Will man schließlich absolute Werte für die prozentuellen Erträge haben,

[1] Mitscherlich: Die Bestimmung des Düngerbedürfnisses des Bodens. 1. Aufl., S. 25f. P. Parey. 1924.

Mitscherlichsche Ausgleichsrechnung für 3 Objekte in 6facher Wiederholung

1	1a	2	3	3a	4	4a		5	5a		6	6a	
			Gruppenbildung		Erträge in $^0/_0$ des Gruppen-Mittels								
Teilstuck	Objekt	Erträge	aus den Teilstucken	Mittel M	I	Abweichung +	Abweichung −	II	Abweichung +	Abweichung −	III	Abweichung +	Abweichung −
1	I	18,0	.	.	.	.	.	.	.	.	.	.	.
2	II	20,0	1—3	19,3	93	.	(6)	**104**	(2)	.	104	(4)	.
3	III	20,0	2—4	19,7	97	.	(2)	102	.	.	**102**	(2)	.
4	I	19,0	3—5	18,7	**102**	(3)	.	91	.	(11)	107	(7)	.
5	II	17,0	4—6	18,3	104	(5)	.	**93**	.	(9)	104	(4)	.
6	III	19,0	5—7	18,8	109	(10)	.	91	.	(11)	**101**	(1)	.
7	I	20,5	6—8	20,0	**102**	(3)	.	102	.	.	95	.	(5)
8	II	20,5	7—9	19,8	104	(5)	.	**104**	(2)	.	93	.	(7)
9	III	18,5	8—10	19,2	96	.	(3)	106	(4)	.	**96**	.	(4)
10	I	18,5	9—11	18,7	**99**	(0)	(0)	102	.	.	99	.	(1)
11	II	19,0	10—12	18,2	102	(3)	.	**104**	(2)	.	94	.	(6)
12	III	17,0	11—13	17,0	88	.	(11)	112	(10)	.	**100**	.	.
13	I	15,0	12—14	15,8	**95**	.	(4)	98	.	(4)	108	(8)	.
14	II	15,5	13—15	15,2	99	.	.	**102**	.	.	99	.	(1)
15	III	15,0	14—16	15,2	99	.	.	102	.	.	**99**	.	(1)
16	I	15,0	15—17	15,5	**97**	.	(2)	106	(4)	.	97	.	(3)
17	II	16,5	16—18	15,5	97	.	(2)	**106**	(4)	.	97	.	(3)
18	III	15,0		.	.	(+ 29 — 30)		.	(— 28 + 35)		.	(— 26 + 31)	
	M				99	(59)		101,6	(63)		99,7	(57) (< 0,081)	
	σ					± 4,8			± 5,1			± 4,6	
	$m = \frac{\sigma}{\sqrt{6}}$					± 2,0			± 2,1			± 1,9	

so sind die Prozente auf das Gesamtmittel des Versuches — hier 17,7 — umzurechnen. Z. B. bei I.

$$\text{Ertrag} = 99\% \text{ von } 17{,}7 = \frac{1{,}77 \times 99}{100} = 17{,}6$$

$$\text{Fehler} = 2\% \text{ von } 17{,}7 = \frac{17{,}7 \times 2}{100} = 0{,}35$$

Wir erhalten demnach:

Ertrag	I	in % = 99 ± 2,0	absolut	von	17,7 =	17,6 ± 0,35
„	II	„ % = 102 ± 2,1	„	„	17,7 =	18,0 ± 0,36
„	III	„ % = 100 ± 1,9	„	„	17,7 =	17,7 ± 0,34

Bei Versuchen mit einer anderen Zahl von Objekten und Wiederholungen ist der Faktor zur Berechnung des mittleren Fehlers sowie die Wurzel aus der Zahl der Beobachtungen entsprechend abzuändern — sonst ist der Gang der Berechnung genau derselbe wie hier. Auch die Berechnung mit direkten Differenzen dürfte, nach dem bisher gebrachten, leicht durchzuführen sein — sie wird aber so selten angewendet, daß hier nicht weiter darauf eingegangen werden soll.

Methoden auf schachbrettförmigen Versuchsflächen

Nach dem Aufkommen der korrigierenden Berechnungsmethoden für Langreihen wurde der Anordnung der Versuche in Schachbrettform in Deutschland nur noch wenig Aufmerksamkeit geschenkt, trotz der Vorteile, die diese Anlage bei manchen Versuchen, z. B. Dauerdüngungsversuchen u. a. m., bietet. Erst die vom Norweger Professor Knut Vik ausgearbeitete Methode ist durch die Einfachheit ihrer Handhabung und die Vorzüglichkeit der Resultate, die sie — auch bei systematischen Bodenfehlern — liefert, durchaus geeignet, dem schachbrettförmig angelegten Versuche wieder zu seinem Rechte zu verhelfen.

1. Methode Knut Vik

Zur Erläuterung dieser Methode sei auf ein Beispiel zurückgegriffen, das in der Originalveröffentlichung[1] enthalten ist und an dem sich der Gang der Berechnung gut darstellen läßt.

---

[1] Fehlerberechnung auf Versuchsfeldern mit und ohne Maßparzellen. Deutsch von Dr. Wodarz, Vlg. O. Schlegel.

Ein mit fünf verschiedenen Arten von Wiesenmischungen angestellter Versuch hatte folgende Erträge:

I 250	II 255	III 230	IV 220	V 175
IV 195	V 170	I 135	II 135	III 150
II 195	III 170	IV 175	V 140	I 155
V 175	I 175	II 160	III 100	IV 155
III 170	IV 160	V 125	I 95	II 85

Die normale Berechnung der Erträge ergibt:

Mischung	I	$162 \pm 25{,}2$
,,	II	$166 \pm 29{,}5$
,,	III	$164 \pm 19{,}5$
,,	IV	$181 \pm 13{,}3$
,,	V	$157 \pm 12{,}2$

Dieses Ergebnis zeigt so große mittlere Fehler, daß die Ertragsdifferenzen durchaus unsicher erscheinen. Es taucht nun die Frage auf: Sind diese hohen Fehler bloß durch zufällige Ursachen hervorgerufen oder enthalten sie auch Bodenschwankungen? Das letztere ist durchaus wahrscheinlich, da die Fehler so hoch sind, wie sie bei sorgfältigem Arbeiten kaum vorkommen können; überdies ist ja die Verteilung der Parzellen mit Absicht so gewählt, daß Bodenschwankungen, wenn vorhanden, unbedingt in den Ertragsschwankungen zum Ausdrucke kommen müssen.

Wir verschaffen uns zunächst einmal nach der S. 32 ausgeführten Weise ein Bild über die Fruchtbarkeitszahlen des Feldes.

Die so gewonnene Skizze (S. 52) zeigt uns sofort, daß auf dem Versuchsfelde die Fruchtbarkeit von vorn nach hinten und von rechts nach links zunimmt, daß also die bei der gewöhnlichen Berechnung gewonnenen Resultate außer dem zufälligen auch noch einen starken systematischen Fehler enthalten. Doch wie herausbekommen, welcher Anteil daran dem systematischen und welcher dem zufälligen Fehler zufällt?

Dazu wollen wir die Annahme machen, wir hätten das Feld einheitlich mit einer Mischung bestellt, deren Ertrag dem Durchschnittsertrag des ganzen Feldes gleichkommt. Der Ertrag dieser Mischung auf den Einzelparzellen wird dann sein: Dieser Durchschnittsertrag plus der für die jeweilige Parzelle festgestellten Abweichung, die wir in obige Skizze eingetragen haben. Zeichnen wir die so errechneten Parzellenerträge in den Versuchsplan ein, so erhalten wir gewissermaßen die Ergebnisse eines „Blindversuches", d. h. wir können mit den erhaltenen Erträgen nunmehr so arbeiten, als ob wir das ganze Feld mit einer einheitlichen Mischung bebaut hätten. Diese Mischung hätte theoretisch auf jeder Parzelle den gleichen Ertrag, nämlich den Durchschnitts-

I a + 88	II b + 89	III c + 66	IV d + 39	V c + 18
IV c + 14	V d + 13	I e — 27	II a — 31	III b — 14
II e + 29	III a + 6	IV b — 6	V c — 17	I d — 7
V b + 18	I c + 13	II d — 6	III e — 64	IV a — 26
III d + 6	IV e — 21	V a — 32	I b — 67	II c — 81

ertrag, geben sollen; daß sie es nicht tut, ist auf die bereits erwähnten beiden Ursachen, also auf zufällige Fehlerquellen und auf systematische Bodenänderungen, zurückzuführen. Wie nun diese beiden trennen? Sehen wir uns die Parzellenverteilung auf dem Versuchsplan an, so sehen wir, daß jede der fünf Mischungen des Origenalversuches in jeder Fruchtbarkeitszone vertreten ist. Gelingt es uns nun, eine andere Parzellenverteilung der Mischungen zu finden, die der obigen insofern gleichwertig ist, als ebenfalls jede Mischung in jedem Fruchtbarkeitsgebiete vertreten ist, so muß beim Blindversuche die Errechnung des Resultates in der zweiten Verteilung zu genau demselben Ergebnis führen wie bei der ersten Verteilung: die Bodenungleichheit beeinflußt dann nämlich die Erträge bei beiden Berechnungen gleichsinnig in derselben Art und Weise. Der Unterschied, der dann noch zwischen den beiden Resultaten bestehen bleibt, ist durch die zufälligen Fehler verursacht und kann direkt zur Berechnung des mittleren Fehlers des Versuches herangezogen werden.

Betrachten wir den Plan unseres Versuches daraufhin, so finden wir, daß tatsächlich noch eine zweite Verteilung möglich ist, welche den oben gestellten Anforderungen entspricht: wenn wir nämlich Parzelle I statt unter III stets unter IV schreiben. Wir haben diese zweite mögliche Verteilung zum Unterschied von der ersten Verteilung in der Skizze mit den Buchstaben a, b, c, d, e bezeichnet. Weitere brauchbare Verteilungen gibt es nicht, wie man sich durch Versuchen leicht überzeugen kann. Wir können nun in unserem Beispiele an die Errechnung des mittleren Fehlers gehen, indem wir für die beiden möglichen Verteilungen, für jede der Mischungen I, II, III, IV, V, bzw. a, b, c, d, e, den Ertrag berechnen und diese Erträge miteinander vergleichen. Eine wesentliche Vereinfachung der Arbeit ergibt sich noch aus folgender Überlegung: in allen zu vergleichenden Zahlen kommt jedesmal der Durchschnittsertrag vor — er fällt also jedesmal beim Vergleiche heraus; wir können daher sofort mit den in Fig. 2 eingetragenen Differenzen arbeiten und uns das Zuzählen des Durchschnittswertes von allem Anfange an schenken. Weiters ergibt die Summe der einzelnen Mischungen, berechnet nach der ersten Verteilung, als Resultat stets 0 — denn so war ja unsere Voraussetzung. Wir brauchen also bei unserer Berechnung bloß die Abweichungen der zweiten möglichen Verteilung zusammenzuzählen. Den Betrag, den diese Summe von 0 verschieden ist, können wir dann sofort zur Errechnung des mittleren Fehlers heranziehen.

In folgendem sei diese Berechnung durchgeführt:

	a	b	c	d	e	
	+ 88	+ 89	+ 66	+ 39	+ 18	
	— 31	— 14	+ 14	+ 13	— 27	
	+ 6	— 6	— 17	— 7	+ 29	
	— 26	+ 18	+ 13	— 6	— 64	
	— 32	— 67	— 81	+ 6	— 21	
Abweichungen	+ 5	+ 20	+ 5	+ 45	+ 65	
Durchschn. v	+ 1	+ 4	+ 1	+ 9	+ 13	
v^2	1	16	1	81	169	$\Sigma v^2 = 268$

$$m = \pm \sqrt{\frac{268}{5}} = \pm \sqrt{53,6} = \pm 7,32.$$

Der auf diese Weise errechnete mittlere Fehler $m = \pm 7,32$ ist wesentlich geringer als bei Berechnung nach der gewöhnlichen

Methode, es kann nunmehr mit einer sicheren Überlegenheit von Mischung IV gegenüber V gerechnet werden. Die bei der ersten Berechnung auftretende Unsicherheit der Ergebnisse, die auf Bodenvariation zurückzuführen war, konnte durch die Berechnung nach Knut Vik ausgeschaltet werden. Das Ergebnis des ganzen Versuches hat dadurch an Wert gewonnen.

Wir haben hier allerdings nur noch einen mittleren Fehler für den ganzen Versuch; doch ist das kein Nachteil, da uns dieser genügt, um uns Auskunft zu geben über die Dinge, auf die es uns ankommt: über die Sorgfalt der Arbeit und über die Sicherheit der Differenzen. Der mittlere Fehler der Differenzen ist nach dem Fehlerfortpflanzungsgesetz $\sqrt{m_1^2 + m_2^2}$; in unserem Falle, da m_1 ja gleich m_2 ist, $m_D = m\sqrt{2}$.

Wir haben in der oben durchgeführten Berechnung den Fehler, wie Knut Vik in seiner Veröffentlichung, nach der Formel $\sqrt{\frac{\Sigma v^2}{n}}$ berechnet; wir können, der bisherigen Übung entsprechend, auch die Formel $\sqrt{\frac{\Sigma v^2}{n-1}}$ heranziehen, welche übrigens nach den Untersuchungen Knut Viks sogar eine bessere Übereinstimmung mit der Fehlerverteilung ergibt. Wir erhalten in obigem Beispiele so $m = \sqrt{\frac{269}{4}} = \sqrt{67} = \pm 8{,}2$. Wir können hier auch unser abgekürztes Verfahren (vgl. S. 19 und 20) anwenden, das uns die Bildung der Quadrate erspart, und rechnen $\Sigma v = 28$; $m = 28 \times \times 0{,}28 = \pm 7{,}8$; die Größe des mit Hilfe der Petersschen Tabelle errechneten Fehlers liegt also gerade in der Mitte zwischen beiden obigen Rechnungsweisen. Für die abgekürzte Berechnung ist hiebei — in Übereinstimmung damit, daß in der Vikschen Formel $m = \sqrt{\frac{\Sigma v^2}{n-1}}$ der Divisor bei der Berechnung von m bloß $(n-1)$ und nicht wie gewöhnlich, $n(n-1)$, lautet — der Faktor für die Berechnung des mittleren Fehlers der Einzelabweichung heranzuziehen.

Ein Nachteil der Methode Vik ist der, daß man mehr oder minder an die Zahl von fünf Versuchsobjekten gebunden ist, welche allerdings bei den meisten Versuchen genügen; denn streng genommen trifft nur hiebei die Voraussetzung zu, daß es zwei gleich gute Verteilungen auf dem Felde gibt. Bei Versuchen mit drei Versuchsobjekten in dreifache Wiederholung wird, wenn jedes Versuchsobjekt einmal in jeder Quer- und Längsreihe vertreten sein soll, immer eines der Versuchsobjekte seine drei Parzellen in einer Diagonale des Feldes erhalten:

a	b	c
b	c	a
c	a	b

1. Verteilung

a	b	c
c	a	b
b	c	a

2. Verteilung

Weniger bedenklich ist die Sache, wenn wir Versuche mit drei Objekten in sechsfacher Wiederholung anlegen, was durch Aneinanderschließen zweier Gruppen zu je drei Wiederholungen durchgeführt wird.

a	b	c	a	b	c
b	c	d	b	c	d
c	a	b	c	a	b

1. Verteilung

a	b	c	a	b	c
c	a	b	c	a	b
b	c	a	b	c	a

2. Verteilung

Es ist wenig wahrscheinlich, daß hier beide Diagonalen die gleiche Abweichung zeigen.

Undurchführbar ist die Methode für jede gerade Zahl von Objekten, wie 4×4, 6×6, 8×8, da hier die Forderung, daß jedes Objekt in jeder Längs- und Querreihe einmal enthalten sein soll, notwendig zur Folge hat, daß sich hiebei die Objekte durchwegs in den Diagonalen gruppieren. Die gut möglichen Anordnungen 7×7 und 9×9 gehen meistens bereits über die praktische Größe des Feldversuches hinaus.

Die Berechnung der Versuche nach Knut Vik kann natürlich auch in Prozenten erfolgen. Die Abweichungen vom Mittel des Objektes werden dann nicht absolut, sondern prozentuell ausgedrückt. In dem von uns gebrachten Beispiele würde dann das Feld mit eingetragenen Abweichungen und die zugehörige Berechnung folgendermaßen aussehen (s. S. 56 oben).

Der im Beispiel mit direkten Differenzen ermittelte Fehler von $\pm 7{,}32$, in Prozenten des Felddurchschnittes (166) ausgedrückt, ist $+ 4{,}41\%$ — also etwa derselbe. In der Regel wird also auch hier die Berechnung mit direkten Differenzen genügen. Ein weiteres Berechnungsbeispiel nach Knut Vik ist Seite 188 durchgerechnet.

Feldskizze mit prozentuellen Werten

a 154%	b 154%	c 140%	d 122%	e 111%
c 108%	d 108%	e 83%	a 81%	b 91%
e 117%	a 104%	b 97%	c 89%	d 96%
b 111%	c 108%	d 96%	e 61%	a 86%
d 104%	e 88%	a 80%	b 59%	c 49%

Berechnung:

	a	b	c	d	e
	154	154	140	122	111
	81	91	108	108	83
	104	97	89	96	117
	86	111	108	96	61
	80	59	49	104	88
Mittel .	101,0	102,4	98,8	105,2	92,0
v	+ 1,1	+ 2,5	— 1,1	+ 5,3	— 7,9
v^2	1,21	6,25	1,21	28,09	62,41 $\Sigma v^2 = 99,17$

$$m = \sqrt{\frac{99,17}{5}} = \sqrt{19,83} = \pm 4,44\%.$$

2. Methode der festen Abteilungen

Diese Methode beruht darauf, das Feld in so viele feste Abteilungen einzuteilen, als Wiederholungen vorhanden sind; jede Abteilung muß alle Objekte je einmal enthalten. In jeder Abteilung wird nun der Ertragsdurchschnitt gebildet und mit diesem Ertragsdurchschnitt jede Einzelparzelle derselben Abteilung verglichen. In der weiteren Berechnung gleicht das Verfahren der Methode der direkten Differenzbildung: von dem Durchschnitte der Differenzen eines Objektes werden die Abweichungen und daraus der mittlere Fehler errechnet.

Als Beispiel wieder ein von Knut Vik gebrachter Versuch; drei Kartoffelsorten, jede sechsmal wiederholt, ergeben folgende Erträge:

c 78	b 84	a 95	c 79	b 82	a 94
a 91	c 81	b 79	a 104	c 78	b 74
b 77	a 89	c 79	b 83	a 88	c 69

Die Zusammenfassung erfolgt zu den dick umrahmten Abteilungen. Die weitere Berechnung sei bloß für Sorte a durchgeführt und gestaltet sich folgendermaßen.:

1	2	3
Durchschnitt der Abteilungen	Sorte a	
	Ertrag + oder —	v
84	+ 7	(—3)
82	+ 7	(— 3)
85	+ 10	(0)
89	+ 15	(+5)
85	+ 10	(0)
77	+ 11	(+1)
	Summe 60	(12 × 0,0093)
	Mittel + 10	± 1,1

Mehrertrag Sorte a + 10 ± 1.1

Spalte 1 enthält die Durchschnitte der einzelnen festen Abteilungen, Spalte 2 die Differenz zwischen Ertrag der Sorte a und dem in Spalte 1 enthaltenen Abteilungsdurchschnitt. Es wird nun das Mittel dieser Differenzen gebildet und in Spalte 3 die Abweichungen der Einzelposten von diesem Mittel eingetragen. Aus der Summe der Abweichungen wird dann mit Hilfe der Petersschen Tabelle der mittlere Fehler in der üblichen Weise errechnet. Ebenso erfolgt die weitere Berechnung für die anderen Sorten.

Die Methode ergibt recht brauchbare Resultate, insbesondere dann, wenn es sich um wenig Versuchsobjekte handelt und bei der Einteilung der Gruppen der Plan mit den Fruchtbarkeitszahlen zu Rate gezogen wird, so daß die Gruppen möglichst gleiche Bodengüte umfassen.

3. Gleitmethoden

Auch bei Anordnung der Parzellen in rechteckigem Verbande lassen sich beide S. 42 bis 48 gebrachte Methoden, sowohl die einfache Gleitmethode, als auch das Mitscherlichsche Ausgleichsverfahren in Anwendung bringen. Das Gleiten erfolgt dann eben entsprechend den geänderten Verhältnissen wie nebenstehend.

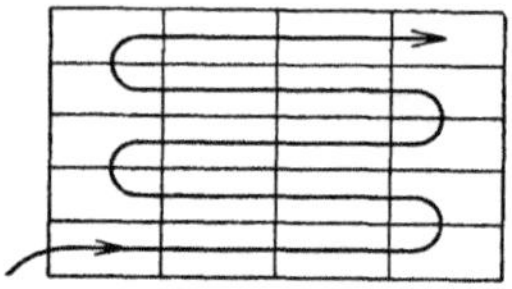

Abb. 6. Gleiten bei Parzellenanordnung im rechteckigen Verbande

4. Standardmethode

Auch diese Methode läßt sich selbstverständlich im rechteckigen Verbande zur Anwendung bringen. Wie aus nachfolgender Abbildung zu ersehen ist, war die ursprüngliche Anordnung von Holtsmark und Larsen[1] im rechteckigen Verbande durchgeführt.

u	1	u	2	u	3	u	4
3	u	4	u	1	u	2	u
u	2	u	3	u	4	u	1

Ursprungliche Anordnung nach Holtsmark und Larsen

Auch die in Sortenversuchen verwendete Anordnung der Wiederholungen hintereinander ist ein Beispiel hiefür. Da sich die Berechnung hierbei in nichts von der in Langreihen unterscheidet, brauchen wir hier nicht mehr näher darauf einzugehen.

5. Methode Surface-Pearl[2]

Dies ist ein von den Amerikanern Surface und Pearl ausgearbeitetes Verfahren, welches bei schachbrettartiger Anordnung der Versuchsteilstücke auf rechnungsmäßigem Wege die Ungleichheiten des Bodens auszuschalten sucht. Bei den von Römer geprüften Versuchen ist es mit Hilfe dieser Methode gelungen, den Fehler auf drei Viertel seines Wertes zu verringern. Trotzdem dürfte diese Methode wegen der großen damit verbundenen Rechenarbeit kaum jemals größere Verbreitung finden.

[1] Vgl. Fußnote S. 34.

[2] Surtace und Pearl: Eine Methode zur Ausschaltung von Bodenungleichmäßigkeiten bei Feldversuchen. Journal of agric. research 5, S. 1039, 1916, refer. in Römer a. a. O. S. 92.

Im nachfolgenden sei das Prinzip kurz angedeutet: Das Verfahren beruht darauf, daß für jedes einzelne Teilstück ein „errechneter Ertrag" ermittelt wird, der als Fruchtbarkeitsanzeiger für das betreffende Teilstück dient. Ist nämlich der „errechnete Ertrag" höher als der Gesamtdurchschnitt des Feldes, so ist die betreffende Parzelle fruchtbarer als der Durchschnitt des ganzen Feldes — der ursprüngliche Ertrag dieses Teilstückes ist also, entsprechend dem Verhältnisse des errechneten Ertrages zum Gesamtdurchschnitt, zu kürzen. Liegt der „errechnete Ertrag" einer Parzelle unter dem Gesamtdurchschnitt, so ist der ursprüngliche Ertrag in demselben Verhältnis zu erhöhen. Der „errechnete Ertrag" wird rechnungsmäßig derart gefunden, daß man die Ertragssummen der Längs- und Querreihe, an deren Kreuzungspunkt eine Parzelle liegt, miteinander multipliziert und durch die Gesamtertragssumme des Feldes teilt.

Ein Beispiel wird das Verfahren verdeutlichen. Ein kleines Feld mit 12 Teilstücken habe die Erträge a bis l ergeben.

a	b	c	S_1
d	e	f	S_2
g	h	i	S_3
j	k	l	S_4
S_5	S_6	S_7	

$$a + b + c + d \ldots\ldots + k + l = S_1 + S_2 + S_3 + S_4 = S_5 + S_6 + S_7 = \Sigma$$

Der „errechnete Ertrag" a' für die Stelle der Parzelle a wird nun folgendermaßen berechnet:

$$a' = \frac{(a + b + c) \,.\, (a + d + g + j)}{(a + b + c + d + e + f + g + h + i + j + k + l)} = \frac{S_1 \,.\, S_5}{\Sigma}$$

ähnlich z. B. für h

$$h' = \frac{(g + h + i) \,.\, (b + e + h + k)}{\text{Gesamtsumme}} = \frac{S_3 \,.\, S_6}{\Sigma}.$$

Nun wird der „errechnete Ertrag" in Prozenten des Gesamtmittels M ausgedrückt, also z. B. $\frac{a' \times 100}{M} = 110\%$, wobei $M = \frac{\Sigma}{12}$. Das heißt nun folgendes: Der ursprüngliche Druschertrag a liegt 10% über dem Mittel, muß also dementsprechend herabgesetzt werden; der endgültige richtige Wert ist dann $\frac{a \times 100}{110}$.

In derselben Weise, wie hier angedeutet, wird für jede Parzelle der endgültige, richtige Wert berechnet.

In diesem Beispiele, das nur zur Veranschaulichung der Rechnungsweise dient, ist jedes Objekt nur einmal vertreten; in Wirklichkeit, wo vier- bis sechsfache Wiederholung die Regel ist, kann dann aus den einzelnen, so erhaltenen vier bis sechs korrigierten Endwerten Durchschnitt und mittlerer Fehler jedes Objektes in der gewöhnlichen Weise errechnet werden.

Zu bemerken wäre noch, daß die Summe der „errechneten“ Werte a' bis l' gleich sein muß der Summe der ursprünglichen Druscherträge a bis l, was zur Kontrolle der Rechnung benützt werden kann. Folgende Überlegung wird uns diese Tatsache klarlegen: bezeichnen wir — wie oben — die Summen der Längs- und Querstreifen mit S_1 bis S_5, die Gesamtsumme der Felder mit Σ, so ist

$$a' = \frac{S_1 \times S_5}{\Sigma}; \quad b' = \frac{S_1 \times S_6}{\Sigma}; \quad \ldots\ldots \quad l' = \frac{S_4 \times S_7}{\Sigma}$$

$$a' + b' + c' \ldots . + l' =$$

$$= \frac{S_1 \times S_5 + S_1 \times S_6 + S_1 \times S_7 \ldots . + S_4 \times S_7}{\Sigma}$$

$$= \frac{S_1 (S_5 + S_6 + S_7) + S_2 (S_5 + S_6 + S_7) \ldots . + S_4 (S_5 + S_6 + S_7)}{\Sigma}$$

$$= \frac{(S_1 + S_2 + S_3 + S_4)(S_5 + S_6 + S_7)}{\Sigma}$$

nun ist

$$S_1 + S_2 + S_3 + S_4 = S_5 + S_6 + S_7 = \Sigma,$$

demnach

$$a' + b' + c' \ldots + l' = \frac{\Sigma^2}{\Sigma} = \Sigma = a + b + c \ldots . + l.$$

Anhang

Anschließend seien noch einige englische und amerikanische Berechnungsweisen kurz erwahnt, welche für den Feldversuch in der Praxis seltener in Betracht kommen, der Vollständigkeit wegen aber hier erwähnt werden sollen.

1. Die Methode „Student“.[1] Sind in einem Versuche, der systematische Bodenvariation enthält, die Parzellen eines Versuchsobjektes so angeordnet, daß sie sich über alle Fruchtbarkeitsgebiete gleichmäßig verteilen, so kommt ihr Durchschnittsertrag dem

[1] Student, On testing varieties of cereals, 1923, Biometrica, XV, 3 and 4, p. 271—293.

wahren Werte ziemlich nahe; der errechnete mittlere Fehler jedoch nimmt in diesem Falle die systematischen Bodenschwankungen in sich auf und wird trotz der Richtigkeit des Mittelwertes ein sehr hoher, setzt also dessen Sicherheit zu stark herab. Zur Verminderung des Fehlers in einem solchen Falle zieht nun „Student", ein anonymer Verfasser, die Korrelationsrechnung in folgender Weise heran:

Nach dem Fehler-Fortpflanzungsgesetz errechnet sich die Standardabweichung einer Differenz von zwei Objekten nach der Formel

$$\sigma_{1-2} = \sqrt{\sigma_1^2 + \sigma_2^2} \quad \ldots\ldots\ldots\ldots \quad (1)$$

Diese Formel gilt aber nur dann, wenn beide Vergleichsobjekte durchaus unabhangig voneinander sind. Besteht zwischen beiden ein Zusammenhang, wie er z. B. durch eine systematische Änderung der Bodenfruchtbarkeit gegeben sein kann, so muß der Fehler ein geringerer werden. Verlaufen doch in einem solchen Falle die bei der Fehlerermittlung berücksichtigten Abweichungen bei beiden Objekten gleichsinnig, da sie auf denselben Einfluß zurückzuführen sind; sie dürfen den innerlich begründeten Unterschied der beiden Objekte nicht unsicherer erscheinen lassen als er in der Tat ist. Die obige Formel ändert sich in diesem Falle folgendermaßen:

$$\sigma_{1-2} = \sqrt{\sigma_1^2 + \sigma_2^2 - 2 r_{1-2}\, \sigma_1\, \sigma_2} \quad \ldots\ldots\ldots \quad (2)$$

Hier bedeutet r_{1-2} die nach der Bravaisschen Formel berechnete Korrelation zwischen den beiden Versuchsobjekten.[1]

Es liegt nun nahe, diese Formel (2) dann in Anwendung zu bringen, wenn man in einem Versuche mit systematischer Bodenvariation für die Differenz zweier besonders wichtiger Objekte den Fehler herabsetzen will. Die Berechnung des Korrelationskoeffizienten würde man hiebei gerne in den Kauf nehmen. Leider laßt sich aber allgemein mathematisch beweisen, daß das Resultat, das mit Formel (2) errechnet wird, sich genau deckt mit dem Resultat, das durch direkte Differenzbildung zwar auf bequemerem Wege erzielt werden kann, dafür aber an allen Mängeln krankt, welche die Unanwendbarkeit der direkten Differenzbildung für Versuche mit systematischer Bodenvariation zur Folge hat. (Siehe diesbezüglich S. 28.)

Student wendet die Formel (2) allerdings auch nicht in dieser Weise an, sondern er zieht sie zur Berechnung eines Durchschnittsfehlers für den ganzen Versuch heran; diese Berechnung müßte nun theoretisch so durchgeführt werden, daß nach obiger Formel der Fehler aller in einem Versuche möglichen Differenzen der Objekte untereinander berechnet und daraus der Durchschnitt gezogen wird. Eine äußerst umständliche und für die Praxis unanwendbare Sache. Es läßt sich jedoch mathematisch beweisen, daß man genau dasselbe

[1] Näheres über Korrelationsrechnung z. B. in Johannsen, 2. Auflage.

Resultat durch eine verhaltnismäßig einfache Formel erhält, welche aus obiger Formel hervorgeht. Diese Formel, auf deren Ableitung hier einzugehen, zu weit führen würde, lautet:

$$m_D = \sqrt{\frac{2a(\sigma_F^2 - \sigma_g^2)}{(a-1)(n-1)}} \quad \ldots \ldots \ldots \quad (3)$$

darin bedeuten

m_D = durchschnittlicher mittlerer Fehler aller Differenzen im Versuche,
a = Zahl der Versuchsobjekte,
n = Zahl der Wiederholungen,
σ_F^2 = Mittel aller zum Quadrat erhobenen Abweichungen von den Objektsmitteln,
σ_g^2 = Mittel aller zum Quadrat erhobenen Abweichungen der Wiederholungsmittel vom Gesamtmittel des Versuches.

Die Berechnung nach dieser Formel ist nicht allzu langwierig; nach noch nicht veröffentlichten Untersuchungen des Verfassers vermag sie in Fällen schachbrettförmiger Anordnung, wo die Methode Knut Vik infolge der größeren Zahl der Objekte nicht mehr anwendbar ist, den Fehler herabzusetzen, indem sie diejenige Bodenungleichheit auszuschalten vermag, die parallel mit der Richtung der Wiederholungen verläuft;[1] Bodenungleichheit entgegengesetzt hiezu laßt sie unbeeinflußt. In Fallen, wo beide Methoden anwendbar sind, erscheint die Berechnung nach Knut Vik durchaus uberlegen. Abgesehen von dem etwa doppelten Arbeitsbedarf der Berechnung ergab sich im Durchschnitt von 20 vom Verfasser durchgerechneten Versuchen folgendes Verhältnis der Fehlerherabsetzung.

Gewohnliche Berechnung	Students Methode	Knut Vik
100	73	48,2

2. Die Methode Richey.[2] Auch Richey zieht zur Ausschaltung der Bodenvariation die Korrelationsrechnung heran, allerdings in anderer Weise als Student. Er sucht zunachst einen Maßstab für den Verlauf der Bodenvariation und findet ihn in dem „gleitenden Mittel“ (moving average). Darunter versteht er den Durchschnitt von drei, vier oder fünf nebeneinander liegenden Abweichungen von den Sortenmitteln. Es wurde bereits Seite 32 gezeigt, daß die Abweichungen von den Sortenmitteln unter bestimmten Voraussetzungen ein gutes Bild des Verlaufes der Bodenvariation zu geben vermögen; allerdings sind diese Abweichungen nicht nur durch den systematischen Bodenfehler, sondern auch durch die zu-

[1] In Students eigenem Beispiel (8 Sorten, 20 Wiederholungen) wird der Fehler dadurch von 100 auf 71 herabgesetzt.

[2] Richey, F. D., Adjusting Yields to their Regression on a Moving Average. Journ. of Agric. Res. vol XXVII, Nr. 2, p. 79, 1924. — Derselbe, The Moving Average as a Basis for Measuring correlated Variation. Journ. of Agric. Res. vol XXXII, Nr. 12, p. 1161. 1926.

fälligen Schwankungen sowie durch spezielle Reaktionseigentümlichkeiten der einzelnen Sorten mit bewirkt. Zieht man nun den Durchschnitt von drei, vier oder fünf nebeneinander liegenden Abweichungen heran, so wird dadurch der Einfluß der zufälligen Schwankungen herabgesetzt und es kann dieser Durchschnitt richtiger als die Einzelabweichung als Maßstab der Bodenvariation benützt werden. Um nun aber an der Hand dieses so gewonnenen Maßstabes eine Korrektur der Einzelwerte durchzuführen, müssen wir wissen, um welchen Betrag der Einzelwert herabzusetzen ist, wenn der Maßstab der Bodenvariation für eine bestimmte Stelle einen um z. B. drei Einheiten zu hohen Ertrag angibt. Mathematisch ist dieses Verhaltnis durch die Regression des „gleitenden Mittels“ zu den Einzelwerten gegeben. Zur Berechnung dieser Regression muß die Korrelation zwischen den „gleitenden Mitteln“ und den Einzelabweichungen berechnet werden, was in der üblichen Form der Aufstellung einer Korrelationstabelle erfolgt und ziemlich umständlich und zeitraubend ist. Da aber die Regression praktisch in den seltensten Fällen eine erhebliche Korrektur bedingt, kann sie in der Regel vernachlassigt werden; die Korrektur erfolgt dann einfach auf Grund der Annahme, daß eine Änderung des gleitenden Mittels um 1 auch eine Änderung des Einzelwertes um 1 entspricht.

Nach den älteren Verfahren führt Richey seine Berechnungen prozentisch durch; neuerdings ist er zum Rechnen mit absoluten Abweichungen übergegangen. Nachfolgend soll kurz auf die Art der Rechnungsdurchführung eingegangen werden.

a) Berechnung mit Prozentrechnung (älteres Verfahren)

Zur Erlauterung des Verfahrens sei nachfolgend ein Teil des von Richey selbst gebrachten theoretischen Beispieles angefuhrt:

Sorte	Wirklicher Ertrag	Sortenmittel	Ertrag in Prozent des Sortenmittels	Summe von drei nebeneinander liegenden		3er Gruppe in Prozent der 3er Mittel	Roh-Index	Korrigierter Ertrag	Unter Anwendung der Regression ermittelter	
				Einzelertragen	Sorten mitteln				Index	Ertrag
1	2	3	4	5	6	7	8	9	10	11
I A	24	20								
I B	22	22	100	68	66	103	1,03	21,34	1,0345	21,24
I C	22	24								
I D	22	26								
II A	18	20								
⋮	⋮	⋮								

Spalte 2 enthält die Erträge der einzelnen Parzellen, Spalte 3 den Mittelertrag der betreffenden Sorte im Versuche. Der Deutlichkeit halber führen wir die nun folgende Berechnung nur für den Ertrag der Sorte B in der ersten Wiederholung durch. Zunächst drücken wir den Einzel-Parzellenertrag in Prozenten des Sortenmittels aus (Spalte 4); da sich beide hier zufällig decken, so erhalten wir als Ergebnis hiebei 100%. Dadurch haben wir bereits einen Einblick in die Bodenbeschaffenheit an dieser Stelle erhalten. Um aber ein richtigeres, von zufalligen Einflüssen unabhängigeres Bild zu erhalten, wollen wir drei nebeneinander liegende Abweichungen zusammenziehen. Dies erzielen wir am einfachsten dadurch, daß wir den Durchschnitt von drei nebeneinanderliegenden Einzelparzellen bilden und berechnen, in welchem Verhältnis er zum Durchschnitt von drei nebeneinanderliegenden Sortenmitteln steht. Da es uns hiebei nur auf das Verhältnis der beiden Durchschnitte ankommt, so können wir die Durchschnittsbildung ersparen und mit den bloßen Summen von drei nebeneinanderliegenden Objekten rechnen (Spalte 5 und 6). Wir erhalten als Verhältniszahl in unserem Beispiel 103% (Spalte 7). Dies bedeutet, daß der Einzelwert an dieser Stelle des Versuches um 3% zu hoch ist — er muß, um ein richtiges Resultat zu geben, entsprechend herabgesetzt, also durch den sogenannten Rohindex 1,03 dividiert oder mit $\frac{100}{103} = 0{,}97$ multipliziert werden. $22 \times 0{,}97$ ergibt 21,34 — wir erhalten also 21,34 als richtigen Ertrag.

Analog wie in diesem einen Falle erfolgt die Korrektur auch bei den übrigen Parzellenerträgen; aus den korrigierten Einzelparzellenerträgen kann dann in der üblichen Weise der korrigierte Mittelertrag und der mittlere Fehler berechnet werden.

Wollen wir nun in diesem Falle die feinere Korrektur unter Anwendung der Regression durchführen, so müssen wir uns zunächst die Korrelation r berechnen, die zwischen den Einzelparzellenerträgen, ausgedrückt in Prozenten des Drei-Sorten-Mittels (Spalte 4) und zwischen den Drei-Parzellen-Gruppen-Erträgen, ausgedrückt in Prozenten des Drei-Sorten-Mittels (Spalte 7) besteht. Daraus berechnen wir in der üblichen Weise die Regression $\left(R\ \frac{x}{y} = r \frac{\sigma_x}{\sigma_y}\right)$, die in unserem Beispiele 1,15 beträgt. Das bedeutet, daß eine Änderung des Ertrages in der Drei-Parzellen-Gruppe um 1% einer Änderung der Einzelparzelle um 1,15% entspricht. War also in unserem Falle der Einzelbeitrag um 3% zu hoch, so muß er um $3 \times 1{,}15 = 3{,}45\%$ herabgesetzt werden. Rechnungsmäßig führt man diese Korrektur so durch, daß man den Rohindex (Spalte 8) an der Hand der Regression korrigiert[1] (Spalte 10) und den Einzelertrag dann durch diesen korrigierten Index (Spalte 10) dividiert.

---

[1] Bezeichnen wir den Rohindex mit Y und den auf Grund der Regression berichtigten Index mit X, so errechnet sich X hiebei nach

b) Rechnung mit absoluten Abweichungen

Dieselbe Berechnung wie mit Prozentzahlen läßt sich in einfacherer Weise auch mit absoluten Ziffern durchführen. Unser oben angeführtes Beispiel würde in diesem Falle folgendes Aussehen annehmen:

Sorte	Wirklicher Ertrag	Sortenmittel	Absolute Abweichung des Einzelertrages v. Sortenmittel	Summe von 3 nebeneinander liegenden Abweichungen	$^1/_3$ davon sog. „gleitendes Mittel“	Ertrags-korrektur	Korrigierter Ertrag	Unter Anwendung der Regression ermittelte	
								Korrektur	Ertrag
1	2	3	4	5	6	7	8	9	10
A	24	20	+ 4						
B	22	22	0	+ 2	+ 0,66	— 0,66	21,34	— 0,76	21,24
C	22	24	— 2						
D	22	26	— 4						
A	18	20	— 2						
. . .	. . .	. . .	.						

Spalte 1, 2 und 3 decken sich mit der bereits gebrachten Darstellung. In Spalte 4 wird nicht mehr der Ertrag in Prozenten des Sortenmittels angegeben, sondern die absolute Abweichung vom Sortenmittel bestimmt. Spalte 5 und 6 zeigen, wie das sogenannte „gleitende Mittel“ errechnet wird: es ist nichts anderes als der Durchschnitt von drei nebeneinanderliegenden Abweichungen. Die Zahl + 0,66 in unserem Beispiel heißt: der Wert der Parzelle ist um + 0,66 zu hoch, er muß also um diesen Betrag herabgesetzt werden. Die Korrektur betragt also — 0,66 (Spalte 7) und der korrigierte Ertrag ist 21,34 (Spalte 8).

Wollen wir die feinere Korrektur unter Zuhilfenahme der Regression vornehmen, so mussen wir — 0,66 mit $R = 1{,}15$ multiplizieren ($-0{,}66 \times 1{,}15 = -0{,}76$) und führen unter Anwendung der so gefundenen Ziffer die Korrektur durch (Spalte 9 und 10).

Auch für die nun folgende Berechnung der korrigierten Mittelwerte und ihre mittleren Fehler bedeutet die Anwendung der absoluten Abweichungen eine wesentliche Vereinfachung. Wir wollen nachfolgend an einem Beispiel die Rechnung durchfuhren:

---

der Gleichung $X = R.Y + (1 - R)$, welche sich aus der Regressionsgleichung $x = R.y$ durch Einsetzen der Werte von $x = R - 1$ und $y = Y - 1$ ergibt. In unserem Falle ist z. B. $y = 3^0/_0 = \frac{3}{100} = 0{,}03$, $Y = y + 1 = 0{,}03 + 1 = 1{,}03$ und $X = 1{,}15 . 1{,}03 - 0{,}15 = 1{,}0345$.

Beispiel einer Berechnung nach Richey

Sorte		3	4	5	6	7
A	1	— 16	— 10	— 5	+ 8	—11
	2		— 10	— 2	— 3	
	3		*0*	— *3*	+*11*	
B	1	+ 25	+ 10	+ 13	— 7	+ 9
	2		+16	+ 5	+ 8	
	3		— *6*	+ *8*	—*15*	
C	1	+ 25	+ 10	+13	+ 1	—11
	2		+ 16	+ 8	+ 1	
	3		— *6*	+ *5*	*0*	
D	1	— 8	— 2	— 8	— 4	+11
	2		— 6	— 5	— 4	
	3		+ *4*	— *3*	*0*	
Summe der +	4		+ *4*	+*13*	+*11*	
,, ,, —	5		—*12*	— *6*	—*15*	
Differenz	6		— 8	+ 7	— 4	
Ø = Korrektur	7		— 2	+ 1,8	— 1	
Summe aller + und —	8		16	19	26	× 0,18
m	9		2,9	3,4	4,7	

Die Rechnung ist hier zur Erzielung eines besseren Einblickes nur für die drei Sorten 4, 5 und 6 des Versuches durchgeführt. In den Zeilen A_1, B_1, C_1, D_1 sind die jeweiligen Abweichungen der Einzelparzellen vor den Sortenmitteln eingetragen, die Zeilen A_2, B_2, C_2, D_2 enthalten die Mittel von je drei nebeneinanderliegenden Abweichungen. Zur Durchführung der Korrektur der Parzellenerträge auf Grund dieser „gleitenden Mittel" genügt es, wenn die bisherigen Abweichungen um den entsprechenden Betrag korrigiert werden. Dies geschieht durch Subtraktion der „gleitenden Mittel" (Zeilen 2) von den Einzelabweichungen (Zeilen 1). Man erhalt so die Werte der Zeilen 3. Das Mittel aus diesen Werten ergibt die an den Sortenmitteln vorzunehmende Korrektur (Zeilen 4 bis 7). In dem Beispiele wäre das:

	Ertrag	Korrektur	Korrigierter Ertrag	m
Sorte 4	67	— 2	65	± 2,9
,, 5	67	+ 1,8	68,8	± 3,4
,, 6	69	— 1	68	± 4,7

Zur Berechnung des mittleren Fehlers nach dem vereinfachten Petersschen Verfahren ist dann eine Neuberechnung der Abweichungen vom korrigierten Mittel nicht erforderlich; man kann dazu die ohne Berücksichtigung der Vorzeichen gebildete Summe der Zahlen aus den Zeilen 3 heranziehen (Zeilen 8 und 9).

Von der Versuchsstation Halle wurde die Methode Richey nach dem prozentischen Verfahren bereits mit gutem Erfolge praktisch erprobt.[1] Da die Erträge der Einzelparzellen den drei bis fünf Parzellensummen meistens genau folgen, kann in der Regel von einer Errechnung der Korrelation und des korrigierten Index abgesehen werden, was die Rechenarbeit wesentlich herabsetzt und das Verfahren für die Praxis des Feldversuches anwendbar erscheinen läßt. Der Vorteil der Methode ist der, daß sie keine besondere Parzellenanordnnng erfordert, so daß sie auf Versuche angewendet werden kann, zu deren Berechnung keine andere Methode geeignet ist. Vom Verfasser konnte z. B. in einer Stammesprufung mit 150 Stämmen in vierfacher Wiederholung in Rümkerscher Anordnung durch diese Methode eine deutlich erkennbare Bodenvariation ausgeschaltet und der mittlere Fehler von 100 auf 56 herabgesetzt werden. Ob als „gleitendes Mittel“ je drei, vier oder fünf Parzellen zusammenzuziehen sind, richtet sich nach dem Verhältnis von Parzellengröße zu der Schnelligkeit der Bodenvariation. Je schneller der Boden wechselt, um so kleiner muß die als Maßstab für diesen Wechsel genommene Parzellengruppe sein.

3. Die „Half-Drill-Strip“-Methode von Beaven.[2] Diese Methode verdankt ihren Namen dem Umstande, daß bei der Anlage von Sortenversuchen der Saatkasten der Drillmaschine in zwei Hälften geteilt wird, die mit den zwei zu prüfenden Sorten A und B gefüllt werden. Beim Hin- und Herfahren der Maschine ergibt sich durch das Wenden am Ende des Versuches, daß stets zwei Streifen derselben Sorten von der halben Breite der Maschine nebeneinander zu liegen kommen. Etwa so:

A B	B A	A B	———————	B A	A B	B A
1	2	3		20	21	22

Infolge des steten Wechsels der Lage der beiden Sorten A und B zueinander kann zur Berechnung die sonst nicht anwendbare Methode der direkten Differenzbildung (siehe Seite 26) zwischen A und B herangezogen werden. Werden 22 solche Maschinen-Breiten à 2 Streifen gedrillt und in der Länge nach noch mehrmals unterteilt, so laßt sich — allerdings mit unverhältnismäßig viel Fläche und Arbeit — ein sehr genauer Vergleich der beiden Sorten A und B erzielen.

[1] Rudorf, Die Anwendung von rechnerischen Ausgleichsmethoden. Kühn-Archiv, Bd. 15, S. 261, 1927.

[2] E. S. Beaven, Trials of New Varieties of Cereals. Journ. of the Min. of Agr. Vol. 29 Nos. 4 and 5, 1922.

Beaven selbst erzielte dadurch in einem Versuche einen mittleren Fehler von $m = 0,63\%$.

4. Das „Latin-Square"-Verfahren nach Fisher.[1] Das „Latin-Square"-Verfahren nach Fisher besteht in der Anordnung eines Versuches nach demselben Schema, nach dem auch Knut Vik funf Objekte in fünffacher Wiederholung anlegt. Das Besondere dabei ist die von Fisher angewandte Art der Berechnung des mittleren Fehlers. Nach den Grundsätzen der von ihm ausführlich mathematisch behandelten „Lehren von der Analyse der Varianz" (unter „Varianz" versteht Fisher das Quadrat σ^2 der Standardabweichung) teilt er den Fehler des Versuches in vier Teile.

1. Gesamtfehler des Versuches.
2. Fehler, verursacht durch Bodenverschiedenheit innerhalb der Reihen[2] des Versuches.
3. Fehler, verursacht durch Bodenverschiedenheit innerhalb der Kolonnen des Versuches.
4. Rest = der eigentliche Versuchsfehler.

Die dazu erforderliche langwierige Berechnung dieser einzelnen Fehleranteile wird folgendermaßen durchgefuhrt:

Ad 1. Als Wert für den Gesamtfehler des Versuches wird die Summe der Quadrate aller Abweichungen der Einzelwerte vom Gesamtversuchsmittel gebildet (Wert 1).

Ad 2. Die Berechnung des entsprechenden Wertanteiles des Fehlers, verursacht durch Bodenverschiedenheit innerhalb der Reihen erfolgt folgendermaßen:

Zunächst werden gebildet die Mittel der einzelnen Reihen und die Abweichungen dieser Reihenmittel vom Gesamtversuchsmittel; diese Abweichungen werden dann quadriert, mit 5 (Zahl der Parzellen in der Reihe) multipliziert und summiert (Wert 2).

Ad 3. Dieselbe Berechnung erfolgt mit den Mittelwerten der einzelnen Kolonnen (Wert 3).

Ad 4. Es werden Wert 2 und Wert 3 vom Wert 1 abgezogen; die erhaltene Zahl, durch 16 dividiert[3] und Wurzel daraus gezogen, ergibt die Standardabweichung σ des Versuches, woraus durch Division durch $\sqrt{5}$ m errechnet werden kann.

Diese Berechnungsweise ist theoretisch gut begrundet, wird jedoch infolge ihrer Umständlichkeit selten angewendet werden können.

---

[1] Fisher, R. A., Statistical Methods for Research Workers 1925. Oliver and Boyd, p. 229.

[2] Die beiden aufeinander normalen Richtungen der Parzellenanordnung sind hier als „Reihen" und „Kolonnen" bezeichnet.

[3] Von den 24 möglichen Differenzbildungen im Versuche entfallen 4 auf Differenzen innerhalb der Reihen und 4 auf Differenzen innerhalb der Kolonnen; da diese 8 Differenzen als Bodenverschiedenheiten aus dem Gesamtfehler ausgeschaltet werden, verbleibt 16 (= 24 — 8) als Divisor für den verbleibenden Fehlerrest.

Anhaltspunkte für die Wahl des Verfahrens

Wir haben in vorstehendem die wichtigsten der heute üblichen Verfahren zur Ausschaltung systematischer Bodeneinflüsse besprochen. Es taucht nun die Frage auf: Welches ist das beste? Auf diese Frage gibt es keine einheitliche Antwort. Das beste Verfahren ist dasjenige, das den gestellten Ansprüchen am vollkommensten nachkommt. Und diese Ansprüche können sehr verschiedene sein. Vielfach ist es so daß für bestimmte Zwecke eine Art der Versuchsanstellung sich besonders eignet — so für den mehrjährigen Düngungsversuch die quadratische Form, für Sortenversuche die Standardanordnung nebeneinander usw. Immerhin gibt es bestimmte Anhaltspunkte, die im folgenden kurz besprochen werden sollen. Wir wollen sie folgendermaßen gruppieren:

1. Richtigkeit und Sicherheit.
2. Arbeitsbedarf auf dem Felde.
3. Arbeitsbedarf am Schreibtisch.

1. Richtigkeit und Sicherheit

Die allgemeinsten Forderungen, die wir an die Ergebnisse einer korrigierenden Methode stellen müssen, sind die der Richtigkeit und Sicherheit. Wir verstehen darunter:

1. Richtigkeit. Die Differenzen sollen richtig erfaßt und wiedergegeben, der Anteil der systematischen Bodenvariation ausgeschaltet sein.

2. Sicherheit. Das Ergebnis soll nur mit dem ihm tatsächlich anhaftenden zufälligen Fehler belastet sein; weder soll durch künstliche Verringerung des Fehlers dort Sicherheit vorgetäuscht werden, wo keine vorhanden ist, noch sollen Bodenschwankungen durch ihr Eingehen in den Fehler zu einer Unsicherheit führen, die nicht gerechtfertigt ist.

Wie entsprechen nun die uns zur Verfügung stehenden Methoden diesen Forderungen?

Wir wollen bei den für Langreihen üblichen Methoden zur Ausschaltung des Standortfehlers beginnen und zunächst untersuchen, welcher Einfluß ihnen auf die Wiedergabe des zufälligen Fehlers zukommt. Um uns über diesen Punkt Klarheit zu verschaffen, wollen wir folgendes theoretisch gebildete Beispiel durchrechnen: Ein Versuch mit drei Objekten und zehn Wiederholungen habe für alle Objekte die Ertragshöhe 100. Systematischer Bodenfehler sei keiner vorhanden, jedoch seien die zufälligen Fehler ziemlich hoch. Bei Objekt I sei der zufällige Fehler $m = 9\%$, bei den Objekten II und III je $m = 4{,}5\%$. Die Fehler seien in einer der Gaußschen Fehlerkurve entsprechenden Größenordnung durch Auslosen zufällig verteilt. Es ergibt sich so folgende Zahlenreihe:

115, 94, 91 / 80, 120, 96 / 94, 105, 105 / 96, 80, 120 / 120, 115, 80 / 106, 85, 109 / 109, 91, 106 / 85, 100, 94 / 91, 96, 115 / 105, 106, 85 / 100.

Für die Berechnung nach der Standardmethode wurde eine Letztparzelle im Betrage der durchschnittlichen Ertragshöhe angehängt. Berechnen wir nun diesen theoretischen Versuch nach den verschiedenen Methoden, so erhalten wir folgende Fehler der Differenzen zwischen den einzelnen Objekten:

Fehler bei Verrechnung nach verschiedenen Methoden:

	Gewohnliche Verrechnung	Standard-Methode	Gleit-methode	Ausgleichs-rechnung
I— II	9,8	8,4	8,0	9,5
I—III	9,8	6,3	7,4	7,6
II—III	6,3	8,4	6,5	6,5
Durchschnitt ..	8,6	7,7	7,3	7,8

Als Ergebnis des hier gebrachten Beispieles finden wir, daß alle drei korrigierenden Methoden die zufälligen Fehler in praktisch der gleichen Größenordnung wiedergeben, womit auch die Resultate mathematisch-theoretischer Erwägungen übereinstimmen.[1]

Die zweite Forderung, die wir an die korrigierenden Verfahren stellen müssen, ist die, daß die Bodenvariation durch sie möglichst ausgeschaltet wird, und zwar derart, daß diese Ausschaltung aus Resultat und Fehler möglichst parallel erfolgt. In der bereits erwähnten Arbeit von Mitscherlich und Möller-Arnold ist auch diese Frage eingehend geprüft worden. Sowohl einige theoretische Reihen als auch zahlreiche Blindversuche wurden daraufhin untersucht und es ergibt sich daraus folgendes:

Bei der Standardmethode erfolgt die Ausschaltung des Bodenfehlers dadurch, daß der Ertrag einer Parzelle nicht direkt gemessen, sondern in Beziehung gesetzt wird zum Ertrage zweier gleichbehandelter Maßparzellen, die rechts und links davon liegen.

[1] Mitscherlich und Möller-Arnold: Über die Verminderung der Größe der Versuchsfehler bei Feldversuchen in linearer Anordnung durch die verschiedenen Methoden der Ausschaltung des Standortfehlers. Landw. Jahrb., Bd. 67, S. 741. 1928.

Angenommen wird hiebei, daß der Ertrag von der einen zur anderen Maßparzelle gleichmäßig ansteigt.

Auch bei der Gleitmethode wird der Parzellenertrag nicht direkt bestimmt, sondern in Beziehung gesetzt zu dem Ertrage der Parzellengruppe, in deren Mitte die Parzelle liegt; diese Parzellengruppe muß alle vorkommenden Objekte je einmal enthalten.

Bei der Ausgleichsrechnung endlich wird die betreffende Parzelle nacheinander zu allen Parzellengruppen in Beziehung gesetzt, an denen sie überhaupt teilnimmt.

Die Standardmethode wird um so ungenauer arbeiten, je weiter die Standardparzellen auseinander liegen, Gleitmethode und Ausgleichsrechnung werden um so ungenauer arbeiten, je größer die Parzellengruppe ist, zu der die einzelne Parzelle in Beziehung gesetzt wird. Dabei ist für die beiden letzteren Methoden die Größe der Parzellengruppen durch die Zahl der Versuchsobjekte unabänderlich festgelegt, während die Standardmethode es dem Belieben des Versuchsanstellers überläßt, die Zahl der eingeschalteten Parzellen in Anpassung an die wechselnden Bodenverhältnisse beliebig zu vermehren und dadurch die Richtigkeit der Ergebnisse zu verbessern. Allerdings wird dadurch die Zahl der Parzellen erhöht, die Feldarbeit vermehrt. Will man dies vermeiden und setzt im Versuche die Zahl der Wiederholungen herab, um auf der gleichen Parzellenzahl zu halten, so wird der Vorteil der Standardmethode durch die bei der geringeren Wiederholungszahl erhöhten Fehler nach den Ergebnissen der untersuchten Blindversuche bei durchschnittlicher Gleichmäßigkeit des Feldes so gut wie ausgeglichen. Bei der Standardmethode ist ferner noch der zufällige Fehler der Standardparzellen von erheblichem Einfluß auf die Richtigkeit der gebildeten Differenz — es wird daher hierbei auf besonders sorgfältige Arbeit gesehen werden müssen. Ein weiterer beachtenswerter Umstand ist noch folgender: Es kommt nicht selten vor, daß die im Versuche enthaltenen Objekte sehr verschieden auf Änderungen des Bodens reagieren. So ist im Düngungsversuche die ungedüngte Parzelle empfindlicher gegen Nährstoffschwankungen des Bodens; manche Sorten vertragen keine feuchten Stellen usw. In solchen Fällen sind Ausgleichsrechnung und Gleitmethode vorzuziehen, da sie durch die Zusammenfassung zu Gruppen, in denen alle Objekte enthalten sind, die verschiedene Empfindlichkeit der Objekte am besten auszugleichen in der Lage sind.

Zusammenfassend kann bezüglich der korrigierenden Methoden für Versuche in linearer Anordnung folgendes gesagt werden:

1. Bezüglich der Übertragung der zufälligen Fehler in das Resultat zeigen die Methoden keinerlei so große Unterschiede, daß darauf praktisch Rücksicht zu nehmen wäre.

2. Bezüglich der parallelen Ausschaltung von systematischen, gleichmäßig verlaufenden Bodenänderungen aus Resultat und Fehler weisen alle drei untersuchten Methoden keine wesentlichen Unterschiede auf. Die Standardmethode wird ihr Bestes leisten, wenn es gilt, starken, systematischen Bodenschwankungen entgegenzuarbeiten, wenn ferner die Standardparzellen genügend dicht aneinandergerückt werden (wenigstens daktylische Anordnung), und wenn der zufällige Fehler durch sorgfältiges Arbeiten niedrig gehalten wird. Sie wird unsicherer, wenn die Standardparzellen weiter auseinanderrücken und hohe zufällige Fehler vorliegen. Die Mitscherlichsche Ausgleichsrechnung ergibt bei hohen zufälligen Fehlern die zuverlässigsten Ergebnisse, doch steht ihr die Gleitmethode hier kaum nach. Die beiden letzteren Methoden können ferner auch dann zur Ausschaltung des Standortfehlers herangezogen werden, wenn bei Anlage des Versuches mit einheitlichen Bodenverhältnissen gerechnet und keine Standardparzellen vorgesehen wurden; sie sind schließlich noch dann vorzuziehen, wenn im Versuche Objekte mit verschiedener Empfindlichkeit gegen Bodeneinflüsse enthalten sind.

Wie liegt nun die Sache bei den korrigierenden Methoden auf schachbrettförmigen Versuchsflächen? Hier liegen eingehende Untersuchungen nur über einen Vergleich der Methode Knut Vik mit der gewöhnlichen Berechnungsweise vor.[1] Die Methode Knut Vik schneidet hiebei sehr gut ab. Was die Hohe der gewonnenen Ertragsdurchschnitte betrifft, so decken sich diese bei Knut Vik mit den bei der gewöhnlichen Ertragsbestimmung gewonnenen Zahlen. Bei richtiger Verteilung der Parzellen über das Feld ist die Wahrscheinlichkeit, daß die für die einzelnen Versuchsobjekte gewonnenen Ertragsdurchschnitte von den Bodenveränderungen gleichmäßig beeinflußt werden, daß also die Unterschiede dieser Objekte untereinander richtig wiedergegeben werden, eine sehr große. Die zufälligen Schwankungen der Parzellenerträge gehen in den Versuchsfehler nach Knut Vik in annähernd derselben Größe ein, wie sie in den Fehlern der gewöhnlichen Berechnung erscheinen. Systematische Bodenänderungen werden, sofern sie regelmäßig ver-

[1] Möller-Arnold und Feichtinger: Die Bewährung der Methode Knut Vik in der Praxis des Feldversuches. Pflanzenbau, H. 23, S. 357. 1928.

laufen, durch die Methode Knut Vik so gut wie restlos aus dem Versuchsfehler beseitigt. Im praktischen Feldversuche konnte mit ihrer Hilfe im Durchschnitte eine Herabsetzung des mittleren Fehlers auf 33% erzielt werden.

Die Methode Knut Vik kann also für alle Fälle, in denen sich die Anlage von quadratischen Versuchsflächen empfiehlt, durchaus angeraten werden. Ihr großer Nachteil ist der, daß sie nur für eine beschränkte Zahl von Versuchsobjekten anwendbar ist; ihr Bestes leistet sie praktisch in Anwendung auf fünf Objekte in fünffacher Wiederholung. Nun genügt dies ja in der Mehrzahl der Fälle vollständig, manchmal aber, wenn mehr Objekte erforderlich sind, wird man auch wohl zu einer der anderen Methoden greifen müssen.

Am einfachsten wird sich in einem solchen Falle dann immer eine Berechnung nach der Standardmethode gestalten, was aber natürlich nur dann möglich ist, wenn darauf bereits bei der Anlage des Versuches Rücksicht genommen wurde. Andernfalls wird man eine der anderen Methoden, wie die Gleitmethode, die Methode der festen Abteilungen, die Methode Surface-Pearl oder die Methode Richey zur Berechnung heranziehen müssen. Alle diese Methoden liefern brauchbare Resultate und sind durchaus im stande, systematische Bodenvariationen weitgehend aus dem Versuchsresultate zu entfernen. Welche von ihnen die besten Resultate ergibt, muß solange offen bleiben, als keine eingehenden Untersuchungen hierüber vorliegen.

2. Arbeitsbedarf auf dem Felde

Oft ist diejenige Methode vorzuziehen, welche auf dem Felde am wenigsten Arbeit macht, und zwar sowohl bei der Anlage, als auch bei der Ernte des Versuches. In der Regel wird der Arbeitsbedarf bei der Ernte sogar eine größere Bedeutung haben, da um diese Zeit die Arbeitskräfte vielfach noch knapper sind als zur Zeit des Anbaues. Nachfolgend sei nochmals in Übersicht eine Zusammenstellung des Parzellenbedarfes der einzelnen Methoden gegeben; bemerkt muß werden, daß Parzellenzahl und Arbeitsbedarf wohl im allgemeinen parallel laufen, daß aber auch Lage und Entfernung der Parzellen zueinander von Bedeutung hiebei sind.

Parzellenbedarf der verschiedenen Versuchsanlagearten

I. Formeln der Berechnung

Z = Parzellenzahl, n = Zahl der Wiederholungen, p = Zahl der Objekte

1. Direkte Methode $Z = n \cdot p$.

2. Gleitmethoden $Z = n \cdot p + (p - 1) = p(n + 1) - 1$
3. Standardmethode (hier bedeutet p = Zahl der Objekte ausschließlich Standardobjekt)

	Art der Methode	Geeignet für Zahl der Objekte einschließlich Standard-Objekt	Parzellenbedarf	
			Anordnung nebeneinander	Anordnung hintereinander
1.	Jambische jede 2. Parz. Standard	beliebig	$(p + p)n + 1$ d. i. das Doppelte der direkten Methode + 1	$(p + p + 1)n$
2.	Daktylische jede 3. Parz. Standard	3, 5, 7, 9, 11, 13, 15....	$\left(p + \frac{p}{2}\right)n + 1$	$\left(p + \frac{p}{2} + 1\right)n$
3.	jede 4. Parz. Standard	4, 7, 10, 13, 16, 19....	$\left(p + \frac{p}{3}\right)n + 1$	$\left(p + \frac{p}{3} + 1\right)n$
4.	jede 5. Parz. Standard	5, 9, 13, 17, 21....	$\left(p + \frac{p}{4}\right)n + 1$	$\left(p + \frac{p}{4} + 1\right)n$
5.	jede 6. Parz. Standard	6, 11, 16, 21, 26....	$\left(p + \frac{p}{5}\right)n + 1$	$\left(p + \frac{p}{5} + 1\right)n$

Praktische Berechnung: Bei Anordnung nebeneinander ist der Parzellenbedarf = Zahl der Parzellen in einer Wiederholung $\times\, n + 1$. Bei Anordnung hintereinander interessiert bei Anlage nur die Zahl der Streifen, welche leicht zu bestimmen ist.

II. Berechnete Parzellentabellen

Gleitmethoden

p = Zahl der Objekte	Parzellenbedarf bei Zahl der Wiederholungen							
	3	4	5	6	7	8	9	10
2	7	9	11	13	15	17	19	21
3	11	14	17	20	23	26	29	32
4	15	19	23	27	31	35	39	43
5	19	24	29	34	39	44	49	54
6	23	29	35	41	47	53	59	65
7	27	34	41	48	55	62	69	76
8	31	39	47	55	63	71	79	87

Standardmethode nebeneinander

Zahl der Objekte inkl. Standardobj., wenn jede ... Parz. Standard				Parzellenbedarf bei Zahl der Wiederholungen							
jede											
3.	4.	5.	6.	3	4	5	6	7	8	9	10
3	.	.	.	10	13	16	19	21	25	28	31
.	4	.	.	13	17	21	25	29	33	37	41
5	.	.	6	19	25	31	37	43	49	55	61
.	.	5	.	16	21	26	31	36	41	46	51
7	.	.	.	28	37	46	55	64	73	82	91
.	7	.	.	25	33	41	49	57	65	73	81
9	10	.	11	37	49	61	73	85	97	109	121

3. Arbeitsbedarf am Schreibtisch

Bei wissenschaftlichen Untersuchungen darf dieser Umstand keine Rolle spielen, wenn es auf die Genauigkeit der Resultate ankommt; beim praktischen Feldversuch für wirtschaftliche Zwecke muß jedoch die Arbeit des Versuchsanstellers am Schreibtisch möglichst eingeschränkt werden. Es soll daher im nachfolgenden ein ungefährer Überblick über den Arbeitsbedarf der einzelnen Methoden angegeben werden. Als Beispiel wurden fünf Objekte in fünffacher Wiederholung gewählt, ein Fall, der in der Praxis sehr häufig vorkommt. Es wurde hiebei die Zahl der erforderlichen Rechnungsoperationen festgestellt und dabei angenommen, daß Multiplikationen bzw. Divisionen mit dem Rechenschieber erfahrungsgemäß die vierfache Zeit in Anspruch nehmen, wie die Addition bzw. Subtraktion zweier Posten.

Auf Langreihen verhält sich der Arbeitsbedarf bei

Dakt. Standard-Meth. 31 Parzellen (5 Obj., 5 Wdhlg.)	:	Gleitmethode 29 Parzellen (5 Obj., 5 Wdhlg.)	:	Mitscherlichmeth. 30 Parzellen (5 Obj., 5 Wdhlg.)
wie 1	:	2,5	:	6,7

Auf schachbrettförmigen Versuchsfeldern ($5 \times 5 = 25$ Parzellen) bei

Knut Vik (5 Obj., 5 Wdhlg.)	:	Feste Abteilung (5 Obj., 5 Wdhlg.)	:	Gleitmethode (5 Obj., 5 Wdhlg.)	:	Surface-Pearl (5 Obj., 5 Wdhlg.)
wie 1	:	1,7	:	2,8	:	4,6

Literatur zu „Ausschaltung der systematischen Bodenfehler"

Beaven, E. S.: Trials of new varieties of cereals. Journ. of Min. of Agr., Vol. 29, Nr. 4 u. 5. 1922. — Bjerke, Bj.: Maalestokkmetoden og Larsens forsök Medd. fra Norges Laubrukshöiskole, S. 337. 1923. — Fisher, R. A.: Statistical methods for research workers. London 1925. — Feichtinger, E.: Verrechnung von schachbrettförmigen Versuchsfeldern nach Knut Vik. Fortschr. d. Landw., Bd. 2, S. 722 bis 725. 1927. — Harris, J. A.: An illustration of the influence of substratum heterogeneity upon experimental results. Science, u. s. 28, S. 345—346. 1913. — Derselbe: On a criterion of substratum homogeneity as a factor influencing plat yields. Journ. Agr. Res., Bd. 19, S. 279 bis 315. 1920. — Derselbe: Practical universality of field heterogeneity as a factor influencing plat yields. Journ. Agr. Res., Bd. 20, S. 335 bis 356. 1920. — Hayes, H. K.: Control of soil heterogeneity and use of the probable error concept in plant breeding studies. Minnesota Agr. Exp. Sta. Techn. Bull., Bd. 30. 1925. — Holtsmark, G. u. Larsen: Om muligheder for at inskraenke de feil, som ved markforsök betinges av jordens uensartedhed. Tidskr. f. Landbr. Planteavl., S. 330. 1905. — Dieselben: Über Fehler, welche bei Feldversuchen durch die Ungleichartigkeit des Bodens bedingt werden. Landw. Versuchsstat., Bd. 65, S. 1. 1906. — Kiesselbach, T. A.: Competition as a source of error in comparative corn yields. Journ. Amer. Soc. Agr., Bd. 15, S. 199 bis 215. 1923. — Kopetz, L.: Methoden der Sorten- und Leistungsprufung bei Getreide. Zeitschr. f. Pflanzenz., Bd. 13, S. 1. 1927. — Kristensen, R. K.: Bestemmelse av Middelfejlen ved Kombinationer av onsidige og tilfeldige Af vigelser. Tidskr. f. Planteaol., S. 119. 1922. — Larsen, Bastian R.: Metoder for markforsök. Ber. om 2. nordiske landbrukskongress i. Stockholm, S. 72. 1897. — Derselbe: Arbeidsregler for spredte markforsög. 1902. — Leidner, R.: Über Feldversuche und Ausgleichsrechnung. Landw. Jahrb., S. 105. 1916. — Lindhard, E.: Opgörelse av Markforsög. Nord. jordbr. forskn., S. 228. 1922. — Mader, W.: Der mittlere Fehler als Genauigkeitsmaß. Pflanzenbau, Heft 2, S. 31. 1925. — Mitscherlich, E. A.: Die Mitscherlichsche Ausgleichsrechnung zur Ausschaltung der Ungleichheit des Bodens auf Versuchsfeldern. Fuhlings Landw. Zeitung, Bd. 69, S. 462. 1920. — Derselbe: Über die Ausrechnung von Versuchsergebnissen. Fuhlings Landw. Zeitung, Bd. 71, S. 191. 1922. — Derselbe: Die Bestimmung des Düngerbedürfnisses des Bodens. Berlin 1924. — Derselbe: Zur Fehlerrechnung auf Versuchsfeldern. Pflanzenbau, Nr. 8, 1926. — Derselbe: Über die Verminderung der Größe der Versuchsfehler bei Feldversuchen und die Ausgleichsrechnung. Landw. Jahrb.,Bd. 66, S. 525 bis 533. 1927. — Derselbe u. Möller-Arnold: Über die Verminderung der Größe der Versuchsfehler bei Feldversuchen in linearer Anordnung durch die verschiedenen Methoden der Ausschaltung des Standortfehlers. Landw. Jahrb., Bd. 67, S. 741. 1928. — Moldenhauer: Die Praxis der Ausgleichsrechnung, soweit sie fur den Landwirt in Frage kommt. Pflanzenbau, Nr. 14, S. 229. 1925. — Möller-Arnold, E.: Die Ausschaltung von Bodeneinflussen bei Felddüngungsversuchen. Pflanzenbau, Nr. 12, S. 202. 1924. — Derselbe: Gedanken zur Fehlerrechnung. Pflanzenbau, Nr. 8. 1925. — Derselbe: Zur Fehlerrechnung auf schachbrettförmigen Versuchsfeldern. Pflanzenbau, Bd. 3, S. 41 bis 44. 1926. — Derselbe: Untersuchungen über die Möglichkeiten der Verminderung der Fehler von Feldversuchen in der Praxis. Landw. Jahrb., Bd. 65, S. 943 bis 959. 1927. — Derselbe u. Feichtinger: Direkte oder indirekte Differenzbildung? Landw. Jahrb., Bd. 67, S. 287 bis 303. 1928. — Dieselben: Die Bewahrung der Methode Knut Vik in der Praxis des Feldversuches. Pflanzenbau, Nr. 4, S. 357 bis 361. 1928. — Dieselben: Sollen wir im Feldversuche die Ertragsdifferenzen auf direktem oder indirektem Wege berechnen? Pflanzenbau, Nr. 5, S. 22 bis 26. 1928. — Pfeiffer, Ph.: Der Vegetationsversuch. Berlin 1918. Daselbst auch ausfuhrliches Literaturverzeichnis. — Pritchard, F. J.: The use of checks and repeated plantings in varietal tests. Journ. Amer. Soc. Agr., Bd. 8, S. 65 bis 81. 1916. — Report of committee on standardisation of field experiments. Journ. Soc. Agr., Bd. 16, Nr. 1. 1924. Daselbst ausführliche Literaturangaben. — Richey, F. D.: Adjusting yields to their regression on a moving average as a mean of correcting for soil heterogeneity. Journ. Agr. Res., Bd. 27, S. 79 bis 90. 1924. — Derselbe: The moving average as a basis for measuring correlated variation in agronomic experiments. Journ. Agr. Res., Bd. 32, S. 1161 bis 1175. 1926. — Rodewald, H.: Die Mitscherlichsche Ausgleichsrechnung zur Ausschaltung der Ungleichheit des Bodens. Fuhlings Landw. Zeitung, Bd. 69, S. 371. 1920. — Rudorf, W.: Die Anwendung von rechnerischen Ausgleichsmethoden ohne Benutzung von Maßparzellen zur Ausschaltung des Einflusses von Bodenungleichmaßigkeiten bei Feldversuchen. Kuhn-Archiv, Bd. 15, S. 261. 1927. — Salmon, C.: A practical method of reducing experimental error in varietal tests. Journ. Amer. Soc. Agr., Bd. 5, S. 181 bis 184. 1913. — Derselbe: Check plats as a source of error in varietal tests. Journ. Amer. Soc. Agr., Bd. 6, S. 128 bis 134. 1914. — Derselbe: Some limitations in the application of the method of least squares to field experiments. Journ. Amer. Soc. Agr., Bd. 15, S. 225 bis 239. 1923. — Student: On testing varieties of cereals. Biometrica, Bd. 15, S. 271 bis 293. 1923. — Surface, F. M. u. Pearl, R.: A method for correcting for soil heterogeneity in variety tests. Journ. Agr. Res., Bd. 5, S. 1039 bis 1049. 1916. — Tedin, O: Korrelations betydelse för bestamningen av medelfelet paa ett sortförsök. Sveriges Utsädesförenings Tidskr., Häfte 1, s. 21 bis 67. 1926. — Vik, Knut: Bedömmelse af feilene paa forsöksfelter med og uten målestokk. Meldinger fra Norges Landbrukshöiskole 1924. — Wright, S.: Correlation and Causation. Journ. Agr. Res., Bd. 20, S. 7. 1921.

III. Anlageart der Feldversuche

Lange Zeit hindurch wogte der Streit darüber, in welcher Art und Weise ein Feldversuch am besten anzulegen sei; heute können wir ruhig sagen, daß sich bereits in Anpassung an die Bedürfnisse der Praxis ziemlich einheitliche Verfahren entwickelt haben, wenn auch die Entwicklung noch nicht abgeschlossen ist. Im praktischen Teile dieses Bändchens wird im einzelnen bei jeder Fruchtgattung angeführt sein, welche Methode sich der dabei angewendeten Arbeitsweise usw. am besten anpaßt. Es soll daher in folgendem nur ein ganz kurzer, allgemeiner Überblick über die hiebei in Betracht kommenden Punkte gegeben werden.[1]

Wir haben es vollkommen in unserer Hand, folgende Größen des Versuches nach unserem Ermessen zu wählen:

1. Form der Teilstücke
2. Anordnung ,, ,,
3. Größe ,, ,,
4. Zahl der Wiederholungen

Für die Wahl sind folgende Gesichtspunkte maßgebend: Erstens wollen wir ein möglichst brauchbares Ergebnis erhalten, d. h. die Ertragsunterschiede sollen möglichst sicher sein, die Fehler möglichst gering, die Übereinstimmung der Wiederholungen eine möglichst gute. Zweitens wollen wir dieses Ergebnis mit einem möglichst geringen Aufwand an Arbeit, unter möglichst geringer Störung des sonstigen Betriebes erreichen.

Der einzelne Versuch erfordert also gewissermaßen ein Kompromiß zwischen diesen beiden, sich in vielen Fällen widersprechenden Gesichtspunkten. Als Kriterium für den Erfolg einer Maßnahme zur Erfüllung der Forderungen des Punktes 1 pflegen wir die Verminderung der Fehler anzusehen, die dadurch erreicht werden kann. Entsprechen mehrere Verfahren den Anforderungen des Punktes 1 in annähernd gleicher Weise, so kann dann die Auswahl ausschließlich nach technischen und arbeitsökonomischen Gesichtspunkten vorgenommen werden.

1. Form der Teilstücke

Es handelt sich hier um die Frage, ob die quadratische oder die länglich-rechteckige Form zu bevorzugen ist. Im allgemeinen

---

[1] Vgl. hiezu Römer, Feldversuch. S. 45ff., Möller-Arnold, Landw. Jahrb., Bd. LXV, S. 943ff.

kann gesagt werden, daß die Form der Teilstücke um so gleichgültiger ist, je gleichmäßiger das Feld ist. Weist das Feld Ungleichmäßigkeiten auf — was in der Praxis wohl immer der Fall sein wird —, so ist die lange Form zu bevorzugen, denn einerseits vermag sie die Bodenungleichheiten besser zu „schlucken", da sie aller Wahrscheinlichkeit nach über gute und schlechte Fruchtbarkeitszonen hinweggreift, anderseits liegen die zu vergleichenden Teilstücke einander näher, die Differenzen sind also durch Bodenvariation weniger beeinflußt. Je größer die Teilstücke gewählt werden, desto eher gelangen sie auf Bodengleichheiten zu liegen — eine um so größere Bedeutung kommt also dann ihrer Form zu. Alle erwähnten Umstände sprechen dafür, die langgestreckte Form der Teilstücke zu bevorzugen, sofern nicht andere technische Momente die Wahl beeinflussen.

2. Anordnung der Teilstücke

Folgende Skizze gibt eine kleine Auswahl aus den möglichen Formen:

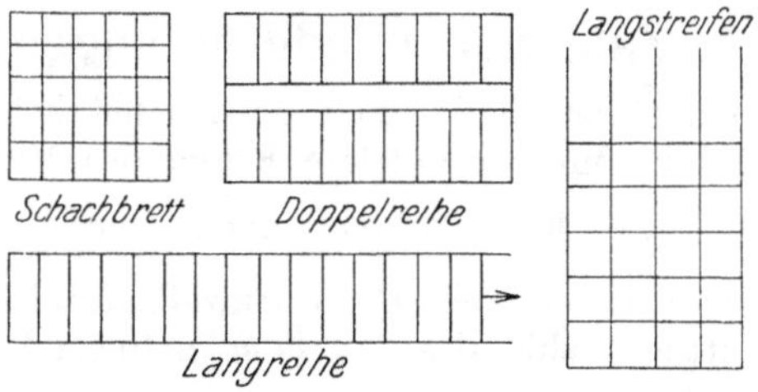

Abb. 7. Verschiedene Teilstuck-Anordnungen

Die bisherigen Untersuchungen haben ergeben, daß die Anordnung der Teilstücke keinen wesentlichen Einfluß auf die Höhe des Fehlers hat und daher unbedenklich nach technischen Gesichtspunkten gewählt werden kann.

3. Größe der Teilstücke

Die untere Grenze der Größe ist gegeben durch die Notwendigkeit, den Einfluß der Individualität der Einzelpflanzen auszuschalten; sie ist daher bei Hackfrüchten höher als bei Getreide. Die obere Grenze ist durch praktische Gesichtspunkte festgelegt, wie Möglichkeit der Abwage, des Drusches und dergleichen mehr. Üblich sind heute vielfach für Getreide 5 bis 30 qm, für Rüben und Kartoffel 25 bis 100 qm große Parzellen. Genaue Untersuchungen von Römer über diese Frage haben ergeben:

1. Die Genauigkeit der Versuchsergebnisse nimmt mit der Größe erheblich zu.[1]

2. Der Gewinn, den die Vergrößerung der Teilstücke bietet, ist um so geringer, je ungleichmäßiger das zum Versuche herangezogene Feldstück ist.

Diese Ergebnisse sprechen scheinbar für eine Vergrößerung der Teilstücke, was auch den Wünschen der praktischen Landwirte durchaus entsprechen würde. Daß das Versuchswesen trotzdem zu einer Verkleinerung der Teilstücke fortgeschritten ist, hat seinen Grund darin, daß man dieselben Erfolge der Fehlerverminderung mit geringerem Arbeitsaufwande durch Vermehrung der Teilstücke erzielen kann. Erfahrungsgemäß werden überdies größere Flächen in der Versuchspraxis niemals ebenso sorgfältig behandelt (Unkraut usw.) wie kleinere — damit geht der Gewinn größerer Flächen ebenfalls verloren; endlich ist bei kleinen Teilstücken die Ausschaltung systematischer Bodenfehler viel besser möglich als bei großen.

4. Zahl der Wiederholungen

Gemäß den Gesetzen der Fehlerwahrscheinlichkeit (Fehlerrechnung S. 12) nimmt der mittlere Fehler des Mittels bei Vermehrungen der Wiederholungen nach der Formel $\frac{\sigma}{\sqrt{n}}$ ab. Setzen wir daher den mittleren Fehler der Einzelbeobachtung $\sigma = 100$, so sinkt der mittlere Fehler des Mittels m in folgendem Verhältnis (s. Tabelle S. 81).

Ein Blick auf die beiden linken Zahlenreihen der Tabelle belehrt uns, daß von etwa acht Wiederholungen an der Gewinn an Genauigkeit nur noch ein geringer ist und in keinem Verhältnis zu dem erforderlichen Mehraufwand an Arbeit steht.

Wir können mit Hilfe dieser Zahlenreihe auch den Vergleich durchführen, welche Verbesserung wir erzielt hätten, wenn wir dieselbe Arbeit darauf verwendet hätten, nicht die Wiederholungszahl zu vermehren, sondern die Fläche des Einzelteilstückes zu vergrößern. Beginnen wir mit einem Teilstück von 25 qm, so entspricht der Zahl von zwei Wiederholungen ein Teilstück von 50 qm, drei Wiederholungen ein Teilstück von 75 qm usw. Auch hier sinkt m — aber bei Anwendung der Dühringschen

[1] Über die diesbezügliche Formel von Dühring vgl. Römer, S. 52.

Sinken der Fehler bei Vermehrung der Zahl der Wiederholungen und bei Vergrößerung der Parzellenfläche.

Vermehrung der Wiederholungszahl		Vergrößerung der Parzellenfläche[1]	
Wiederholungszahl	Größe des Fehlers	Fläche qm	Größe des Fehlers
Einzelbeobachtung	$\sigma = 100$	25	100
2 Wiederholungen	$\frac{100}{\sqrt{2}} = 71$	50	83
3 „	$\frac{100}{\sqrt{3}} = 58$	75	76
4 „	$\frac{100}{\sqrt{4}} = 50$	100	71
5 „	$\frac{100}{\sqrt{5}} = 45$	125	67
6 „	$\frac{100}{\sqrt{6}} = 41$	150	64
7 „	$\frac{100}{\sqrt{7}} = 38$	175	61
8 „	$\frac{100}{\sqrt{8}} = 35$	200	59
9 „	$\frac{100}{\sqrt{9}} = 33$	225	57
10 „	$\frac{100}{\sqrt{10}} = 32$	250	56
11 „	$\frac{100}{\sqrt{11}} = 30$		
12 „	$\frac{100}{\sqrt{12}} = 29$		
15 „	$\frac{100}{\sqrt{15}} = 26$		
20 „	$\frac{100}{\sqrt{20}} = 22$		

Formel, welche für Böden mittlerer Gleichmäßigkeit gilt, in erheblich geringerem Maße; wir können uns mit Hilfe der beiden nebeneinander stehenden Zahlenreihen davon überzeugen. Noch deutlicher zeigt dies eine graphische Darstellung (Abb. 8).

[1] Nach Römer.

Eine Vermehrung der Wiederholungszahl wirkt daher besser als eine Vergrößerung der Versuchsfläche.

Das von Römer untersuchte Material zeigt, daß die Ergebnisse der herangezogenen Versuche mit der theoretischen Fehlerverminderung, die nach den Gesetzen der Wahrscheinlichkeit zu erwarten ist, weitgehend übereinstimmen. Leider bleibt jedoch die in der Praxis erzielbare Fehlerverminderung dort erheblich hinter der theoretischen zurück, wo das Feld ungleichmäßig ist. Dieses Zurückbleiben macht sich umso stärker bemerkbar, je gröber die auftretenden Bodenschwankungen sind.

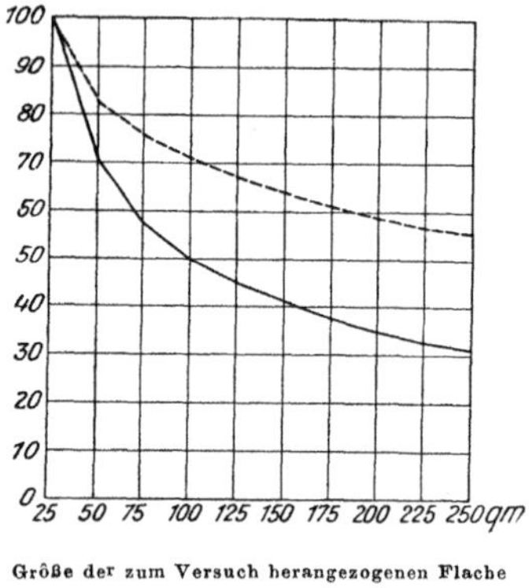

Abb. 8. Graphische Darstellung der Fehlerverminderung durch Vergrößerung bzw. Vermehrung der Teilstucke

σ der Parzelle von 25 qm = 100

——— = bei Vermehrung der Teilstucke

-------- = bei Vergrößerung der Teilstucke

Die Erhöhung der Zahl der Wiederholungen hat von allen bisher besprochenen Maßnahmen den günstigsten Einfluß auf die Genauigkeit des Feldversuches; wenn auch sie an den systematischen Bodenfehlern scheitert, so muß das Streben danach gehen, diesem ärgsten Feinde des Feldversuches auf andere Weise zu begegnen und die Methoden anzuwenden, welche ein weitgehendes Ausschalten dieser systematischen Bodenfehler ermöglichen.

B. Praktischer Teil

1. Abschnitt

I. Anlage und Durchführung von Düngungsversuchen[1]

1. Der Getreidedüngungsversuch

A. Allgemeines

Hauptgrundsatz: Mit möglichst wenig Arbeit das Erforderliche bewältigen. Das heißt, bei Feldversuchen in der Praxis, wo dieselben nicht geschlossen bei einem Institut, sondern oft auf entfernten Gütern und entfernten Schlägen liegen: mit möglichst wenig Arbeitsgängen. Denn jede Fahrt zum Gut, zum Versuch ist mit viel toter Wegzeit verbunden.

Man wird möglichst in fünf Besuchen die wichtigsten Arbeitsverrichtungen erledigen:

1. Vorbesprechungen des Planes, Düngerbestellung, Aussuchen und Abstecken des Versuchsfeldes.
2. Anlage. (Bei Winterungen und Versuchen mit geteilter Gabe sind zwei Gänge unvermeidlich.)
3. Beobachtung zu Beginn des Schossens und Erntevorbereitung.
4. Schnitt.
5. Wägung und Drusch.

Aber auch im einzelnen Arbeitsgange wird größter Wert darauf zu legen sein, nur das zu tun, was für die exakte Beantwortung der gestellten Frage unbedingt erforderlich ist; schon bei der Anlage ist bereits darauf Rücksicht zu nehmen, daß dies mit möglichst wenig Arbeitskräften durchführbar sei. Denn die Bereitwilligkeit einer arbeitssparsam eingerichteten Wirtschaft, Kräfte für Versuchsarbeiten zur Verfügung zu stellen, ist von

---

[1] Literaturverzeichnis siehe S. 150.

vornherein gering, und sie sinkt unter Null, wenn unverhältnismäßig hohe Anforderungen an sie gestellt werden.

Dieser Gesichtspunkt ist bei der Anlage, vor allem bei der Anordnung und Größe der Parzellen, sowie bei der Zahl der Wiederholungen, mit zu berücksichtigen.

Die Mindestgröße der Parzellen ist durch die Forderungen an die Genauigkeit zwar bestimmt; doch wird man sie gerne etwas größer wählen, jedenfalls so, daß das bei der Ernte zu verwendende Wiegegerät, Tischdezimalwage, Balkenwage, große Dezimal- oder Fuhrwerkswage voll ausgenützt wird, aber auch anderseits zweimaliges Wiegen vermieden wird. So daß man also möglichst mit einer vollen Wägung je Parzelle auskommt. Es entsprechen dieser Forderung: bei Mahd mit Sense und Arbeiten mit Hebelwage 20 bis 30 qm, bei Mahd mit Sichel und Arbeiten mit Tischdezimalwage 4 bis 8 qm, bei Mahd mit Maschine und Arbeiten mit Fuhrwerkswage zirka 500 qm.

Was die Form der Parzelle anbelangt, so ist sie zunächst durch die Art des Versuches bedingt. Dauerversuche und solche, die lange vor der Saat angelegt werden müssen, erfordern möglichst quadratische Parzellen; die Form liegt dadurch bereits fest. Außerdem müssen sie mindestens zur Anlage in jeder Richtung 1 m breiter sein, als die abzuerntende Fläche erfordert, da im Laufe der Jahre Randverwischungen doch nicht zu vermeiden sind. Bei den übrigen einjährigen Düngungsversuchen, die zur Saat oder nach der Saat angelegt werden, ist die lange Reihe, schon der erleichterten Anlage und Beobachtung halber, die zweckmäßigste Anordnungsweise. Hier haben wir nun einen gewissen Spielraum in bezug auf Länge und Breite der Stücke. Zweckmäßig wird es hierbei sein, die Breite mindestens so groß zu wählen, daß das Erntegerät rationell arbeitet; d. h. in den meisten Fällen einen Sensenwurf breit, zirka 2 m. Jedes Mehr oder Weniger verlängert die Schnittarbeit in unverhältnismäßigem Ausmaß.

Die Zahl der Wiederholungen und der eingeschalteten Standardparzellen wird dem Zweck des Versuches anzupassen sein. Wo erfahrungsgemäß große Unterschiede zu erwarten sind, werden die Standardparzellen unbedenklich weit auseinander gelegt werden können und wird mit wenigen Wiederholungen auszukommen sein. Das ist z. B. meist bei Versuchen über Höhe der Stickstoffwirkung, sei es mit einer oder mit steigenden Gaben, der Fall. Um so mehr, als gerade bei diesen Versuchen der Einzelversuch nichts aussagt und Schlüsse erst aus mehreren parallelen Versuchen durch mehrere Jahre gezogen werden können.

Empfindlicher sind schon Kali-, Phosphorsäure- und Kalkdüngungsversuche. Sie erfordern schon deswegen eine größere Genauigkeit, weil bereits aus dem einzelnen Versuch Schlüsse auf die Bedürftigkeit (oder den Bodenvorrat) des betreffenden Schlages gezogen werden können.

Am empfindlichsten sind Versuche über die Form, in welcher ein Nährstoff zu geben ist und über Zeit, eventuell Teilung der Gabe.

Oft, ja meistens wird man nun solche Versuche in einem kombinieren wollen. Es ist dann aber auf alle Fälle praktischer, die verschiedenen Fragen nicht in eine Serie zusammenzupressen, sondern jede für sich, sozusagen in einem getrennten Versuch, ihren Anforderungen gemaß, zu behandeln und die Versuche entweder hinter oder nebeneinander zu legen.

Ein Beispiel: es soll ein Stickstoffversuch zu Roggen durchgeführt werden. Fragestellung:

1. Höhe der Gabe,
2. Kalk oder Natronsalpeter,
3. Alles im Frühjahr oder geteilt, Herbst, Frühjahr.

Das läßt sich zwar anscheinend sehr gut in einem Plan nach der daktylischen Standardmethode vereinigen:

1. ohne N, 2. 1 N, 3. 2 N, 4. ohne N, 5. 1 N geteilt, 6. 1 N als Kalksalpeter (2—5 als Natron) $\times$ 5 + Letztparzelle = 31 Parzellen.

Trotz der Verwendung von 31 Parzellen wird das Ergebnis für die beiden letzten Fragen zu ungenau sein, da die Wiederholungszahl nicht genügt und die Standardparzellen gleichzeitig für diesen Zweck bereits zu weit auseinander liegen. Zweckmäßigerweise wird der Versuch so anzulegen sein:

I	1 N	ohne N	2 N	$\times$ 3 +	1 N	= 10 Parzellen;
II	1 N ganz	1 N geteilt	$\times$ 5 +	1 N ganz	= 11 Parzellen;	
III	1 N als Natr.	1 N als Kalk	$\times$ 6 +	1 N als Natr.	= 13 Parz.	

I und II sind hintereinander zu legen, wobei die Letztparzelle von I gleich die erste von II wird, III daneben, so daß insgesamt 33 Parzellen benötigt werden, also nicht wesentlich mehr als vorhin, jedoch die empfindlicheren Fragen mit genügender Wiederholungszahl in jambischer Anordnung geprüft werden können.

Es wäre zwar eine weitere Parzelle erspart worden, wenn auch der dritte Versuch hinter die beiden anderen angehängt worden wäre. Es ist jedoch gerade die Möglichkeit willkommen, sie nebeneinander zu legen. Denn zum Dreschen müssen die Parzellen zu einem Punkt, zu der Maschine, zusammengeschleppt werden und das erfordert, ganz gleich, ob man es zum Schnitt oder erst zum Drusch macht, bei einseitig langen Versuchen einen unverhältnismäßigen und gerade zu diesen Zeiten sehr unerwünschten Arbeitsaufwand.

Jede Gelegenheit, die Gesamtfläche des Versuches einem Quadrate anzunähern, muß darum ausgenützt werden; auf eine Parzelle mehr oder weniger kommt es hiebei nicht an. Vom Gesichtspunkt der Arbeitsvereinfachung aus muß teilweise auch die Grunddüngung betrachtet werden. Sie ist auf das Notwendigste zu beschränken und alle überflüssigen Kombinationen sind zu vermeiden. Nach unseren neueren Anschauungen über die Wirkungsgesetze ist die direkte Fragestellung (z. B. / N / — / N K /) ebenso berechtigt wie die indirekte Fragestellung, der sogenannte Mangelversuch (z. B. / N P K / — / N P /). Bei Stickstoffversuchen ist nur dann eine P- oder K-Grunddüngung zu geben, wenn der Acker als notorisch bedürftig bekannt ist oder gelten kann. Bei P-, K-, Ca-Versuchen wird man sich in den allermeisten Fällen mit einer mittleren N-Grunddüngung begnügen (auf alle Fälle Lager vermeiden!) und selbst diese weglassen, wenn starke Gründüngung oder Leguminosen vorangegangen sind oder wenn die P- und K-Wirkung zur Untersaat (z. B. Klee) weiter verfolgt werden soll.

Es ist nicht nur eine wesentliche Erleichterung der Anlagearbeit, wenn man mit weniger Düngerarten und Mengen zu hantieren hat, es wird nicht nur eine Quelle von Verwechslungen, Fehlwägungen usw. gemieden: es ist in der Praxis auch wissenschaftlich richtiger. Denn der alte Mangelversuch war nicht nur eine Kanone, mit der man nach Spatzen schoß, sondern man schoß noch dazu meistens vorbei. Die großen Salzmengen, die gerade auf die wichtigen Volldüngungsparzellen zu geben waren, erzeugen sehr oft, besonders aber in Trockenperioden, Ertragsdrückungen infolge plasmolytischer Störungen durch hohe Salzkonzentrationen, so daß völlig „sichere" falsche Ergebnisse (bei geringen Fehlern) sehr wahrscheinlich sind.

Bei P-, K-, Ca-Versuchen zu Wintergetreide ergibt sich eine weitere Möglichkeit der Arbeitsersparnis in punkto N-Grunddüngung dadurch, daß diese meist im Frühjahr gegeben werden kann. Bei Versuchen in Langreihe ist es dann nicht nur arbeitssparsam, sondern nach Diebaner Untersuchungen für die Zuverläßlichkeit der Versuche durchaus am zweckmäßigsten, wenn man die N-Gabe mit der Maschine quer zu den Parzellen gibt, was durch Fahren in der Längsrichtung des Versuches geschieht. Auf die Höhe der N-Gabe kommt es dabei nicht an

— die kann man genügend genau einstellen —, nur auf die Gleichmäßigkeit. Diese läßt sich aber, einen guten Maschinen-Streuer und windstilles Wetter vorausgesetzt, durch Fahren quer zu den Parzellen noch zuverlässiger erreichen als mit der sonst üblichen Handstreuung; diese bringt zwar eine einigermaßen genaue Grammzahl auf die Parzelle, aber verteilt sie auf dieser längst nicht so gleichmäßig wie die Maschine. Mit einer Maschine lassen sich so eine Reihe von K-, P-, Ca-Versuchen eines Gutes in kürzester Zeit zuverlässig mit einer N-Grunddüngung versehen.

B. Die Durchführung der einzelnen Arbeitsgänge

1. Vorbereitung

Das Aussuchen der Versuchsfläche nimmt man am besten mit dem Bauern, bei Großbetrieben mit den leitenden Unterbeamten (Assistenten, Feldvogt) gemeinsam vor, da diese über Eigenheiten der Fläche, Zuverlässigkeit des Untergrundes usw. am besten unterrichtet sind. Außerdem ist es gut, wenn möglichst viele Personen wissen, wo der Versuch hinkommt, da die Pfähle, mit denen er abgesteckt wird, sehr oft verlorengehen. Man nimmt deswegen auch am besten übergroße Pfähle, die, selbst wenn sie beim Pflügen, Ackervorbereiten usw. umgestoßen werden, nicht so leicht zu verschleppen und — selbst liegend — leicht wieder zu finden sind.

Ein genaues Abmessen ist überflüssig. Das Abschreiten eines reichlichen Stückes, bei dem in jeder Richtung 20 m hinzugenommen werden, genügt.

Bei Versuchen, die lange Zeit vor der Saat angelegt werden sollen, erübrigt sich meist das vorherige Aussuchen, man kann gleich anschließend die Anlage vornehmen. Bei solchen Versuchen, die dann meist schachbrettartig quadratisch anzulegen sind, läßt sich oft keine Rücksicht auf die Ausstreichfurchen nehmen. Man muß den Versuch dann so legen, daß eine ganze Wiederholung gleichmäßig von der Ausstreichfurche betroffen wird.

Bei Versuchen in Langreihe hat man gleichzeitig Rücksicht auf die Ausstreichfurchen und auf die Drillrichtung zu nehmen. Die Längsseite des gesamten Versuchsstückes ist in die Pflugrichtung oder nur wenig schräg dazu zu legen, so daß auf keinen Fall eine oder einige Parzellen allein auf eine Ausstreichfurche zu liegen kommen. Ist dies gleichzeitig die ungefähre Drillrichtung, wird man das Stück so auswählen und soviel Spielraum lassen müssen, daß zur Anlage eine Längsseite des Versuchsstückes in eine Drillspur gelegt werden kann.

Soll die Drillrichtung senkrecht zur Pflugfurche gehen, wird man sich die Möglichkeit offenhalten, die Drillspuren als Parzellengrenzen zu benützen und die Längsseite des Versuchsstückes möglichst senkrecht dazu legen.

Von dem ausgesuchten Stück stellt man eine grobe Skizze mit den ungefähren Maßen und den ungefähren Entfernungen zu den nächsten markanten Punkten am Feldrande her (Bäume, Steinhaufen usw.), die man in den vorläufigen Plan einträgt. Zweckmäßig ist es, eine Abschrift davon der Gutsverwaltung oder dem Bauern zu hinterlassen, dazu eine Liste der zu beschaffenden Düngermengen und Pfähle. Die Vergeßlichkeit ist groß in derlei Fällen und ein solcher Zettel kann viel Ärger ersparen.

2. Anlage

a) Zeit der Anlage

Die Meinungen über den zweckmäßigsten Zeitpunkt zur Anlage von Felddüngungsversuchen sind noch sehr geteilt. Da die Frage verschieden beantwortet wird, je nachdem, um welchen Nährstoff und Dünger es sich handelt, seien diese getrennt besprochen.

Stickstoff. Hier sind am wenigsten Zweifel verbreitet. Stickstoff in Amidform erfordert in den meisten Fällen Anwendung vor der Saat.

Stickstoff in Ammoniakform ist zwar zeitig zu geben, da er in dieser Form eine gewisse Umsetzungszeit benötigt. Es genügt aber bei Winterungen im äußersten Falle die Gabe im Herbst zur Saat, bei Sommerungen ebenfalls die Gabe zur Saat. Ammoniakdüngungsversuche sind also zweckmäßig am Saattag nach dem Durchgang der Drillmaschine anzulegen.

Stickstoff in Salpeterform kann auch später gegeben werden: bei Winterungen im zeitigen Frühjahr, bei Sommerungen nach Aufgang. Es ist hier, besonders bei Versuchen mit steigenden Gaben, die spätere Gabe vorzuziehen, da hohe Salpetergaben den Boden stets mehr oder weniger verkrusten und dadurch den Aufgang etwas verzögern können.

Phosphorsäure. Hier sind die Meinungen schon mehr geteilt. Die schwerlösliche Thomasmehlphosphorsäure soll älteren unzuverlässigeren Versuchen nach eine Zeit vor der Bestellung gegeben und möglichst mit dem Boden vermengt werden. Neuere zuverlässigere Versuche mit dieser Fragestellung liegen nicht vor. Ich selbst habe in Versuchen geradezu glänzende Wirkungen von zur Saat gegebenem Thomasmehl beobachtet. Die Frage muß offen bleiben, bis sie einwandfrei gelöst ist. Thomasmehl ist aber überhaupt kein handlicher Dünger für Phosphorsäureversuche.

Für mittlere bis schwere, dabei alkalisch neutrale oder schwachsaure Böden wird auf alle Fälle das leichter lösliche Superphosphat vorzuziehen sein. Auf leichteren und vor allem sauren Böden das Rhenaniaphosphat, das nach den Versuchen von Niklas[1] dem Superphosphat an Löslichkeit und leichter Aufnehmbarkeit gleichkommt.

Von dem Superphosphat nahm man schon früher an, daß eine spätere Gabe gut ausgenützt wird, ja sogar zweckmäßiger ist, da ein Zurückgehen der wasserlöslichen Phosphorsäure vor der Aufnahme dann nicht zu befürchten ist.

Ein abschließendes Urteil ermöglichen die neuesten Versuchsreihen von Simon[2] mit Superphosphat. Danach wird eine Düngung bis zum Abschluß der Bestockung voll ausgenutzt. Man hat also einen weiten Spielraum in der Anwendungszeit. Auch direkt zur Saat sind normale Gaben unbedenklich und führen nicht zu Keimschädigungen, selbst bei ausgesprochener Trockenheit: darum ist in den südost-europäischen Trockengebieten das gleichzeitige Ausdrillen von Superphosphat und Saatgut durch Spezialmaschinen so verbreitet und beliebt, ein Verfahren, bei dem doch bedeutend größere Konzentrationen in der Umgebung des keimenden Saatgutes eintreten müssen.

Kali. Hier ist die Frage am meisten umstritten. Die alte Lehrmeinung lautet: unbedingt Monate vor der Saat zu geben. Sie gründet sich vor allem auf üble Erfahrungen, die seinerzeit mit großen Kainitmengen direkt zur Saat gemacht wurden.

Nun, der Kainit scheidet sowieso als Versuchsdünger aus, da er zusehr mit lästigen Nebensalzen belastet ist — ausgenommen, die Fragestellung gehe speziell dahin.

Über die Anwendungszeit der höher konzentrierten Chlorkalisalze, vor allem des 40% Kalis, liegen ältere Versuche von Hoffmann vor, dann aber sehr eingehende Versuche von Remy, Bonn. Letzterer hat allerdings vor allem die sehr empfindliche Kartoffel zu diesen Versuchen herangezogen, daneben aber auch

[1] Niklas, Strobel und Gebauer: Phosphorsäuredüngungsversuche mit Superphosphat, Rhenaniaphosphat usw. Landw. Jahrb. Nr. 5, S. 641. 1924.

[2] Simon: Wie beeinflußt die Aufnahmezeit bei der Düngung die Wirkung? Pfl., Ern. u. D., 6. Jg., Teil B, H. 10, S. 433. 1927.

Getreide. Er kommt zum Schlußergebnis,[1] daß bis zum Beginn des Schossens (bei Kartoffel bis zum Juni), die Wirkung von der Anwendungszeit weitgehend unabhängig ist, und daß bald die frühe, bald die späte Gabe besser abschneidet. Am ehesten scheint noch die Gabe zur Bestellung in der Wirkung nachzustehen. (Keimschädigung durch Chlor.) Mit chlorfreiem Salz (Schwefelsaures Kali) hat Simon[2] umfassende Versuchsreihen durchgeführt und kommt ebenfalls zu dem abschließenden Ergebnis, daß bis Ende der Bestockung die Wirkung von der Zeit der Gabe weitgehend unabhängig ist.

Als Schlußresultat aller bisherigen Untersuchungen ist folgende Arbeitsregel anzusehen:

1. Wenn irgend möglich, Kaliversuche mit K_2SO_4 durchführen.

2. Zeit: entweder vor der Saat (bei Dauerversuchen, bei denen man von der Düngung nach der Saat keine arbeitstechnischen Vorteile hat, und die man zwecks besserer Arbeitsverteilung gern vorverlegt) oder nach Aufgang der Saat bis zum Ende der Bestockung.

Kalk. Kalkversuche werden in den seltensten Fällen als Nährstoffversuche durchgeführt. Die Wirkungen auf den Boden (Korrektur der Reaktion, Auflockerung), stehen hier im Vordergrund, eine Vermischung mit Boden — also zeitige Anwendung — wird darum die Regel sein. Doch können anderseits auch auf sehr stark sauren Böden, die bereits Schädigungen zeigen, spätere Gaben zur Saat und nach der Saat in Form von $CaCO_3$ unbedenklich gegeben werden und starke Wirkungen erreichen.

b) Durchführung der Anlage

Nachdem man sich in der Zwischenzeit durch Anfrage überzeugt hat, daß die Dünger beschafft sind, gibt man zweckmäßiger Weise ein oder zwei Tage vor der Anlage noch einmal die schriftliche Anweisung über benötigte Gerätschaften und Leute.

Der Bedarf wird verschieden sein, je nachdem es sich um Anlage von schachbrettförmigen Dauerversuchen vor der Saat oder um Langreihenversuche nach der Saat handelt.

1. Schachbrettförmige Versuche

Zu solchen Versuchen ist es stets praktisch, von sich aus so viel kleine mit Bändchen versehene Düngersäckchen aus Leinen oder Jute (25 × 40 cm, Stück etwa 25 bis 35 Pfennig) mitzu-

[1] Mitteilg. d. D. L. G., S. 918. 1926.

[2] Siehe a. a. O.

nehmen, wie Parzellen zu düngen sind, da bei Anlage von derlei Versuchen und fortlaufender Arbeit leicht Verwechslungen eintreten. Dazu ist noch mitzunehmen: Winkelspiegel, Meßband und Reserveschnüre. Das Gut hat zu stellen:

1 Küchenwage (Hebelwage),
1 Kohlenschaufel (zum Einwiegen),
1 mittlere Emailschüssel (zum Einwiegen),
1 große Emailwaschschüssel (zum Mischen),
Dünger.

Soviel große Säcke, wie verschieden gedüngte Parzellen vorhanden sind. (Zum Transport der kleinen Düngersäcke.) Soviel kleine Pfähle, zirka 30 cm lang (gespaltene Brennholzscheite, angespitzt), als am Rande des Versuches zu stehen kommen.

Bei Neuanlage: noch 8 zirka 50 cm lange starke Eckpfähle zum Versenken an den Ecken, dazu vier Ziegelsteine zum Bezeichnen derselben,

8 ebensolche Pfähle zur Festlegung des Versuches am Feldrand,
1 Rolle Bindegarn (300 m),
2 Düngerschüsseln zum Streuen,
1 schweren Hammer,
2 Spaten,
eventuell 2 Rechen,
dazu zwei Leute, die gut streuen können.

Nach der Ankunft kontrolliert man erst die Dünger, ob sie gut gelagert waren, Atteste über Gehalt usw. Sonderuntersuchungen betreffs des letzteren sind nur dann erforderlich und rechtzeitig zu veranlassen, wenn es sich um Vergleich von verschiedenen Düngerformen des gleichen Nährstoffes handelt. Dann wiegt man sofort mit beiden Leuten die Gaben ein. Der eine mischt in der Schüssel, der zweite sackt ein — das Wiegen übernimmt man selber. Die gleichartig gefüllten Säckchen verschiedener Wiederholungen kommen jedesmal zusammen in einen größeren Getreidesack. Dauer insgesamt: zirka 1 bis $1^1/_1$ Stunden bei 25 Parzellen. Dann wird das ganze Gerät auf einen kleinen Feld- oder Handwagen geladen und zum Versuchsstück gefahren, das zunächst abgesteckt wird.

Handelt es sich um einen älteren Dauerversuch, so sind nur die versenkten Eckpfähle zu ermitteln, neue oberirdische einzutreiben, durch Schnüre zu verbinden, die Länge der Seiten zu kontrollieren und gleichzeitig die Zwischenpfähle fest einzustecken, so daß man dann das ganze Feld kreuz und quer durch Schnüre in seine Einzelparzellen zerlegen kann.

Handelt es sich um eine Neuanlage, so geht man am besten so vor:

Man legt erst eine beliebige Seite durch genaues Ausmessen fest (Abb. 9).

An jedem der Eckpfähle visiert man nun einen rechten Winkel aus und läßt dabei in beliebiger, reichlicher Entfernung Pfähle einstecken, die mit den beiden feststehenden durch Schnüre verbunden werden (Abb. 10).

Abb. 9. Festlegen einer Seite des Versuches

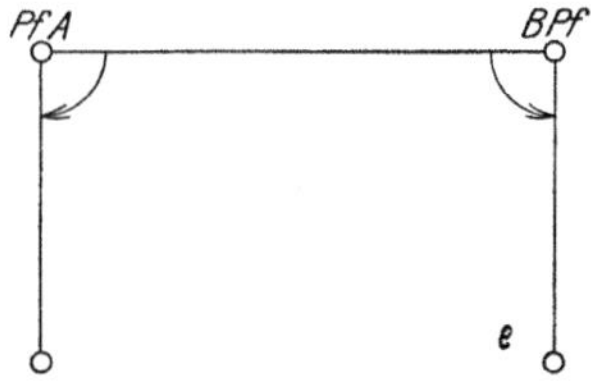

Abb. 10. Anvisieren der rechten Winkel

An beiden Schnüren entlang wird nun von den feststehenden Pfählen aus die gewünschte Strecke abgemessen und an den Endpunkten wiederum Pfähle eingeschlagen (C D) Abb. 11.

Abb. 11. Festlegen der Eckpfahle

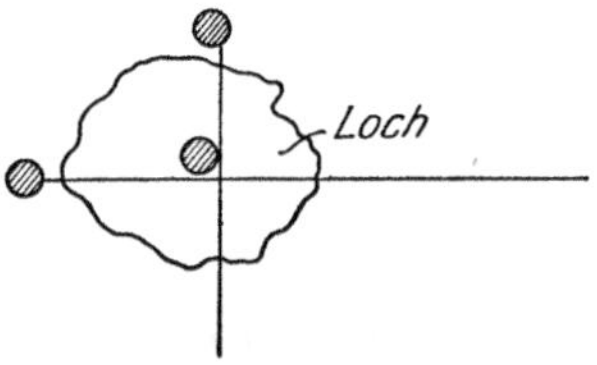

Abb. 12. Festlegen der Eckpfahle

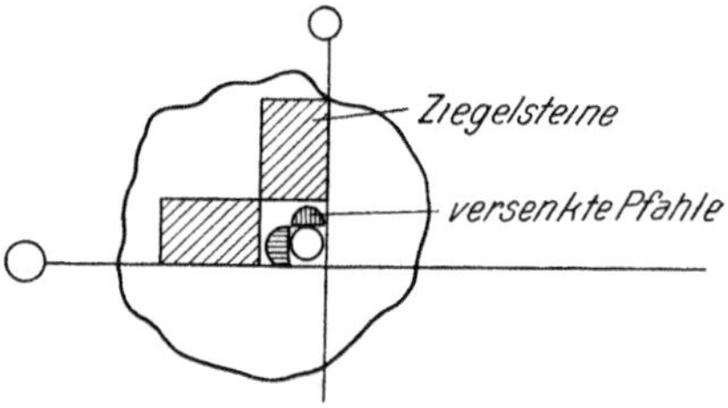

Abb. 13. Kenntlichmachung der Eckpfahle

Die Entfernung dieser beiden wird kontrolliert. Sie muß mit A B übereinstimmen. Das ist nur selten der Fall. Man kontrolliert dann von A und B aus noch einmal die Winkelmessung und korrigiert danach C oder D und schlägt sie dann endgültig fest. Die Zwischenpfähle werden dann wie oben ausgemessen.

Das Festlegen dieser Eckpfähle für spätere Wiederauffindung, sowie das dazu erforderliche Versenken und Kenntlichmachen am Feldrande, kann gleich anschließend vorgenommen werden. Dazu werden an jeder Ecke zwei weitere Pfählchen behelfsmäßig etwas auswärts eingesteckt und die Schnüre dahin verlängert, so daß der echte Eckpfahl nun in ihrem Kreuzungspunkt, und zwar nach außen steht (Abb. 12).

Der echte Eckpfahl wird nun entfernt, ein Loch von zirka $^3/_4$ m Durchmesser und 30 cm Tiefe gegraben, und zwar mehr aus- als einwärts. Dann wird der echte Eckpfahl wieder leicht eingeschlagen und zwei starke, zirka 40 bis 50 cm lange Pfähle, am besten halbierte Brennscheite, an den zwei Außenseiten des Eckpfahles, bis an die Sohle des Loches mit dem Vorschlaghammer eingetrieben. Zum Schlusse werden noch zwei Ziegelsteine anstoßend daran flach auf die Sohle des Loches gelegt (zwecks Erleichterung des Wiederauffindens) und zugeschüttet (Abb. 13).

Die Anbringung der Pfähle zum Wiederaufsuchen am Feld

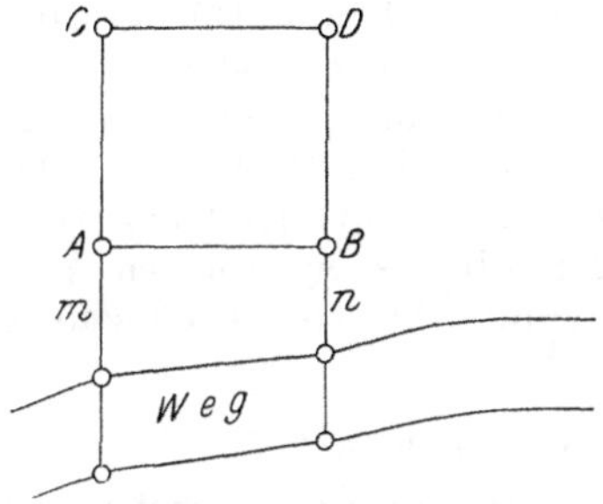

Abb. 14. Anbringen der Pfahle zum Wiederaufsuchen eines Versuches

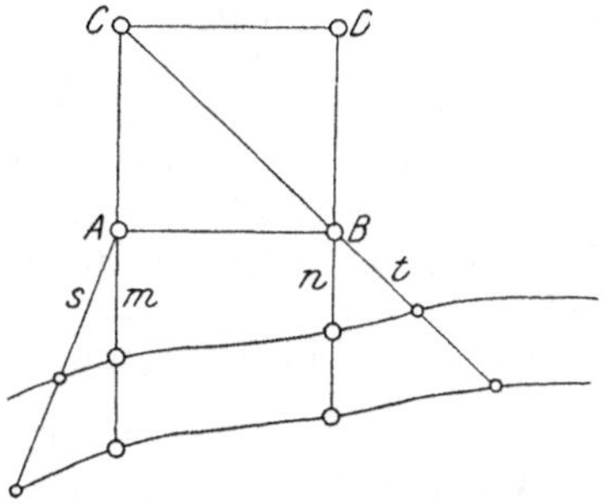

Abb. 15. Anbringen der Richtungspunkte seitwarts

(oder Weg) erfolgt folgerndermaßen: A, B, C, D sei das Versuchsfeld, der nächste Feldweg annähernd parallel A, B.

Die Schnüre A, C und B, D werden über den Rand (Rain oder Weg) hinaus verlängert und an beiden Seiten desselben kleine Pfähle tief, aber immer noch sichtbar, eingeschlagen (Abb. 14).

Durch Abmessen der notierten Strecken m, n und Visieren über die Pfählchen am Wege kann ich A, B, C, D dann leicht wiederfinden. Zur Sicherheit lege ich für jeden der Punkte A, B noch zwei Richtungspunkte seitwärts fest, wenn möglich, in den Diagonalen (Abb. 15).

Dann dürfte ein Wiederfinden auf alle Fälle garantiert sein.

Dauer des Absteckens zirka 1 Stunde, des Festlegens $^3/_4$ bis 1 Stunde.

Nach dem Abstecken und Abteilen des Feldes mit kreuz und quer gespannten Schnüren werden die Düngersäckchen auf ihre Felder verteilt und die zwei Leute können mit dem Streuen beginnen. Hiebei schütten sie zunächst 2 bis 3 Schaufeln Erde, die sie aus der obersten mittelfeuchten Schicht entnehmen, der eine mit der mitgenommenen Kohlenschaufel, der zweite mit dem Spaten, in ihre Streumulde, schütten den Dünger darauf aus, das Säckchen umkehrend und mischen einigemal.

Das Mischen mit Erde ist immer praktisch, wenn Wind weht oder nur mittlere Düngermengen zu streuen sind.

Die gemischte Menge wird dann nach Art der Gärtner gestreut, nicht mit breitem Wurf, sondern im Schütteln durch die Finger, und zwar in zwei Gängen kreuz und quer. Für 25 qm werden hiebei zirka 4 bis 5 Minuten gebraucht, so daß das Streuen eines 25 Parzellenversuches, die Parzelle mit 50 qm gewählt (Mindestgröße für Dauerversuche), zirka $1\frac{1}{2}$ bis 2 Stunden dauert, wenn es sorgfältig geschehen soll. Nach dem Streuen sind eventuell die Parzellen einzurechen, falls die Düngerarten dies erfordern (z. B. Ammoniak auf kalkreichen Böden). Dann werden die Säckchen ausgeklopft, Pfähle und Schnüre wieder aufgenommen, mit Ausnahme der provisorischen Pfähle, die beim Aussuchen des Feldes eingeschlagen wurden und jetzt eventuell zirka 10 m in jeder Richtung außerhalb des eigentlichen Versuchsfeldes fest einzuschlagen sind, damit Überstreuungen seitens des Gutes verhindert werden.

2. Versuche in Langreihen

Wesentlich einfacher ist die Anlage dieser Versuche, die kurz nach der Saat oder nach dem Aufgang anzulegen sind.

Hiezu wird benötigt seitens des Versuchsleiters:

1 Meßband.

Seitens des Gutes:

Dünger,

1 Küchenwage,

1 Kohlenschaufel zum Einwiegen,

1 Emailwaschschüssel zum Einwiegen,

1 bis 2 Dutzend große Getreidesäcke oder gewaschene Düngersäcke,

2 $(p + 1)$ Pfähle (p = Parzellenzahl),

1 Rolle Bindgarn,

1 Vorschlaghammer,

1 Spaten,

1 Düngerschwinge, eventuell 2 Rechen,

1 Meßlatte, die genau so lang ist, wie die Parzellen breit werden sollen,

1 Mann, der gut streuen kann, dazu

1 Mann oder Frau zur Hilfe, eventuell noch
1 Junge für Handreichungen.

Nach Ankunft auf dem Gute ist sofort mit allem Gerät hinauszuziehen.

Kommt der Versuch mit der Längsseite in Drillrichtung zu liegen, so bestimmt man sofort eine Drillspur als Längsseite und legt den Anfangspfahl fest. Die Leute können dann allein mit Hilfe der Meßlatte Pfahl für Pfahl zuverlässig genau einschlagen. Hiebei ist die Latte immer gegen den eben eingeschlagenen Pfahl zu stoßen und Anweisung zu geben, daß der nächste Pfahl jedesmal so eingeschlagen wird, daß die vorwärtsgelegene, möglichst flache Seite mit der Latte genau abschneidet (Abb. 16).

Die flachen, vorwärtsliegenden Seiten gelten dann als Grenzpunkte; an ihnen sind Schnüre usw. anzulegen. Auch sind die Pfähle immer in die Drillreihe und nicht dazwischen zu setzen, damit sie von der Hackmaschine nicht weggerissen werden oder diese behindern. Während die zwei Leute dies ausführen, mißt man vom Anfangspfahl in ungefähr rechtem Winkel die Breite des Stückes aus, legt den zweiten Anfangspfahl fest und mißt dann am voraussichtlichen Ende ein zweites mal hinüber und steckt provisorisch einen zweiten Pfahl ein, womit die Richtung der zweiten Längsseite festgelegt ist. Wenn man sich die Breite so ausgerechnet hat, daß sie ein Vielfaches der Drillspur beträgt, oder die Saat bereits aufgegangen ist, so daß die Drillreihen zu sehen sind, erübrigt sich dies und es genügt, den zweiten Anfangspfahl festgelegt zu haben.

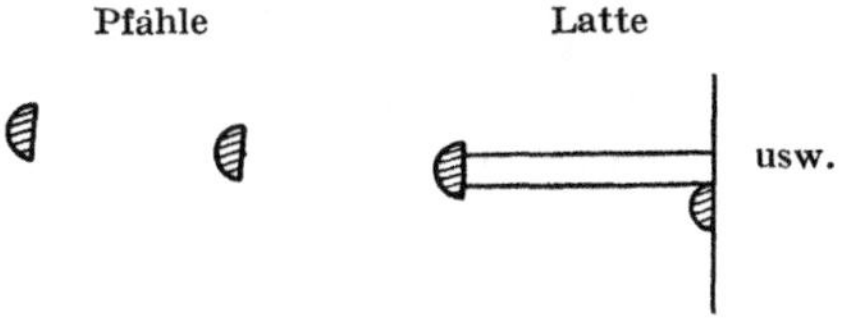

Abb. 16. Einschlagen der Pfähle

Wenn der Versuch mit seinen Längsreihen quer zur Drillrichtung zu liegen kommt, vereinfacht sich die Meßarbeit noch mehr.

Da genügt es, an zwei Stellen die Breite in der Drillrichtung an einer Spur festzulegen und Schnüre zu spannen. Man nimmt dann eine oder eine halbe Drillbreite als Parzelle, braucht weiter keine Querabteilungen, da dieselben durch die Drillreihen bereits gegeben sind, und kann sich in extremen Fällen damit begnügen, die vier Eckpfähle festzulegen. Dann kann schon das Streuen beginnen.

Praktisch ist es aber doch für die Festlegung des Versuches, wenigstens eine Seite auszupfählen. Man kann ihn dann leicht rekonstruieren, auch wenn einer der Eckpfähle verloren geht.

Handelt es sich überhaupt nicht um ein gedrilltes Feld, sondern um Breitsaat, so geht man so vor, wie im ersten Falle (Längsseite in Drillrichtung), nur daß man da die erste Längsseite bereits durch eine, zu einem provisorischen Pfahl gespannte Schnur festlegen muß. Das Ausmessen der Pfähle wird jedoch ebenso mit der Latte vorgenommen.

Jedenfalls: Während die drei Leute die Pfähle fertig einschlagen, ordnet man sich die Wage und Düngersäcke am Hinterende des Wagens handlich an und beginnt mit dem Abwiegen des Düngers. Der Junge breitet die Säcke der Reihe nach einzeln vor den Parzellen aus, gibt zwei bis drei Schaufeln Oberflächenerde darauf, man fährt derweil in Etappen von Wiederholung zu Wiederholung, wiegt die Gabe jeder Parzelle ab und schüttet sie direkt auf die Säcke.

Inzwischen werden die Leute mit dem Einschlagen der Pfähle fertig (Dauer zirka eine halbe Stunde) und können schon mit Streuen beginnen, d. h. einer streut, der zweite spannt die Schnüre vor, die die Grenzen bezeichnen, recht eventuell ein, wenn nötig, oder mischt vor. Der auf jedem Sacke liegende Erde- und Düngerhaufen wird in einfachster Weise gemischt, indem der Sack an beiden Enden angefaßt und der Inhalt einigemal hin und her gerüttelt wird. Das Streuen geschieht wieder nach Gärtnerart, und zwar in zwei Gängen, aber nicht über Kreuz. Zu achten ist hiebei vor allem, daß vom Rande weg gestreut wird. Das Streuen dauert hier zirka vier Minuten je 25 qm (bei zwei Gängen), so daß für einen 25-Parzellenversuch zu zirka 25 qm (wie sie zu einjährigen Getreideversuchen wohl in den allermeisten Fällen gewählt werden), wiederum $1\frac{1}{2}$ bis $1^3/_4$ Stunden benötigt werden. Man hält sich mit dem Wiegen immer etwas vor den Streuern und kontrolliert sie.

Nach dem Streuen werden die Säcke aufgenommen, die etwa noch liegen, und die letzten Schnurenden eingerollt. Gesamtdauer zirka 3 Stunden = $^1/_4$ Tag.

Diese praktische Arbeitsweise ist allerdings bei Bauern selten möglich. Da haperts oft mit der Wage und mit der Zahl der Leute. Es wird hier oft nötig sein, den Dünger vorher beim Krämer abzuwiegen und wie bei den Dauerversuchen in Säckchen aufs Feld zu nehmen. Das hält dann etwas länger auf.

3. Pflege, Beobachtung und Erntevorbereitung

Düngungsversuchen braucht man keine weitere Sonderpflege angedeihen zu lassen, als daß sie von Unkraut frei zu halten sind, da dieses das Bild der Düngerwirkung arg verwischen kann.

Das Sauberhalten der Versuche ist aber mit den Mitteln der Überredungskunst und Argumenten der Vernunft beim Landwirt in den allerseltensten Fällen zu erreichen. Das beste Mittel ist in diesem Falle das Ansetzen von allgemeinen Besichtigungsfahrten. Selbst die hartnäckigsten und renitentesten Brüder scheuen doch die öffentliche Blamage als schwerste Heimsuchung, und mit Hilfe der Eitelkeit gelingt leicht, was mit Hilfe der Einsicht aussichtslos schien. Allgemeine Besichtigungen haben allerdings die Gefahr, daß von großen Menschenmengen im Versuch herumgetrampelt wird. Man beugt dem am besten vor, wenn man beim Durchhacken der Parzellengrenzen, vom Feldrand aus, gleich bestimmte Wege mit aushacken läßt, die nicht nur an den Versuch heranführen, sondern an demselben in etwa 1 m Abstand entlang und vorbeilaufen (vgl. hiezu Abb. 17). Man erleichtert sich selber dadurch die Beobachtung bei Tau und Regen. Weniger notwendig, aber dekorativ und recht empfehlenswert sind Tafeln mit dem Düngerplan, vor allem zur Belehrung des Kleinbauern.

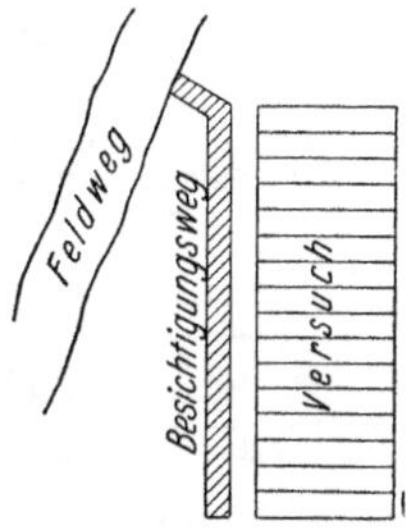

Abb. 17. Anordnung des Besichtigungsweges

Die Erntevorbereitung hat vor allem darin zu bestehen, die Grenzen der abzuerntenden Parzellen so kenntlich zu machen, daß sie bei der Ernte nicht erst gesucht werden müssen. Dazu genügen im allgemeinen das Heraushacken einer Drillreihe (bei enger Reihenweite zwei Reihen) oder eines 30 cm breiten Randstreifens.

Dieses Durchhacken verbindet man möglichst mit der zweiten Gabe Dünger, wo solche etwa noch zu geben ist. Das vorhin zur Anlage Gesagte gilt hier sinngemäß, nur wird es in diesem Falle fast immer praktisch sein, den Dünger auf dem Hofe abzuwiegen und mit hinauszunehmen. Handelt es sich doch meist um nur eine oder wenige Parzellen. Jedenfalls braucht man sich mit diesem Durchhacken durchaus nicht an einen bestimmten Termin zu binden. Es heißt zwar immer, es solle zwecks Vermeidung von Randpflanzenwirkungen möglichst spät, nach dem Schossen, geschehen. Doch ist die Randpflanzenwirkung auch dann noch stark genug. Die ist einfach unvermeidlich, wenn man überhaupt vor der Ernte aushackt. Ein Aushacken einige Tage vor der Ernte kommt sowieso nicht in Betracht, weil dadurch die Parzellen wieder mechanisch schwer geschädigt werden. Zur Zeit des Schossens ist auch bereits der Arbeitsaufwand unverhältnismäßig hoch. Auch sind die Arbeitskräfte dann in den Rüben, den Kartoffeln oder im Heu schwer beschäftigt. So ist ein früherer Zeitpunkt durchaus praktisch, bei Sommerung nach Beendigung der Anlagearbeiten, also am Ende der Bestockung; bei Winterung noch zeitiger, eventuell gleichzeitig mit der Frühjahrsstickstoffgabe.

Bei Langreihenversuchen, die quer zur Drillrichtung angelegt sind, ist diese Arbeit am einfachsten. Es wird immer eine Drillreihe an der Grenze heraus gehackt. Man nimmt hiezu zwei Frauen hinaus, die von den gegenüberliegenden Seiten aus hacken, und geht selber mit einer Hacke vor,

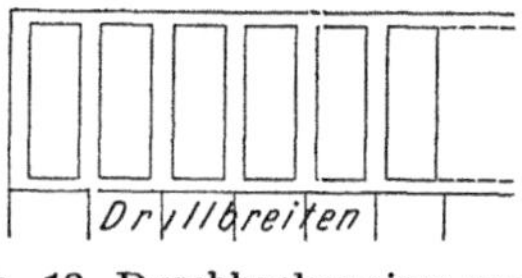

Abb. 18. Durchhacken eines quer zur Drillrichtung angelegten Langreihenversuches

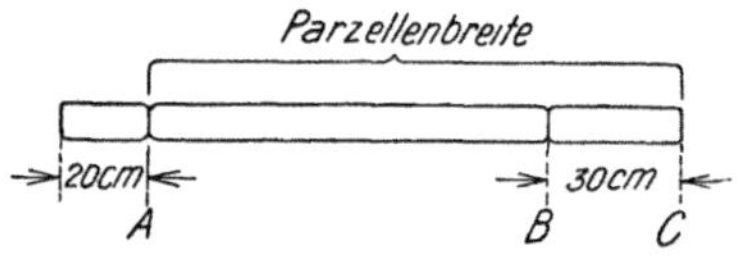

Abb. 19. Latte zum Durchhacken von Langreihenversuchen in Drillrichtung

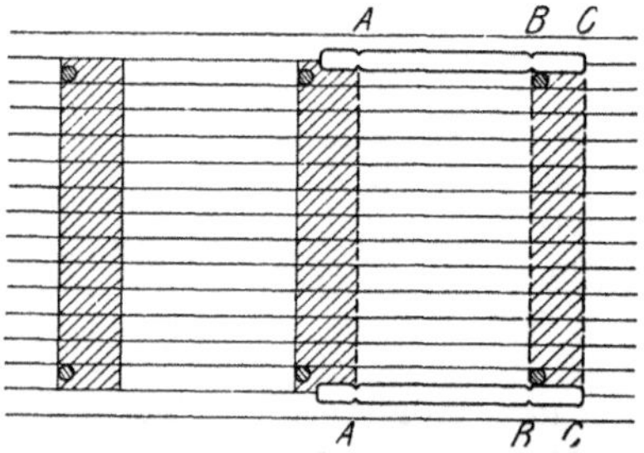

Abb. 20. Durchhacken eines in Drillrichtung angelegten Langreihenversuches

die wegzubringenden Reihen durch einige Schläge zu bezeichnen, damit keine unliebsamen Verwechslungen vorkommen. Dann werden die beiden Längsseiten an der Schnur entlang, außerhalb des Versuches, zwei Hacken breit freigelegt (vgl. Abb. 18).

Umständlicher ist schon das Verfahren, wenn der Langreihenversuch in Drillrichtung liegt und die Parzellen durch Querhacken von 30 cm breiten Streifen abgetrennt werden müssen. Alle Sorgfalt ist dann darauf zu wenden, daß ja alle Parzellen genau die gleiche Fläche erhalten und nicht etwa nur die ausgehackten Streifen gleich breit sind. Die Pfähle geben schlechte Anhaltspunkte dafür, jedenfalls nicht solche, die genau genug sind, da Egge, Walze und Hackmaschine während der Pflegearbeiten oft daran herumgezerrt und geschoben haben.

Am besten bewährt hat sich folgendes Verfahren: Zwei Latten von der Länge der Parzellenbreite + 20 cm werden folgendermaßen gekerbt, und mit drei Schnüren von Parzellenlänge aufs Feld mitgenommen (vgl. Abb. 19). Die Kerben werden nun miteinander durch Schnüre verbunden, an den Pfählen der

Längsseite angelegt und zwischen den Schnüren B und C durchgehackt, dabei Parzelle um Parzelle so weitergelegt, daß die Schnur A immer an der Grenze des zuletzt durchgehackten Streifens zu liegen kommt (vgl. Abb. 20).

Die zwei Leute hacken dabei einander entgegen und man hat die Garantie, daß dabei alle Parzellenflächen sicher gleich groß werden. Zum Schlusse werden an den Längsseiten je zwei Drillreihen außerhalb des Versuches weggehackt.

Am zeitraubendsten ist das Vorbereiten von schachbrettförmigen, vor der Saat angelegten Versuchen. Hier genügt — vor allem bei Dauerversuchen — das Weghacken eines Streifens nicht. Es müssen zwischen Nachbarparzellen außerdem zirka 1,50 cm breite Mantelstreifen stehen bleiben.

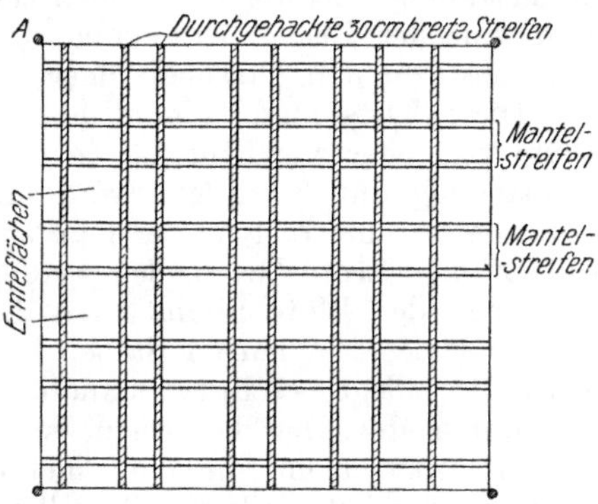

Abb. 21. Durchhacken eines schachbrettformigen Versuches

Der Versuch muß überhaupt erst wieder an Hand der versenkten Eckpfähle ausgegraben werden. Man spannt dann Schnüre zwischen den Eckpfählen A, B, C und D und mißt an diesen entlang die Lage der wegzuhackenden Streifen aus, legt sie durch Pfählchen fest und läßt dann zwei Leute mit zwei Schnüren Streifen für Streifen einander entgegen aushacken; währenddessen mißt man die zwei anderen Längsseiten ebenso aus, die dann auf gleiche Weise bearbeitet werden, so daß der Versuch am Ende so aussieht wie Abb. 21 zeigt.

Die sorgfältige Beobachtung der Düngungsversuche ist mindestens ebenso wichtig, wie die Ernte derselben. Manche Ergebnisse, die widersprechend scheinen, finden nur in den Vorgängen während der Vegetationszeit ihre Erklärung und ihre rechte Wertung. Die schönste und zweckmäßigste Fehlerrechnung kann an Wert und Ergiebigkeit das scharf beobachtende Auge des wahren Kenners seiner Pflanze nicht ersetzen.

Es wird sich nun oft die Beobachtung mit anderen Arbeiten, die auf dem Gute zu leisten sind, vereinigen lassen. Manches wird man auch durchaus dem Besitzer oder Beamten überlassen können.

Auf die wichtigsten Beobachtungen sei hier kurz hingewiesen.

N-Versuche:

1. Verkrustung nach dem Streuen. Etwaige Störung des Aufganges.
2. Moment des Sichtbarwerdens der Wirkung.
3. Einfluß auf Winterfestigkeit, Krankheitsbefall (Rost, Fritfliege usw.).
4. Beobachtung des Ährenschiebens, da sich Unterschiede in der Blüte und Reifezeit hier bereits am sichtbarsten ausprägen.
5. Nach starken Juniregen Neigung zum Lagern.
6. Bei genaueren Untersuchungen (geteilten Gaben) ist eine Halmzählung unerläßlich, da man erst dadurch ein zuverlässiges Bild von der Zusammensetzung des Ertrages und ein tiefergehendes von den Ursachen einer Ertragsdifferenz erhält.

Diese Feststellung nimmt man am besten gleich nach der Blüte vor oder zur Ernte — je nachdem man Zeit hat. Die Feststellung zur Zeit der Ernte macht zwar weniger Arbeit, fällt aber in eine Zeit, in der man sowieso im Gedränge ist. Sie soll mit der Ernte besprochen werden.

Nach der Blüte nimmt man die Feststellung so vor, daß man mit vier 1 m langen Stäben in den betreffenden Parzellen Quadrate anlegt — selbstverständlich in allen Wiederholungen — und durchzählt. Ist das Versuchsfeld sehr gleichmäßig gedrillt, so kann man auch eine oder mehrere Drillreihen durchzählen (so viele, daß jedenfalls von Parzellenrand zu Parzellenrand mindestens 1 qm Fläche damit erfaßt wird); es versteht sich von selbst, daß man dazu in allen Parzellen dieselben Reihen benützt.

P-K-Versuche:

1. Falls zur Saat angelegt, Beobachtung des Aufganges in bezug auf eventuelle Keimschädigungen.
2. Moment des Sichtbarwerdens eventueller Wirkungen.
3. Krankheitsbefall und Winterfestigkeit.
4. Lagerfestigkeitsbeobachtungen kommen selten in Betracht, da man bei diesen Versuchen am besten alle Lagergefahr ausschließt. Auch das Ährenschieben ist nicht so wichtig, es sei denn, daß schon vorher starke Wirkungen eingetreten waren. Dagegen treten manchmal kurz vor der Gelbreife noch erhebliche Unterschiede in der Reifezeit auf, die man am besten dann beobachtet. Halmzählungen haben auch nur dann Sinn, wenn bereits das Auge deutliche Unterschiede wahrnimmt.

Ca-Versuche:

1. Beobachtung des Aufganges bereits sehr wichtig.

2. Vor allem auch Beobachtung während der Bestockung, da dann Kalkmangelschädigungen am deutlichsten sichtbar sind.

3. Bei später Gabe außerdem zur Blüte, weil dann oft erst zu dieser Zeit starke sichtbare Unterschiede auftreten.

4. Halmzählungen sind zwar recht aufschlußreich, jedoch schwierig, da besonders die Kalkmangelparzellen oft sehr unregelmäßig sind. Da ist das Auszählen größerer Flächen — 2 bis 4 qm je Parzelle — angezeigt.

4. Ernte

Schon beim Schnitt muß man sich klar darüber sein, welche Versuche unter allen Umständen zu dreschen sind und bei welchen eventuell darauf verzichtet werden kann. Letztere wird man gleich bei der Ernte wiegen.

Es wäre an sich erstrebenswert, alle Versuche zu dreschen. Andererseits ist damit jedoch ein erheblicher Arbeitsaufwand in der unangenehmsten Zeit des Jahres verbunden, in der jede Beanspruchung von Arbeitskräften als äußerst lästig empfunden wird. Das Dreschen zu späterem Zeitpunkt, nach der Ernte, hat selten Wert, da Mäusefraß und sonstige Verluste unvermeidlich sind und die Fehler ins Groteske steigern. Im Notfall wird man zwar darauf zurückgreifen, es aber nicht als Regel vorsehen. Ebenso dürfte die Methode Wagner, das Dreschen kleiner entnommener Proben zu späterem Zeitpunkt, erst recht unzuverlässig sein. Jede Probenahme ist willkürlich und trägt neue Fehler ins Resultat, die ihrerseits durch Wiederholung kontrolliert werden müssen.[1] Ist doch das Dreschen an sich bereits mit einer Vergrößerung der Fehler verbunden, wie jede weitere menschliche Manipulation mit allem Erntegut dem Zufall und der menschlichen Unvollkommenheit weiteren Einfluß auf das Resultat gibt. Die Vergrößerung des Fehlers wird zwar verschieden sein, je nach der Sorgfalt, mit der gearbeitet wird, je nach Maschine und System. Sie wird aber immer vorhanden sein, auch wenn im einzelnen Fall einmal der Fehler scheinbar kleiner wird. (Bei Versuchen mit spät gewachsenem, grünem und schwerem Unkraut.)

Im Versuchsring Dieban betrug bei einem sorgfältigen Drusch mit Parzellendrescher, am Versuchsorte selber, die Zunahme des Fehlers im Durchschnitt der Jahre 1925/27 bei den 28 Versuchen, bei denen dies kontrolliert wurde, zirka 18%.

Wenn man also das Dreschen vermeiden kann, wird man es tun. Wie steht es nun damit?

[1] Siehe Wodarz, Über die Anwendbarkeit der Methode Wagner. Pflanzenbau, H. 2, S. 17. 1925.

N-Versuche.

Hier ist der Drusch auf alle Fälle notwendig, da das Kornstrohverhältnis fast immer durch N-Düngung verschoben wird, und zwar in sehr wechselndem Ausmaß, je nach der Jahreswitterung. Man wird also beim Schnitt auf Wägung verzichten können, um sich mit der Wägung vor dem Drusch zu begnügen, mit der man ja auch den Strohertrag erfaßt.

P-Versuche.

Hier ist die Beantwortung der Frage schon zweifelhafter. Faßt man den Versuch als Frage nach dem Bodenvorrat auf, so ist, rein theoretisch nach Mitscherlich, die Wägung des Gesamtgewichtes ausreichend. Faßt man ihn auf als Frage nach dem tatsächlichen Erfolg der Düngung, zwecks statistischer Aufarbeitung gestellt, so ist die Antwort schon zweifelhafter. Bereits nach älteren Erfahrungen sind hohe P-Wirkungen mit Blühwilligkeit, verstärktem Kornansatz und damit mit Verengung des Kornstrohverhältnisses verbunden.

Wie ist der Einfluß derselben bei unserer Fragestellung?

Zur Klärung dieser Frage wurden vom Verfasser 120 Versuche untersucht.[1] Im Durchschnitte sämtlicher 120 Versuche ergaben sich folgende Arbeitsregeln für die Ernte der P-Versuche:

1. Versuche, die augenscheinlich starke Wirkungen zeigen, sind zu dreschen, brauchen daher beim Schnitt nicht gewogen zu werden.

2. Alle übrigen Versuche sind sofort beim Schnitt zu wiegen. Wenn sich dabei keine Wirkung über 5% zeigt, ist der Versuch damit abzuschließen, indem man die Ertragssteigerung prozentisch festlegt und die Höhe des Körnerertrages schätzt. Zeigt sich jedoch eine höhere Wirkung, ist der Versuch zum Drusch aufzustellen.

Versuche mit viel grünem Unkraut, die gar nicht vorkommen sollen, wird man allerdings nicht frisch wiegen dürfen; diese erfordern einen weiteren Arbeitsgang, nämlich einmal ein Aufstellen zum Trocknen und weiter ein späteres Durchwiegen.

Kaliversuche.

Bei den Kaliversuchen gelten dieselben Überlegungen wie bei den P-Versuchen.[2]

---

[1] Möller-Arnold: Müssen Phosphorsäure und Kaliversuche durch Drusch abgeschlossen werden? Pflanzenbau Nr. 18, S. 284. 1927/28.

[2] Vgl. die erwähnte Arbeit.

Daher läßt sich eine analoge Arbeitsregel wie für P-Versuche auch für K-Versuche aufstellen.

1. Versuche mit sichtbar starker Wirkung sind zum Drusch vorzusehen und brauchen bei der Ernte gar nicht erst gewogen zu werden.

2. Die übrigen Versuche sind beim Schnitt zu wiegen (wenn nicht zu sehr verunkrautet!) und, wenn sich dabei nur schwache Wirkungen unter 5% ergeben, damit abzuschließen. Wenn sich höhere Wirkungen ergeben, sind sie zum Drusch aufzustellen. Außerdem ist zu bedenken, daß große Parzellen, die auf die Fuhrwerkswage kommen, sowieso erst später gewogen werden; meistens können sie aber im Stroh gar nicht gewogen werden und müssen dann ohnedies gedroschen werden.

Die Ernte geht nun in folgender Weise vor sich:

Am Abend vorher wird telephonisch, sonst einen Tag vorher schriftlich, der Entschluß verabredet und das Gerät angefordert:

1 Sense,

1 Raffsichel,

eventuell Strohseile,

1 bäurischer Ährenrechen oder gewöhnlicher Heurechen,

1 Bund Hanfgarbenbänder, oder Bindfadenenden (von Bindergarben) oder Bindegarn zum Binden der Puppen,

wenn gewogen werden soll:

einen Dreifuß aus 3 m langen Latten.

An Leuten: 1 Mäher, 1 Rafferin, 1 Binderin, die gleichzeitig nachharkt.

1 Person zum Aufstellen.

Wenn gewogen werden soll, eventuell noch eine weitere zum Heranschleppen an die Wage. Diese Mannschaft kann fortlaufend arbeiten und der Mäher ist voll ausgenützt. Falls Leute knapp sind, ist eben eines nach dem andern zu machen. Erst mähen und binden, dann aufstellen. Oder erst mähen, dann binden, dann aufstellen, bzw. wiegen — wie es die Situation eben erfordert.

Der Versuchsleiter hat, falls aufgestellt werden soll, selbst mitzubringen:

Etiketten für die Parzellenpuppen — am besten läßt man sich vor der Ernte einige tausende kommen —, soviel wie Parzellen zu ernten sind + 50%.

Falls nun die Halmzählungen vorgenommen werden sollen: Eine Schere und soviele Mustertüten, als Parzellen in Betracht kommen. Format zirka 25 × 12 cm, am besten Autotüten mit Metalleinlage, die durch einfaches Kneifen geschlossen werden — auch diese sind kurz vor der Ernte in genügender Menge zu beschaffen, da sie auch noch für mancherlei andere Zwecke benötigt werden.

Falls sofortiges Wiegen in Betracht kommt, ist auch ein Wiegetuch (Segelleinen 1,50 × 1,50 m mit starken Schnüren an den Ecken) mitzunehmen, sowie eine geeignete, möglichst leichte, aber sicher funktionierende Hebelwage (Abb. 22). Sehr bewährt hat sich an verschiedenen Orten die Bismervegte von Viik, Oslo, mit Noniusteilung bis 100 g, die leicht auf dem Rade oder im Rucksack zu transportieren ist.

Auf dem Gute angekommen, setzt man Leute und Gerät zum betreffenden Feldstück in Bewegung und fährt selber voraus,

Abb. 22. Wiegebock

um schon vorzuüberlegen, von welcher Seite das Stück anzuhauen ist. Man muß da auf die Art der Sensen und die Eigenheiten der Leute Rücksicht nehmen, wenn man keine Zeitverluste erleben will. Dieser ruhige Moment wird auch zum Entnehmen der Ährenprobe für die Halmzählungen ausgenützt. Dazu werden aus den einzelnen Parzellen wahllos je 50 Ähren mit der Schere ausgeschnitten und in eine bezeichnete Tüte gesteckt.

Diese Ähren werden später ausgerieben — an Regentagen mietet man eine Arbeitskraft dazu, oder man läßt es auf den Winter — und der Kornertrag gewogen. Dann hat man den Durchschnittskornertrag je Ähre (samt Fehler, da ebenso oft wiederholt wie die Ertragsbestimmung) und kann mit Hilfe des Gesamtertrages an Körnern, der beim Drusch ja festgestellt wird, durch einfache Division auch die Halmzahl je Quadratmeter ermitteln. Es ist zwar nicht unbedingt notwendig, daß diese Probenahme an der stehenden Parzelle erfolgt. Es kann ebenso nach dem Schnitt oder vor dem Drusch geschehen, es ist nur nicht mehr so einfach, einwandfreie Durchschnittsproben aus festgebundenen Garben zu entnehmen. Man bekommt dabei nur zu leicht nur die besten, oben sichtbaren Ähren in die Finger.

Nach Ankunft der Leute teilt man diese sofort ein und sorgt vor allem dafür, daß der Mäher rasch in Gang kommt und in Gang bleibt, da von seiner Leistung die Leistung der ganzen Kolonne abhängt.

Die Einteilung ergibt sich zwanglos aus der vorigen Aufzählung.

Man fängt auf alle Fälle die Ernte am besten in der Mitte der ganzen Fläche oder nahe derselben an, um gleich nach der Mitte die Parzellen zusammenzutragen, in Parzellenpuppen aufstellen (1 oder 2 je Parzelle) und die Puppen binden und mit Etiketten versehen zu können. Das sofortige Zusammentragen hat für das spätere Dreschen große Vorteile; es erspart Kornverluste und Verwechslungen. Man braucht hierbei je 25 qm 3 Minuten, kann also in $1^1/_4$ bis $1^1/_2$ Stunden einen 25-Parzellenversuch (zu 25 qm) erledigen.

Soll gleich gewogen werden, wird gleich nach dem Schneiden der ersten Parzelle der Bock aufgestellt und mit dem Wiegen begonnen (s. Abb. 22).

Die Garben können beim Binden gleich auf das Wiegetuch geworfen werden — überhaupt ist auf möglichst sparsames Hand-in-Hand-Arbeiten zu achten. — So ist auch darauf zu sehen, daß die letzte Garbe jeder Parzelle nicht zugebunden wird, bevor die Nachreche zusammengebracht ist und gleich mit eingebunden werden kann.

Sehr große Parzellen werden immer auf der Parzelle selbst aufzustellen sein, wobei sie so nach der Mitte zusammenzutragen sind, daß keine Verwechslung hinüber und herüber möglich ist. Eine Puppe ist dabei etwas vorzuziehen, festzubinden und mit der Etikette der Parzelle zu versehen.

Noch ein Wort zur Bezeichnung der Etiketten. Es ist weitaus am praktischesten, sämtliche Parzellen eines Satzes, ganz gleich, ob es Standard- oder sonstige Parzellen sind, durchzunumerieren, die verschiedenen Wiederholungen mit Buchstaben kenntlich zu machen und die Letztparzelle mit einem L. Das gibt die geringsten Verwechslungsmöglichkeiten und die leichteste Befehlsbezeichnung den Leuten gegenüber.

Wenn es sicher oder wahrscheinlich ist, daß der Versuch

gedroschen werden soll, so ist der Rafferin vor allem einzuschärfen, daß sie nur kleine Garben legt, und zwar von jeder Parzelle gleich viel (zirka 6 bis 8 je 25 qm). Kleine Garben ziehen leichter aus, wenn sie einmal naß geworden sind. Man muß ferner den Versuch so zum Trocknen stellen, daß er bis zum Drusch nicht mehr angerührt zu werden braucht. Selbst wenn es dann mehrfach regnet, darf man nicht gezwungen sein, die Puppen umzustellen, da das den Versuch immer schädigt. Bei kleinen Garben kann man meist sicher sein, daß die Puppen nach dem Regen wieder von selber ausziehen.

Die geringere Standfestigkeit kleiner Garben hat man durch nochmaliges Binden der Puppen mit Garn auszugleichen, woran gleich die Etikette befestigt werden kann. Die Anweisung, eine bestimmte Garbenanzahl je Parzelle abzulegen, garantiert einerseits die bestimmte gewünschte Garbengröße, andererseits beugt sie Verwechslungen vor. Nur bei Parzellen ohne N wird man manchmal Ausnahmen machen müssen — aber auch dann am besten diese Ausnahme gleichmäßig in allen Wiederholungen.

5. Drusch

Hierzu bestehen in der Praxis drei Möglichkeiten.

1. Das Dreschen mit der großen Maschine, bei großen Parzellen einzig in Betracht kommend, bei kleineren aber auch bei einiger Vorsicht anwendbar.
2. Das Dreschen mit Bauernmaschinen.
3. Das Dreschen mit Parzellendrescher am Versuch selbst.

Letztere beiden Methoden kommen ausschließlich für kleine Parzellen in Betracht. Das Dreschen mit dem Flegel ist so umständlich, daß es zwar oft angeraten und begonnen, aber nie länger durchgeführt wird.

1. Das Dreschen mit der großen Maschine

a) Große Parzellen

Diese Art der Arbeit wird wohl meist nur im Rahmen des Gutsdrusches möglich sein, da sie einen ziemlichen Apparat beansprucht, dagegen keinerlei Sondereinrichtungen erfordert, falls man nicht die größere Anzahl Plauen, die dabei benötigt werden, als solche ansieht. Der Versuchsleiter hat hierbei nur zu sorgen, daß Verwechslungen vermieden werden. Es muß dabei eine Vertrauensperson (Assistent, Unterbeamter) das Aufladen des Versuches auf dem Felde selbst beaufsichtigen. Wenn mehrere Parzellen, 2, 3 bis 4 auf ein Fuder gehen, sind Plauen dazwischen zu legen.

Der Überwacher draußen hat die Reihenfolge der Verladung der einzelnen Parzellen zu notieren, außerdem die Etiketten derselben mit dem Vermerk zu versehen, wo die Parzelle aufgeladen ist (z. B. Wagen 13 unten) und dem Kutscher die Etiketten der Parzellen mitzugeben, die er auf dem Wagen hat.

Der Versuchsleiter postiert sich am besten an der Dreschmaschine. Er sorgt dafür, daß zu Beginn des Drusches erst einige beliebige Garben derselben Frucht durchgelassen werden, damit die Maschine immer gleiche Zeitabstände zwischen den eigentlichen Parzellen leerlaufen kann (zirka 3 Minuten). Dies ist für die Gewinnung einwandfreier Resultate sehr wichtig, da es bei großen Maschinen ausgeschlossen ist, so lange zwischen den Parzellen zu warten, bis nichts mehr ausläuft. Der Versuchsleiter nimmt dann dem Kutscher die Parzellenetiketten ab und notiert auf jeder gleich das Resultat des Drusches. In den meisten Fällen wird es hierbei eine überflüssige Komplikation bedeuten, wollte man das Erntegut sortieren. Es genügt, eine Sorte zu machen, indem man den Zylinder eng stellt.

Nach dem Dreschen ist von jedem Objekt eine Kornprobe von zirka 200 g mitzunehmen, um eventuellen Wassergehalt und das 1000-Korn Gewicht kontrollieren zu können, falls irgendwelche interessante Feststellungen bei der Auswertung des Versuches oder auch ähnlicher Versuche dazu Anlaß geben.

b) Kleine Parzellen

Da kleine Parzellen immer mit zahlreicheren Wiederholungen verbunden sind, wird ihr Drusch mit großen Maschinen dadurch erschwert, daß bei Einzelparzellendrusch die Leerlaufzeiten ins Unerträgliche wachsen, auch der eventuelle Bedarf an Plauen zu groß wird. Man wird darum immer mehrere Wiederholungen zusammenfassen. Alle Wiederholungen zusammenzuwerfen, ist allerdings völlig unzulässig, da man dabei keinerlei Handhabe zur Kontrolle der Fehler beim Drusch hat und die schlimmsten Unregelmäßigkeiten unkontrolliert das Resultat verkehren können. Da verzichtet man lieber aufs Dreschen, wenn nicht jedes Objekt in wenigstens zwei bis drei Partien (Druschwiederholungen) erledigt werden kann. Auf jeden Fall ist vor dem Drusch das Gesamtgewicht jeder Parzelle festzustellen.

Darum erfolgt diese Arbeit am besten nicht voll im Rahmen des Gutsdrusches. Der Versuchsleiter bestellt sich rechtzeitig den Wiegebock, einen Leiterwagen, eventuell mit angehängtem zweiten Wagen, genügend Plauen und außer dem Kutscher noch einen Mann hinaus auf das Versuchsfeld. Dort werden die zusammengehörigen Parzellen durchgewogen und gleich auf den Wagen in ihre Plaue verpackt. An den Plauen wird je eine Etikette der betreffenden Parzellen befestigt unter Hinzunotieren der anderen mitverpackten Parzellen. Eine Etikette steckt man selber ein und notiert darauf ebenfalls die hinzugepackten Nummern und den Ort der Verpackung auf dem Wagen.

Dort, wo Plauen auf den Gütern nicht üblich sind oder nicht ausreichen, ist es praktisch, sich für diese Zwecke einen Satz großer Säcke anzuschaffen, in die der Ertrag einer 25- bis 30-qm-Parzelle bequem hineingeht. Diese Säcke können vorher dem Gut zugesendet werden und müssen nach Gebrauch sofort an das nächste Gut weiterexpediert werden.

Die Arbeitsweise ist dabei dieselbe, nur daß man jede Parzelle für sich auf den Wagen packen muß.

Nach beendeter Wiegung und Verladung werden die Wagen an die Maschine herangefahren und am besten in der Stunde vor Mittag oder vor Feierabend abgedroschen, wo der Aufenthalt am wenigsten stört und die überflüssig werdenden Leute am besten anderweitig Verwendung finden können. Der Drusch erfolgt sonst in gleicher Weise wie bei großen Parzellen. Auch hier ist auf genau gleiche Leerlaufpausen zwischen den Partien zu achten.

Leistung: zirka einen Versuch im halben Tag.

2. Drusch mit Bauernmaschinen

Umfangreichere Serien von Versuchen mit kleineren Parzellen lassen sich im normal deutschen Klima nicht gut mit großen Maschinen ausdreschen — ganz abgesehen davon, daß manche Güter einfach nicht auf den Drusch vom Felde weg eingerichtet sind.

Ein gutes Aushilfsmittel sind hier die kleinen Drescher ohne Reinigung, wie sie häufig von kleineren Besitzern verwendet werden und die es überall gibt. Man sucht sich dazu den geeignetesten aus, der in der Nähe aufzutreiben ist: möglichst mit elektrischem Antrieb und einfachster Dreschvorrichtung: ein Breitdrescher mit einfachem Stabrollenschüttler eignet sich am besten. Auch auf die Güte des Tennenbodens ist zu achten.

Man vereinbart mit dem Besitzer rechtzeitig die Benützung und läßt sich die Handgriffe der Inbetriebsetzung usw. zeigen, um eventuell auch in dessen Abwesenheit arbeiten zu können. Man muß sich auch nach einer guten Putzmühle zur einfachen Reinigung des Dreschgutes umsehen.

Das Dreschen mit solchen kleinen Maschinen hat nicht nur

den Vorteil, daß es abseits vom Gutsbetriebe vor sich gehen kann und diesen weiter nicht stört, sondern es ermöglicht auch Einzelparzellendrusch und damit zuverlässigere Arbeit und Resultate.

Die Arbeitsweise wäre folgende:

Benötigt werden seitens des Gutes:

1 Wagen, eventuell mit einem zweiten angehängt, dazu Pferde und Knecht,

2 Leute dazu,

1 Gabel, 1 Rechen, 1 Handfege, 2 Besen, soviel Säcke, wie Parzellen da sind, und noch

2 bis 3 Getreideschaufeln,

einige Gefäße (Malter) zum Unterstellen unter die Putzmühle,

Putzmühle,

die großen Parzellensäcke, eventuell

1 Dezimalwage.

Der Versuchsleiter hat für Zusendung der Säcke zu sorgen, eventuell eine Hebelwage mitzunehmen. Vorausgesetzt ist dabei, daß der Bauerndrescher elektrischen Antrieb hat. Hat er diesen nicht, sondern Göpelantrieb, wird noch ein Junge zum Antreiben der Pferde benötigt.

Auf dem Gute angekommen, fährt man gleich mit dem Wagen, dem Knecht und einem Mann zum Versuch, während der zweite an der Dreschstelle alles vorbereiten muß.

Die Parzellen werden in Säcke gesteckt, diese nochmals etikettiert und der Versuch dann an die Tenne herangefahren.

Im weiteren wird die Arbeit am zweckmäßigsten so eingeteilt, daß ein Mann einlegt, einer die Säcke heranschafft und zugibt und der dritte das Stroh wegnimmt, während man selber die Parzellensäcke abwiegt — entweder an der Hebelwage, wenn diese sich handlich an einem Scheuerbalken aufhängen läßt (Strick!), sonst auf einer Dezimalwage. Wenn die Säcke nicht gleichartig sind, muß man auch diese zwischendurch durchwiegen, ansonsten kann man sich mit einer Wägung begnügen. Nach dem Durchlassen jeder Parzelle wird das Druschgut zusammengefegt, in die vorher von 1 bis n numerierten Säcke eingesackt und dabei die (bei den primitiven Maschinen wenigen) Ecken und Winkel mit dem Handfeger ausgewischt; dann wird die nächste Parzelle durchgelassen usw., bis der Versuch durch ist.

Nachdem alle Parzellen abgedroschen sind, wird Sack für Sack mit der Putzmühle gereinigt. Hiebei ist ebenfalls darauf zu achten, möglichst nur eine Sorte zu gewinnen, eventuell kann man sogar etwas Spreu und ganze Ähren im gereinigten Gut in den Kauf nehmen — jedes getrennte Wiegen ist zwecklos und zeitraubend. Exakte Qualitätsunterschiede sind so doch nicht feststellbar.

Auch auf die Vermeidung von zu scharfem Winde und auf das Ausblasen von Körnern ist zu achten.

Die Erträge werden dabei fortlaufend gewogen, was mit Hilfe eines kurzen, geknoteten Strickes auch an der Hebelwage möglich ist (Tara abziehen!).

Probenahme usw. wie bei 1.

Leistung: je Versuch zu 25 bis 30 Parzellen ein halber Tag: Aufladen und Heranbringen eine Stunde. Dreschen: je Parzelle mit Zusammenfegen 6 bis 7 Minuten = 2 bis 3 Stunden. Reinigen 1 bis $1\frac{1}{2}$ Stunden.

3. Drusch mit Parzellendrescher

Die Forderungen, die ein Versuchsleiter an eine solche Maschine zu stellen hat, sind durchaus nicht dieselben, wie sie sich bei der Saatzucht ergeben. Nebenstehend ein Überblick, welcher die wichtigsten Gegensätze anführt (s. S. 111).

Es wird sich also schwerlich eine Maschine konstruieren lassen, welche beiden Anforderungen zu genügen imstande ist; der Versuchsleiter wird oft seinen Versuchsdrescher selbst zusammenstellen müssen.

Im einzelnen wäre dazu noch folgendes zu bemerken:

Zu Punkt 1: Der Transport auf den üblichen kleinen Rädern ist bei den großen Entfernungen in einem Ringe unmöglich. Wegen der Knappheit der Mittel kommt Montierung auf ein Auto wohl selten in Frage. Sehr bewährt hat sich die Montierung auf einem leichten Planwagen, der auch für den Transport der Gerätschaften, Abtransport des Erdrusches mit Verwendung finden kann.

Zu Punkt 2: Am zweckmäßigsten erweist sich ein kleiner Verbrennungsmotor mit Verdampfungskühlung, der wenig Wasser beansprucht und auf dem Planwagen leicht festmontiert werden kann, so daß nur der Wagen durch Stützen festgestellt und der Riemen aufgeworfen zu werden braucht, um mit dem Dreschen beginnen zu können. Benzinmotore sind empfehlenswerter als Schwerölmotore, da die Betriebskosten neben den Anschaffungskosten wenig ins Gewicht fallen. 3 PS genügen gerade noch, 5 PS sind wegen der Kraftreserve jedoch vorzuziehen.

Zu Punkt 3: Hier ist die wichtigste Schlußfolgerung die, daß die Maschine unbedingt mit einfacher Reinigung zu wählen ist. Die schwierige Zwischenreinigung spielt im Versuchswesen

	Saatzucht	Versuchswesen
1. Beweglichkeit	kann gering sein	muß sehr groß sein
2. Kraftquelle	gleichgültig	muß mit Maschinen irgendwie verbunden und unabhängig von Leitungen usw. sein
3. Leistung pro Stunde	gleichgültig, da nur sehr kleine Parzellen in Betracht kommen und die Reinigung der Maschine einen großen Teil der Zeit beansprucht	muß gut sein, da auch oft größere Parzellen in Frage kommen und ein größerer Teil der Zeit auf reine Druschzeit entfällt
4. Reinigungsmöglichkeit	muß besonders gut sein, da sie wesentlich ist und möglichst wenig Zeit beanspruchen soll	weniger wichtig, da Zwischenreinigung bis aufs letzte Korn zwischen verschiedenen Parzellen unnötig. Wichtig nur, daß tote Winkel und Kornsammelstellen vermieden werden
5. Arbeiterbedarf	darf um des Zuchterfolges willen höher sein, auch weil die Arbeit der Maschine für die betreffende Wirtschaft wesentlicher Bestandteil ist	muß über alles niedrig sein, weil vom Versuchsansteller erfahrungsgemäß sehr schwer Arbeitskräfte zu bekommen und die Versuche für die betreffenden Wirtschaften Nebensache sind.

keine Rolle, da das Reinigen bis aufs letzte Korn fast immer überflüssig ist. Die Ersparnis von zwei Leuten, welche sonst zur Bedienung der Pleuder beigezogen werden müssen, dabei noch schlecht nachkommen und womöglich den Gang der Drescher aufhalten, ist hiefür entscheidend. Sehr gut arbeitet der Parzellendrescher von Lanz, Mod. 1928.

Es folge nun kurz eine Beschreibung des Vorganges beim Drusche mit einer Parzellendreschmaschine.

Vorausgesetzt wird ein Parzellendrescher mit einfacher Reinigung, 5 PS Benzinmotor und Pferdetransport.

Vorbereitung: Anfahren lassen des Dreschers auf das Gut und Bestellen des Gerätes. Vom Gut aus sind zu stellen:

1 Wiegebock,
3 bis 4 Plauen,
mindestens doppelt soviel Säcke wie Objekte im Versuch sind,
Sackbänder,
Gabel,
Rechen,
Getreideschaufel und Maß,
Besen,
1 Kanne Kühlwasser,
1 Kanne Benzin,
4 Leute: 2 zum Heranschaffen und Wiegen, 1 zum Aufgeben, 1 zum Stroh wegschaffen.

Falls keine Reinigung daran, noch eine Putzmühle und zwei weitere Leute zum Bedienen derselben. Seitens des Versuchsleiters: Etiketten und Musterdüten.

Der Dreschsatz ist rechtzeitig an Ort und Stelle zu bringen. Im verschlossenen toten Raum darauf sind Motorgerätschaften, Öl, Reservebenzin, Riemenflickzeug und Riemen, Besen, Wiegetuch und Wage, eine kleine Plaue, Stützen, Brille für den Einleger usw. stets mitzuführen. Auch einige Reservedüten und Etiketten.

Der Motorführer wird am besten für den Dreschmonat seitens des Versuchsleiters gemietet und hat den Motor in Ordnung zu halten und einzulegen.

Auf dem Gute angekommen, läßt man alles Gerät auf den Dreschwagen verladen und sofort zum Versuch fahren. Man fährt selber am besten voraus und überlegt die beste Aufstellung der Maschine:

1. so nahe wie möglich am Versuch,
2. so, daß die Riemenseite vom Versuch abgewendet ist,
3. so, daß der Wind schräg zur Maschine, halb in der Richtung des Einlegers, halb in der Richtung des Aufgebers der Parzellen steht,
4. so, daß das Stroh (bei Vorhandensein von Untersaat oder bei Dauerversuchen) nicht auf den Versuch zu liegen kommt.

Die ankommende Maschine wird gleich an die betreffende Stelle gefahren und die Leute sofort in ihre verschiedenen Tätigkeiten eingeteilt und vorläufig so angesetzt:

Der Motorführer kommt dem Aufgeber beim Aufstellen der Maschine zu Hilfe. Der Strohbediener hat die Säcke für das gedroschene Gut mit Etiketten zu versehen und, nach Nummern geordnet, hinzulegen.

Die beiden Zuträger räumen die Gerätschaften ab, legen die Plauen aus, stellen den Dreibock mit Wage auf und werden vom Leiter über Bezeichnung und Reihenfolge der heranzutragenden Parzellen unterrichtet.

Falls keine Reinigung an der Maschine ist: Die zwei Leute zur Bedienung der Putzmühle bauen sich diese auf und legen die Gerätschaften dazu bereit. Nachfolgende Skizze gibt einen Überblick über eine derartige Aufstellung (Abb. 23).

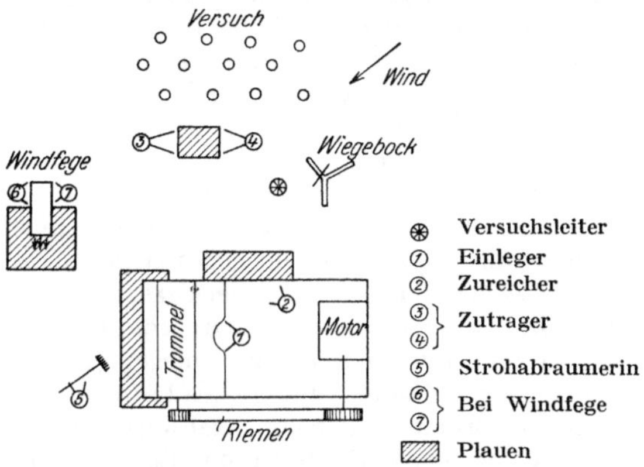

Abb. 23. Skizze der Maschinenaufstellung beim Parzellendrescher

Beschreibung des Drusches

Zwei Männer (Nr. 3 und 4 in Skizze) packen eine der Puppen in das Wägetuch, tragen sie zum Wiegebock und hängen sie an den Haken der Wage. Die an die Puppe angebundene Etikette haben sie hierbei mitzubringen und dem Versuchsleiter, der am besten selber die Wage bedient, zu übergeben. Dieser kontrolliert Nummern und Buchstaben der zugereichten Parzellen, prüft nach, ob die Wage richtig spielt, liest das Gewicht ab und notiert es. Hierauf wird abgehängt und der Inhalt des Wiegetuches auf dem Körnertuche ausgeschüttet und vor den Zureicher (2) auf die Plattform der Maschine geworfen. Das Körnertuch ist neben der Maschine ausgebreitet, um die hierbei herabfallenden Körner aufzufangen. Der Zureicher (2) reicht dem Einleger (1) die einzelnen Garben handgerecht auf den Tisch hinauf zu, nachdem er sie aufgebunden oder aufgeschnitten hat. Nr. 1 legt ein und hat gleichzeitig Gang, Schmierung usw. des Motors und der Maschine zu kontrollieren. Hinter dem Strohschüttler räumt ein Weib (Nr. 5) das aus der Maschine kommende Stroh beiseite. Auch hier wird eine Plaue untergebreitet, um Körnerverluste zu vermeiden. Ist eine Parzelle abgedroschen, so wird die Zureichplattform abgekehrt, und zwar auf die davor liegende Plaue, deren ganzer Inhalt dann vorsichtig, um nichts zu verschütten, Nr. 1 zugereicht und von diesem durch die Maschine gejagt wird. Dasselbe geschieht mit dem Inhalte der hinter der Maschine unter dem Strohschüttler liegenden Plaue, wenn die Maschine selbst Putzwerk hat. Ist die Maschine leer gelaufen, was in ganz kurzer Zeit der Fall ist, wird der die Frucht aufnehmende Sack oder Kasten abgehängt und gewogen. Bei Maschinen ohne Reinigung wird das unter dem Strohschüttler in der dort befindlichen Auffangvorrichtung angesammelte Getreide auf die darunter liegende Plaue geleert und mit dieser zur Windfege geschleift, wo (6) und (7) sofort das Auspleudern beginnen. Eine Reserveplaue, die bereit lag, wird sofort an die leere Stelle unter den Strohschüttler gelegt. Dies muß sehr flink gehen, denn unterdessen läuft die Maschine leer — und je stärker der Leergang der Maschine eingeschränkt werden kann, um so höher ist die Druschleistung. Alle diese Vorgänge überwacht am besten der Einleger (Nr. 1), der von oben her alles übersehen kann. Infolge des Lärmens der Maschine, das mündliche Verständigung sehr erschwert, kommandiert er am besten durch Zeichen, z. B. Heben des Besens = die Maschine ist rein, es kann das gedroschene Getreide abgenommen und gewogen, bzw. zur Pleuder gebracht werden. Durch die gehobene Hand erhält er die Rückverständigung, daß er mit dem Einlegen der nächsten Parzelle beginnen kann. Ebenso ist eine Zeichenverständigung mit dem Versuchsleiter an der Wage notwendig, um zu wissen, wann eine Parzelle zu Ende ist. — Entsprechend dem Vorrücken des Drusches muß auch die Arbeit an der Pleuder erfolgen. Ist eine Parzelle durchgepleudert, so wird das Getreide der Reihe nach in die mit numerierten Etiketten versehenen Säcke gefüllt und sofort zur Wage gebracht. Hierbei muß jedesmal der Inhalt der unter der Pleuder ausgebreiteten Plaue mit in den Sack gefüllt werden, um Verluste zu vermeiden. Der Versuchsleiter hat vom Wägebock aus den Gesamtverlauf zu überwachen, eventuell dort, wo es Not tut, helfend einzugreifen. Sehr wertvoll ist es, wenn er sofort die Resultate zu verrechnen in der Lage ist, da man unterlaufene Irrtümer an Ort und Stelle meistens noch aufklären, richtigstellen oder zumindest ausschalten kann. Es genügt hierfür schon die Errechnung des Kornstrohverhältnisses für die Einzelparzelle, welches bei dem gleichen Objekte nicht bedeutend schwanken darf.

Beim Drusch hat man stets mit einer Reihe von Störungen zu rechnen. Man ist im schönsten Zuge — plötzlich streikt der Motor. Da ist es gut, wenn man mit den Tücken des Benzinmotors vertraut ist. Ein anderes Störungsmoment ist der Wind. Gegen den muß man sich zu schützen suchen durch Aufbau eines Gestelles und Abdecken mit Plauen vor der Wage, um ein richtiges Wiegen möglich zu machen. Die im Wägetuch zusammengefaßten Garben geben nämlich eine gute Angriffsfläche für den Wind ab und der Wagebalken kommt nicht zur Ruhe. Noch unangenehmer ist es, wenn man beim Drusch vom Regen überrascht wird. Da heißt es eine gute Nase haben und richtig einteilen. Als Grundsatz mag gelten: Unbedingt sich am Ende einer Wiederholung „überraschen" lassen. Innerhalb der Parzellen einer Wiederholung findet nämlich der Vergleich statt — und daher müssen diese Parzellen unter den gleichen Umständen gedroschen werden. Muß man infolge Regen dann den Drusch unterbrechen, so fängt man nach der Unterbrechung bei der nächsten Wiederholung an. Diese wird dann z. B. feucht sein — das erhöht die Fehler der Versuchsergebnisse, macht sie aber nicht falsch. Eine unterbrochene Wiederholung jedoch ist auszuschalten, da sie das Endergebnis durch falsche Differenzen der Vergleichsobjekte unrichtig machen würde.

Leistung

Man braucht für das Aufstellen zirka 20 Minuten, für das Dreschen (und Reinigen) einer 25-qm-Parzelle zirka 3 Minuten; wenn man es sehr eilig hat und je zwei Parzellen hintereinander ohne gesondertes Wägen ausdrischt (was bei über sechsfacher Wiederholung recht praktisch ist), zirka 2 Minuten. Es ist also möglich, an einem Nachmittag zirka 100 bis 120 Parzellen zu dreschen; wenn dazwischen umgebaut werden muß, entsprechend weniger.

Darum wird man beim Vorhandensein eines Parzellendreschers über den Drusch so disponieren, daß man möglichst alle Versuche eines Gutes in einem Gange erledigt, oder man wird bei größerer Anzahl wenigstens Roggen und Gerste sowie Weizen und Hafer zusammenfassen.

Am empfindlichsten ist dabei vor allem die Gerste, die nicht so leicht wieder trocknet, wenn sie erst einmal gründlich naß geworden ist. Selbst wenn man nur kleine Garben gebunden hat, kommt man dann um ein Umstellen nicht herum, was nicht nur zeitraubend ist, sondern neue Gelegenheit zu Verlusten und Verwechslungen und damit Fehlern schafft. Weizen, Hafer und vor allem Roggen sind weniger empfindlich, da sie lange Zeit draußen keinen Schaden nehmen und man ruhig abwarten kann, auch wenn es einmal zwischendurch regnet. Sie lassen sich auch eher in etwas klammem Zustand dreschen, nur daß dann die Leistung stark herabgesetzt ist, da man wegen der Gefahr des Wickelns nicht so rasch einlegen kann.

6. Aufarbeitung

a) Allgemeines

Aufsetzen der Trockenproben

Bei der Abwage entnimmt der Versuchsleiter von mindestens zwei Parzellen jedes Versuchsobjektes je eine Musterdüte voll Frucht. Diese dient daheim zur Bestimmung des Feuchtigkeitsgehaltes und sonstiger, etwa erforderlicher Bestimmungen (siehe Kapitel Laboratoriumsarbeit).

Halmzählung

Sollte die Halmzählung bei der Ernte nicht durchgeführt worden sein, so sind jetzt die entsprechenden Ährenproben nach den dort angegebenen Richtlinien zu nehmen, doch ist diese Arbeit hier beim Drusche in der Regel sehr störend und aufhaltend. Auch das wahllose Herausgreifen ist viel schwerer durchzuführen, als vor oder beim Schnitt.

b) Vorläufige Verrechnung

Wie bereits erwähnt, ist es sehr wichtig, daß der Versuchsansteller bereits beim Drusch eine Kontrolle des Versuches ausübt, dadurch, daß er z. B. mindestens die Kornprozente errechnet. Andererseits soll er seine Augen möglichst überall haben, stets dort zur Hand sein, wo etwas nicht klappt — er soll also zwei Forderungen erfüllen, die einander widersprechen. Trotzdem geht es; er muß es nur geschickt einzuteilen verstehen und etwaige Frühstückspausen lieber zum Rechnen als zum Essen benützen. Es soll überhaupt Grundsatz sein, daß jeder Versuch am Abend des Druschtages, wenigstens in seinen Hauptergebnissen, fix und fertig ausgerechnet vorliegen soll. Das ist allerdings eine harte Anforderung, wenn an einem Tage 4 bis 5 Versuche à 30 bis 40 Parzellen abgedroschen worden sind, und erfordert manche unbezahlte Überstunde — aber diese Arbeit lohnt sich, da man sofort den Überblick gewinnt und auch wahrt, sowohl über die Richtigkeit der einzelnen Versuche als auch darüber, wie die Antwort auf gestellte Fragen ausfallen dürfte. Auch kann man dann viel unmittelbarer nachforschen, warum ein und dieselbe Frage in einem Versuche so und im anderen entgegengesetzt beantwortet worden ist.

Eine wesentliche Erleichterung bietet hierbei eine geschickte Anordnung der Aufschreibungen.[1] Nachfolgend ein Beispiel, welches am besten die Sache klar macht: Gewählt wurde ein Versuch (Kunzendorf Nr. 6/1927) zum Vergleiche verschiedener Düngemittel, angelegt in folgender Anordnung:

U	1,00 Na-Salp.	1,03 Kalk-Salp.	U	0,80 schwefels. Amm.	0,59 Leuna	×4 +	U
1	2	3	4	5	6		L

Also daktylische Standardmethode mit ungedüngt als Standard und vier verschiedenen Stickstoffdüngern.

Die Aufschreibung beim Drusch erfolgt im Notizbuche am besten folgendermaßen:

1		2	3	4	5	6	7
Parzellen-bezeichnung		Gewicht Stroh + + Korn	2 Parzellen zusammen	erdroschen	Korn %	Kornertrag der Einz.-Parz.	Bezifferung
1 U	a	29,1	56,4	24,2	43,0	12,5	1
	b	27,3				11,7	7
	c	24,9	42,5	19,0	44,6	11,1	13
	d	17,6				7,9	19
	L	16,8		7,4	44,0	7,4	25
					43,9		
2 Na S	a	34,0	64,2	26,2	40,8	13,9	2
	b	30,2				12,3	8
	c	31,7	59,7	23,4	39,2	12,4	14
	d	28,0				11,0	20
					40,0		
3 Ca S	usw.						

[1] Vgl. hier das Kapitel „Versuchsbuchführung“.

Spalte 1 enthält die schematische Parzellenbezeichnung, Spalte 2 das vor dem Drusche gewogene Puppengewicht.

Um den Drusch zu beschleunigen, kann man die Erträge von zwei Parzellen desselben Objektes zusammen dreschen (Spalte 3), aus dem Druschresultat (Spalte 4) die Kornprozente errechnen (Spalte 5) und daraus wieder den Kornertrag der Einzelparzellen ermitteln. Es wird durch dieses Zusammendreschen der Zeitverlust durch Leerlaufen der Maschine zwischen zwei Parzellen auf die Hälfte verringert.

Durch die Kornprozente hat man die gewünschte Kontrolle des Drusches; Fehler durch Verwechslung der Säcke, durch Vermengen zweier Parzellen u. dgl. m. können in der Regel noch richtiggestellt werden. Ist ein Parzellenergebnis aber offensichtlich falsch, so muß es ausgeschaltet und eventuell durch Interpolation ergänzt werden (s. S. 41 und 46).

In der Regel genügt es vollständig, wenn auf dem Felde das Ergebnis bis zu den Kornprozenten ausgerechnet wird. Die weitere Verrechnung erfolgt dann daheim, indem die Erträge in der in Spalte 7 angegebenen Reihenfolge herausgeschrieben und nach dem im allgemeinen Teil angegebenen Schema — hier z. B. für daktylische Standardmethode — verrechnet werden.

In manchen Fällen — am häufigsten bei Sortenversuchen nach dem Zadeschen System — wird es sehr wertvoll sein, noch vor dem Erdrusche aller Wiederholungen zu wissen, ob Differenzen festzustellen sind und ob die Zahl der Wiederholungen bereits genügt, diese Differenzen sicher erscheinen zu lassen. Danach wird es sich dann richten, ob der Drusch weiterer Wiederholungen durchzuführen ist oder nicht.

Bei einiger Geschicklichkeit und Aufmerksamkeit des Versuchsleiters geht auch das; der Versuch muß allerdings nach der Standardmethode angelegt sein, welche die schnellste Verrechnung ermöglicht. Außerdem wird man die Gruppierung der Resultate dann noch übersichtlicher und arbeitssparender vornehmen, als oben angegeben. Um das lästige und zeitraubende Umblättern zu vermeiden, läßt man das sonst übliche Klemmbuch beiseite oder wählt zur Aufschreibung ein größeres Blatt Papier, das mit Klammern auf einem Stück Pappe befestigt ist (Zeichenblocks mit festen Blättern sind zweckmäßig; Format stets ein Vielfaches der Notizbuchgröße). Nebenstehend sei das vorige Beispiel auf diese Art durchgerechnet (s. S. 119).

Spalte 1 bis 6 deckt sich mit dem bereits Gebrachten.

Spalte 7 bringt die Interpolation der Standardsorte, und zwar bei IIa und IIIa die Zwischenwerte zwischen Ia (12,5)

Übersichtliche Aufschreibung der Druschresultate zur sofortigen Ausrechnung

1	2	3	4	5	6	7	8	9
I a	29,1	56,4	24,2	43,0	12.5			
b	27,3				11,7			
U c	24,9	42,5	19,0	44,6	11,1			
d	17,6				7,9			
L	16,8			44,0	7,4			
II Na. S. a	34,0	64,2	26,2	40,8	13,9	12,1	+1,8	—0,0
b	30,2				12,3	11,5	+0,8	—1,0
c	31,7	59,7	23,4	39,2	12,4	11,2	+1,2	—0,6
d	28,0				11,0	8,5	+3,5	+1,7
				40,0			(7,3) +1,8	(3,3) ±0,59
III a	33,0	63,6	26,2	41,1	13,6	11,7	+1,9	+0,3
b	30,6				12,6	11,3	+1,3	—0,3
Kalk-S. c	29,8	59,8	24,0	40,1	11,9	11,4	+0,5	—1,1
d	30,0				12,0	9,1	+2,9	+1,3
				40,6			(6,6) +1,6	(3,0) ±0,54
IV a	26,4	52,6	22,4	42,5	11,3			
b	26,2				11,1			
U c	26,1	48,2	21,2	44,1	11,5			
d	22,1				9,7			
				43,6				
V a	28,3	56,8	25,0	44,0	12,4	11,4	+1,0	—0,5
b	28,5				12,6	11,1	+1,5	0,0
ss. Amm. c	32,0	57,1	22,8	40,0	12,8	10,3	+2,5	+1,0
d	25,1				10,0	8,9	+1,1	—0,4
				42,0			(6,1) +1,5	(1,9) ±0,34
VI a	28,4	59,1	25,4	43,0	12,2	11,6	+0,6	—1,1
b	30,7				13,2	11,1	+2,1	+0,4
Leuna c	27,0	53,2	21,4	40,2	10,8	9,1	+1,7	0,0
d	26,2				10,6	8,2	+2 4	+0,7
				41,6			(6,8) +1,7	(2,2) ±0,40

und IVa (11,3), bei Va und VIa die Zwischenwerte zwischen IVa (11,3) und Ib (11,7) usw. bis zur Letztparzelle L.

Spalte 8 bringt die Differenzbildung der Versuchsobjekte zu den Interpolationen.

Spalte 9. Abweichungen der Einzeldifferenzen vom Mittel der Differenzen, daraus durch Multiplikation mit 0,18 den mittleren Fehler.

Wir sehen z. B. an obigem Resultate sofort, daß die Düngemittel untereinander keine sicheren Differenzen bilden — wir würden also in diesem Falle — wenn möglich — noch zum Drusche weiterer Wiederholungen schreiten.

c) Zusammenfassung der Ergebnisse

Das Endergebnis eines jeden Düngungsversuches stellen wir in übersichtlicher Form zusammen, am besten auf einem einzelnen losen Blatt; für obigen Versuch z. B. in folgender Form:

		absolut ctr/Mo	in %	K %
	ungedüngt...	10,5	100	43,6
16 Pfd. N als	Natron-Salp..	$+1{,}8 \pm 0{,}59$	$+17 \pm 5{,}6$	40,0
	Kalk-Salp. ..	$+1{,}6 \pm 0{,}54$	$+15 \pm 5{,}1$	40,6
	ss. Amm.....	$+1{,}5 \pm 0{,}34$	$+14 \pm 3{,}2$	42,0
	Leuna	$+1{,}7 \pm 0{,}40$	$+16 \pm 3{,}8$	41,6

$M_D\ \% = 4{,}1$

Die Anordnung der Seite mit den Endresultaten soll immer übersichtlich die Antwort auf die Fragestellung des Versuches bringen.

Bei solchen Resultaten, wie hier oben, hat ein weiterer Vergleich der Düngemittel untereinander, der sonst notwendig wäre, keinen Sinn.

Um einen einprägsamen Anhaltspunkt für die im Versuche erzielte Genauigkeit zu erhalten, ist es ratsam, stets das Mittel der Fehler der Differenzen des Versuches (M_D), ausgedrückt in Prozenten des Ertragsdurchschnittes ($M_D\ \%$), in die rechte Ecke des Übersichtsblattes zu schreiben.

Als weiteres Beispiel das Übersichtsblatt eines Versuches nach folgender Anordnung:

2 Na S	2 Na S + P	2 Na S + K	2 Na S	Unged.	1 Na S	× 5 +	2 Na S
1	2	3	4	5	6		L

Also ein kombinierter Versuch über Phosphorsäure und Kaliwirkung und über steigende N-Gaben.

Blatt mit Endergebnissen

1. N-Wirkung

	Abs. Ertrag	Mehr	Sicherheit	U=100	Korn %
U	9,1	—	—	100	30,0
10 N	12,25	+ 3,15 ± 0,61	100	135	27,7
20 N	14,00	+ 4,90 ± 0,54	100	154	27,9
letzte 10 N.	—	+ 1,75 ± 0,58	100	—	—

M_D % = 4,9

2. P- und K-Wirkung

ohne	14,00			100	27,9
P..........	14,10	+ 0,1 ± 0,4	uns.	100	28,0
K	15,10	+ 1,1 ± 0,27	100	108	27,5

M_D % = 2,3

2. Der Kartoffeldüngungsversuch

a) Allgemeines

Hier ist ebenfalls entsprechend dem Hauptgrundsatz: mit möglichst wenig Arbeit das Erforderliche zu bewältigen, möglichst mit fünf Besuchen des Versuches auszukommen.

1. Vorbesprechung, Düngerbestellung, Aussuchen und Abstecken des Versuchsfeldes.
2. Anlage.
3. Beobachtung vor der Blüte.
4. Beobachtung nach der Blüte und Erntevorbereitung.
5. Ernte.

In Bezug auf die Arbeitsersparnis im einzelnen Arbeitsgang gilt dasselbe wie für die Getreidedüngungsversuche. Was die Größe der Parzellen anbelangt, so darf man einerseits nicht so weit heruntergehen wie bei Getreideversuchen, da die Individualität der einzelnen Pflanzen und die vielen Zufallseinflüsse, denen diese ausgesetzt sind, sonst störend eingreifen. Unter 100 Stauden herunterzugehen,[1] ist nicht zweckmäßig.

[1] Vgl. Küpper, Der Einfluß der Fehlstellen usw. Kühn-Archiv, Bd. 15, S. 197. 1927.

Andererseits ist die Grenze nach oben auch enger gezogen als bei Getreideversuchen, und zwar durch die Arbeitsbeanspruchung bei der Ernte. Die einzige Zusatzarbeit gegenüber der gewöhnlichen Ernte ist hier das parzellenweise Wiegen des Ertrages. Ein Anlegen so großer Parzellen, daß sie gerade einen Kastenwagen füllen, der auf der Fuhrwerkswage gewogen wird, und ein Ausmachen dieser großen Parzellen mit der Maschine kommt wohl nur in den allerseltensten Fällen in Betracht und ist im allgemeinen abzuraten, weil die Kontrolle der Sauberkeit der Arbeit bei verteilter großer Kolonne sehr schwierig ist. Es bleibt dann nur übrig, die Parzellenerträge auf einer gewöhnlichen Speicher-Dezimalwage in Körben abzuwiegen.

Diese Wagen ziehen für gewöhnlich 100 bis 150 kg. Zum Abwiegen von Körben braucht man andererseits zwei Leute, die bis zu 100 kg heben können, was ebenfalls die Fassungskraft großer Kartoffelkörbe ist. Es ist daher zweckmäßig, die Parzellen so groß zu wählen, daß einerseits die Wagen und ihre Genauigkeit voll ausgenützt werden, andererseits jede Parzelle mit einer Wägung erledigt wird und zeitraubende Doppelwägungen vermieden werden, d. h. mit einem Ertrag von 75 bis 100 kg je Parzelle gerechnet werden kann. In der nord- und ostdeutschen Tiefebene ist das etwa bei 20 bis 30 qm der Fall. Zu bedenken ist hierbei, daß die Anlagefläche entsprechend größer gewählt werden muß, da je nach Art des Versuches ein oder mehrere Randreihen an den Parzellengrenzen nicht mitzuernten sind.

Was die Form und Anordnung der Parzellen betrifft, so ist diese, wie bei den Getreideversuchen, von der Art des Versuches bestimmt.

Bei Dauerversuchen und Versuchen, die lange vor der Saat angelegt werden, ist ebenfalls die quadratische Form und schachbrettförmige Anordnung die zweckmäßigste.

Zu bedenken ist dann, daß die Parzellen so groß anzulegen sind, daß zur Ernte mindestens 2 m breite Streifen zwischen den Parzellen liegen bleiben können.

Bei einjährigen Versuchen ist die schmale, lange Form und Anordnung in langer Reihe der besseren Beobachtungsmöglichkeit halber vorzuziehen. Hiebei wird man die Parzellen so lang und schmal wie irgend möglich wählen, besonders wenn Stallmistgrunddüngung gegeben worden ist. Das ist allerdings nur dann gut möglich, wenn der Versuch quer zu den Furchen gelegt werden kann, die Furchen dann also in der Längsrichtung der Parzellen zu liegen kommen. Dann genügen zwei Dämme je Parzelle und je ein Damm als Grenze zur nächsten. Anders ist es, wenn der Versuch so gelegt werden muß, daß die Dämme quer zur einzelnen Parzelle zu liegen kommen. Dann müssen Randstreifen durchgehackt werden; dabei ist bei unregelmäßiger, feldmäßiger Pflanzung der Kartoffeln Rücksicht auf die ungleichmäßigeren Randwirkungen zu nehmen, so daß es nicht ratsam ist, in der Breite unter 2 bis 3 m herunterzugehen.

Über Zahl der Wiederholungen gilt dasselbe wie für Getreideversuche. Siehe S. 84.

Falls man mit der empfohlenen Parzellengröße und normalen Wiederholungszahl (zirka 6) in dem betreffenden Gebiete schlechte Erfahrungen machen sollte, ist es zweckmäßiger, die Wiederholungszahl zu verdoppeln, nicht die Fläche — die Arbeitsmehrbelastung bleibt dieselbe. Hierbei ist es bei Anordnung in der Langreihe und Verwendung der Standardmethode einfach, zwei gleiche Versuche nebeneinanderzulegen, was einer Verdopplung der Fläche entspricht.

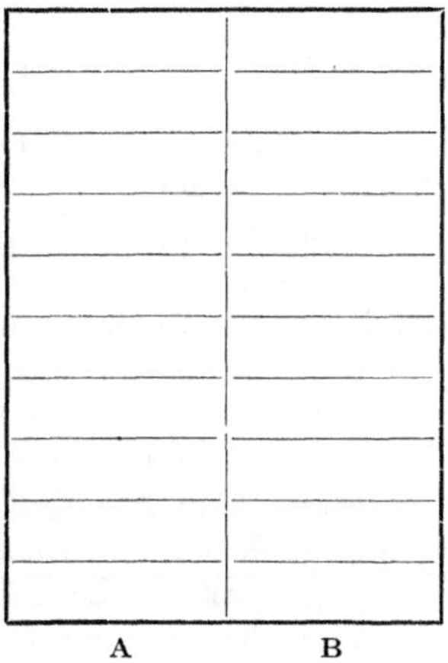

Das hat nämlich folgenden Vorteil: In den meisten Fällen kommt man mit einer Verdopplung der Wiederholungen weiter als mit einer Verdopplung der Fläche. Da bei Verrechnung nach Standardparzellen die Anordnung der Wiederholungen gleichgültig ist, wird man A und B als einen Versuch mit doppelter Wiederholungszahl verarbeiten können, entsprechend der Zadeschen Anordnung bei Sortenversuchen. Das ist dann am zweckmäßigsten, wenn die Streifen A und B in ihren Erträgen nicht allzusehr von einander abweichen. Liegen jedoch große Bodenunterschiede vor, so daß die Streifen A und B stark voneinander abweichen, wird man oft besser fahren und sicherere Ergebnisse erzielen, wenn man einfach die beiden Streifen zusammenfaßt und das Ganze als einen Versuch mit doppelt so großen Parzellen betrachtet.

Arbeitstechnisch ändert sich fast gar nichts. Die Wägung doppelt so großer Parzellen muß doch in zwei Malen erfolgen und man hält sich durch die genaue Einteilung in zwei gleiche Hälften eine Verrechnungsmöglichkeit frei. Der Vorteil freier Wahl derselben nach der jeweils günstigsten Weise sei an 14 Diebaner Hackfruchtversuchen gezeigt, die auf diese Weise angelegt und nach allen Möglichkeiten verarbeitet wurden.

M_D% von 14 Hackfruchtversuchen 25/27 zu 25 qm

Methode	n Wiederholg. 25 qm	n Wiederholg. 50 qm	2n Wiederholg. 25 qm	Wenn jeweils gunstig gewahlt
M_D%	3,3	2,65	2,4	2,3
rel.	100	77	73	69

Auch in punkto Grunddüngung gilt hier dasselbe wie beim Getreideversuch. Hierbei ist ganz besonders auf die große Empfindlichkeit der Kartoffel gegen hohe Salzkonzentrationen Rücksicht zu nehmen.

b) Die Durchführung der einzelnen Arbeitsgänge

1. Vorbereitung

Für die Vorbereitung gilt dasselbe wie bei den Getreidedüngungsversuchen.

Zum Aussuchen wäre noch zu bemerken: Bei Kartoffelversuchen ist nicht nur Rücksicht auf die künftige Richtung der Furchen zu nehmen und daneben auf die Richtung der Pflugfurche, sondern auch auf die Richtung, in der eventuell der Stallmist aufgefahren wurde oder werden soll, wenn Stallmistgrunddüngung gegeben wird.

Wenn kein Mist aufgefahren wird, kann man die Parzellen so legen, daß die Furchen in der Längsrichtung der Parzellen laufen, so daß die Längsachse des ganzen Versuches quer zu der Richtung der Dämme zu liegen kommt. Wird Stallmistdüngung gegeben, so geht die Rücksicht auf die Richtung des Mistfahrens vor. Da die Düngerqualitäten fuhrenweise recht verschieden zu sein pflegen und fuhrenweise in schmale Streifen nebeneinander gefahren werden, ist es zweckmäßig, die Längsachse des Versuches in die Richtung des Mistfahrens zu legen, damit die einzelnen Parzellen quer dazu zu liegen kommen. Auf die Ausstreichfurchen der Tieffurche braucht bei Kartoffelversuchen meist keine besondere Rücksicht genommen zu werden, da diese durch das Dämmeziehen fast immer gut verwischt werden. Steht die Möglichkeit offen, wird man auch hier die Längsachse des Versuches in die Pflugrichtung legen. Manchmal werden hierbei Kompromisse nötig sein, um zwischen entgegengesetzten Forderungen die wichtigste zu berücksichtigen.

2. Anlage

a) Zeitpunkt. Es gilt sinngemäß das zu den Getreideversuchen Gesagte. Siehe S. 88.

Dauerdüngungsversuche und Versuche mit Stickstoff in Amidoform, eventuell mit Kainit, sind vor der Saat anzulegen. Bei einjährigen Versuchen ist die Anlage nach Aufgang nach den Untersuchungen Remys[1] und Simons[2] jedem anderen Zeitpunkt vorzuziehen. Kali wird dabei als schwefelsaures Kali, Phosphorsäure als Rhenaniaphosphat oder Superphosphat zu geben sein.

Die Anlage nach Aufgang hat noch den Vorteil, daß

1. Rücksicht auf die Dämme genommen werden kann und dieselben auch als sichtbare Grenzen die Arbeit erleichtern, indem sie viel Schnurspannerei ersparen,

2. etwaige Fehlstellen gleich nachgepflanzt werden können, was zur Ernte einen vollen Bestand sichert,

3. Schädigungen, wie sie bei Anlage zur Saat besonders bei hohen Gaben und trockenem Wetter eintreten, vermieden werden,

4. Versuche auf sehr schlecht auflaufenden Feldern (infolge minderwertigen Saatgutes) gar nicht erst zur Anlage kommen.

b) Durchführung der Anlage.

1. Schachbrettförmige: genau wie Getreideversuche. Siehe S. 90.

2. Versuche in Langreihe. Siehe Getreideversuch, S. 94. Dazu sei noch bemerkt: Die Pfähle sind auf den Dämmen einzuschlagen und zwar gleich so tief, daß sie vom Jätgerät nicht verrissen werden können. Bei den zwei ersten Pfählen jeder Pfahlreihe sind außer diesen noch zwei stärkere davor bis an die Erdoberfläche einzuschlagen, damit auf alle Fälle der Anfang sicher festgelegt bleibt.

Kommt der Versuch quer zu den Furchen zu liegen, was möglichst anzustreben ist, so ist immer eine Kartoffelreihe als Grenze zu wählen, die dann, da von beiden Seiten verschieden gedüngt ist, bei der Ernte liegen bleibt. Auch genügt es dann, eine Seite voll auszupfählen, während auf der gegenüberliegenden Seite nur die Anfänge der Wiederholungen durch Pfähle markiert werden. Ein Einrechen des Düngers kommt bei Kartoffelversuchen nicht in Frage, da derselbe durch die unvermeidliche Bearbeitung zu der Zeit sowieso mit Boden gemischt wird.

---

[1] Remy: Der Kartoffelbau und die Bedeutung des Saatwechsels, Mitteilg. der D. L. G., Nr. 48, S. 842. 1924.

[2] Simon s. Fußnote S. 89.

3. Pflege, Beobachtung, Erntevorbereitung

Pflege. Siehe Getreideversuche; Güte der Unkrautbekämpfung wesentlich.

Beobachtung. Allgemeines siehe Getreideversuche. Auf die wichtigsten Beobachtungen sei hier kurz hingewiesen.

1. Aufgang. (Bei vor dem Aufgang angelegten Versuchen, vor allem bei Kalkdüngungsversuchen auf sauren Böden!)

2. Krankheitsbefall und Abbauerscheinungen in mindestens zwei Terminen: Vor der Blüte und etwa 1 Monat später nach der Blüte.

3. Zeitpunkt des Eintretens einer sichtbaren Wirkung.

4. Unterschiede in der Reifung: Reihenfolge des Absterbens des Krautes.

Erntevorbereitung. Diese hat erstens in einer klaren Abgrenzung der Parzellen zu bestehen, zweitens im Auszählen der Staudenzahlen und Bezeichnen der Fehlstellen bei Versuchen, die zahlreichere Fehlstellen aufweisen. Beides ist zweckmäßig mit der Beobachtung nach der Blüte zu verbinden. Ein früherer Zeitpunkt ist ungeeignet, da erst die Bearbeitung, die sowohl Fehlstellen erzeugt wie auch Grenzen verwischt, abgeschlossen sein muß. Ein späterer nicht möglich, da sonst die Getreideernte dazwischenkommt.

Das Abgrenzen der Parzellen erfolgt bei Dauerversuchen genau so wie bei Getreideversuchen. (Siehe S. 97.) Nur sind die Streifen auf 50 cm Breite wegzuhacken, sofern sie quer zu den Furchen gehen. Sollten die Streifen in einer Richtung mit den Furchen laufen, so ist auf ein Aushacken zu verzichten. Nur sind dann die Reihen, die nicht geerntet werden sollen, am Rand des Versuches durch Aushacken und Gleichmachen des betreffenden Dammes auf etwa 1 m Länge außerhalb des Versuches unmißverständlich zu bezeichnen.

Bei Versuchen in Langreihe gilt ebenfalls dasselbe wie bei den Getreideversuchen, nur daß auch hier in dem einen Falle die Grenzen in Richtung der Dämme durch Aushacken auf einer Strecke von 1 m Länge am Rand und außerhalb des Versuches zu bezeichnen sind, im anderen Falle auf 50, statt auf 30 cm auszuhacken ist; ferner sind meistens die bei dem Behäufeln verrissenen oder vergrabenen Pähle auszugraben oder neu einzuschlagen.

Die Arbeitsgänge sind sonst gleich.

Während man diese Arbeit beaufsichtigt, vermag man ganz gut eine Auszählung der Staudenzahlen je Parzelle und Bezeichnung der Lücken vorzunehmen. Beides ist nur bei Versuchen notwendig, die nach Einzelstaudengewicht verrechnet werden sollen, d. h. bei solchen, die zahlreichere Fehlstellen aufweisen. Bei sehr ungleichmäßiger Pflanzarbeit ist es allerdings immer zweckmäßig, wenigstens die Staudenzahl je Parzelle und die Zahl der Fehlstellen festzustellen. Man bewaffnet sich dazu am besten mit einem Bündel aus Buschwerk geschnittener Gerten oder Stöckchen, zählt die Stauden parzellenweise durch und bezeichnet dabei die Fehlstellen, deren Nachbarn vor der Ernte beseitigt oder die gezählt werden sollen, durch eingesteckte Stäbchen. Die Stauden- und Fehlstellenzahlen werden hierbei gleich in das vorbereitete Ernteformular eingetragen.

4. Ernte

Betreffs des Zeitpunktes der Ernte ist zu sagen, daß Kartoffelversuche unbedingt bei einigermaßen trockenem Wetter und Boden zu ernten sind. Eine Berücksichtigung der Schmutzprozente ist bei Versuchen in der Praxis exakt nicht möglich, da ein Waschen der gesamten Parzellenerträge hierzu notwendig wäre. Sie müssen darum so gering wie möglich gehalten werden und derart sein, daß sie die Parzellenerträge gleichmäßig treffen, da sonst die zufälligen Fehler sehr groß werden.

Vom arbeitstechnischen Standpunkt aus wird man es am zweckmäßigsten so einrichten, daß man den Versuch erntet, wenn die Gutskolonne auf dem betreffenden Schlage arbeitet, wenigstens dann, wenn allgemein mit der Hand ausgehackt wird.

Arbeiten die Güter mit Rodemaschinen, so ist es am zweckmäßigsten, die Versuche kurz vor Beginn oder gleich nach Schluß der allgemeinen Ernte des Gutes in einem Zuge zu ernten.

Einen oder zwei Tage vor dem beabsichtigten Erntetag vereinbart man mit dem Gute die Bereitstellung der Frauenkolonne zum Aushacken und — falls dieselbe größer als zehn Frauen ist — von zwei Männern zum Bedienen der Wiegekörbe.

An Gerätschaften sind anzufordern:

2 bis 3 große Körbe mit 50 bis 100 kg Fassungskraft,

1 zuverlässige Dezimalwage,

1 Wagebrett als Unterlage für dieselbe,

1 oder 2 Wagen zum Einschütten und Abfahren des Ertrages, soviel Säcke mit Fahnen und Bändern, wie verschieden gedüngte Parzellen da sind, zum Abfahren des Erntegutes.

Der Versuchsleiter hat nur etwas Schnur mitzubringen.

Am Tage der Ernte fährt man zweckmäßigerweise auf das Versuchsstück voraus und bestellt sich — falls der Versuch nach Einzelgewicht verrechnet werden soll — auch zwei Frauen mit Hackgeräten vorher hin, die angewiesen werden, die Fehlstellennachbarn auszuhacken und den Ertrag derselben neben dem Versuchsstück in einem kleinen Haufen aufzuschütten. Da die Fehlstellen bereits vorher durch Stäbchen bezeichnet sind, genügt einmalige Anweisung und Beaufsichtigung bei den ersten Fehlstellen. Dann kontrolliert man die Sichtbarkeit der Parzellengrenzen und legt eventuell undeutlich gewordene, zu stark verwachsene Grenzen durch Schnüre fest. Auch nimmt man eine letzte Bonitierung der Parzellen, vor allem des Reifegrades, vor.

Nach Eintreffen der Gerätschaften und der Arbeitskräfte setzt man dieselben am zweckmäßigsten so an:

Bei großer Frauenkolonne werden dieselben nacheinander auf zwei bis drei Parzellen angesetzt, eventuell derart, daß man, unter Zuweisung je einer Reihe an eine Graberin, von beiden Rändern der Parzelle nach der Mitte zu gegeneinander arbeiten läßt (wenn die Dämme in der Längsrichtung der Parzellen laufen). In die Mitte der Parzelle kommt ein großer Korb. Die Körbe müssen zu Beginn der Hackarbeit sofort auf ihr Gewicht kontrolliert werden. Man bringt sie zweckmäßigerweise durch Anbinden von Stöcken u. ähnl. auf gleiches Gewicht, das man auf der Dezimalwage durch Gegensetzen eines passenden Steines ein für allemal ausgleicht. Die Körbe werden der Reihe nach fortlaufend von zwei Männern auf die Wage gehoben und nach Entnahme einer kleinen Probe von 2 bis 3 kg zur Stärkebestimmung auf den Wagen entleert. Bei kleiner Erntekolonne erübrigen sich die zwei Männer. Man setzt dann am besten alle Kräfte auf einer Parzelle an und behält beim Übergang auf die nächste zwei kräftigere Frauen zurück, die das Abwiegen und Ausschütten der großen Körbe besorgen.

Zur Probenahme für die Stärkebestimmung legt man sich die Säcke, mit den Parzellenbezeichnungen auf den Fahnen, neben der Wage zurecht und entnimmt jeder Wiederholung 2 bis 3 kg, so daß für jedes Versuchsobjekt schließlich 10 bis 15 kg zur Verfügung stehen.

Die Dauer der Ernte richtet sich ganz nach der Hackleistung der Frauen, die sehr verschieden zu sein pflegt. Etwa 25 bis 50 qm können durchschnittlich von einer Frau je Stunde gerodet werden.

Ein Versuch mit 30 Parzellen zu 25 qm wird also bei zehn Frauen und zwei Abwiegern etwa drei Stunden beanspruchen.

5. Aufarbeitung

a) Allgemeines. Eine Bestimmung des Stärkegehaltes kommt auch dort in Betracht, wo die Kartoffeln nicht verbrannt werden. Denn selbst bei ausgesprochenem Speisekartoffelverkauf kommt doch noch immer ein großer Teil der Kartoffeln zur Verfütterung oder zur Trocknung, Stärkeverarbeitung usw., wobei der Stärkegehalt jedesmal eine entscheidende Rolle spielt.

Zur Bestimmung des Stärkegehaltes ist die Reimannsche Wage noch immer das handlichste und einfachste Instrument.

Bei Vorhandensein von Brennereiwirtschaften wird man zweckmäßigerweise dort eine Wage ausleihen oder die Kartoffeln hinschicken lassen und dort die Bestimmung durchführen. Falls im Ringgebiet keine Reimannsche Wage aufzutreiben ist, muß der Versuchsleiter eine anschaffen und die Kartoffeln nach seinem Laboratorium senden lassen. Die Bestimmung muß möglichst kurz nach der Ernte erfolgen, und zwar möglichst in dreifacher Wiederholung und mehr, wenn die Ergebnisse der Einzelbestimmungen stark voneinander abweichen. Über Einzelheiten siehe Laboratoriumsarbeiten, S. 309.

b) Verrechnung der Ergebnisse. Ebenso wie bei den Rüben gibt es bei den Kartoffeln Fehlstellen, welche den Ertrag der einzelnen Parzellen beeinflussen. Sind die Lücken weder groß noch zahlreich, so wird man allerdings keine weiteren Korrekturen vornehmen. Im anderen Falle allerdings wendet man mit Vorteil eine der später im Kapitel Rübendüngungsversuch, Seite 134 ausführlich beschriebenen Methoden an: Hat man Zeit, die Lückennachbarn zu entfernen, die (strenge) Methode Römer; fehlt diese Zeit, die Methode Henrichs. Der einzige Unterschied der Verrechnung bei Kartoffeln und Rüben liegt darin, daß bei den Kartoffeln die Zahl der Stauden vor Inangriffnahme der Ernte ausgezählt werden muß — bei Rüben die Zahl der Rüben hingegen auch später noch festgestellt werden kann.

c) Zusammenfassung der Ergebnisse. Als übersichtliche Zusammenfassung der Versuchsergebnisse sei hier folgendes Beispiel gebracht:

Versuchsanordnung

Volldung.	ohne N	mit $^1/_2$ N	Volldung.	ohne P	ohne K
1	2	3	4	5	6

× 4 + Volldüngung
L

Also ein Versuch zur Überprüfung der Wirkung von P und K und von steigenden N-Gaben in daktylischer Standardanordnung mit Volldüngung als Standard.

Ergebnisse:

Kreischau (10) Kartoffel NPK 1925

1. Steigende N-Gaben

	Ertrag	Mehrertrag	Sicherheit Prozent	Starke in Prozent	Knollenertrag fur U = 100
Volldg. + 60 ℔ N	155,5	—	—	15,2	122 ± 3,9
30 ℔ N	150,5	— 5,0 ± 0,9	100	15,4	119 ± 4,0
ohne N	126,6	—28,9 ± 5,0	100	16,4	100

2. P-Wirkung

Volldüngung . .	155,5	—	—	15,2	108 ± 2,0
ohne P	144,25	– 11,25 ± 2,8	100	15,4	100

3. K-Wirkung

Volldüngung . .	155,5	—	—	15,2	104 ± 1,3
ohne K	148,90	—6,60 ± 1,9	100	15,4	100

3. Der Rübendüngungsversuch

a) Allgemeines

Ebenso wie bei Getreide ist mit möglichst wenig Arbeitsgängen auszukommen.

1. Vorbesprechung, Düngerbestellung, Aussuchen und Abstecken des Versuchsfeldes.
2. Anlage.
3. Beobachtung der ersten Düngerwirkung (auf den Boden), eventuell Aufgang.
4. Beobachtung in der Hauptwachstumsperiode.
5. Ernte.

Was die Größe der Parzellen anbelangt, so gilt dasselbe wie für die Kartoffel (siehe S. 121). Man wird nicht unter 100 Einzelpflanzen heruntergehen und sie nicht größer wählen, als daß die Erntefläche einen Ertrag von 75 bis 100 kg bringt, der in einem Korb mit einer Dezimalwage auf einmal gewogen werden kann, d. h. 15 bis 30 qm Erntefläche = 30 bis 50 qm Anlagefläche.

Betreffs Form der Parzellen und Größe der Grenzstreifen gilt das gleiche wie bei den Kartoffeln (siehe S. 122).

Betreffs Wiederholungszahl siehe Getreideversuch und Kartoffelversuch S. 84.

Betreffs Grunddüngung ist zu sagen, daß die Rübe eher größere Salzkonzentrationen verträgt als die Kartoffel.

b) Die Durchführung der einzelnen Arbeitsgänge

1. Vorbereitung

Siehe Getreideversuch S. 87 und Kartoffelversuch S. 124.

2. Anlage

a) Siehe Getreideversuch S. 88 und Kartoffelversuch S. 125.

Bei einjährigen Versuchen ist die Anlage zur Saat unbedenklich, wenn kleine bis mittlere Gaben von Kali in Form von K_2SO_4 und von Phosphorsäure in Form von Superphosphat angewendet werden, sowie überflüssige Grunddüngungen wegbleiben. Größere Stickstoffgaben muß man vorsichtshalber teilen und die Hälfte vor der ersten Hacke geben. Die Anlage nach dem Aufgang ist aber günstiger, wenn es sich um leicht verkrustenden Boden handelt, da dann der Aufgang nicht durch Krustenbildung gestört werden kann.

b) Durchführung der Anlage siehe Kartoffelversuch S. 125 und Getreideversuch S. 90.

3. Pflege, Beobachtung, Erntevorbereitung

a) Pflege. Freihalten von Unkraut ist auch hier der springende Punkt. Bei Rübe kommt jedoch noch ein weiteres Moment hinzu. Wenn der Versuch so angelegt ist, daß die Parzellen mit ihrer Längsachse in Richtung der Reihen liegen, muß das Verziehen besonders sorgfältig durchgeführt werden. Da die Frauen individuell sehr verschieden in bezug auf Entfernung in der Reihe und — bei Akkordarbeit in Einzellosen — auch in bezug auf den Zeitpunkt der Inangriffnahme arbeiten, würde der Versuch bei Bearbeitung im allgemeinen Rahmen mit groben systematischen Fehlern belastet werden. Der Versuch muß entweder als Ganzes von einem Weibe verzogen werden oder von zweien, die dann Parzelle für Parzelle nebeneinander arbeiten, zumindest aber muß jede Wiederholung von einer Person verzogen werden.

b) Beobachtung. Siehe Getreideversuch S. 100 und Kartoffelversuch S. 126.

Nur die Termine der Beobachtung von Krankheitsbefall sind andere. Bei Aufgang ist vor allem auf Wurzelbrand und Aaskäfer zu achten; die jungen Pflanzen sind auf Wanzen- und Fliegenbefall zu überwachen. In der Hauptwachszeit kommen vor allem Nematoden, Läuse, Herz- und Trockenfäule in Betracht. Vor der Ernte Cercospora, Rost und Schorf.

c) Erntervorbereitung. Aushacken der Grenzen, siehe Kartoffelversuch S. 126. Selbst wenn der betreffende Rübenversuch viele Fehlstellen aufweist und nach Römer geerntet werden soll, so ist doch ein Bezeichnen der Fehlstellen hier nicht notwendig, da sie bis zur Ernte sichtbar bleiben.

Auch mit dem Auszählen ist man nicht gebunden; wohl kann man es mit dem Aushacken der Grenzen verbinden oder mit der letzten Beobachtung vor Beginn der Getreideernte. Doch ist es auch mit der Ernte ohne wesentliche Mehrarbeit zu vereinen, indem man die Abwieger die Rüben nicht mit Gabeln, sondern von Hand zu je zwei in die Körbe werfen und dabei laut zählen läßt.

Man wird sich also diese Arbeit je nach der verfügbaren Zeit einrichten.

Ein Feststellen der Pflanzenzahl je Parzelle ist aber immer zweckmäßig — auch wenn nicht nach Einzelgewichten verrechnet werden soll —, vor allem zwecks Kontrolle der Gleichmäßigkeit des Verziehens.

4. Ernte

Betreffs des Zeitpunktes ist bei Rübendüngungsversuchen ebenfalls trockener Boden und trockenes Wetter abzupassen, da ein exaktes Feststellen der Schmutzprozente bei Versuchen in der Praxis nicht möglich ist. Um als Endergebnis des Versuches nicht zu hohe Ziffern zu erhalten, schätzt man zweckmäßig die Schmutzprozente für den ganzen Versuch als eine runde Zahl und reduziert das Endergebnis danach.

Wenn man es irgend einrichten kann, wird man bei Großbetrieben einen Versuch dann ernten, wenn die Gutskolonne auf dem betreffenden Schlage angefangen hat, da dann das eigentliche Ernten mit der vollen Mannschaft in kürzester Zeit unter Aufsicht erledigt werden kann.

Über die Einleitung der Ernte siehe Kartoffelversuch.

An Gerätschaften ist mehr anzufordern:

2 Rübengabeln,

1 Schleppe (Düngerschleppe) zum Daraufstellen der Wage, mit vorgespanntem Ochsen oder Milchpferd. Dagegen braucht

man keine Wagen zum Abfahren, da die Abfuhr allgemein nachträglich zu erfolgen pflegt.

Auch genügen 1 bis 2 Körbe.

Auch bei der Ernte des Rübenversuches ist es zweckmäßig, auf das Versuchsstück, zwecks Kontrolle der Grenzen und letzter Bonitierung, vorauszufahren. Soll der Versuch nach Römer verrechnet werden, ist es ebenso wie bei den Kartoffelversuchen zweckmäßig, gleichzeitig zwei Frauen auf das Versuchsstück vorauszubestellen, welche die Fehlstellennachbarn zu beseitigen und neben den Versuch zu werfen haben.

Nach Eintreffen der Gerätschaften, der Wage und der Wiegeleute setzt man die gesamte Kolonne so an: jede Frau erhält eine Parzelle mit der Anweisung, sie auszuroden, den Schmutz abzuschlagen und abzukratzen, die Köpfe abzuhacken und auf einen Haufen zu werfen. Die ersten zwei, drei Parzellen weist man je zwei Frauen gemeinsam zu, damit man sofort mit dem Wiegen beginnen kann. Es ist auch zweckmäßig, die ganze Arbeit im Akkord auszuführen, wobei man mit dem Betriebsleiter vereinbart, daß den Frauen bei sauberem Arbeiten (gutem Schmutzabschlagen und -kratzen, keinem Abbrechen der Schwänze), ein prozentischer Zuschlag versprochen werden kann, den man ihnen am sichersten durch entsprechendes Verrechnen der Fläche zukommen läßt. Die Frauen erhalten, je nachdem sie fertig werden, neue Parzellen zugewiesen, bis der Versuch erledigt ist und sie wieder an ihre Akkordlose zurückkehren können.

Zum Abwiegen fährt man mit der Schleppe und der Wage an den Haufen entlang. Die Abwieger raffen die Rüben jedes Haufens mit Gabeln oder zählend von Hand (siehe S. 126) in den Korb, der abgewogen und auf der Parzelle wieder ausgeschüttet wird. Wenn die Kappen gewogen werden sollen, erfolgt bei diesen der Vorgang ebenso aber ohne auszuzählen. So fährt man mit der der Wage von Parzelle zu Parzelle und erledigt den Versuch. Eine Probenahme zwecks Zuckerbestimmung kommt bei Rübendüngungsversuchen selten in Betracht. Wenn man sie beabsichtigt, nimmt man sie, ebenso wie bei Kartoffelversuchen zur Stärkebestimmung, am besten nachträglich vor. Steht keine größere Erntekolonne zur Verfügung, so arbeitet man entsprechend der Ernte von Kartoffelversuchen mit geringer Mannschaft (siehe S. 128).

Dauer: bei großer Erntekolonne nur von der Leistung der beiden Abwieger abhängig. Eine Wägung (Einraffen, Wägen, Ausschütten von zirka 20 bis 30 qm) dauert zirka 1,5 bis 2,5 Minuten.

Ein Versuch mit 30 Parzellen zu 25 qm wird also bei Mitabwiegen der Kappen zirka zwei bis drei Stunden beanspruchen. Bei kleineren Erntekolonnen ist die Dauer wesentlich abhängig von der Leistung im Roden. Eine Frau leistet zirka 40 bis 80 qm Roden, Abhacken und in Haufen werfen, je Stunde.

Obiger Versuch würde also bei vier Rodern, die nebenbei beim Abwiegen helfen, zirka vier Stunden beanspruchen.

5. Aufarbeitung

1. Verrechnung der Ergebnisse. Bei der Ernte der Rüben und der Kartoffeln tritt uns eine Schwierigkeit entgegen, die uns bisher nicht begegnet ist: es sind dies die Fehlstellen im Bestand der Versuchsparzellen, die bei normalen Rübenversuchen etwa 4 bis 10% des Gesamtbestandes ausmachen. Sind die Lücken nicht bedeutend, so ist es unnötig, darauf Rücksicht zu nehmen; man arbeitet in diesem Falle einfach mit dem Gesamtgewichte der Parzelle als Ertrag. Nur wenn die Fehlstellen zahlreich sind, muß man auf sie Rücksicht nehmen, und zwar aus folgenden Gründen: Bestimmt man nämlich bei der Ernte das Gesamterntegewicht einer Parzelle, so fällt dieses für Parzellen mit vielen Fehlstellen zu niedrig aus. Man hat daher in diesem Falle den Ausweg getroffen, daß man aus dem Gesamtgewicht der Parzelle und aus der Zahl der geernteten Rüben das durchschnittliche Gewicht einer einzelnen Rübe bestimmt und dieses dann mit der Zahl der Rüben, die ohne Lücken auf der Parzelle stehen sollten, multipliziert. So erhielte man dann den richtigen Ertrag der Parzelle, wenn nicht die Lückennachbarn als Randpflanzen stets eine um zirka 50% bessere Entwicklung aufweisen würden — ein Umstand, auf den man Rücksicht nehmen muß, wenn man richtige Resultate haben will. Es gibt verschiedene Möglichkeiten, sich hier zu helfen, die nachfolgend kurz angeführt werden sollen.

a) Strenge Methode nach Römer

Man entfernt vor der eigentlichen Ernte alle Lückennachbarn und bestimmt die Zahl der fehlenden Rüben und die Zahl der gewogenen Rüben. Die Summe dieser beiden ergibt die Gesamt-Soll-Zahl der Rüben pro Parzelle. Diese Gesamt-Soll-Zahl kann man ruhig mit dem aus dem Quotienten $\frac{\text{Gewicht}}{\text{Zahl}}$ errechneten Einzelgewicht der Rüben multiplizieren, da dieses infolge der Ausschaltung der Lückennachbarn richtig ermittelt ist.

Bei der Ernte wird man folgendes Formular zur Eintragung benützen:

Parzelle	Fehlende[1] Rüben	Ist-Zahl Rüben	Ist-Gewicht kg	Einzel-Gewicht kg	Soll-Zahl	Soll-Gewicht
	F	Z	G	$g=\frac{G}{Z}$	$F+Z$	$g(F+Z)$
4 a	8	168	117	0,695	174	121,0
5 a	14	152	84	0,550	166	91,0

b) Korrekturmethode nach Römer

Diese Methode vermeidet das vorherige Herauswerfen der Lückennachbarn, indem sie von der Annahme ausgeht, daß bei jeder Fehlstelle die zwei angrenzenden Pflanzen um 20% in ihrem Ertrage gesteigert sind. Überdies kann man das Auszählen der Lücken ersparen, wenn man von der weiteren Annahme ausgeht, daß auf jeder Parzelle die gleiche Anzahl Rüben steht, eine Annahme, die wohl auf den einheitlich gepflanzten und bearbeiteten Institutsfeldern möglich ist, im praktischen Feldversuche aber selten zutrifft.

Die Berechnung würde dann etwa in folgender Weise durchzuführen sein: Parzellengröße 25 qm, Entfernung 50 × 30 cm, das heißt je Teilstück 170 Pflanzstellen. Geerntet 150 Pflanzen, also waren 20 Fehlstellen vorhanden und 40 Randpflanzen im Ertrage um 20% gesteigert. Erntegewicht der Parzelle 75 kg, Gewicht der Einzelrübe 500 g. Die 40 Randpflanzen hätten demnach ein Gewicht von 20 kg gehabt. Davon müssen 20% = 4 kg als Randwirkung abgezogen werden; das richtige Gewicht der Parzelle ist also 75 — 4 = 71 kg. Diese Methode ist sowohl unbequem als auch ungenau und wurde nur der Vollständigkeit halber hier angeführt.

c) Methode Henrichs

Diese Methode beruht auf einer Kompensation der beiden bereits erwähnten Fehlerquellen:

1. Sind in einer Parzelle viele Fehlstellen, so ist das bei der Wägung erzielte Gewicht zu niedrig. Eine Parzelle mit vielen Fehlstellen hat ein niedrigeres Gesamtgewicht aufzuweisen, als eine andere Parzelle, welche bei demselben Ertrag keine Fehlstellen hat.

2. Errechne ich mir aus Gesamtgewicht G und geernteter Rübenzahl Z das Einzelgewicht einer Rübe $g\left(g=\frac{G}{Z}\right)$ und multi-

[1] Zahl der Fehlstellen + Lückennachbarn.

pliziere mit der Gesamtzahl der Rüben $(F + Z)$, die auf der Parzelle stehen sollten und die sich aus der Zahl der geernteten Rüben (Z) + Zahl der Fehlstellen (F) errechnet, so erhalte ich einen Parzellenertrag $[g\,(F + Z)]$, der zu hoch gegriffen ist; zu hoch gegriffen deshalb, weil die Lückennachbarn ein zu hohes Gewicht aufweisen. Bilde ich nun das Mittel M aus dem durch Abwage gefundenen Gesamtgewicht G, das zu niedrig ist, und aus dem auf diese Weise errechneten Gewicht, das zu hoch ist, so muß ich ungefähr auf die Zahl hinkommen, die dem wirklichen Ertrage der Parzelle entspricht. Unter Benützung der bereits angedeuteten Bezeichnungen wäre dieses Mittel M:

$$M = \frac{G + g\,(F + Z)}{2} \quad \ldots\ldots\ldots\ldots \quad (1)$$

und nach einigen Umformungen:

$$M = G + \frac{F \cdot g}{2} \quad \ldots\ldots\ldots\ldots \quad (2)$$

oder auch

$$M = G\,\frac{Z + \frac{F}{2}}{Z} \quad \ldots\ldots\ldots\ldots \quad (3)$$

Beide Formeln (2) und (3) dienen zur vereinfachten Berechnung. Am schnellsten arbeitet man mit Formel (3); Formel (2) wird man dann anwenden, wenn man das Gewicht der Einzelrübe benötigt, das beim Arbeiten mit Formel (3) nicht festgestellt wird. Nachstehend die beiden Eintragsschemen.

a) Schema zur Rübenberechnung nach Henrichs nach Formel (3)

1	2	3	4[1]	5[1]	6[1]	7	8
Parzelle	Zahl der Fehlstellen	Zahl der geernteten Ruben				Ernte-Gewicht kg	Korrig. Parzellen-Ertrag kg
	F	Z	$\frac{F}{2}$	$Z + \frac{F}{2}$	$\frac{Z + \frac{F}{2}}{Z}$	G	$G \cdot \frac{Z + \frac{F}{2}}{Z}$
2 b	14	83	7	90	1,085	99	107,5
3 b	22	73	11	84	1,150	108	124,3

usw.

[1] Diese Spalten sind hier nur zur Erklärung des Ganges der Rechnungsweise eingeschaltet; ihr Ausfüllen kann in der Regel erspart werden.

b) nach Formel (2)

1	2	3	4	5[1]	6[1]	7	8
Parzelle	Zahl der Fehlstellen	Zahl der geernteten Ruben	Ernte Gewicht kg	Gewicht einer Rube kg			Korrig. Parzellen-Ertrag kg
	F	Z	G	$\frac{G}{Z} = g$	$\frac{F}{2}$	$\frac{F}{2} \times g$ kg	$G + \frac{g \cdot F}{2}$
2b	14	83	99	1,22	7	8,5	107,5
3b	22	73	108	1,48	11	16,3	124,3

usw.

d) Formel nach Küpper und Sengbusch

Eine theoretisch einwandfreie Formel zum rechnerischen Ausgleich von Fehlstellen wurde von Küpper[2] und von Sengbusch[3] entwickelt, welche unabhängig voneinander zu demselben Resultat gelangten.

Die von diesen gefundene Formel lautet:

$$Kg = \frac{G \cdot P}{Z + F \times e}$$

worin Kg = korrigierter Ertrag,
G = gewogener Ertrag,
F = Fehlstellenzahl,
Z = Zahl der geernteten Rüben,
$P = (F + Z)$ = Zahl der Pflanzstellen,
e = perzentuelle Ausnützung der Fehlstellen durch die Fehlstellen-Nachbarn.

Die Überlegungen, die zu obiger Formel führen, seien nachfolgend kurz angegeben:

Der Ertrag wird auf Parzellen ohne Fehlstellen $P \times E_g$ sein, d. i. Zahl der Pflanzstellen $P \times$ Einzelgewicht einer Rübe. Dieser Ertrag soll sich mit dem korrigierten Ertrag decken, den man beim Auftreten von Fehlstellen rechnungsmäßig zu erhalten trachtet. Es ist also

$$Kg = P \times E_g \quad \ldots\ldots\ldots \quad (1)$$

Sind Fehlstellen vorhanden, so stehen auf derselben Fläche

[1] S. Anmerkung vorige Seite.

[2] Küpper: Der Einfluß der Fehlstellen und Beiträge zur Lösung der Fragen uber die Nachbarwirkung und Teilstückgröße in Kartoffelversuchen. Kühn-Archiv, Bd. 15, S. 197. 1927.

[3] Sengbusch: Rechnerischer Fehlstellenausgleich bei Hackfruchtfeldversuchen. Fortschritte der Landw., H. 3, S. 105. 1928.

weniger Rüben; der Ertrag wird also geringer sein, und zwar um so geringer, je größer die Lücken sind. Der Ertrag einer Parzelle mit Fehlstellen wäre somit theoretisch $= Z \times E_g$, d. h. Zahl der geernteten Rüben mal Einzelgewicht, wenn nicht die Lückennachbarn besser gewachsen wären und den dadurch frei gewordenen Raum zu etwa 45 bis 50% ausgenützt hätten. Der tatsächlich erzielte Ertrag G ist also größer als $Z \times E_g$; er setzt sich zusammen aus dem Ertrag ohne Fehlstellenausnützung ($Z \times E_g$) plus Ertrag der Fehlstellen. Dieser Ertrag der Fehlstellen besteht aus den etwa 45%, die von dem normalen Ertrag dieser Stellen durch die Lückennachbarn noch gerettet werden. Der normale Ertrag der Lücken ist $F \,.\, E_g$ (Zahl der Fehlstellenrüben mal Einzelgewicht); davon gelangen 45% zur Ausnützung; der Mehrertrag ist also $F \,.\, E_g \frac{45}{100}$ oder allgemeiner: $F \,.\, E_g \,.\, e$, wenn wir mit e die perzentuelle Ausnützung der Lücken durch die Lückennachbarn bezeichnen.

Wir haben nunmehr:

$$G = Z \,.\, E_g + F \,.\, E_g \,.\, e = E_g\,(Z + F \,.\, e)$$

$$\text{und } E_g = \frac{G}{Z + F \,.\, e}.$$

Setzen wir in diesen Ausdruck für E_g den aus Gleichung (1) errechneten Wert $E_g = \frac{K\,g}{P}$ ein, so erhalten wir:

$$\frac{K\,g}{P} = \frac{G}{Z + F \,.\, e} \text{ und } K\,g = G \,.\, \frac{P}{Z + F \,.\, e}.$$

Es ist dies die am Anfang gebrachte Formel.

Diese Formel ist theoretisch korrekter als die Rechnungsweise nach Henrichs; da aber die Ergebnisse beider Methoden praktisch übereinstimmen,[1] besteht für die Praxis kein Grund, von der wesentlich handlicheren Berechnungsweise nach Henrichs abzugehen; hat ja F für den einzelnen Versuch doch nur Näherungswert. Am besten ist es natürlich, im Versuche die Fehlstellennachbarn auszuschalten und so die strenge Methode Römer anzuwenden; nur als Notbehelf ist eine der rechnungsmäßig korrigierenden Methoden, etwa die Methode Henrichs, heranzuziehen; man erhält dadurch für sonst wertlose Versuche immer noch recht brauchbare Resultate.[2]

---

[1] Feichtinger: Zu: Rechnerischer Fehlstellenausgleich bei Hackfruchtversuchen. Fortschritte der Landw., H. 20, S. 924. 1928.

[2] Vgl. Möller-Arnold: Untersuchungen über die Möglichkeiten der Verminderung der Fehler von Feldversuchen. Landw. Jahrb., Bd. 36, S. 113 bis 192.

2. Zusammenfassung der Ergebnisse. Auch hier sei wieder an einem Beispiele die Zusammenfassung der wichtigsten Ergebnisse auf dem Übersichtsblatte angegeben. Gewählt wurde ein Versuch mit kombinierter Fragestellung nach Phosphorsäure- und Kaliwirkung und nach der Wirkung steigender Stickstoffgaben.

Versuchsanordnung

2 Na	2 Na + P	2 Na + K	2 Na	U	1 Na	2 Na	× 6+	2 Na

Also daktylische Standardmethode mit einer Gabe von 2 Na (= 40 Pfund/Mo rein N als Natron-Salpeter) als Standardparzelle.

Hinzendorf (10) Zuckerrüben NPK (Ertragsblatt)
N-Wirkung

	in ctr/Mo		Sicherheit	U = 100
	Ertrag	mehr		
ungedüngt	91			100
10 ℔ N	122,5	+ 31,5 ± 6,1	100	135 ± 6,7
20 ℔ N	140,0	+ 49,0 ± 5,4	100	154 ± 5,9
letzte 10 ℔	—	+ 17,5 ± 8,1	98	

MD % = 6,3

P- und K-Wirkung

ohne P	140	—		100
P	141	+ 1 ± 4,0	58	100 ± 2,9
K	151	+ 11 ± 2,7	100	108 ± 1,9

MD % = 2,4

4. Der Grünlanddüngungsversuch

A. Wiesendüngungsversuche

a) Allgemeines

Bei Wiesendüngungsversuchen kommt man im allgemeinen mit fünf notwendigen Besuchen des Versuchsstückes aus.

1. Vorbesprechung des Planes.
2. Anlage.
3. Beobachtung während der Vegetation.

4. Erste Ernte.
5. Zweite Ernte.

Die Größe der Parzellen ist so zu wählen, daß man mit einer Wägung der grünen Masse je Parzelle auskommt. Bei Verwendung von Wiegetuch, Dreibock und Hebelwage sind dies 20 bis 50 qm — je nach Wüchsigkeit der Wiese. Die Mindestgröße richtet sich nach der Gleichmäßigkeit des Bestandes. Je gleichmäßiger dieser ist, desto kleiner kann sie gewählt werden. Doch hat ein Hinuntergehen unter 15 qm meist keine praktischen Vorteile. Was die Form und Anordnung der Parzellen anbelangt, so hat man hier weitgehende Freiheit. Auch Dauerversuche können zu Wiese in schmalen Parzellen in Langreihe angeordnet werden, da Erdbearbeitungen nicht durchgeführt werden. Man wird in diesem Falle die Parzellenbreite so wählen, daß sie mit einem oder genau zwei Hieben der landesüblichen Sense erfaßt werden kann. Man wird Wiesenversuchsparzellen jedoch nicht so lang und schmal wie Getreideversuchsparzellen anlegen, damit das Abteilen nicht zu sehr erschwert wird.

Zwingt die Fläche zu mehr quadratischer Anordnung, so ist die Schachbrettanordnung ebenso praktisch. Die Anlagefläche kann in jedem Falle so groß gewählt werden wie die Erntefläche, da Randstreifen für praktische Versuche überflüssig sind.

Zur Zahl der Wiederholungen siehe Getreideversuche S. 84.

Was die Art der Fragestellung überhaupt anbelangt, so wird man bei Wiesenversuchen selten mit einjährigen Versuchen Brauchbares erreichen, auch nicht in punkto KP-Frage, vom Standpunkt des Bodenvorrates aus gesehen. Denn wir haben es bei Wiesen immer mit einem zusammengesetzten Bestand zu tun, der sich gleichzeitig durch die Düngung verändert. Die Kontrolle dieser Änderung durch botanische Analyse ist hierbei sehr wichtig. Dem dienen Versuche, die Jahr für Jahr auf demselben Fleck weiterlaufen. Will man mehr die Wirkung der Düngung auf den Boden erfassen, so läßt man den Versuch auf der betreffenden Fläche Jahr für Jahr ein Stück weiter wandern. Am besten ist eine Prüfung mit beiden Methoden gleichzeitig.

Den Plan wird man hierbei durchaus nach praktischen Gesichtspunkten einrichten, z. B. bei einer allgemeinen Fragestellung U, P, PK, PKN, N. Eventuell entsprechend abgeändert, falls eine der Fragen schon erledigt ist. Düngungszeitversuche spielen bei der Wiesenwirtschaft ebenfalls eine große Rolle.

Immer wird bei Wiesenversuchen die Einfügung einer völlig ungedüngten Parzelle zwecks Kontrolle der Bestandesänderungen infolge der Jahreswitterung zweckmäßig sein.

b) Durchführung in den einzelnen Arbeitsgängen

1. Vorbereitung

Das Aussuchen der Versuchsfläche erfolgt am besten in zwei Etappen, einmal im Sommer vorher, kurz vor dem Schnitt, wo sich die Gleichmäßigkeit des Bestandes am besten beurteilen läßt, ein zweites Mal zur Zeit der Schneeschmelze oder nach irgendwelchen Sommer-Herbst-Überschwemmungen, wo sich die Ebenheit des Geländes, das Gefährdetsein durch Stauwässer usw. deutlich zu erkennen gibt.

Bezüglich Abpfählen usw. siehe Getreideversuch S. 87.

2. Anlage

Über den Zeitpunkt der Anlage ist bei Wiesendüngungsversuchen nicht viel zu sagen Sie wird zweckmäßig mit dem Ausstreuen der zuerst zu gebenden Dünger verbunden werden können.

K-, P- und Ca-Düngungen sind möglichst während der Vegetationsruhe, im Winter, zu geben.

Die N-Düngung ist im Herbst, Frühjahr oder geteilt zu geben, je nach Fragestellung, N-Form und bisherigen Gepflogenheiten und Erfahrungen.

Durchführung der Anlage siehe Getreideversuch S. 90. Geräte: Rechen sind unnötig. Dagegen ist es bei moorigen, lehmigen, nassen Wiesen erforderlich, einen oder zwei Säcke mit Streusand zum Verdünnen des Düngers mitzunehmen.

Arbeitsgang der Anlage

a) Schachbrettförmige Versuche — siehe Getreideversuche S. 90. Versenken von Eckpfählen unnötig.

b) Versuche in Langreihe. Siehe ebenfalls Getreideversuch S. 94. Zum Unterschied von dort hat man hier jedoch keine Drillreihen als Anhaltslinien. Man wird daher nach Ausmessen der beiden vorderen Eckpfähle sofort Schnüre im richtigen Abstande ziehen müssen, an denen entlang die Pfähle mit Hilfe der Meßlatte gesetzt werden. (Vgl. auch Rümkersche Anlage der Sortenversuche und Getreidedüngungsversuch bei Breitsaat.)

3. Pflege, Beobachtung, Erntevorbereitung

Pflegearbeiten außerhalb des gewöhnlichen Rahmens sind bei Wiesenversuchen überflüssig.

Die Beobachtung kann sich auf die Feststellung des Eintrittes einer Düngerwirkung sowie auf die Änderung der Bestandeszusammensetzung durch sie beschränken.

Die Erfassung der letzteren ist allerdings besonders wichtig. Sie erfolgt am besten kurz vor dem Schnitt, auf zwei Wegen: 1. durch direkte Beobachtung, Feststellung aller vertretenen Arten und Schätzung des Flächenanteiles derselben sowie des Vegetationsstadiums zur Zeit der Beobachtung. Man nimmt diese zweckmäßigerweise gleichzeitig mit 2 vor.

2. Durch gewichtsmäßige, botanische Analyse. Hierzu nimmt man sich einen Mann mit Sense, eine Anzahl mit numerierten Etiketten versehene kleine Säckchen, wasserdichtes Papier, Schnur und eine Plaue zum Versuch hinaus. Man geht zunächst Parzelle für Parzelle in der Diagonale durch und läßt den Mäher jedesmal in Abständen fünf Sensenhiebe ausführen, deren Mahd man zusammen in das Säckchen mit der Nummer der betreffenden Parzelle steckt.

Der Inhalt jedes Säckchens wird dann auf der Plaue ausgeschüttet und gründlich durchgemischt und davon dann eine Untersuchungsprobe entnommen, deren Größe sich nach der Größe der vertretenen Individuen richten muß. Diese Untersuchungsproben sind nun in wasserdichten Stoff oder Papier zu packen, zu etikettieren und ins Laboratorium mitzunehmen oder sofort hinzuschicken. Die Untersuchung hat möglichst bald zu erfolgen.

Man benötigt dazu einen großen Tisch, Bestimmungsbuch, Lupe und Wage. Probe für Probe wird nun gewogen und nach Arten getrennt. Das geht für die Arten mit großem Anteil — meist auch große Individuen — rasch. Auf die kommt es aber für praktische Zwecke allein an. Darum verzichtet man am besten auf das zeitraubende Auseinanderfitzen des Restes und teilt denselben nur in Gräser, Leguminosen und andere Arten (Kräuter usw.) auf. Welche Arten überhaupt vertreten sind, weiß man ohnehin aus der Beobachtung. Die verschiedenen Anteile werden nun sofort gewogen und der Prozentanteil ausgerechnet. Das schließt insofern einen Fehler in sich, als der Wassergehalt der Arten etwas verschieden ist, also die Zusammensetzung des Heues nicht genau erfaßt wird. Das ist aber unwesentlich, weil ich nur die Änderungen in der Zusammensetzung erfassen will, obendrein die Zusammensetzung auch dadurch nicht völlig richtig wiedergegeben wird, daß die Größe der Blattverluste bei der Werbung, die ebenfalls verschieden ist, nicht erfaßt werden kann. Steht jedoch im Laboratorium Platz zur Verfügung, wird man die Anteile vorher in Papierbeuteln trocknen, bis sie konstant lufttrocken geworden sind, da man damit auch den durchschnittlichen Heugehalt des Parzellenertrages erfassen kann, den man sonst extra bestimmen müßte. Es ergibt sich dann folgendes Schema für die Eintragung:

Parzelle: n	Gew. Gr. lufttrocken[1]	Prozentanteil
Art 1 „ 2 „ 3 „ 4 bis 10 zusammen		
Gräser zusammen		
Art 1 „ 2 „ 3 „ 4 „ 5 bis 8 zusammen		
Leguminosen zusammen		
Art 1 „ 2 „ 3 bis 12 zusammen		
Andere Arten zusammen		
Insgesamt	= % Heu	

Aus den Anteilzahlen der verschiedenen Wiederholungen eines Objektes läßt sich die durchschnittliche Zusammensetzung mit ihrer Schwankungsgröße leicht errechnen.

Die Erntevorbereitung beschränkt sich bei Grünlandversuchen auf ein Nachsehen, Ausmessen und Neueinschlagen der Pfähle, die umgebrochen und verrissen sind, damit das Abteilen bei der Ernte nicht aufgehalten wird.

4. Ernte

In bezug auf den Zeitpunkt der Ernte gewährt der Wiesenversuch eine gewisse Bewegungsfreiheit. Man wird gut tun, sie

[1] Falls mit Grüngewichten gearbeitet wird, sind diese hier einzutragen.

einige Tage vor der allgemeinen Heuernte auszuführen. Ein Abernten nach dieser gefährdet den Versuch zu sehr, da er infolge der schlechten Sichtbarkeit kurz vor dem Schnitt leicht vermäht wird.

Wichtig ist die Wahl trockenen Wetters zum Schnitt. Auch muß man das Ausziehen des Taues abwarten, so daß man im allgemeinen nachmittags schneiden wird.

An Gerät ist vorher anzufordern:

Schnur zum Abteilen (eventuell lange Latte),
1 Sense,
3 Rechen und Gabeln,
1 Dreifuß für die Balkenwage.
An Leuten: möglichst 1 Junge zum Abteilen,
1 Mäher,
2 Leute zum Rechen und Abwiegen.
Der Versuchsleiter hat selbst mitzubringen:
1 Wiegeplaue,
1 Wage,
etwas Schnur,
} siehe Getreideversuch.

Falls der „Heugehalt" nicht bei der botanischen Analyse ermittelt wurde: soviel Gläser oder Tüten aus wasserdichtem Stoff, wie Objekte (verschieden behandelte Parzellen) da sind. Dazu einen großen Bogen Papier und Schere.

Der Gang der Arbeit ist ähnlich wie bei Getreideversuchen; Vorausfahren des Versuchsleiters zwecks Beurteilung der besten Mährichtung sowie Abteilen der ersten Parzelle, damit die Arbeit sofort beginnen kann.

Nach Eintreffen der Mannschaft und der Geräte wird sofort mit der fortlaufenden Arbeit begonnen, deren Tempo im wesentlichen von dem des Mähers bedingt ist. (Darum ist es notwendig, wenn der Versuch größer als drei Viertel Morgen ist, noch einen zweiten Mäher und eine weitere Person zum Nachrechen zu nehmen, damit der Versuch an einem Nachmittag fertig geerntet werden kann.)

Das Abteilen geschieht bei hohem Grase am besten durch Scheiteln längs einer Schnur, die an der Seite der Pfählchen gezogen wird, welche seinerzeit beim Ausmessen des Versuches benützt wurden.

Bei kurzem Gras ist es zweckmäßig, zum Abteilen eine Latte von der Länge einer Längsseite zwischen die Pfähle einzuschieben, an der entlang gemäht wird.

Während der Abteiler die Grenzen innerhalb des Versuches

sorgfältig abteilt, ist es praktisch, den Mäher längs einer Schnur die beiden Längsseiten des Versuches, eventuell bei Schachbrettanordnung die ganzen Grenzen des Versuches freilegen zu lassen.

Dann wird Parzelle für Parzelle gemäht, zusammengerecht, auf die Wiegeplaue gebracht und abgewogen.

Müssen Proben zur Bestimmung des „Heugehaltes“ gezogen werden, so erfolgt dies am besten in folgender Weise:

Von jeder Parzelle entnimmt man von Hand eine gute Durchschnittsprobe, zerschneidet sie mit der Schere in zirka 1 bis 2 cm lange Schnipsel, mischt gut und entnimmt davon wieder eine Probe, die sofort in das betreffende Probeglas oder in eine wasserdichte Tüte gebracht wird. Diese Probe nimmt man so groß, daß die betreffende Tüte mit den Proben sämtlicher Wiederholungen ungefähr voll wird.

Zwischen den einzelnen Wägungen hat man gerade Zeit zu einer Probenahme in dieser Form.

Das abgewogene Gras läßt man am besten auf einem Wagen als Grünfutter in den Hof fahren oder man breitet es auf einen freigemähten Streifen neben dem Versuch mit aus. Ein Ausbreiten auf dem Versuch ist unzweckmäßig, da dann meistens bei der nachfolgenden Heubereitung die Parzellen ungleichmäßig durch Schwaden, Häufel usw. beeinflußt werden und eine Weiterführung des Versuches zum zweiten Schnitt oder nächsten Jahre geschädigt wird.

5. Aufarbeitung

1. Bestimmung des Heugehaltes. Es ist natürlich möglich, den Heugehalt direkt zu bestimmen, indem man von jedem Versuchsobjekt eine größere Mischprobe abwiegt (15 bis 20 kg), in einer etikettierten Plaue mit in den Hof nimmt und auf einem leeren Dachboden zum Trocknen ausbreitet. Durch Abwage nach dem Austrocknen läßt sich dann der Gewichtsverlust feststellen. Doch haben zirka 120 im Diebaner Versuchsringe durchgeführte Vergleiche gezeigt, daß man denselben Zweck mit für die Praxis vollkommen ausreichender Genauigkeit dadurch erreicht, daß man im Trockenschrank den Trockensubstanzgehalt des Grases ermittelt (siehe Laboratoriumsarbeit S. 310). Der Wassergehalt des Heues kann gerade gegen die Veratmungsverluste, die bei gewöhnlicher Trocknung auf dem Dachboden auftreten, aufgerechnet werden. Es spart uns dies die mühsame Arbeit des Trocknens größerer Proben, für die überdies nur in den seltensten Fällen Raum und Plauen in der erforderlichen Zahl zur Verfügung stehen werden.

2. Die Verrechnung der Ergebnisse. Für die Durchführung der Verrechnung findet sinngemäß alles bisher Gebrachte Anwendung. Zu beachten ist hierbei, daß die Verrechnung der Einzelzahlen praktisch erst erfolgt, wenn die Erntezahlen auf Heugehalt (= Trockensubstanz) umgerechnet sind.

3. Zusammenstellung der wichtigsten Ergebnisse. Auch hier erfolgt die Zusammenfassung der wichtigsten Ergebnisse in einem Übersichtsblatt, für dessen ungefähre Ausgestaltung folgendes Beispiel dienen möge:

Gewählt wurde hierfür ein Versuch in folgender Anordnung:

Voll.	U	Voll.	Voll. —N	Voll.	Voll. +N	Voll.	Voll. —K	Voll.	Voll. —P	×6+	Voll.
1	2	3	4	5	6	7	8	9	10		L

Nachfolgend die übersichtlichen Zusammenstellungen zunächst des ersten und des zweiten Schnittes und sodann des Gesamtresultates beider Schnitte zusammen.

Hinzendorf Wiese 1927

1. Schnitt

	Heuertrag	Differenzen zu Volldungung	% Trocken-Substanz
ungedüngt	17,5	— 7,23 + 0,85	21,4
Volldüngung ...	24,73	—	26,2
ohne N......	19,58	— 5,15 ± 1,03	21,1
ohne P......	24,28	— 0,45 + 0,50	26,7
ohne K	24,68	— 0,05 ± 0,34	28,8
mit 2 N	31,33	± 6,30 ± 1,12	29,4

2. Schnitt

ungedüngt	11,70	+ 0,6 ± 0,61	30,9
Volldüngung ...	12,30	—	30,3
ohne N......	11,63	— 0,67 ± 0,28	27,7
ohne P......	12,20	— 0,10 ± 0,43	32,0
ohne K......	11,60	— 0,70 ± 0,47	34,1
mit 2 N	12,83	+ 0,53 ± 0,31	31,9

Hinzendorf Wiese 1927
1. und 2. Schnitt zusammen

			Sicherheit	Volldungung = 100
ungedüngt	29,20	— 7,83 ± 1,1	100%	79 ± 2,9
Volldüngung ..	37,03			100
ohne N.....	31,21	— 5,82 ± 1,07	100%	84 ± 2,9
ohne P.....	36,48	— 0,55 ± 0,66	78%	99 ± 1,8
ohne K.....	36,28	— 0,75 ± 0,58	90%	98 ± 1,6
mit 2 N	43,86	+ 6,83 ± 1,16	100%	118 ± 2,8

MD% = 2,4

B. Luzerne, Klee und ähnliche Futterleguminosen

1. Allgemeines

Bei derartigen Versuchen kommt man mit folgenden Arbeitsgängen aus:

1. Vorbereitung.
2. Anlage.
3. Erntevorbereitung.
4. Ernten (1- bis 4mal).

In betreff Form, Größe, Parzellen- und Wiederholungszahl siehe Wiesenversuche.

Auch zu mehrjährigen Futterflächen, z. B. Luzerne, können mehrjährige Versuche in Langreihenanordnung durchgeführt werden.

Oft werden Klee- usw. Versuche nur als Fortführung von Getreideversuchen weiterbearbeitet werden.

Aber auch Kalk-, Kali- und Phosphorsäureversuche kommen in Betracht, die ohne Grunddüngung anzulegen sind.

Bestandesänderungen und Rücksicht darauf spielen hier keine Rolle.

2. Vorbereitung

Bei Anlage vor der Saat oder zur Getreideüberfrucht siehe diese Seite 88.

Bei Anlage nach der Saat kommen meistens nur erwachsene Bestände in Betracht oder man wartet eine entsprechende Kräftigung der Pflanzen ab. Im weiteren siehe Wiesenversuche S. 141. Beobachtung des Bestandes in einer Trockenperiode ist hier das Wichtigste.

3. Anlage

Siehe Wiesenversuch S. 141.

4. Pflege, Beobachtung, Erntevorbereitung

Hier kommt nur die übliche Pflege im allgemeinen Rahmen in Betracht, gelegentlich Beobachtung von Düngerwirkung und Schädigungen und als Erntevorbereitung das Nachmessen und Wiedereinschlagen umgerissener Pfähle.

5. Ernte

Vorbereitung und Durchführung ist dieselbe wie bei Wiesenversuchen. Auch die Technik der Probenahme zur „Heugehalt"-Bestimmung.

6. Aufarbeitung

Dieselbe wie bei Wiesen. Nur werden zur Bestimmung des „Heugehaltes" noch 15% vom Trockensubstanzertrag abgezogen, da außer der Veratmung, die gegen den Wassergehalt des Heues aufgerechnet wird, noch mindestens 15% für die Blattverluste abgezogen werden müssen.[1]

C. Weidedüngungsversuche

Weidedüngungsversuche haben darin ihre besondere Schwierigkeit, daß der Ertrag, streng genommen, nicht als Pflanzenmasse festgestellt werden kann, sondern erst durch den Tiermagen gehen muß.

Eine strenge Durchführung von Weidedüngungsversuchen wird daher, ihrer Umständlichkeit halber, selten in der Praxis möglich sein. Sie ist Versuchsgütern und -instituten vorbehalten. Auf die Technik soll daher nicht näher eingegangen werden.[2]

Für den Versuchsleiter in der Praxis kommt die Durchführung nach dem Vorschlag Hoffmanns in den Landw. Jahrb. 1925 noch am ehesten in Betracht, wobei die Fragen nach der Qualität der Weide und nach der Quantität getrennt zu beantworten sind.

Hierzu wird ein gleichmäßiges typisches Stück der Weide eingezäunt, das so groß ist, daß darin Platz finden:

---

[1] Siehe Wiegner, Crasemann und Mayasanik: Untersuchungen über Futterkonservierung. Landw. Vers. Stat., Bd. C, S. 143. 1923.

[2] Siehe Hansen: Die N-Düngung der Weiden, Pfl. Ern. und D., Bd. I, Heft 2 (Februar 1922), und R. Hoffmann: Stickstoffversuche auf Grünland, Landw. Jahrb. 1923. Bd. 58, H. 4. Derselbe: Zur Methode des Weideversuches, Landw. Jahrb. 1925, Bd. 62, H. 2.

a) ein Düngungsversuch zum Mähen, zwecks quantitativer Bestimmung, nach Art der Wiesenversuche angelegt, mit doppelt so großen Parzellen und einer größeren Wiederholungszahl, da die zu wägenden Mengen gering sind (Mahd alle 14 Tage bis drei Wochen!);

b) der gleiche Düngungsversuch zum Abweiden, zur qualitativen Bestimmung, mit so großen Parzellen, daß eine Kuh zirka 10 bis 14 Tage darauf zu weiden hat, in vierfacher Wiederholung.

Versuch a wird nach Art der Wiesenversuche behandelt, nur daß die Ernte alle 14 Tage bis 3 Wochen mit der Rasenmähmaschine erfolgt.

Versuch b wird einmal 14 Tage beweidet. Dazu werden so viele Tiere, wie Parzellen da sind, ausgesucht, die möglichst gleiche Milcherträge und Laktationsperiode aufweisen. Diese werden erst 5 Tage in der Nähe des Versuches getüdert und hierbei die tägliche Milchmenge und Fettgehalt festgestellt. Dann wird jede Kuh auf einem Teilstück 10 bis 14 Tage getüdert, wobei das Umschlagen so erfolgt, daß dieselbe immer gut satt wird. Nach einer dreitägigen Pause beginnt man auch hier mit einer Feststellung des täglichen Milch- und Fettertrages, die man durchführt, bis die erste Kuh mit ihrem Teilstück fertig ist. Darauf werden wieder sämtliche Kühe 8 Tage neben dem Versuch getüdert und nach 3 Tagen Pause die Milch- und Fetterträge pro Kopf und Tag festgestellt.

Die Qualitätswirkung der Düngung erfaßt man dadurch, daß man die prozentische Veränderung der täglichen Fetterträge je Teilstück erfaßt, bezogen auf das Mittel der täglichen Fetterträge je Kuh in den Fünftage-Perioden vor und nach der Teilstückbeweidung. Die stehengebliebenen Teile einzelner Teilstücke sind kurz abzumähen.

Die Prüfung läßt sich, falls nötig, nach dem Nachwachsen des Grases in derselben Weideperiode noch einmal wiederholen.

Da auch bei Weiden die Düngung einen Einfluß auf den Bestand hat, sind bei derartigen Versuchen mehrjährige Durchführungen auf den gleichen Teilstücken und Kontrolle der Bestandzusammensetzung notwendig. Letztere ist hierbei durch Schätzung des Flächenanteiles durchzuführen (siehe Wiesenversuch S. 142).

Diese noch immer umständliche Form der Versuchsdurchführung hat natürlich nur da Sinn, wo die Weiden von überragender Wichtigkeit für die Wirtschaft sind. Dort, wo sie nur sekundäre Bedeutung haben, hat dieser Apparat keine Berechtigung. Es genügen dann einfachere Prüfungen, die sich auf die Quantitätsprüfung beschränken. Man nimmt dieselben vor, indem man ein Stück Weide abzäunt, das für Anlage eines gewöhnlichen Wiesenversuches ausreicht. Diesen führt man ein Jahr lang als Mähversuch durch und steigert nur die Anzahl der Mahden auf 4 bis 6. Im nächsten Jahr wiederholt man die Düngung, läßt jedoch das Vieh im allgemeinen Turnus darauf weiden und beschränkt sich auf Beobachtung des Versuches.

Im dritten Jahr wird wieder eine Ertragsfeststellung in derselben Form durchgeführt usw.

Literatur zu „Düngungsversuche"

Baumann u. Hoffmann: Prüfung der Wagnerschen Versuchsmethode in ihrer Anwendung auf die Praxis der Felddüngungsversuche. Pflanzenbau, Jg. 3, S. 314. 1926/27. — Bornemann: Ein Schulbeispiel für die Unzulänglichkeit von Düngungsversuchen im praktischen Gutsbetrieb. Deutsche landw. Presse, Nr. 47, S. 540. 1924. — Gerlach: Versuche über die Wirkung einiger Kalisalze zu Kartoffeln bei verschiedener Anwendung. Die Kartoffel, Jg. 7, Nr. 14, S. 164. 1927. — Hansen: Die Stickstoffdungung der Weiden. Zeitschrift für Pflanzenernährung und Düngung, Bd. I, H. 2. 1922. — Haselhoff: Kartoffeldüngungsversuche. Amtsblatt der Ldw.-Kammer für den Reg.-Bez. Kassel, Nr. 4, S. 44. 1922. — Heller: Die Technik der Grünlandversuche. Pflanzenbau, Jg. 1, S. 407. 1924/25. — Hoffmann: Statistische Kalidüngungsversuche. Mitteil. d. D. L. G., Nr. 9, S. 135. 1914. — Derselbe: Stickstoffdüngungsversuche auf Grünland. Landw. Jahrb., Bd. 58, H. 4. 1923. — Derselbe: Zur Methode der Weideversuche unter besonderer Berücksichtigung der Düngung mit schwefelsaurem Ammoniak auf Kleegrasweiden. Landw. Jahrb., Bd. 62, H. 2, S. 283. 1925. — Klapp: Zum Grünlandversuch. Pflanzenbau, 1. Jg., S. 155. 1924/25. — Derselbe: Zum Grünlandversuch. Pflanzenbau, Jg. 2, S. 155, 165. 1925/26. — Klander: Systematischer Fehler bei Düngungsversuchen. Pflanzenbau, Jg. 2, S. 350. 1925/26. — Koch: Über die Größe der Parzellen im Versuchsring. Pflanzenbau, Jg. 2, S. 6. 1925/26. — Lamberg: Das Düngungsproblem. Pflanzenbau, Jg. 1, S. 302. 1924/25. — Leidner: Die Grundlagen der Feldversuche. Pflanzenbau, Jg. 1, S. 320. 1924/25. — Meyer: Zur Frage der Erntemethode bei Feldversuchen. Deutsche landw. Pesse, Nr. 3, S. 27. 1925. — Derselbe: Über den Begriff und die Bestimmung des Nährstoffbedürfnisses des Bodens. Pflanzen-Ern. u. Dgg., Teil A, H. 2, S. 99. 1927. — Mitscherlich: Vorschriften zur Anstellung von Feldversuchen in der landwirtschaftlichen Praxis. Berlin 1919. — Derselbe: Ein Leitfaden zur Anwendung der künstlichen Düngemittel. Berlin 1925. — Derselbe: Die Bestimmung des Düngerbedürfnisses des Bodens. Berlin 1925. — Derselbe: Zur Anwendung der Methode der kleinsten Quadrate auf Vegetationsversuche. Landw. Jahrb., Bd. 66, H. 5, S. 845. 1927. — Möller-Arnold: Müssen Phosphorsäure-Kali-Versuche durch Drusch abgeschlossen werden? Pflanzenbau, Jg. 4, Nr. 18/19. 1927/28. — Derselbe: Das Dreschen von Versuchsparzellen im praktischen Betriebe. Deutsche landw. Presse, Nr. 1, S. 5. 1916. — Niklas u. Miller: Anwendung der Methode der kleinsten Quadrate auf Vegetationsversuche. Landw. Jahrb., Bd. 66, H. 5, S. 845. 1927. — Nolte u. Leonhards: Beiträge zur Kalidüngung. Mitteil. d. D. L. G., Nr. 31, S. 644. 1926. — Norges Landbruks höiskole. Arbeidsregler for de spredte markforsök. Kristiania 1918. — Pfeiffer: Der Vegetationsversuch. Berlin 1918. — Remy: Verlauf der Nahrungsaufnahme und das Düngerbedürfnis der Kulturgewächse. Pflanzenbau, Jg. 2, S. 22. 1925/26. — Derselbe: Die Kalidungung nach eigenen Beobachtungen und Erfahrungen. Mitteil. d. D. L. G., Nr. 45, S. 915. 1926. — Derselbe: Die Abhängigkeit der Düngerwirkung von der Zeit der Düngeranwendung. Illustr. Landw.-Ztg., S. 264. 1923. — Sengbusch: Rechnerischer Fehlstellenausgleich bei Hackfruchtversuchen. Fortschritte der Landwirtschaft, H. 3, S. 105. 1928. — Simon: Wie beeinflußt die Aufnahmezeit bei der Düngung die Wirkung der Nährstoffe? Zeitschr. für Pflanzenernährung und Düngung, Teil B, Jg. 6, H. 10, S. 433. 1927. — Thoma: Die Ermittlung des Ertrages von Feldbeständen. Fortschritte der Landwirtschaft, Nr. 13, S. 319. 1926. — Wagner: Die Ausführung von Felddüngungsversuchen. Berlin 1904. — Wodarz: Untersuchungen über die Eignung der Wagnerschen Erntemethode im Versuchsring. Pflanzenbau, Jg. 2, S. 17. 1925/26. — Zörner: Zur Verbesserung der Versuchsergebnisse in Versuchsringen. Deutsche landw. Presse, Nr. 46, S. 527. 1924.

II. Anlage und Durchführung von Sortenversuchen

1. Der Getreidesortenversuch[1]

a) Allgemeines

1. Einteilung

Vollständig durchgeführte Getreidesortenversuche gehören in der Praxis zu den mühsamsten und zeitraubendsten Versuchen. Meist ist daran das Chaos unzähliger, sich immer wieder vermehrender Sorten schuld, die die Versuche zu ungemütlichem Umfang ausdehnen.

Es ist daher für den Versuchsleiter in der Praxis von aller-

[1] Literatur siehe S. 189.

größter Wichtigkeit, von vornherein System in seine Sortenversuche zu bringen.

Dies wird zunächst darin bestehen, von jeder Frucht möglichst wenig Versuche, diese aber auf den hauptsächlichsten in Betracht kommenden Bodenarten, nach den wichtigsten Vorfrüchten und zu den typischen Bestellungszeiten durchzuführen. Dann aber in einer geschickten Einteilung der Versuche in Vorprüfungs- und Hauptprüfungsversuchen ähnlich dem Vorgehen der D. L. G. Die Vorprüfungsversuche werden als bedeutend leichter zu handhabende Mikroprüfungen durchgeführt. In dieser Form sind alle umfangreichen Versuche durchzuführen. Z. B. die ersten Sortenversuche mit einer Frucht, bei der sich noch nicht die kleine Anzahl von Sorten herauskristallisiert hat, die allein wesentlich in Betracht kommt. Aber auch jedes Jahr je ein Versuch für jede Frucht, in dem die beachtenswerten Neuzüchtungen Aufnahme finden. Dann können alle Versuche, die Spezialfragen betreffen, in dieser Form auf breitester Grundlage durchgeführt werden: Sortimente bei früher und später Saat, nach verschiedenen Vorfrüchten, auf besonderen Böden (z. B. Weizen auf leichtem Boden), Prüfung auf Widerstandsfähigkeit gegen häufige Krankheiten usw. Bei all diesen Versuchen kommt es nicht so sehr auf Ertragsfeststellung an, sondern auf Beobachtung des Vegetationsrhythmus und der hervorstechenden Eigenschaften der verschiedenen Sorten unter den örtlichen Verhältnissen, und zwar auf breitester Grundlage. Auf Drusch wird hier bei einer ganzen Anzahl von Versuchen und von Sorten verzichtet werden können. Aus diesen zahlreichen und verhältnismäßig mühelosen Versuchen kristallisieren sich dann die zwei bis vier Sorten heraus, die allein in die endgültigen Hauptprüfungen aufzunehmen sind und als große Drillversuche durchgeführt werden.

Es werden daher durchaus getrennt zu behandeln sein:

a) Die Durchführung der Mikroleistungsprüfungen.

b) Die Durchführung der Großversuche.

2. Beobachtung

Gemeinsam ist bei beiden Versuchsarten nur die Beobachtung: Die wichtigsten Momente hierbei sind:

1. Der Aufgang. Ein Besuch mitten in der Aufgangszeit gibt das beste Bild der Verhältnisse. Es genügt die Notierung etwa beschleunigten oder verzögerten Aufganges.

2. Die Überwinterung (bei Herbstsaaten). Am besten bei Vegetationsbeginn zu kontrollieren, und zwar durch Wertzahlen in bezug auf eine Standardsorte; nach demselben System

erfolgen auch alle sonstigen Bonitierungen des Standes. Zu dem Zwecke legt man sich am besten eine Bonitierungstafel und ein Beobachtungsblatt an. Auf die Bonitierungstafel kommen vor allem die relativen Werte und Vergleiche der Sorten unter sich, während auf dem Beobachtungsblatt allgemeine, den ganzen Versuch betreffende Bemerkungen und speziell nur an einzelnen Sorten gemachte Beobachtungen eingetragen sind.

Bonitierungstafel

Sorte	Aufg. Datum	12./9.	15./10.	25./1.	25./3. Überwinterg.	Ährenschieben	Rost bef. 10./6.	Lager 10./7.	15./7.
Standard I	10./9.	3	3	3	3	1./6.	0	XX	3
Sorte II .	12./9.	2b	2b	3	3b	5./6.	XXX	XXXX	4
Sorte III .	8./9.	1a	4	3a	2b	3./6.	XX	X	2

Beobachtungsblatt

15./10. Stand sehr gut.

25./3. Schlecht überwintert, Lücken bei II.

10./6. Gute Rostwitterung. Allein die Standardsorte nicht befallen.

10./7. Nach 50 mm Regen teilweise Lager usw.

Allgemeine Beobachtungen des Standes sind in der Bonität stets auf Standardsorte als Mittel = 3 zu beziehen (5 Punkte eventuell mit a = besser, b = schlechter, genügen), während der absolute Stand im Beobachtungsblatt vermerkt wird.

3. Das Ende der Bestockung und Beginn des Schossens erstreckt sich über einen größeren Zeitraum, ist aber wichtig.

4. Der Beginn des Ährenschiebens, erfaßt durch das Erscheinen der ersten Grannen. Dieser Zeitpunkt ist am leichtesten genau zu erfassen.

5. Bei Roggen: Beginn und Ende der Blüte. (Bei Weizen, Gerste, Hafer weniger bedeutungsvoll.)

6. Eintritt der Gelbreife.

7. Alle wichtigen, den Ertrag beeinflussenden Krankheiten.

Bei Aufgang: Zikade,
Fusarium.
Bei Bestockung: Fritfliege,
Tiphula, Frostschäden,
Erysiphe,
Rostarten,
Säureschäden.

Beim Schossen: Rostarten,
Streifenkrankheiten.
Bei Blüte: Flugbrand,
Fritfliege,
Thrips.
Nach Blüte: Tilletia (Steinbrand),
Fußkrankheiten (Ophiobolus und Leptosphaeria),
Halmfliege,
Hessenfliege,
Hagel.

Sehr wichtige Aufschlüsse über die Ertragsfähigkeit einer Sorte können folgende genaue Feststellungen ergeben:

1. Zahl der aufgegangenen Pflanzen.
2. Eventuell Zahl der überwinterten Pflanzen.
3. Halmzahlen.

1. und 2. werden zwei Wochen nach Aufgang bzw. zum Vegetationsbeginn, nach Art der Halmzählungen, mit Stäben (siehe S. 100) ausgeführt.

3. Siehe Getreidedüngungsversuche S. 100.

Wichtig ist vor allem bei Sortenversuchen die vergleichende Beobachtung des Witterungsverlaufes. Von der großen Zahl der empfohlenen Beobachtungen sind für den praktischen Versuchsleiter nur zwei von ausschlaggebender Wichtigkeit: Temperatur und Niederschläge. Hierbei sind die Abweichungen der Temperatur, selbst auf einem größeren Gebiet, in der Ebene gering. Es genügt, die Beobachtung einer meteorologischen Station in oder am Rande des Gebietes zugrunde zu legen, die dann auch über langjährige Durchschnitte verfügt. Dagegen weichen die Sommerniederschläge stark voneinander ab, und da man dieselben später zu den Hauptvegetationsabschnitten der betreffenden Versuchspflanzen wird in Beziehung setzen müssen, ist es zweckmäßig, sich von den betreffenden Gütern nicht allein die Monatssumme ausschreiben zu lassen, sondern die einzelnen Daten der Niederschlagstage mit ihrer Millimeterzahl. Über deren Auswertung siehe S. 221.

Bei beiden Versuchsformen ist ferner die Frage der Saatgutwahl dieselbe.

Sie läßt sich allgemein zunächst dahin beantworten, daß möglichst alle Versuche mit Originalsaatgut durchzuführen sind. Das gibt die beste Gewähr für Sortenechtheit.

Bei Großversuchen, bei denen man von der Standardsorte ein Mehrfaches an Saatgut braucht, wird man dazu zweckmäßigerweise eine ältere Absaat aus dem Gebiet verwenden, dazu aber auch gleichzeitig die betreffende Sorte als Original prüfen, so daß man einen Maßstab für den Abbau der Sorten in dem betreffenden Gebiet gewinnt. Das Arbeiten mit Originalsaatgut hat obendrein den Vorteil, daß das für die Versuchsdurchführung so außerordentlich umständliche Beizen vermieden werden kann und höchstens bei fusariösem Roggen, der durch die Triebkraftbestimmung erkannt wird, in Betracht kommt. Denn brand- und streifenkrankes Saatgut darf man bei Originalbezug nicht erwarten; treten diese Krankheiten auf, so sind sie ein Zeichen unzuverlässiger Wirtschaft im Saatgutbetriebe und ebenfalls eine Wertung der Sorte.

Falls man kein Originalsaatgut beschaffen kann, wird man möglichst einheitlich gewonnene Absaaten verwenden. Dann ist auch von Fall zu Fall zu entscheiden, ob Beizung notwendig ist oder nicht.

b) Spezielles

I. Mikroversuche

a) Allgemeines

Die zweckmäßigste Parzellenform und Anordnung für Mikroversuche ist die Langreihe mit schmalen Parzellen ohne Standardstreifen, da Bodenunterschiede dabei nur selten eine Rolle spielen, dann aber durch die Gleitmethode ausgeglichen werden können. Hierbei ist es am praktischesten für die Einpassung des Versuches in das Gutsfeld, wenn man die Parzellenlänge (= Versuchsbreite) gleich der Drillmaschinenbreite wählt, so daß das Versuchsstück beim Drillen durch einfaches Abstellen des Säemechanismus auf einer bestimmten Strecke abgesteckt werden kann.

Die Parzellengröße ist so zu wählen, daß jede Parzelle eine gute Garbe ergibt, die mit der Tischdezimalwage bequem zu wiegen ist, also 2,5 bis 3,5 qm groß. Aus der Breite der Drillmaschine und damit des Streifens ergibt sich die Länge der Parzellen, und aus Größe und Länge endlich die Breite, die man so korrigiert, daß sie ein bestimmtes Vielfaches des beabsichtigten Reihenabstandes ergibt. Letzteren wählt man den praktischen Verhältnissen entsprechend. Es werden sich meist 4 bis 6 Reihen je Parzelle mit 15 bis 25 cm Reihenabstand ergeben. Die Zahl der Wiederholungen richtet sich danach, ob nur Beobachtungen oder auch Ertragsbestimmungen beabsichtigt sind. Im ersteren Falle genügen 4 bis 6, im zweiten müssen 6 bis 10 gelegt werden.

Die Anordnung der Sorten trifft man am besten so, daß

Sorten mit ähnlichem Vegetationsrhythmus, vor allem mit ähnlicher Reifezeit, nebeneinander zu liegen kommen. Man wird dann die Parzellen ganz ernten und auf das Ausscheiden der Randreihen verzichten können.

b) Durchführung der einzelnen Arbeitsgänge

1. Vorbereitung

Bei der Vorbesprechung mit dem Versuchsansteller genügt es, sich über die aufzunehmenden Sorten zu einigen und dem Ansteller eine Liste der Sorten und Züchteranschriften zu übergeben, mit der Bitte, die Sorten, und zwar je 1 kg, sofort zu bestellen und direkt an den Versuchsleiter schicken zu lassen. Man vermeidet dadurch viele Scherereien mit falsch zugesandten Rechnungen usw. Dort, wo die Sorten von einer Zentralstelle bezogen werden können, wird die Bestellung entsprechend veranlaßt werden müssen.

Ein Besuch des betreffenden Schlages ist nicht notwendig. Es genügt, die Anweisung zu geben, daß beim Drillen auf einer sorgfältig bearbeiteten Stelle, fern jeder Furche oder jedem Pflugrücken, jeder Anwand, Kieskuppe, Ausfahrt, Lehmfleck usw. die Maschine auf einer berechneten Strecke auszurücken und ein Streifen leer zu fahren ist, dessen Anfang und Ende durch Reiser oder Stäbe zu bezeichnen sind und der unabgeeggt liegen bleibt. Die Strecke errechnet man, indem man die Parzellenzahl mit der Parzellenbreite multipliziert. Nach Zuschlag von zirka 2 m für Rand und Sicherheitsstreifen ergibt sich die Länge dieser Strecke. Man läßt am besten diese Zahl auf der Sortenliste schriftlich zurück und vermerkt dabei noch die Zahl der benötigten Pfähle:

a) 4 große Pfähle (1,20 bis 1,80 m) zur deutlichen Kenntlichmachung der Ecken auch in hohem Getreide.

b) So viel mittlere Pfähle (50 bis 75 cm), wie Wiederholungen vorhanden sind, zum Kenntlichmachen der Grenzen der Wiederholungen.

c) So viel kleine Pfähle (20 cm), wie Parzellen vorhanden sind, um an einer Seite die Grenzen der Parzellen zu bezeichnen.

Soweit die Vorbesprechung. Die weitere Vorbereitung besteht in einer Bestimmung oder Kontrolle der Tausendkorngewichte und Triebkraft der eingehenden Sorten (siehe Lab. Arb. S. 302).

Bei der Berechnung der Saatmenge geht man von der für das betreffende Gebiet als richtig erkannten oder vermuteten Saatmenge aus, die man sich am zweckmäßigsten als Normen in

Zahl keimfähiger Körner je Quadratmeter festlegt. Für einen niederschlesischen Ring z. B. ergaben sich folgende Zahlen:

Wintergerste	300 Kö/qm
Roggen	300 ,,
früh gesäter Weizen	250 ,,
spät gesäter Weizen	350 ,,
Sommerweizen	400 ,,
Sommergerste	250 ,,
Hafer	300 ,,

Keinesfalls wähle man geringere Saatmengen als die praktisch üblichen, da dann Fehler und Mißgriffe relativ größeren Einfluß gewinnen.

Aus Tausendkorngewicht, Triebkraft und Norm errechnet sich dann leicht die Saatmenge in Gramm pro Parzelle für die betreffende Sorte: z. B. sei das T. K. G. 45, Tr. Kr. 90%, Norm. Keimzahl 300 Körner je Quadratmeter: Parzellengröße 3,0 qm. Dann ist die Saatmenge:

$$S = \frac{3{,}0 . 45 . 300 . 100}{1000 . 90} = 45 \text{ g/Parzelle.}$$

Allgemeine Formel:

$$S = \frac{\text{Parz.-Größe in qm} \times \text{T.K.G. in g} \times \text{Saatst. in Körnern je qm.}}{\text{Triebkraft in Prozent} \times 10}$$

Die errechneten Saatmengen wiegt man mittels einer Briefwage mit Schale in Tüten ein, wie sie bei der Lohnauszahlung vielfach üblich sind, wobei man alle Tüten einer Wiederholung in einen größeren Probebeutel steckt. Die Tüten werden in der Reihenfolge, in der die Sorten stehen sollen, groß numeriert. Zweckmäßigerweise nimmt man von jeder Sorte eine Reservetüte mit, um eventuell Verschüttungen auszugleichen, und stellt noch einen Beutel Reserveweizen bereit, um den Rand aussäen zu können. Alles zusammen kommt in einen kleinen Düngersack (siehe S. 90) mit der Aufschrift: ,,Sortenversuch soundso" und ist damit zur Anlage bereit.

2. Anlage

Je nachdem, ob es sich darum handelt, die Sorten bei früher oder später Saatzeit zu prüfen, wird man die Anlage gleich nach dem Drillen des Hauptfeldes oder einige Wochen später vornehmen.

Am Tage vorher läßt man dem Gute Bescheid zukommen über die erforderlichen Geräte und Leute. Es sind seitens des Gutes zu stellen:

2 Rechen (am besten eiserne),
eine 4 bis 5 m lange, dünne Latte, auf der die Reihenabstände markiert sind (bei ungeschickten Arbeitern zwei),
ein 20 bis 30 cm breites Brett, das mindestens so lang wie die Drillbreite ist,
2 Rübenhacken (schmale),
die erforderlichen Pfähle,
zirka 100 m Schnur,
1 Hammer,
dazu zwei Frauen.
Der Versuchsleiter hat mitzubringen:
Die Saat,
1 Tasse oder Schälchen.

Am Tage der Anlage werden am zweckmäßigsten die Frauen mit dem Gerät schon vorher auf das Versuchsstück befohlen, mit der Anweisung, dasselbe mit den Rechen gartenbeetmäßig einzuebnen und vorzubereiten. Das ist eine Arbeit, die sie auch ganz gut ohne Aufsicht ausführen können.

Sobald man selber auf dem Versuchsfeld eingetroffen ist, läßt man etwa schlecht bearbeitete Stellen nachbessern, um dann sofort mit dem Ziehen der Rillen zu beginnen.

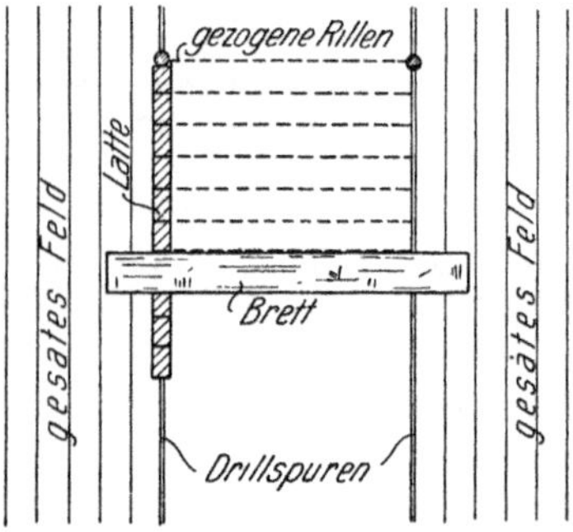

Abb. 24. Anlage eines Mikroversuches

Hierzu wird die Latte in eine der beiden Radspuren gelegt, darauf dann das Brett mit einer Kante an der ersten Marke dieser Latte, so daß es quer über die freie Drillspur zu liegen kommt. Beide Frauen stellen sich an den Enden des Brettes auf, ziehen mit den Hacken von der Mitte nach außen an der Brettkante entlang eine genügend tiefe Rille; das Brett wird dann von Marke zu Marke weitergeschoben, so daß Rille um Rille in den bestimmten Abständen zu liegen kommt. Die Latte mit den Marken muß nach Ablauf entsprechend vorgezogen werden (vgl. Abb. 24).

Während die Frauen die ersten Reihen ziehen, verteilt der

Versuchsleiter die Pfähle auf der einen Längsseite, packt dann die Sortenbeutel aus und sät erst einige Randreihen aus dem Reservebeutel aus; dies geschieht derart, daß eine genügende Menge Körner in das Schälchen geschüttet und mit der Hand nach Gärtnerart in die Rille gestreut wird. Bei den nicht zum Versuche gehörigen Randreihen kann man sich in dieser Arbeit etwas einüben.

Nach dem Streuen einiger Randreihen fängt man mit den eigentlichen Sorten an, indem man Tüte für Tüte in das Schälchen schüttet und auf die entsprechende Reihenanzahl aussät. Nach jeder Parzelle steckt man sofort das abgrenzende Pfählchen ein.

Man kommt mit dem Säen leicht den Reihenziehern nach, so daß man noch Zeit hat, zwischendurch die gesäten Rillen mit dem Rücken eines Rechens zuzustoßen. Das Aussäen der letzten Randreihen überläßt man den Frauen, schlägt währenddessen Eck- und Wiederholungspfähle fest und spannt, als Schutz gegen Vogelfraß, eine Schnur in etwa einem halben Meter Höhe über dem Boden kreuz und quer über den Versuch. Zur Verbesserung der Wirkung können noch einige Fetzen Zeitungspapier eingeknotet werden. So kann — da das Reihenziehen und Säen einer Parzelle zirka 1 bis $1\frac{1}{2}$ Minuten dauert — ein Versuch mit zehn Sorten und achtfacher Wiederholung in $1\frac{1}{2}$ bis 2 Stunden, samt Vorbereitung, erledigt sein.

3. Pflege und Erntevorbereitung

Die Pflege der Mikroversuche beschränkt sich auf sorgfältiges Freihalten von Unkraut. Zur Pflege kann man auch die Düngung rechnen.

Die P- und K-Düngung wird meistens vor der Saat gegeben und liegt somit fest. Dagegen wird die Stickstoffdüngung in den meisten Fällen als Kopfdüngung gegeben. Da sie sehr großen Einfluß auf den Ertrag hat, ist es zweckmäßig, sie nicht ohne Aufsicht geben zu lassen. Steht eine gute Maschine zur Verfügung, so läßt man dieselbe auf die halbe beabsichtigte N-Gabe stellen und fährt damit zweimal in der Länge über den ganzen Versuch. Wenn nicht, läßt man durch einen guten Streuer in vier Gängen, mit erdverdünntem Stickstoff, das Stück im ganzen ausstreuen, wobei der Streuer, quer zu den Parzellen, längs des Versuches geht und feldmäßig wirft.

Die Stickstoffgabe ist eher zu niedrig als zu hoch zu wählen, um Ernte und Beobachtung nicht zu sehr durch Lager zu erschweren. Die Kontrolle der Lagerfestigkeit erfolgt am besten getrennt vom Hauptversuch, indem man eine Wiederholung —

die später nicht geerntet wird — mit besonders hoher, sicher zu teilweisem Lager führender Gabe bedenkt.

Zur Erntevorbereitung werden rechtzeitig, d. h. noch während der ersten Bestockung, die zwei Längsseiten des Versuches an einer Schnur entlang gerade gehackt und hierbei größere zufällige Lücken (Vogelfraß usw.) mit den überstehenden Pflanzen ausgepflanzt. Hierbei wird gleich ein zirka 0,4 m breiter Weg für Besichtigung und Bonitierung an den Versuch herangelegt, der an einer Längsseite in etwa 1 m Entfernung entlang geführt wird. (Vgl. hiezu Abb. 17 auf Seite 97.)

4. Ernte

Man erntet die Sorten am besten sofort nach eingetretener Reife. Doch ist es praktisch, bei Sorten, deren Reifezeiten nur wenig auseinanderliegen, mit der Ernte der früher gereiften zu warten, bis die ganze Gruppe schnittreif ist und auf einmal geerntet werden kann. Die Reihenfolge und Zeitabstände lassen sich recht gut aus den Daten des Erscheinens der ersten Granne voraussehen.

Ist eine Gruppe schnittreif, so bestellt man von dem Gut am Tage vor dem Schnitt:

1 Mann mit Sichel,

1 Hammer,

soviel 1,50 m lange, zugespitzte Pfähle, wie Sorten geschnitten werden. (Zunächst können selbstverständlich die Eckpfähle Verwendung finden),

1 Bündel Bindegarnenden.

Selber bringt man mit: So viel Etiketten, wie Parzellen geschnitten werden.

Am Tage des Schnittes läßt man den Arbeiter mit der Sichel sorgfältig Parzelle für Parzelle absicheln und jede Parzelle als eine Garbe in Bindegarn einbinden. An dieser Garbe befestigt man selber Etikette mit Nummer und Wiederholungsbuchstabe der Parzelle. Sämtliche Garben-Parzellen einer Sorte werden dann um einen eingeschlagenen Pfahl aufgestellt, noch einmal gebunden und mit Sortennamen und Nummer etikettiert; jede Puppe wird außerdem mit einer regelrechten Deckgarbe aus dem Getreide des übrigen Feldes gegen Regen und Vogelfraß geschützt. Der Versuch kann dann beliebig lange stehen und trocknen, ohne unter dem Wetter zu leiden. Nur bei starkem Auftreten von Mäusen ist man gezwungen, ihn bald abzudreschen. Sonst kann man ruhig warten, bis ein anderer Versuch in der Nähe gedroschen wird, so daß man den Drusch dieses kleinen Versuches dann mit vornehmen kann.

5. Drusch

Am Tage des Drusches bestellt man vorher einen Wagen mit so viel Plauen (oder großen Parzellensäcken) zum Versuch hinaus, wie Sorten vorhanden sind.

Der Wagen muß eventuell auch die Tischdezimalwage in ihrem Kasten mit hinausnehmen, die man vorher auf das Gut geschickt hat.

Diese Wage muß stabil gebaut sein, auf 10 g genaue Ablesung ermöglichen und bis zu 10 kg wiegen können.

Man stellt die Wage auf ihrer Kiste auf; der Kutscher trägt dann Garbe für Garbe, Parzelle um Parzelle heran, die abgewogen und dann sortenweise in je eine Plaue verpackt und verladen werden. An der Dreschmaschine ist jede Sorte wie eine Düngungsversuchsparzelle zu behandeln und abzudreschen (siehe dort). Wenn irgend möglich, d. h. wenn genügend Wiederholungen vorhanden sind, unterteilt man dieselben noch einmal und drischt z. B. a, b, c, d und e, f, g, h jedesmal für sich, um eine Kontrolle zu haben, ob das sich ergebende Kornstrohverhältnis nicht durch zufällig große Kornverluste verändert ist.

Näheres über Probenahme usw. siehe Getreidedüngungsversuch.

6. Buchführung und Aufarbeitung

Alles Nähere hierüber siehe bei der Aufarbeitung der gedrillten Großversuche S. 175, welche hier sinngemäß Anwendung finden kann.

II. Gedrillte Großversuche

a) Allgemeines

Da diesen Versuchen die endgültige Entscheidung über die Sortenwahl zufällt und die Unterschiede zwischen den Spitzensorten recht klein zu sein pflegen, sind sie besonders sorgfältig durchzuführen. Es ist alles daran zu setzen, den zufälligen Fehler durch peinlichste Arbeit möglichst zu verkleinern und systematische Fehler (infolge Bodenvariation) auszuschließen. Außerdem sind sie in puncto Beobachtungsmöglichkeit so ergiebig wie möglich auszugestalten. Auf der anderen Seite ist immerhin auf möglichst geringen Arbeitsaufwand Wert zu legen, da derselbe sowieso in Zeiten gedrängter Arbeit fällt. Auch das Drillen muß ja im Rahmen der üblichen Saatzeit vor sich gehen, es ist daher auch in der Anlageform Rücksicht auf den Arbeitsaufwand beim Drillen zu nehmen.

Die Drillmaschine verweist nun in ihrer Arbeitsweise auf lange, schmale Streifen. Daher ist die Zadesche Anordnung (1) der Parzellen für Versuche in der Praxis weitaus vorzuziehen. Gegenüber der Rümkerschen Anordnung in einer Langreihe (2) oder der institutsmäßigen Anordnung in mehreren Sätzen von Langreihen (3) oder der nordischen in Schachbrettform (4) bietet sie folgende Vorteile:

(1) Verminderte Vorarbeiten, eventuell auch Pflegearbeiten infolge Anpassung an die Drillarbeit des übrigen Feldes.

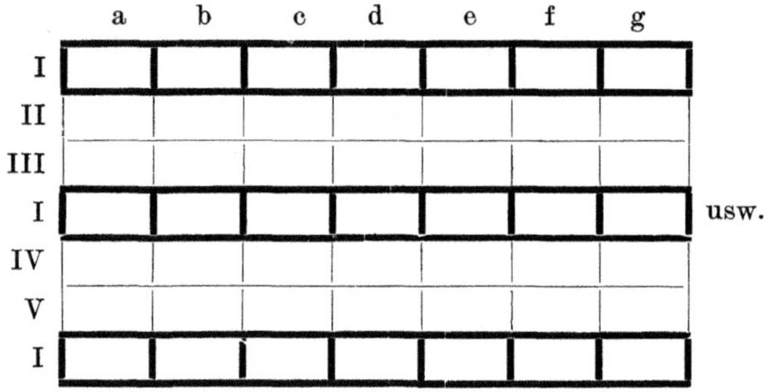

Abb. 25. Zadesche Anordnung, daktylisch

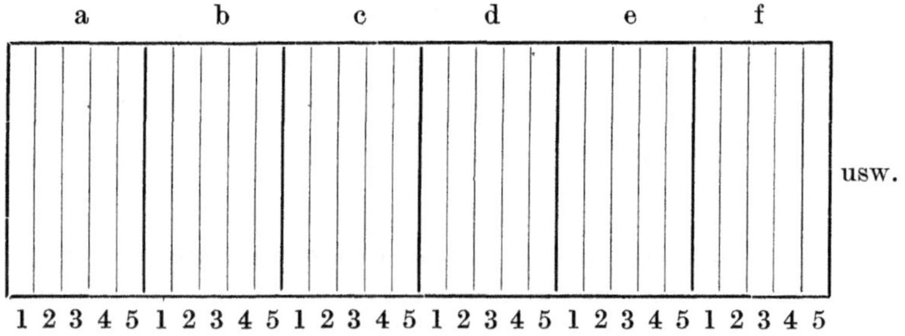

Abb. 26. Rumkersche Anordnung

(2) Arbeitsersparnis beim Drillen durch vermindertes Umwenden; infolgedessen

(3) Möglichkeit, in der gleichen Zeit die doppelte bis dreifache Wiederholungszahl zu säen, aus der man zur Ernte die besten, am wenigsten durch Zufallsschäden beeinträchtigten Wiederholungssätze herausgreifen kann.

(4) Dadurch, und durch die Anordnung nach der Standardmethode ergibt sich auch die Möglichkeit, den schmalen, langgestreckten Versuch absichtlich über wechselnden Boden zu führen und neben dem Ernteergebnis auch über das Verhalten auf Sandkuppen, Lehmlöchern usw. Beobachtungsergebnisse zu gewinnen.

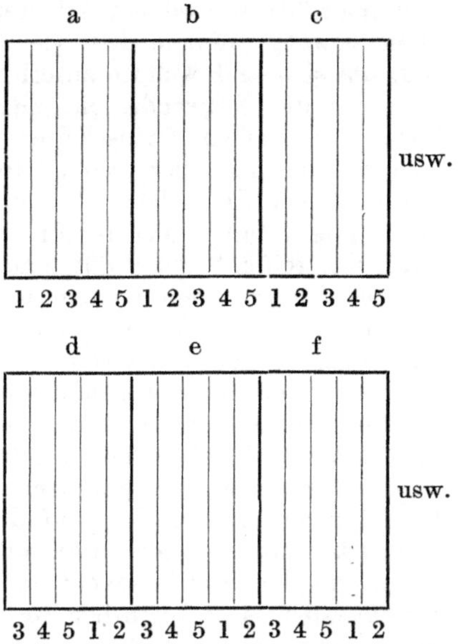

Abb. 27. Institutsmaßige Anordnung

Über Form und Anordnung der Parzellen ist damit alles gesagt: Schmale, lange Streifen in daktylischer Anordnung, Wiederholungen hintereinander — also erst nachträglich herauszuschneiden.

Sind die Parzellen sehr schmal — mit Parzellenmaschine gedrillt —, so ist es zweckmäßig, die Langstreifen zweimal nebeneinander zu wiederholen, so daß bei dem Schnitt und der Aufstellung zum Dreschen die Parzellen nicht über zu große Entfernungen zusammenzuschleppen sind.

3	4	5	1	2
5	1	2	3	4
2	3	4	5	1
4	5	1	2	3
1	2	3	4	5

Abb. 28. Nordische Schachbrettanordnung

Für die Größen der Parzellen gelten dieselben Überlegungen wie bei Getreidedüngungsversuchen (siehe S. 84).

Bei Anwendung von Sensen als Erntegerät und Balkenwagen sind zirka 20 bis 30 qm Erntefläche am zweckmäßigsten.

Was die **Zahl der Wiederholungen** anbetrifft, so gehören diese Sortenversuche zu denjenigen, die infolge der geringen Unterschiede die größten Wiederholungszahlen erfordern.

Um eine Auswahl bei der Ernte zu haben, ist es immer zweckmäßig, die Versuche in solcher Länge zu drillen, daß mindestens 10 bis 15 Wiederholungen zur Verfügung stehen. Von diesen werden etwa 8 bis 12 versuchsmäßig zu ernten sein. Beim Dreschen wird man bei satzweisem Arbeiten und sofortiger Verrechnung schon gewahr werden, wie viel Wiederholungen zu dreschen sind, um sichere Resultate zu erhalten.

Über die Notwendigkeit, zwischen den Sortenflächen der Sorten Randreihen einzuschalten, ist folgendes zu sagen: Ein Trennen der Parzellenstreifen durch Zwischenräume vor der Ernte ist bei Versuchen, die mit der Sense gemäht werden, immer zweckmäßig. Bei der Ernte muß auch das Herausmähen von früher reifen Streifen flott und glatt gehen, die Längsgrenzen müssen also gut sichtbar sein und keiner Abteilung bedürfen. Es handelt sich nur darum, ob man diese Zwischenräume schon bei der Anlage durch Auslassen von Reihen herstellt, oder diese als Randreihen mit aussät und kurz vor der Ernte ausschneidet.

Bei Anlage von Versuchen mit großen Gutsdrillen ist das Nichtansäen von ein oder zwei Randreihen als Parzellengrenze unbedenklich und am praktischesten. Der ungleiche Einfluß des schmalen Leerstreifens auf die Randreihen der beiden benachbarten, ihn verschieden ausnutzenden Sorten fällt gegenüber der Breite der Streifen nicht merklich ins Gewicht. Und die Arbeitsersparnis ist wesentlich. Je schmaler die Parzellen werden, desto mehr gewinnen diese ungleichen Einflüsse an Gewicht, desto notwendiger wird ein Mitausdrillen und nachträgliches Ausschneiden. Beim Ausschneiden ist jedoch zu bedenken, daß es seinen ungleichen Einfluß nur verliert, wenn es erst kurz vor der Ernte erfolgt, wobei wiederum neue Fehlerquellen in den Versuch getragen werden: Beschädigung der stehenbleibenden Reihen durch das unvermeidliche Hineintreten der Arbeiter, das Herausschleppen des Ausgeschnittenen, das versehentliche Hineinschneiden in die stehenbleibenden Reihen usw. So ist es selbst bei acht Reihen geratener, von vornherein die Grenze durch Nichtausdrillen einer Reihe herzustellen. Selbst wenn man annimmt, daß die anliegenden Reihen den Ausfall dieser Reihe voll ausgleichen, und zwar eine Sorte doppelt so viel davon profitiert wie die andere, so würde dies eine Verschiebung des Ertragsunterschiedes von 0,69% im ungünstigsten Falle bedeuten — was durch Arbeitsersparnis und Verringerung der zufälligen Beschädigungen mehr als aufgewogen wird.

Den Zwischenraum, der durch das Unbesätlassen einer Reihe entsteht, berücksichtigt man zweckmäßigerweise bei Berechnen der Aussaatmenge — die Parzellen sind um eine Reihe kleiner

—, nicht aber bei der Ernte, da sowieso von den Versuchen immer unwahrscheinlich höhere Ernten erzielt werden und die fehlende Reihe durch die Nachbarreihen zu einen gutem Teil ausgeglichen wird.

Bei sechs Reihen würde diese Ungleichheit jedoch bereits 1,4% ausmachen — da ist ein nachträgliches Ausschneiden bereits geraten. Es ist dann zweckmäßig, die Anlagefläche so zu berechnen, daß jedesmal die zwei Randreihen rechts und links von der Grenze weggenommen werden können. Auch in der Längsrichtung, zwischen den einzelnen Wiederholungssätzen, müssen nachträglich Grenzen ausgehackt werden. Diese kann man ruhig sehr breit nehmen, 40 bis 50 cm, und zeitig durchhacken, da sie nur die Schmalseite der Parzellen treffen. Da sie mit ausgesät werden, sind sie bei Anlage der Parzellenfläche zuzurechnen. Dagegen nicht der Erntefläche, wenn sie breit sind.

Ganz allgemein ist zu trachten, die Randeinflüsse möglichst dadurch auszuschalten, daß Sorten von gleichem Vegetationsrhythmus nebeneinander gelegt werden. Das ist jedoch infolge der zwangsläufig wiederkehrenden Standardstreifen selten ganz durchführbar. Die Standardstreifen sind bei Versuchen, die mit der Gutsmaschine gedrillt werden und in denen die Sorte des ganzen Feldes mit Aufnahme findet, zweckmäßig mit dieser auszusäen.

Im anderen Falle verwendet man die frühreifste Sorte dazu. Das erzwungene zeitige Ausschneiden derselben erleichtert die Ernte der übrigen Sorten, verhindert Verwechslungen und isoliert den Versuch vom übrigen Felde, ihn vor versehentlichem Vermähen schützend.

Bei der Aufstellung des Versuchsplanes nach der daktylischen Anordnung kann es übrigens leicht vorkommen, daß für einen Streifen keine Sorte da ist. Dieser ist dann zweckmäßig zu Abbau-Saatstärken- und Reihenweitenversuchen mit der wichtigsten Sorte zu verwenden.

Hier ist auch ein Wort nötig über die Wahl der zu verwendenden Drillmaschine. Die Verwendung von Gutsmaschinen hat den Vorteil, daß sie keine Anschaffungskosten verursachen, außerdem eine Bearbeitung der Versuche mit den Gutshackmaschinen erlauben. Sie fahren auch viel sicherer auf scholligen Äckern, wie sie bei der Herbstbestellung oft unvermeidlich sind.

Dagegen stehen folgende Nachteile: größerer Saatgutbedarf, da größere Reste unvermeidlich; ungenaueres Abprobieren auf dem Hofe; umständliches Saubermachen nach Aussäen einer Sorte und beim Kontrollieren der Saatmenge, daher größerer

Zeitaufwand für den Versuchsleiter; empfindliche Verzögerung der allgemeinen Drillarbeit durch Einschalten des Versuches in den allgemeinen Arbeitsgang.

Das Arbeiten mit einer Versuchsdrille erlaubt dagegen ein sorgfältiges und sparsameres Bemessen der Saatmenge, rasches Saubermachen, und dazu das Herausnehmen der Versuchsarbeit aus dem allgemeinen Arbeitsgang ohne erheblichen Mehrbedarf an Arbeitskraft.

Nachteilig ist das Moment der Beschaffungskosten, des Herumschickenmüssens, des unsicheren Fahrens auf Schollenäckern und der häufigen Unmöglichkeit, mit den Gutshackmaschinen zu arbeiten.

Bei Beschaffung einer Versuchsdrille ist auf folgende Momente Rücksicht zu nehmen:

1. Arbeitsbreite so groß wie möglich — denn an ein Pferd wird man sie doch schließlich immer anhängen —, damit sie etwas schafft. Diese muß so gewählt werden, daß die übliche Breite der Gutsdrillen ein glattes Vielfaches davon ist — bei 3 m Gutsdrille z. B. 75 cm oder 1 m. Man kann dann nämlich die Spuren der Gutsdrille an Stelle von Schnüren als Richtungslinien benützen — eine wesentliche Erleichterung der Arbeit.

Die Scharzahl ist möglichst groß zu wählen, um sich allen Reihenweiten der Praxis anpassen zu können, was sehr wichtig ist, auch für Saatstärke und Reihenweite-Versuche. Es lassen sich dann immer noch Reihen beliebig ausschalten.

Dann muß die Maschine vor allem eine rasche, genügende, scharfe Reinigung ermöglichen — wenn auch keineswegs die Ansprüche der Saatzuchtwirtschaften für diese Maschinen gestellt werden müssen. Schließlich muß sie möglichst rasches Einstellen der Saatstärken und Anpassung an die verschiedensten Sämereien ermöglichen. Keine der heutigen Versuchsmaschinen erfüllt bisher diese Anforderungen. Am ehesten kann man noch die 1-m-Saxonia mit Differenzialstellwerk empfehlen, nächst dieser die kleine vierreihige Hallensis.

b) Durchführung der Anlage

1. Vorbereitung

Bei der Vorbesprechung auf dem Gute ist eine sorgfältige Wahl des Versuchsstückes unerläßlich. Zwar sind etwaige Bodenwechsel bei Versuchen in Zadescher Form gleichgültig. Dagegen muß man unbedingt Rücksicht auf die Pflugrichtung nehmen und den Versuch möglichst quer dazu legen. Ist das nicht möglich, so hat man den Versuch möglichst so einzuordnen, daß keine Pflugrücken oder Ausstreichfurchen in die Längsrichtung zu liegen kommen. Eventuell ist der Versuch durch einige Schutzstreifen auf der Furche zu teilen.

Falls der Versuch mit der Gutsdrillmaschine angelegt werden soll, ist die Stelle zu bezeichnen, bei der er seinen Anfang nehmen soll. Die Breite anzugeben, hat nur dann Zweck, wenn der Versuch nicht gleichzeitig gedrillt werden soll. Im letzteren Fall gibt man an, wieviel Umgänge die Drillmaschine leer fahren soll und auf wie langer Strecke. Die Strecke berechnet sich aus der Breite der Maschine, der Größe der zu erntenden Parzellen und der Zahl der anzulegenden Wiederholungen. Bei 3 m Maschinenbreite und 25 qm Parzellengröße ergeben sich z. B. für die einzelnen Wiederholungen plus 40 cm Querteilungsstreifen 8,70 m Länge, bei zwölffacher Wiederholung rund 105 m Gesamtlänge (28 Ruten).

Soll der Versuch jedoch mit einer Versuchsdrille angelegt werden, so ist die Breite derselben für die Zahl der leerzufahrenden Drillspuren maßgebend. Auch für die Länge. Bei 75 cm breiter, vierreihiger Versuchsdrille z. B. und 5 Sorten wird man achtreihige Parzellen — eine Hin- und Herfahrt zu 1,50 m Breite — und zwei Wiederholungen nebeneinanderlegen. Das ergibt zunächst bei daktylischer Anordnung eine Breite von 13 Streifen $\times$ 1,50 = = 7 Drillbreiten der großen Gutsmaschine.

Die Länge berechnet sich folgendermaßen: Wenn die Erntefläche 25 qm sein soll und nur 7 Reihen gedrillt werden — dafür aber die volle Breite gerechnet werden soll —, ergibt sich eine Länge von $\frac{25}{1{,}50} = 16{,}70$ m, bei 40 cm Zwischenraum zwischen den Wiederholungen = 17,10, bei sechsfacher Wiederholung hintereinander = 103 m (28 Ruten).

Für diese im allgemeinen Arbeitsgange mit der Drillmaschine leer auszufahrenden Strecken ist strenge Anweisung zu geben, daß sie unabgeeggt liegen bleiben.

Weiter muß schriftliche Anweisung über das zu bestellende Saatgut (siehe S. 156) zurückgelassen werden, das am besten gleich auf die Güter dirigiert wird, die dann Proben an den Versuchsleiter zur Bestimmung des Saatgutwertes einschicken müssen. Die Menge richtet sich nach der Versuchsfläche und der beabsichtigten Saatstärke. Als Maximum sei bei oben angenommener Versuchsfläche für Gutsdrille = $^1/_8$ Morgen bei Sommerweizen zu 50 g T. K. G. und 90% Triebkraft, mit 400 Körnern je Quadratmeter zu säen, 7 kg je Sortenstreifen angegeben. Hinzu kommt der bei großen Maschinen unvermeidliche Rest von 10 bis 15 kg, während bei Versuchsdrillen 1 kg genügt. Für die Standardstreifen ist ein entsprechendes Vielfaches vorzusehen.

Auch die Zahl der benötigten Pfähle läßt man schriftlich zurück: zwei 1 bis 1½ m hohe Eckpfähle und je einer an der Grenze eines Sortenstreifens genügen.

Auch über eventuell vor der Saat beabsichtigte Düngung muß man sich rechtzeitig Klarheit verschaffen. Sie ist möglichst quer zur Drillrichtung zu geben. Verbietet sich das, da der Düngerwagen an einen Weg an der Stirnseite gebunden ist, so ist doch wenigstens schräg zur Drillrichtung zu streuen.

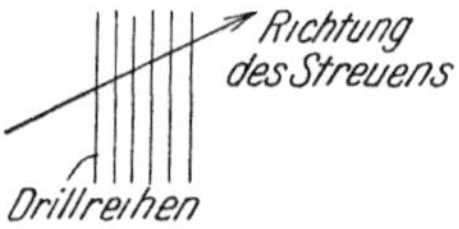

Abb. 29. Streuen des Dungers zu Sortenversuchen

Die weitere Vorbereitung nach der Vorbesprechung besteht in der Bestimmung des Saatgutwertes durch Triebkraftprüfung und T. K. G.-Bestimmung (siehe S. 303) und Berechnung der auszusäenden Saatmengen, je Morgen und Parzelle. Man trägt dieselbe gleich in ein Schema für die Saat ein:

Saatgutwert

Sorte	T. K. G.	Triebkraft	Ev. Triebenergie	Beabs. Saatstarke in Ko/qm	= Pfd./Mo
Lochow	35	90	—	300	58
Pflugs früher	30	82	—	300	55
Hohenheimer	35·5	88	—	300	61
Kley	37	80	—	300	70

usw.

Saatstärke

Sorte	Saatstarke 300 Kö/qm = Pfd./Mo	Bei Abprobe sollen fallen g	Zeigerstellung der Maschine	Soll je Parzelle g	Eingefullt g	Zuruck g	Ist je Parzelle g	Gefallene Saatmenge	
								Kö/qm	Pfd./Mo
Lochow ...	58	580	1,80	4,820	7,600	2,800	4,800	300	58
Pflugs fruh.	55	550	1,75	4,580	7,600	3,400	4,200	275	50
Hohenheim.	61	610	1,95	5,090	7,600	2,650	4,950	293	59
Kley......	70	700	1,98	5,840	7,850	1,810	6,040	311	73

usw.

Soll der Versuch mit der großen Maschine angelegt werden, so gehört zu den Vorbereitungen auch das Abprobieren dieser Maschine. Man erledigt das am besten an einem Regentag oder in arbeitsstiller Zeit und dreht dabei auf die übliche Weise die Maschine auf einer Tenne ab, unter Notierung der Saatstellung. Auch kontrolliert man dabei gleichzeitig das Gewicht des bereitgestellten Saatgutes, trägt dasselbe unter „Eingefüllt" ein und etikettiert die betreffenden Säcke mit Sortennamen und Parzellennummer. Dauer zirka eine halbe Stunde je Sorte.

2. Anlage

Man nimmt dieselbe am besten am gleichen Tage vor, an dem das übrige Feld gedrillt wird, spätestens am nächsten Tage.

a) Mit der Gutsmaschine

Man bestellt am Tag vorher das nötige Gerät mit hinaus:

Saatgut,
1 Dezimalwage und Gewichte,
1 Plaue zum Saubermachen der Maschine,
Pfähle und Hammer,

und verabredet die Zeit.

Der Versuchsleiter benötigt weiter nichts. Am Tage der Anlage ist so vorzugehen: Ist das Stück nicht vorher ausgefahren, sondern kommt die Maschine erst heran, so läßt man sie saubermachen, sobald der Versuch erreicht ist. Während des Saubermachens hat man mit einem Zirkel an der letzten Spur entlang die Gesamtlänge des Streifens abgenommen und durch Abtreten markiert. Dann füllt man die Standardsorte ein, schließt den Randtrichter, stellt die Saatstärke ein und sät aus, wobei man die Zwischenstreifen leer ausfährt und dadurch markiert.

Ist der Versuch schon vorher leer ausgefahren und liegen geblieben, so genügt es, die Drillmaschine heranzuholen, sauber zu machen und zunächst mit der Standardsorte deren Streifen auszudrillen. Ist die Standardsorte ausgesät, wird wieder saubergemacht, der Rest gewogen und danach eventuell die nächste Stellung der Maschine etwas korrigiert. Dann wird die nächste Sorte eingefüllt, Saatstärke eingestellt und gleich ihr Sack, die dann folgende Sorte und die Plaue zum Saubermachen mitgenommen, um am Ende des Streifens gleich auf die nächste Sorte übergehen zu können und nicht leer zurückfahren zu müssen.

So wird Sorte für Sorte ausgesät und die Reste abgewogen und unter „Zurück" eingetragen. Aus der Differenz zwischen

„Eingefüllt“ und „Zurück“ ergibt sich die „Ist“-Saatmenge je Parzelle; aus dem Verhältnis zum Soll kann nun auch die gefallene Saatmenge je Mo (ha) und die Zahl der Körner je Quadratmeter errechnet werden.

Der ausgesäte Versuch wird dann weiter so wie das übrige Feld behandelt; zum Schluß werden an der Stirnseite die Pfähle eingeschlagen.

Zeitbedarf: Saubermachen 15 Minuten, Drillen 5 Minuten je Streifen.

Fünf Sorten mit daktylischen Standardstreifen und 105-m-Streifen = 7 × 20 Minuten = 140 Minuten = 2,5 Stunden, mit Leerfahrten 3 Stunden.

b) Mit der Versuchsdrille

Am Tage vor der Saat ist diese samt Probiermulde an das Gut zu schicken und das Gerät und Mannschaft hin zu bestellen.

Es werden benötigt:

Saatgut (das zuvor noch einmal nachgewogen werden muß, was auf dem Gute geschehen kann, unter Eintragung des Gewichtes auf den Etiketten).

Drille und Probiermulde,
Pfähle und Hammer,
1 großen Sack zum Auskippen der Reste,
1 Küchenwage und Gewichte,
1 große Blech(wasch)schüssel oder Emailschüssel,
1 Pferd mit Einspännerortscheit,
1 Junge zum Führen des Pferdes,
1 Mann zum Führen der Drille,
eventuell noch 1 Mädchen zum Helfen beim Wiegen oder Kontrollieren des Saatauslaufes.

Der Versuchsleiter benötigt nur Werkzeug für die Drille und Meßband.

Am Versuch angekommen, läßt er die Säcke und Geräte an der Stirnseite des Versuches abladen und mißt zunächst neben dem Versuch von der Wiegestelle bis zu einem einzuschlagenden Pfahle eine Strecke ab, auf der die Maschine durch Abfahren abprobiert werden soll. Man wählt die Strecke am besten so, daß die Länge der Hin- und Rückfahrt mal Drillbreite eine Fläche ergibt, deren Saat-Soll in einem einfachen Verhältnis zur Saatmenge je Morgen steht. Z. B. ist bei einer 75 cm breiten Drille das Saat-Soll in Gramm auf einer 33 m langen Strecke — hin und zurück — genau das Zehnfache der Pfd./Mo-Zahl.

Dann werden die Saatleitungen abgehängt, statt dessen eine aus Blech oder zwei Stangen mit Sacktuch dazwischen hergestellte Mulde unter die Auslaufstutzen gehängt, die Standardsorte eingefüllt, die Saatstärke auf der vermutlichen Stellung eingestellt und die Probierstrecke abgefahren. Das in die Mulde gefallene Korn wird kontrolliert, die Stellung danach verbessert, bis „Soll" und „Ist" übereinstimmen.

Dann wird alles Korn wieder eingeschüttet, die Saatleitungen eingehängt und der oder die betreffenden Streifen ausgedrillt, wobei man jeweils die Spuren der Gutsdrille als Richtungsspur benützt — einmal rechts, einmal links, je nach ihrer Lage. Vor allem muß man dabei auf das richtige Abstellen eventueller Randstreifen achten. Der Rest wird ausgekippt und zurückgewogen. Aus „Eingefüllt" weniger „Zurück" ergibt sich die tatsächlich gefallene Saatmenge und damit die Kontrolle etwaiger Fehler. So wird Sorte für Sorte abprobiert, ausgesät und der Rest zurückgewogen, zum Schluß die Pfähle an der Stirnseite eingeschlagen und der Versuch mit einer Saategge abgeeggt.

Zeitbedarf: Bei 75-cm-Drille, Versuch wie in obigem Beispiel (S. 167). Abprobieren je Sorte 15 Minuten bis 25 Minuten. 5 Sorten $1\frac{1}{2}$ Stunden. Aussäen je Streifen 5 Minuten, 13 Streifen = 65 Minuten = 1 Stunde.

5 Sorten auskippen, reinmachen und neu einfüllen je 6 Minuten = $\frac{1}{2}$ Stunde; insgesamt 3 Stunden.

c) Die Anlage von Sortenversuchen nach der Rümkerschen Methode

Die Anlage nach der sogenannten Rümkerschen Methode[1] ist nichts anderes, als die Anordnung in Langreihen, wie sie bei den Düngungsversuchen vielfach angewendet wird. Während aber dort fast regelmäßig die Drillspur als Hilfsmittel zur Verfügung steht, muß hier der Versuch auf dem unbebauten Acker angelegt werden. Es sei daher in folgendem kurz die zweckmäßige Durchführung der Anlage besprochen.

Anzulegen sei ein Versuch mit 20 Teilstücken. Wir brauchen zunächst 38 kleinere und 4 größere Holzpflöcke, ferner Meßband, Winkelspiegel, Schnur und eine kleine Latte, deren Länge der Breite der Einzelparzelle gleichkommt. Diese Breite muß selbstverständlich der Breite der zur Verfügung stehenden Drillmaschine angepaßt sein. Nun steckt man den einen Eckpflock A

---

[1] Rümker, Leichner und Alexandrowitsch: Die Anwendung einer neuen Methode zur Sorten- und Linienprüfung bei Getreide. Zeitschr. Pflanzenzüchtung, Bd. II, H. 2, S. 189. 1914.

ein und schlägt in der, durch Abschreiten annähernd geschätzten Entfernung A bis B den zweiten Eckpflock B provisorisch ein.

Beide Eckpflöcke werden durch eine Schnur verbunden. Mit Hilfe der kleinen Latte steckt nun ein Arbeiter die kleinen Pflöcke längs dieser Schnur ein. Unterdessen mißt man von B die Entfernung zu C ab und steckt dort den Eckpflock C provisorisch ein. Dasselbe geschieht bei Pflock D, nur daß dieser mit dem Winkelspiegel von A aus eingewinkelt und endgültig festgelegt wird. Inzwischen hat der Arbeiter alle Pflöcke der Längsseite A bis B eingesteckt und damit gleichzeitig den endgültigen Standpunkt von B gefunden. Nun wiederholt er dieselbe Arbeit auf der anderen Längsseite D bis C (von D aus) und ermittelt damit den endgültigen Standpunkt von C; die Entfernung B bis C wird mittels Meßband zur Sicherheit nochmals kontrolliert.

Abb. 30. Anlage nach der Rümkerschen Methode

Zum Anbau verbindet man stets zwei gegenüberliegende Pflöcke durch eine Schnur und läßt das Rad der Maschine längs dieser Schnur laufen; dadurch werden Unregelmäßigkeiten, wie sie beim Fahren nach der Drillspur unvermeidlich sind, vermieden. Arbeitet man nach der Standardmethode, so sind selbstverständlich alle Standardparzellen vorneweg zu säen. Alle übrigen Arbeiten am Versuche sind bei dieser Anlageform nicht wesentlich anders als bei der Zadeschen Anlage — es erübrigt sich daher, an dieser Stelle weiter darauf einzugehen.

3. Pflege und Erntevorbereitung

Die Pflege hat zunächst in einem peinlichen Sauberhalten des Versuches zu bestehen. Die Maschinenhacke des Gutes wird hierbei durch eine oder mehrere Handhacken ergänzt werden müssen. An zweiter Stelle steht eine sorgfältige Düngung. Auch für die Kopfdüngung gilt dasselbe wie für die Düngung vor der Saat: quer oder schräg, möglichst mit Maschine. Wenn von Hand gegeben, dann auf mindestens zwei Gänge verteilt. Ein Einzelabdüngen der Parzellen kommt selten in Betracht, da es zuviel Zeit in Anspruch nimmt. Bezüglich Technik siehe Düngungsversuch S. 91.

Die Stickstoffdüngung ist eher zu niedrig als zu hoch zu bemessen, um nicht die Aufarbeitung des Versuches durch Lager unnötig zu erschweren. Um die Lagerfestigkeit zu kontrollieren, düngt man einen Wiederholungssatz sorgfältig doppelt so stark ab.

Die Erntevorbereitung besteht in Querabteilen der Wiederholungen, eventuell im Herausnehmen von Randreihen. Ersteres kann man schon ziemlich zeitig vornehmen, was die Arbeit sehr erleichtert. Man bestellt sich dazu zwei Frauen mit Rübenhacken, 8 Pfählchen, 2 Schnüre von Versuchsbreite und 2 Stäbe an den Versuch. Die Stäbe schneidet man auf die Breite der auszuhackenden Streifen zurück (30 bis 50 cm), läßt an das Ende jeder Schnur ein spitzes Pfählchen knüpfen und von den Frauen an der Stirnseite, am Anfang des Versuches, in Entfernung der Meßstäbe einstecken. Sie hacken dann von links und rechts einander entgegen die Streifen aus.

Währenddessen mißt man an beiden Längsseiten die Länge des ersten Wiederholungssatzes und steckt zwei Pfählchen ein. Die Frauen rücken nach Beendigung des ersten Streifens nach, legen die eine Schnur an die Pfählchen, stecken die zweite wieder in Meßstabentfernung fest und hacken dazwischen wieder nach der Mitte zu aus. Und so fort, bis der ganze Versuch abgeteilt ist.

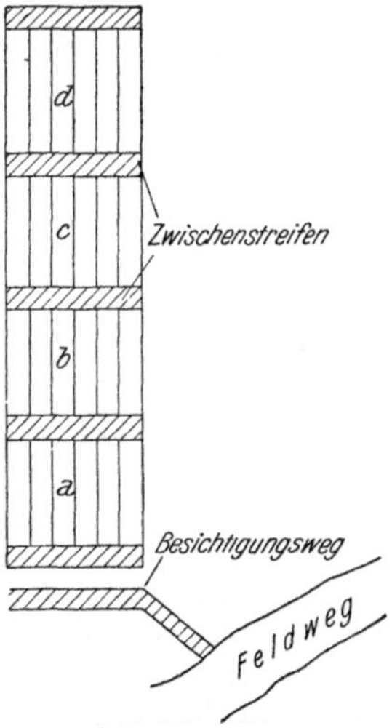

Abb. 31. Aushacken von Sortenversuchen

Zum Schluß kann für die Besichtigungen noch ein Weg vom Rand an die Stirnseite gelegt werden, der in 1 m Entfernung (Beschädigungen!) daran entlang geführt wird.

Sind bei der Anlage die Randtrichter geschlossen worden, ist der Versuch damit zur Ernte bereitet.

Wenn nicht, sind noch einmal vor Beginn der allgemeinen Ernte einige Leute mit Sicheln herauszubestellen, die die Randreihen zwischen zwei Sorten absicheln. Bei schmalen Parzellen muß man dieselben heraustragen, da sie sonst das Mähen hindern. Bei breiten Parzellen kann man sie liegen lassen.

4. Ernte

Zeitpunkt siehe Mikroversuche S. 160.

Leute und Gerätebedarf siehe Getreidedüngungsversuche ohne Wägung S. 103.

Die Ernte erfolgt sonst genau so, wie bei den Getreidedüngungsversuchen, nur ist entsprechend der anderen Anordnung, Anfang und Aufstellungsort anders zu wählen. Auch hier wird das Bestreben dahin gehen müssen — falls mit Parzellendrescher gedroschen werden soll — die Parzellenpuppen auf einer Linie aufzustellen, um ein Zusammenschleppen während des Dreschens zu vermeiden.

Vier Wiederholungssätze lassen sich leicht nach der Abteilungsgrenze zwischen dem zweiten und dritten Satze hin zusammentragen; sechs Wiederholungen nur bei breiten Gutsdrillparzellen. Den Rest wird man für sich zusammenstellen und ein Rücken der Maschine ins Auge fassen müssen, falls der Drusch dieses Restes sich als notwendig erweisen sollte.

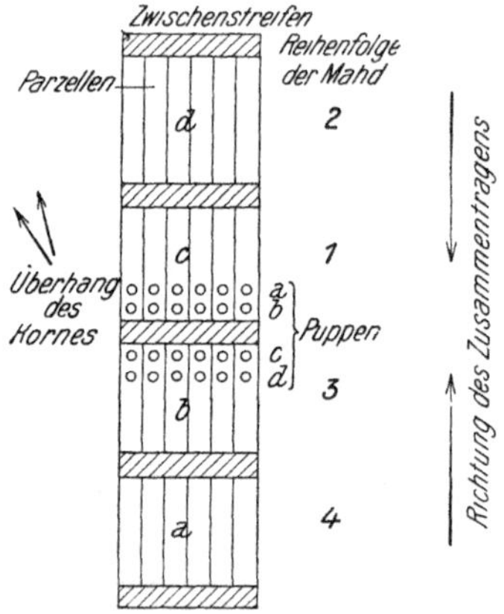

Abb. 32. Ernte von Getreidesortenversuchen

Man sucht also den Abteilungsstreifen inmitten der Sätze aus, an dem der Satz zusammen gestellt werden soll und mäht von demselben aus erst in Richtung des überhängenden Korns die zwei oder drei Parzellen einer Sorte und stellt sie in gebundenen und etikettierten Parzellenpuppen auf der Parzelle, vom Streifen an, dicht hintereinander auf. Dann folgen nacheinander die Parzellen auf der anderen Seite. (Siehe Abb. 32.)

Kommt ein Arbeiten mit Parzellendrescher nicht in Betracht, wird man trotzdem zusammentragen, um beim Abwiegen vor dem Verladen den Wägebock nicht dauernd umsetzen zu müssen.

5. Drusch

Der Drusch erfolgt ganz nach Art der Getreidedüngungsversuche. Siehe S. 106.

Gerade bei Sortenversuchen, wo eventuell eine größere Wiederholungszahl zur Feststellung sicherer Unterschiede erforderlich ist und damit die Notwendigkeit eines Nachrückens der Maschine (bei Drusch mit Parzellendrescher), wird man die Reihenfolge der zu dreschenden Parzellen so wählen, daß sofortige Ausrechnung des Ergebnisses während des Drusches möglich ist, um gegebenenfalls die Bearbeitung weiterer Wiederholungen zu ersparen.

6. Aufarbeitung

Über die Form der Eintragung der Druschergebnisse in das Klemmbuch, sowie über die Verrechnung der Ergebnisse wurde bereits alles Erforderliche beim Drusche der Düngungsversuche sowie im allgemeinen Teile erwähnt und kann hier sinngemäße Anwendung finden. Es wurde auch des weiteren bereits erwähnt, daß gerade bei den Sortenversuchen die sofortige Ausrechnung der Ergebnisse von höchster Bedeutung ist.

So bleibt hier nur noch anzugeben, auf welche Weise das „Ergebnisblatt", d. i. das Blatt mit der Übersicht über die Ergebnisse, am besten anzulegen ist, um bei der weiteren Verarbeitung bequem zu Hand zu sein. Als Beispiel sei der auch an anderer Stelle (S. 211) herangezogene Hafersortenversuch Baumdorf Nr. 5, 1927 angeführt.

Baumdorf (5) 1927 Hafersorten

Ergebnisübersicht

	in ctr/Mo		Petkuser = 100	Korn %	Spelzen-Anteil %	Gewichts-verlust	Korrigiert. Ergebnis	Ähren-gewicht	Halmzahl je qm
	Ertrage	Mehr-ertrage							
Sieges	18,9	+1,6 ±0,4	109 ±2,3	41,5	25,1			1,64	230
Streckenthiner	17,7	+0,4 ±0,28	102 ±1,6	42,5	24,5			1,86	190
Petkuser	17,3	0,0	100	43,7	23,9			1,21	287
Wirchenblatter	17,3	0,0 ±0,4	100 ±2,3	44,2	25,4			1,25	277
Pflugs	16,3	—1,0 ±0,8	94 ±4,6	41,9	24,2			1,17	279
Kley.........	15,7	—1,6 ±0,2	91 ±1,2	39,5	26,1			1,36	230
Hohenheimer .	15,3	—2,0 ±0,2	88 ±1,2	42,2	25,0			1,39	220

Nachdem im Laboratorium der Gewichtsverlust (siehe S. 304) bestimmt ist, kann das endgültige Ergebnis nachgetragen werden. In den meisten Fällen ändert dies die vorläufigen Ergebnisse nicht allzusehr.

2. Der Rübensortenversuch

a) Allgemeines

Bei Rübensortenversuchen spielen zwei Punkte keine Rolle, die die Anlageform der Kartoffelsortenversuche stark beeinflussen: die Kosten für das Saatgut sind nicht von Belang und die gegenseitige Beeinflussung von Nachbarreihen ist minimal, verglichen mit den stark variierenden Kartoffelsorten. Dazu werden Rüben meist gedrillt; die Zadesche Anordnung,[1] die der Arbeitsweise

[1] Zade: Ein Beitrag zur Technik der Sortenprüfungen. Pflanzenbau, H. 16, S. 261. 1924/25.

der Drillmaschine am besten entspricht, ist also auch für Rübensortenversuche zweckmäßig. Dazu kommt noch eines: das Wegfallen der Notwendigkeit, die Saatstärke genau einzustellen und einzuhalten.

Dies alles erleichtert die Anlage von Rübensortenversuchen in der Praxis ganz außerordentlich und verweist im allgemeinen auf eine Anlageform nach Sassonow,[1] d. i. in langen und schmalen Parzellen unter Benutzung der Möglichkeit, eine große Drillmaschine zu unterteilen und mehrere Sorten gleichzeitig zu drillen. Die Anlageform wird sich daher ziemlich an die Art der Drillmaschine anzupassen haben. Bei einer 7-teiligen Drillmaschine läßt sich z. B. leicht ein Versuch mit fünf Sorten in daktylischer Form durch Zuweisung je einer Sorte an ein Schar anlegen.

Schar:	1	2	3	4	5	6	7
Sorte:	I			I			I
		II	III		IV	V	
		Drillbreite					

Bei sechsreihigen Maschinen läßt sich ähnlich ein Versuch mit einer beliebig großen (ungeraden) Anzahl Sorten durchführen, wenn man beide Randschare mit der Standardsorte und je zwei Zwischenschare mit weiteren zu prüfenden Sorten beschickt. Nebenstehe Abbildung wird das verdeutlichen.

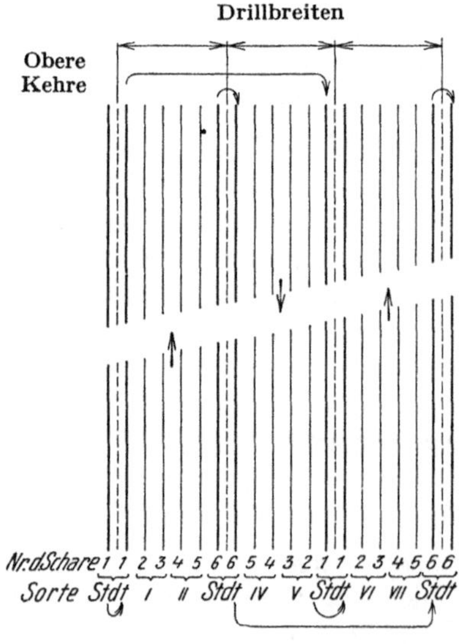

Abb. 33. Anlage eines Rubensortenversuches mit einer 6-reihigen Drillmaschine

Letztere Anlageform mit zwei Reihen je Sorte ist praktischer, da hierbei die Einzelparzellen nicht so lang werden, was bei Ernte und Wägung die Arbeit erleichtert.

Was die Größe der Parzellen anbelangt, so gilt das allgemein für Düngungsversuche Gesagte (S. 130). Sie wird in den meisten Fällen zwischen 20 und 30 qm zu wählen sein.

Die Zahl der Wiederholungen ist dagegen größer zu nehmen — die Streifen jedenfalls so anzulegen, daß nötigenfalls minde-

[1] Siehe Römer a. a. O. S. 96.

stens 10 bis 15 Wiederholungen herausgeschnitten werden können. Da keine Randstreifen zwischen den Sortenstreifen liegen bleiben und später nur Trennungsstreifen zwischen den Wiederholungen ausgehackt werden, ist der Saatbedarf für zirka 200 bis 750 qm zu bestimmen. Bei einer Saatstärke von 30 bis 40 kg/ha werden also 1 bis 1,5 kg je Sorte gebraucht werden. Im allgemeinen wird man sich nach der Länge des betreffenden Feldes richten und die Saatmenge so berechnen, daß sie für eine bestimmte Anzahl Umgänge gerade gut ausreicht.

b) Durchführung der Anlage

1. Vorbereitung

Bei der Vorbesprechung ist zunächst das Feld für den Versuch auszusuchen. Man sucht möglichst ein Feld aus, wo bei der Stallmistdüngung und bei der Tieffurche quer zur Drillrichtung gefahren wurde. Die geeigneteste Stelle bezeichnet man durch einen Pfahl am Feldrande und gibt Anweisung, etwaigen Dünger entweder quer oder wenigstens schräg zur Drillrichtung zu streuen, sowie rechtzeitig Nachricht zu geben, wann das Drillen des Feldes beginnt und die ausgesuchte Stelle erreicht wird.

Die Saatquanten werden am besten von der betreffenden Wirtschaft direkt bei den Originalzüchtern bestellt. Eine Keimprüfung erübrigt sich in der Regel bei Versuchen in der Praxis.

2. Anlage

Es genügt, am Tage vorher dieselbe zu verabreden und an das Hinausnehmen der Saaten und so vieler Pfählchen (Hammer!) zu erinnern, wie Sorten da sind. Auch eine Plaue oder ein Gerät zum Leeren der Drillmaschine wird gebraucht. Der Versuchsleiter braucht nur so viele Pappdeckel mitzubringen, wie Unterteilungen in der Drillmaschine beabsichtigt sind, eine Schere zum Zurechtschneiden und eventuell einige Reißzwecken.

Auf dem Stück angekommen, schneidet er die Pappdeckel passend zurecht. Er läßt dann die Maschine sauber machen (eventuell mit Ausnahme der Randschare, wenn vorher die Standardsorte bereits gesät wurde — siehe 6-Reihenschema).

Unterdessen werden die provisorischen Abteilungswände eingesetzt, die entsprechenden Sorten eingefüllt und ausgesät. Soll am Ende des Streifens (Feldes) gewendet und sollen weitere Sorten in die Zwischenreihen gefüllt werden, so nimmt man zweckmäßigerweise gleich die betreffenden Sortensäckchen, sowie die Plaue usw. zum Saubermachen mit.

So ist ein Rübensortenversuch mit fünf Sorten nach dem

zweireihigen Schema mit der Möglichkeit, 15 Wiederholungen zu je 25 qm herauszuschneiden (zirka 400 m Länge), leicht in $^1/_2$ bis $^3/_4$ Stunden angelegt. Man markiert die Versuchsreihen, um sie wiederzufinden, am besten durch Pfähle, die man tief in die Reihen selbst einschlägt. Sind die Versuche zweireihig angelegt, nimmt man dazu jeweils eine linke oder rechte Reihe jeder Sorte.

3. Pflege, Beobachtung und Erntevorbereitung

Was die Pflege der Rübensortenversuche anbelangt, so läuft sie ja bei obiger Anordnung automatisch im Rahmen des übrigen Feldes ab. Es ist natürlich darauf zu achten, daß der Versuch zu keiner Zeit durch Unkraut gestört wird. Eine Arbeit nimmt man jedoch am besten aus dem allgemeinen Arbeitsgang heraus: Verhacken und Verziehen. Hier ist es notwendig, alle Sortenstreifen gleichmäßig von einer Person besonders sorgfältig, und zwar Satz für Satz, bearbeiten zu lassen. Falls es für eine Person zu viel wird, ist der Versuch satzweise an mehrere zu verteilen. An Erntevorbereitungsarbeiten erfordert ein Rübensortenversuch dieser Art zunächst nicht viel. Es genügt, 1 m breite Trennungsstreifen zwischen den einzelnen Wiederholungssätzen auszuhacken — was am besten vor oder mit dem Verziehen gemacht wird.

Falls der Versuch sehr lückig ist, ist eventuell eine weitere Vorbereitung zwecks Ernte nach Einzelgewicht notwendig. (Siehe Rübendüngungsversuch S. 133.)

Die Beobachtung der Rübensorten hat nicht die genauen Anhaltspunkte, wie sie etwa die Getreidesortenversuche mit Schossen und Blüte bieten. Der Aufgang muß sorgfältig bonitiert werden, die Jugendentwicklung vor dem Verziehen, danach die Sommerentwicklung; später, Ende August, das Auftreten von Schossern, deren Anteilprozent auszuzählen ist, schließlich die Reife im Herbst. Wichtig ist vor allem das Verhalten gegen Krankheiten. Eine Aufzählung der unzähligen Schädigungen erübrigt sich.

Das Tempo der Reife im Herbst wird am besten dadurch kontrolliert, daß einige (3 bis 4) Wiederholungen eher — mit den ersten Rüben — zusammen geerntet werden, während der Hauptteil später, gegen Ende der Kampagne, zu ernten ist.

4. Ernte

Die Ernte von Rübensortenversuchen ist sonst genau so vorzunehmen, wie die Ernte von Düngungsversuchen (siehe S. 132).

Für den Zeitpunkt ist neben den sonstigen Erwägungen Rücksicht auf die Trockenheit des Bodens besonders notwendig, da hohe Schmutzprozente den Versuch unbrauchbar machen können.

Es ist bei Sortenversuchen immer zweckmäßig, außer dem Rüben- auch das Krautgewicht zu bestimmen, sowie die Rüben in die Körbe einzählen zu lassen, um die Rübenzahl je Parzelle zu wissen. Außerdem sind zur Zuckergehaltsbestimmung geeignete Proben zu entnehmen.

Eine zweckmäßige Methode hierfür empfiehlt Zade.[1] Von jeder Rübensorte sollen etwa 200, mindestens aber 100 Rüben wahllos ausgesucht und als Mittelprobe verwendet werden. Für praktische Zwecke wird es vielleicht zweckmäßiger sein, von jeder Sorte drei Proben à 70 Rüben zu nehmen und durch dreimalige Bestimmung des Zuckergehaltes eine Kontrolle auch dieser Bestimmung auszuüben. Diese Mittelproben werden dann sofort auf dem Felde mit Hilfe der im Haushalte üblichen Brotschneidemaschine in folgender Weise zerkleinert: Jede einzelne Mittelprobe wird der Länge nach gehälftet und eine etwa 7 bis 8 mm dicke Längsscheibe herausgeschnitten. Wenn auf diese Weise etwa 8 bis 10 Scheiben hergestellt sind, so werden sie aufeinandergelegt und so unter das Messer der Brotschneidemaschine gelegt, daß mit zwei Schnitten Streifen in schräger Richtung abgeschnitten werden können (siehe Abb. 34).

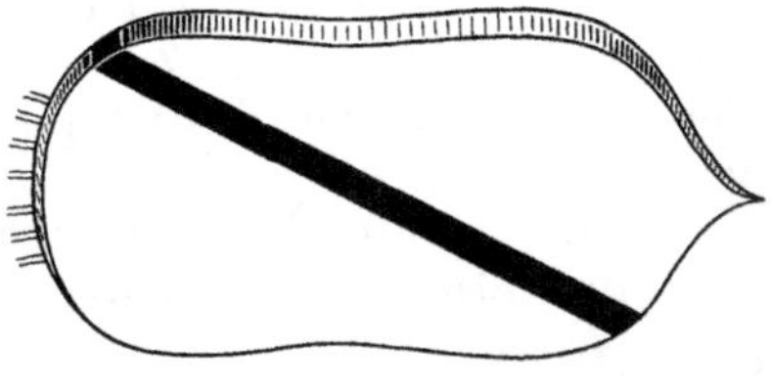

Abb. 34. Herstellung der Rubenproben fur die Zuckergehaltsbestimmung

Diese werden unverzüglich in mit eingeschliffenen Glasstopfen versehene Glasflaschen getan, wie wir sie auch bei der Bestimmung der Trockensubstanz von Grünlandversuchen verwenden. Zur Konservierung ist der Zusatz von Toluol (Preis 1,50 Mk. für 1 kg) erforderlich, wovon je Literflasche etwa 4 ccm genügen. Wegen der Flüchtigkeit des Toluols müssen die Rübenstreifen sofort nach dem Einbringen des Toluols in die Flasche gebracht werden; außerdem sind die Stopfen durch Eintauchen in Paraffin abzudichten. Nach den Zadeschen Untersuchungen tritt während zirka 14 Tagen eine Änderung des Zuckergehaltes der

[1] Zade: Ein neues Verfahren der Rübenuntersuchung auf Zucker- und Trockensubstanz. Fortschr. d. Ldw., Nr. 5, S. 207. 1928.

so gezogenen Proben nicht ein; sie können daher ohne weiteres per Post der untersuchenden Station eingesendet werden. Die auftretende Dunkelfärbung der Rübenstücke infolge der Toluolbehandlung ist praktisch belanglos. Vor der Untersuchung auf Zuckergehalt ist noch die Zerkleinerung der Rübenstücke notwendig; sie erfolgt am besten mit der in jedem Haushalte im Gebrauche befindlichen Reibemaschine (z. B. Alexanderwerk Nr. 1050 mit Trommel Nr. 4/1045). Der hiermit erzielte Brei ist etwas grob und muß daher noch mit der ebenfalls in der Küche üblichen Schneiderolle (z. B. Universal Größe II) völlig fein gewalzt werden.

5. Aufarbeitung

1. *Verrechnung der Ergebnisse.* Hierüber wurde alles Nötige bereits im Kapitel „Rübendüngungsversuche“ gesagt, es braucht hier daher nichts hinzugefügt zu werden. Bei Futterrüben kann man die Bestimmung der Trockensubstanz als Notbehelf für die Ermittlung des Zuckergehaltes mit heranziehen. (Vergleiche darüber das diesbezügliche Kapitel in Laboratoriumsarbeiten.)

2. *Zusammenfassung der Ergebnisse.*

Als Beispiel ein Sortenversuch in folgender Anlage:

Klein-Wanzlebener E
Klein-Wanzlebener Z
Strubes Z
Klein-Wanzlebener E
Strandes
Dippes W I
Klein-Wanzlebener E

usw.

Also *Zade*sche Anordnung nach der daktylischen Standardmethode mit Klein-Wanzlebener E als Standard, in zehnfacher Wiederholung.

Zur Anschaulichmachung der Darstellung der Endergebnisse seien aus den 13 in einem Versuche geprüften Sorten fünf in Zusammenstellung herausgegriffen:

Dieban (13) Zuckerrübensorten 1927

1. Rübe

	Ertrag	Differenz	Kl.-Wanzlebener E = 100	Sicherheit	Zucker °/o	Zucker ctr/Mo	Kl.-Wanzl. E = 100
	in ctr/Mo						
Klein-Wanzlebener E	204	—	100	—	18,2	37,1	100
Dippes W I	186	$-18{,}0 \pm 5{,}5$	$91 \pm 2{,}7$	100	18,4	34,2	92
Strandes	184	$-20{,}0 \pm 5{,}7$	$90 \pm 2{,}8$	100	20,0	36,8	99
Klein-Wanzlebener Z	180	$-24{,}0 \pm 4{,}7$	$88 \pm 2{,}3$	100	19,9	35,8	96
Strubes Z	175	$-29{,}0 \pm 3{,}1$	$86 \pm 1{,}5$	100	19,8	34,6	93

MD °/o = 2,3

2. Kraut

	Ertrag	Differenz	Kl.-Wanzl. E = 100	Sicherheit
	ctr/Mo			
Kl.-Wanzlebener E ..	142	—	100	
Dippes W I	138	$-4{,}0 \pm 1{,}1$	$97 \pm 0{,}8$	100
Strandes	151	$+9{,}0 \pm 9{,}8$	$106 \pm 6{,}9$	81
Kl.-Wanzlebener Z ..	117	$-25 \pm 6{,}9$	$82 \pm 4{,}9$	100
Strubes	134	$-80 \pm 2{,}8$	$95 \pm 2{,}0$	100

MD % = 3,8

3. Der Kartoffelsortenversuch

a) Allgemeines

Eine Einteilung der Kartoffelsortenversuche in zahlreiche Vor- und wenige Hauptprüfungen ist nicht in der Weise möglich, wie bei Getreide. Erstens setzt die Individualität der Einzelpflanze der Verkleinerung der Parzellen eine Grenze. Zweitens läßt sich aus der Beobachtung des Krautes nicht auf die Ertragsfähigkeit schließen. Höchstens wird man sie einteilen können: erstens in Vorprüfungen, die die einmalige Ertragsfähigkeit von Original (oder von einheitlich gewonnener 1. Absaat) prüfen und zweitens in Hauptprüfungen, in denen neben den Originalen der besten Sorten deren 1., 2., 3., 4. Absaaten mitgeprüft werden. In einem Bezirke, der nicht abbaut, hätte eine solche Einteilung keinen Sinn.

So wird sich auch die Saatgutwahl ganz nach den örtlichen Verhältnissen richten. In einem mittelmäßig abbauenden Bezirk dürfte es zweckmäßig sein, das Vorgehen der D. L. G. im kleinen nachzuahmen: Kleine Posten Originalkartoffeln auf dem geeignetsten, am wenigsten abbauenden Betriebe zu vermehren und mit den so gewonnenen einheitlichen ersten Absaaten die eigentlichen Versuche durchzuführen. Doch gehören dazu eine gute Portion Geduld und Gemeinsinn seitens der Betriebe, die in den allerseltensten Fällen aufgebracht wird. So werden wohl die meisten Versuche mit Originalsaatgut angestellt werden müssen.

Die Saatgutkosten sind nun bei Kartoffeln sehr hoch, besonders bei Anwendung von Originalsaatgut. Es kann sich daraus eine unliebsame Belastung der betreffenden Wirtschaften ergeben. Es ist daher bei Wahl der Anlageform möglichst auf Sparsamkeit mit Saatgut Rücksicht zu nehmen.

Da die Kartoffeln immer von Hand gelegt werden, ist man zunächst an keine bestimmte Form gebunden, wie z. B. infolge der Arbeitsweise der Drillmaschine an die langgestreckte Parzellenform bei Getreide.

Da nun die Randwirkungen der verschiedenen Kartoffelsorten aufeinander nicht zu vernachlässigen sind, wird man möglichst quadratische Parzellen wählen, um nicht nutzlos Grenzstreifen pflanzen zu müssen. Denn dann sind die Ränder, im Verhältnis zu der Parzellenfläche, am kürzesten; auch besteht dann die Aussicht, daß die vier verschieden großen Randeinflüsse jeder Parzelle sich teilweise aufheben. Die schachbrettförmige Anlageform mit Parzellenverteilung nach Knut Vik ist also für Kartoffelsortenversuche die gegebene.

Die Parzellengröße wird man so klein wie möglich wählen, 25 bis 35 qm. Die Zahl der Wiederholungen braucht nicht so groß gewählt zu werden, wie bei Getreidesortenversuchen, da meistens größere Unterschiede auftreten. Es genügen fünf bis zehn. Lieber legt man noch einen Versuch mehr an, als daß man die Zahl der Wiederholungen verdoppelt.

b) Spezielles

1. Vorbereitung

Bei der Vorbesprechung ist sorgfältige Auswahl des Feldes durchaus notwendig. Am besten sind für Kartoffelsortenversuche Feldstücke mit guter, gleichmäßiger, geschlossener Gründüngung, die keinen Stallmist mehr bekommen, da sie die gleichmäßigsten Vorbedingungen ergeben. Auch kann man dann oft die Zugabe von Kunstdünger ersparen.

Stehen keine solchen Flächen zur Verfügung, so sind stark mit Stallmist gedüngte Schläge vorzuziehen und Stellen auszusuchen, auf denen dieser gut gebreitet ist und einheitliche Beschaffenheit zeigt. Doch ist es damit bei der Anlage nach Vik nicht so ängstlich, da auch streifenweise Unterschiede gut ausgeglichen werden. Auch hier kann man dann auf Zusatzdüngung verzichten.

Die Stelle wird am Feldrand markiert. Da das Legen sowieso vor sich gehen muß, wenn das übrige Feld gelegt wird (wegen des Zustreichens), brauchen die Maße im allgemeinen nicht schriftlich zurückgelassen zu werden. Andernfalls gibt man dieselben an.

Dann muß das Saatgut beschafft werden; es wird dies am besten vom Betrieb aus bestellt und an den Betrieb gesandt. Zu bedenken ist dabei, daß Originalsaatgut oft sehr großknollig geliefert wird. Man muß also vorsichtshalber mit einem Saatgutbedarf von 50 dz/ha = 25 ctr/Mo rechnen, z. B. bei 25 qm Parzellen und fünffacher Wiederholung 75 kg je Sorte bestellen lassen.

Auch die Zahl der benötigten Pfähle ist zu hinterlassen: Es genügen kurze Pfählchen, mit denen man auf einer Stirnseite Anfang- und Endfurche der Parzellen bezeichnet.

Außerdem hinterläßt man schriftliche Anweisung, die Kartoffeln sofort nach Eintreffen gut getrennt auf einer leeren Scheunentenne auszuschütten, da das längere Stehenlassen in Säcken dem Saatgut oft schadet.

2. Anlage

Man läßt sich am besten mitteilen, wann das Furchenziehen (oder Markieren) auf dem betreffenden Felde beendet ist und das Legen des Feldes in Angriff genommen wird.

Am Tage vorher läßt man die Kartoffeln einsacken und durchwiegen.

Das Gut hat dann auf das Versuchsstück hinauszuschicken:

das Saatgut,
4 Schnüre von Versuchsfeldbreite,
1 Dezimalwage,
die Pfählchen und Hammer,

und beizustellen 1 Arbeiter.

Selber bringt man mit: 1 Winkelspiegel und etwas Reserveschnur.

Auf dem Versuchsfelde angekommen, bestimmt man sofort Anfang des Versuches und Zahl der Furchen für jede Parzelle und läßt den betreffenden Arbeiter die Saatgutsäcke auf der daraus sich ergebenden 1. Parzellenreihe absetzen. Unterdessen steckt man mit Schnur und Winkelspiegel eine zur Furchenrichtung senkrechte Stirnlinie des Versuches ab. Die beabsichtigte Breite dividiert durch die Furchenbreite ergibt die Furchenzahl, die man auf ganze abrundet, dafür aber die Länge korrigiert. An den Grenzen, zwischen den Parzellen, steckt man Stöcke in die Dämme, zieht dann die zweite Schnur in 0,75 bis 1,25 m Entfernung vor der ersten und läßt den Arbeiter die Dämme zwischen beiden Schnüren als Randstreifen einebnen. Unterdessen mißt man rechts und links an der letzten Furche die Länge des ersten Parzellensatzes aus, steckt Pfählchen ein, spannt eine Schnur in 1 m Abstand, dahinter eine zweite, und läßt diesen zweiten Grenzstreifen einebnen. Man braucht diese Grenzstreifen zur Erleichterung von Anlage, Beobachtung und Ernte nur quer zu den Furchen, da mit den Furchen die Grenzen klar gegeben sind. Während dieses Einebnens holt man sich von den auf dem Feld arbeitenden Legerinnen soviele heran, wie Sorten sind, und weist jeder ihren Sack, deren Nummer sie sich merken muß, und ihre 1. Parzelle zu, die sie auszulegen hat.

Während der erste Satz gelegt wird, mißt man die nächsten aus und läßt immer wieder etwa 1 m breite Streifen dazwischen einebnen, damit sie nicht ausgelegt werden. Je nachdem die Frauen mit ihren Parzellen fertig werden, weist man ihnen die nächste Parzelle derselben Sorte im nächsten Satze zu und läßt den Mann auch den Sack hinübersetzen, damit keine Verwechslungen vorkommen. Und so fort.

Da das Ausmessen bald erledigt ist, hat man zwischendurch Zeit, die Zahl der Pflanzstellen je Parzelle für einige Wiederholungssätze festzustellen, die von Interesse ist, wenn man ein Urteil über die Knollengröße des Saatgutes gewinnen will.

Ist der eigentliche Versuch fertig ausgelegt, sind die übrig gebliebenen Reste zurückzuwiegen. Aus der Differenz von Anfangsgewicht zu Endgewicht errechnet sich das auf der Gesamtfläche der verschiedenen Wiederholungen ausgelegte Gewicht an Knollen. Dieses ist bei der Ernte, oder umgerechnet, beim Endergebnis abzuziehen, um den Einfluß ungleich großer Knollen nach Möglichkeit auszuschalten.[1]

Alle diese Angaben trägt man am besten in folgendem Schema ein:

---

[1] Vgl. Kaltschmidt: Die Knollengröße der Kartoffel als Fehlerquelle bei Sortenversuchen. Pflanzenbau, Nr. 18, S. 283. 1926/27. — Lieber: Beitrag zur Frage: Die Knollengröße usw. Pflanzenbau, Nr. 23, S. 365. 1926/27.

Sorte	Anfangs-gewicht	Schluß-gewicht	Ausgepflanzt			Zahl der Pflanz-stellen je Parz.	Durchschn. Einzelgewicht der Knollen in g
			insges.	je Parz.	je Mo.		

Die Sorten werden als Reserve dann hinter dem Versuch im Anschluß an die letzte Parzellenreihe der gleichen Sorte restlos fertig ausgelegt.

Die Dauer der Anlage eines solchen Versuches läßt sich folgendermaßen berechnen:

Vorbereiten zirka $1/2$ Stunde, Auslegen je Frau und 25 qm zirka 10 Minuten bei 5 Sorten, 5 mal wiederholt und 5 Frauen, also etwa 1 Stunde, mit Zurückwiegen und Auslegen des Restes zirka $1\frac{1}{2}$ Stunden.

Das Zudecken der Furchen kann man getrost den Ruhrhaken oder der Tellermaschine des Betriebes überlassen.

Die Pfählchen werden jedoch vorher in die gepflanzten Furchen an der Stirnseite des Versuches — und zwar jedesmal in die erste und letzte — so tief eingeschlagen, daß Ruhrhaken oder Zudeckmaschine sie nicht stören.

3. Pflege, Beobachtung und Erntevorbereitung

Die erste Pflegemaßnahme besteht in einer Kontrolle nach beendigtem Aufgang, wozu man am besten gleich einen Arbeiter mit Spaten mitnimmt.

Da der lückige Aufgang an dieser oder jener Stelle nichts mit den Sorteneigenschaften zu tun hat, meist nur von Bearbeitungsschäden (herauseggen) oder allenfalls Saatgutbeschädigungen (angefrorene, unten gelegene Knollen, usw.) herrührt, sind die Lücken bald aus den Reserveparzellen hinter dem Versuch sauber auszupflanzen. Die weitere Pflege beschränkt sich dann auf eine gute Fernhaltung von Unkraut. Da, wo sich ein Bespritzen mit Kupferkalkbrühe gegen Phytophtora bereits eingebürgert hat, ist auch dieses rechtzeitig vorzunehmen.

Ein Aushacken kranker Stauden — also Verbindung mit Staudenauslese — ist für den Sortenversuch als solchen unzulässig, da das Ergebnis verfälscht wird und die Zahl der kranken Stauden sorgfältig festzustellen ist.

Doch das gehört schon zur Beobachtung. Diese ist bei Kartoffelsortenversuchen besonders vielseitig vorzunehmen. Zunächst sind die Daten des Aufganges, der Blüte und des Absterbens des Krautes festzuhalten. Zweitens der allgemeine Stand besonders unter extremen Witterungseinflüssen. Drittens vor allem das Auftreten von Krankheiten und die Widerstandsfähigkeit dagegen (z. B. Phytophthora). Abbauerscheinungen sind sorgfältig zu beobachten und die Parzellen mindestens dreimal, vor, während und nach der Blüte, auf kranke Pflanzen durchzuzählen. Das wird auf provisorischen Zetteln vorgenommen (die mit in den Versuchsplan aufgenommen werden). Dann aber wird die Anzahl der erkrankten Stauden für jede Abbaukrankheit und jeden Termin prozentisch festgelegt. Auch mit der Ernte hört die Beobachtung nicht auf. Der Anteil der von verschiedenen Krankheiten (Schorf u. dgl. m.) befallenen Knollen ist ebenfalls prozentisch zu schätzen.

Die Erntevorbereitung beschränkt sich auf ein Nachsehen der Grenzpfählchen an der Stirnseite und Kontrolle der Querstreifen auf ihre gute Sichtbarkeit hin. Sind sie schlecht sichtbar, ist für die Ernte das Spannen von Schnüren vorzusehen oder rechtzeitig eine Frau anzustellen, die mit einer großen Hacke die Dämme an den Grenzen durchhackt, so daß sie gut sichtbar werden.

Hat der Versuch viele Lücken und soll er nach Einzelstaudengewicht verrechnet werden, so ist er vorher auszuzählen und die Fehlstellen zu bezeichnen (siehe Kartoffeldüngungsversuch S. 126).

4. Ernte

Die Ernte eines Sortenversuches wird in gleicher Weise wie die Ernte eines entsprechenden Düngungsversuches vorgenommen. Siehe dort S. 127.

Dasselbe gilt betreffs Probenahme, Fehlstellenberücksichtigung usw.

5. Aufarbeitung

1. Verrechnung der Ergebnisse

Über die Verrechnung der Fehlstellen ist alles Nötige bereits beim Düngungsversuche zu Kartoffeln und zu Rüben gesagt.

Da bei Kartoffelsorten die Anlage nach Knut Vik sehr häufig ist, so ist hier vielleicht der Platz, die praktische Handhabung dieser Verrechnungsart nach Aufzeichnung der Resultate usw. zu bringen, nachdem alles Theoretische hierüber bereits im allgemeinen Teile gebracht wurde.

Für die Aufzeichnung der Gewichtsermittlungen auf dem Felde macht man sich am besten ein Schema zurecht, welches dem Plan des Versuches entspricht. In die einzelnen Abteilungen dieses Planes trägt man dann die Gewichte der einzelnen Korbinhalte ein und bildet die Summe.

Als Beispiel ein Sortenversuch mit fünf Sorten: Parnassia, Silesia, Pirola, Deodara, Pepo.

Skizze für die Aufschreibung auf dem Felde

3	4	5	1	2
5	1	2	3	4
2	3	4	5	1
4	5	1	2	3
1 97 101 52 49 299	2 110 65 93 35 303	3 usf.	4	5

1. Parnassia, 2. Silesia, 3. Pirola, 4. Deodara, 5. Pepo.

Diese Aufschreibung in der Form einer Skizze des Feldes ist vielleicht zu ersparen, doch gewährt sie eine gewisse Sicherheit vor Verwechslungen der Parzellen, die hier größer ist, als bei Versuchen in Langreihe; es ist dies ein Vorteil, der die geringe Mehrarbeit aufwiegt.

Die weitere Verrechnung erfolgt dann nach eventueller Umrechnung der gewogenen Ergebnisse auf ctr/Mo in folgender Weise:

Erträge der Wiederholungen, Durchschnittsbildung und Abweichungen

Wiederholung	Parnassia		Silesia		Pirola		Deodara		Pepo	
a	69	— 24	85	— 19	91	— 17	90	— 21	89	— 30
b	85	— 8	75	— 29	84	— 24	105	— 6	100	— 19
c	101	+ 8	110	+ 6	110	+ 2	96	— 15	118	— 1
d	99	+ 6	120	+ 16	126	+ 18	118	+ 7	124	+ 5
e	111	+ 18	129	+ 25	127	+ 19	148	+ 37	159	+ 40
Σ	465		519		538		557		590	
M	93		104		108		111		119	

Die Abweichungen vom Ertragsmittel werden als Fruchtbarkeitszahlen in den Plan des Versuches eingetragen.

Plan des Versuches mit Fruchtbarkeitszahlen

+ 19	+ 37	+ 40	+ 18	+ 25
(4)	(5)	(1)	(2)	(3)
+ 5	+ 6	+ 16	+ 18	+ 7
(2)	(3)	(4)	(5)	(1)
+ 6	+ 2	— 15	— 1	+ 8
(5)	(1)	(2)	(3)	(4)
— 6	— 19	— 8	— 29	— 24
(3)	(4)	(5)	(1)	(2)
— 24	— 19	— 17	— 21	— 30
(1)	(2)	(3)	(4)	(5)

In demselben Plan trägt man die nun erforderliche veränderte Bezifferung der Parzellen 1 über 4, statt wie im Versuch 1 über 3, ein. (Im Plane in Klammern beigesetzt.) Daraus schreibt man nun die Differenzen in der neuen Gruppierung heraus, wobei die erste Zusammenstellung oben (Tabelle der Erträge, diese Seite) als Kontrolle dienen kann, da sich die Anordnung der Differenzen in dem folgenden Schema in ganz bestimmter Weise gegen dort verschiebt.

	1	2	3	4	5	
	— 24	— 19	— 17	— 21	— 30	
	— 29	— 24	— 6	— 19	— 8	
	+ 2	— 15	— 1	+ 8	+ 6	
	+ 7	+ 5	+ 6	+ 16	+ 18	
	+ 40	+ 18	+ 25	+ 19	+ 37	
Summe	— 4	— 35	+ 7	+ 3	+ 23	
v	0,8	7,0	1,6	0,6	4,6	
v^2	0,6	49,0	2,6	0,4	21,1	73,7

$$M = \sqrt{\frac{\Sigma v^2}{n-1}} = \sqrt{\frac{73{,}7}{4}} = 4{,}3 \qquad M_D = 4{,}3\,\sqrt{2} = 6{,}1$$

Damit ist die Berechnung fertig und wir können sofort zur endgültigen Darstellung der Versuchsergebnisse schreiten.

2. Zusammenfassung der Ergebnisse

Als Beispiel die Ergebnisse des obigen Versuches.

Ziegelei (4), Kartoffelsorten 1926

	Zentner/Mo		Deodara = 100	Sicherheit	Stärke %	Zentner Stärke Mo
	Ertrag	Differenz				
1 Deodara .	111	0 ± 0,0	100		17,3	19,2
2 Silesia . . .	104	— 7 ± 6,1	94 ± 5,5	86	17,6	18,4
3 Pepo	119	+ 8 ± 6,1	107 ± 5,5	90	13,9	16,6
4 Pirola . . .	108	— 3 ± 6,1	97 ± 5,5	69	14,2	15,4
5 Parnassia	93	— 18 ± 6,1	84 ± 5,5	100	15,9	14.8

M_D % = 5,5

Literatur zu „Sortenversuche"

Blohm: Die Durchführung von D. L. G.-Sortenversuchen von Versuchsringen. Mitteil. d. D. L. G., Stück 2, S. 29. 1925. — Böhm: Versuchsfehler bei Anbauversuchen mit Kartoffeln. Pflanzenbau,

Jg. 3, S. 95. 1926/27. — Christiansen-Weniger u. Behlen: Prüfung von Versuchs-Drillmaschinen. Pflanzenbau, Jg. 2, S. 49, 70. 1925/26. — Christoph: Sortenversuche durch Handlegung. Deutsche landw. Presse, Nr. 11, S. 130. 1925. — Ebeling: Beitrag zum praktischen Gebrauch der Versuchs-Drillmaschinen. Pflanzenbau, Jg. I, S. 175. 1925/26. — Heuser: Versuche über den Einfluß der Einzelkornsaat auf die Entwicklung der Getreidepflanzen. Pflanzenbau, Jg. 2, S. 229, 250. 1925/26. — Hoffmann: Versuchsplan zur Prüfung des Nährstoffgehaltes von Graszüchtungen. Mitteil. d. D. L. G., Nr. 23, S. 613. 1927. — Horn: Wintergetreidesortenversuche und N-Düngung Deutsche landw. Presse, Nr. 12, S. 140. 1925. — Kaltschmidt: Die Knollengröße der Kartoffel als Fehlerquelle bei Sortenversuchen. Pflanzenbau, Jg. 3, S. 283. 1926/27. — Klapp: Vergleich von Gräserzuchtungen. Pflanzenbau, Jg. 2, S. 356. — Kleinwanzleben, Zuckerfabrik, Der Zuckerrubensortenversuch. Kleinwanzleben. — Leidner: Kann bei Sortenprüfungen die Feststellung der Keimfähigkeit und Kornschwere umgangen werden? Pflanzenbau, Jg. 3, S. 13. 1926/27. — Lieber: Knollengröße der Kartoffeln. Pflanzenbau, Jg. 3, S. 365. 1926/27. — Mitscherlich: Ein Beitrag zur Technik des Sortenanbauversuches. Landw. Jahrbücher, Bd. 67, H. 2, S. 191. 1922. — Derselbe: Der Sortenversuch und sein Einfluß auf die Zuchtmethode. Mitteil. d. D. L. G., Nr. 50, S. 946. 1925. — Möller-Arnold: Zur Frage der Parzellendreschmaschinen. Pflanzenbau, Jg. 3, S. 319. 1926/27. — Opitz: Gedanken und Erfahrungen über Versuche mit Kartoffelsorten. Pflanzenbau, Jg. 1, S. 216. 1924/25. — Derselbe: Über die Rand- und Nachbarwirkung bei Sortenversuchen. Pflanzenbau, Jg. 2, S. 293. 1925/26. — Derselbe: Über die Bedeutung der von der D. L. G. veranstalteten Vorprüfungen von Getreidesorten fur die Landwirtschaft und über einige Sonderfragen der Versuchsanstellung. Pflanzenbau, Jg. 3, S. 145. 1926/27. — v. Rümker, Leidner u. Alexandrowitsch: Die Anwendung einer neuen Methode zur Sorten- und Linienprüfung bei Getreide. Ztschr. für Pflanzenzuchtung, Bd. II, H. 2, S. 189. — Tamm: Über die Nachbarwirkung bei Kartoffelsortenversuchen. Pflanzenbau, Jg. 3, S. 215. 1926/27. — Weck: Erwiderung zum Artikel „Grundlagen der Sortenversuche". Pflanzenbau, Jg. 2, S. 113. 1925/26. — Derselbe: Aussaatbemessung bei Sortenversuchen. Jg. 2, S. 348. 1925/26. — Derselbe: Aussaatbemessung bei Sortenversuchen. Pflanzenbau, Jg. 3, S. 76. 1926/27. — Derselbe: Welchen Einfluß haben Anhaufeln und Gleichmäßigkeit der Saatenverteilung auf den Ertrag? Pflanzenbau, Jg. 3, S. 225. 1926/27. — v. Wiese: Die Anpassung der Technik der Pflanzenzüchtung an den landwirtschaftlichen Großbetrieb. Landw. Jahrb., Bd. 62, H. 3, S. 315. 1925. — Wiessell: Zur Frage der Parzellen-Drillmaschinen. Pflanzenbau, Jg. 2, S. 141. 1925/26. — Zade: Ein Beitrag zur Technik der Sortenprüfungen. Pflanzenbau, Jg. 1, S. 261. 1924/25.

III. Anlage und Durchführung von sonstigen Versuchen

Die Düngungs- und Sortenversuche sind heute die für die Praxis weitaus wichtigsten, da sie wichtigen Barausgabeposten zur rechten Wirksamkeit verhelfen sollen. Sie werden in dieser kapitalsarmen Zeit auch noch lange das Rückgrat jeder Feldversuchstätigkeit im Dienste der Praxis bleiben. Daneben gibt es jedoch eine Unzahl anderer Versuche, deren Wichtigkeit in dem Maße fortschreitend zunimmt, als die Düngungs- und Sortenfragen zu einer gewissen Klärung und zum Abschluß kommen. Aus ihrer Fülle seien die wichtigsten Arten herausgegriffen und die zweckmäßigste Durchführungstechnik kurz angedeutet:

a) Saatstärkenversuch

1. Allgemeines zur Anlageform:

Es gilt dasselbe wie für Sortenversuche. Wie bei allen gedrillten Früchten ist auch hier die daktylische oder jambische Standardmethode mit Wiederholungen hintereinander am vorteilhaftesten. Ferner ist bei Saatstärkeversuchen eine große Wiederholungszahl erforderlich, da die Unterschiede empfindlich sind. Um die Parzellenzahl nicht zu groß werden zu lassen, mindert man lieber die Zahl der geprüften Saatstärken und schreitet von 100 zu 100 Körnern vor, die Extreme, die nicht mehr in Betracht kommen, weglassend. Am zweckmäßigsten ist es, von der bisher normalen Saatstärke (in keimfähigen Körnern je Quadratmeter) auszugehen und dazu eine um 100 Körner geringere und eine um 100 Körner höhere Saatstärke zu prüfen. In einem schlesischen Versuchsring war z. B. die normale Saatstärke bei Hafer 300 Körner/qm. Daraus ergibt sich folgender Plan für einen dreijährig zu wiederholenden Saatstärkenversuch, angelegt mit der verbreitetsten Sorte des Ringes:

Standard		Standard		Standard
300 Ko/qm	200	300	400	300

Sehr zweckmäßig in puncto Arbeitsersparnis ist es, solche Saatstärkenversuche jedesmal an Sortenversuche mit der betreffenden Frucht anzuschließen. Hierbei verwendet man zur Prüfung die Sorte, die im Gebiet am verbreitetsten ist oder die meiste Aussicht hat, es zu werden. Nur in einem unterscheiden sich Saatstärkenversuche von Sortenversuchen: die Breitengrenze, bei der ein Nichtaussäen der Trennungsstreifen in der Längsrichtung zwischen den Parzellen zulässig ist, liegt höher. Bei acht Reihen

z. B. dürfte es noch nicht zulässig sein, dieselben durch jedesmaliges Schließen des 8. Trichters herzustellen (siehe S. 164), da die Randwirkungen gerade das zu prüfende Element des Pflanzenstandraumes stark beeinflussen würden. Hier hilft nur ein Ausschneiden der zwei Randreihen vor der Ernte (siehe S. 165).

Ein Kapitel für sich bilden die Saatstärkenversuche, die mit verschieden hoher Stickstoffgabe kombiniert werden sollen. Hierbei ist zu bedenken, daß die schwerer festzustellenden Unterschiede die der Saatstärken sind, während wir es bei der Stickstoffwirkung mit den gröberen, am leichtesten greifbaren Unterschieden zu tun haben. Hierauf ist bei der Anlage folgendermaßen Rücksicht zu nehmen: Der Saatstärkenversuch erhält in diesem Falle die Wiederholungen nebeneinander. Da zu solchen Versuchen sowieso schon uferlos viel Parzellen gebraucht werden, schränkt man die Zahl der Saatstärken möglichst auf drei ein und legt sie nach der daktylischen Anordnung an, so daß gleichzeitig eine Verrechnung nach der Gleitmethode möglich bleibt, zu welchem Zwecke man noch eine weitere Letztparzelle hinzufügt. Die Zahl der Seitwärts-Wiederholungen setzt man auf fünf herunter, so daß sich bei drei Saatstärken 17 schmale Parzellen ergeben. Diese werden so lang gewählt, daß in Anordnung hintereinander verschiedene Stickstoffdüngungen möglich sind, wobei die übliche Gabe als Standard dient oder die Gabe, die sich in den N-Versuchen als die zweckmäßigste herausgestellt hat. Mit dieser vergleicht man dann die halbe und die anderthalbfache Gabe, so daß folgende Anordnung entsteht (siehe Abb. 35).

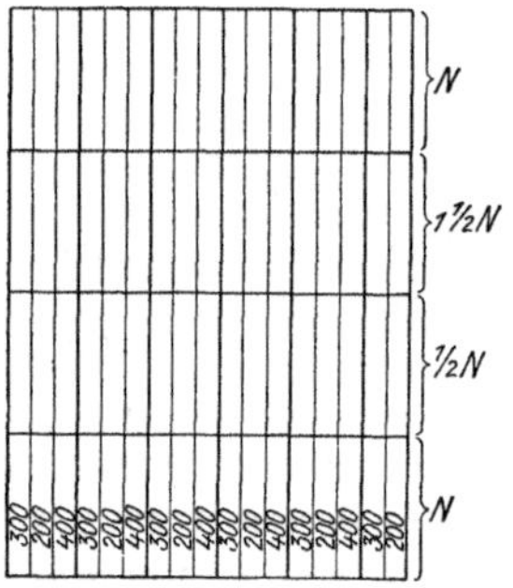

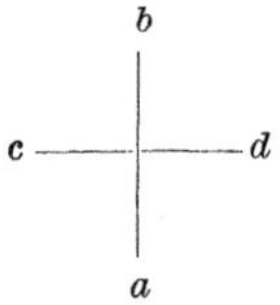

Abb. 35. Anordnung eines kombinierten Saatstarken-Stickstoffversuches

In Richtung *a b* hat man dann drei Saatstärkenversuche: einen mit üblicher Stickstoffgabe und reichlicher Wiederholungszahl (10), je einen mit geringerer und einen mit höherer Gabe und sparsamer Wiederholungszahl (5); alle in daktylischer Standardanordnung, Wiederholungen nebeneinander. In Richtung *c d* hat man Versuche mit steigenden Stickstoffgaben in daktylischer Standardanordnung mit fünf Wiederholungen hintereinander, und zwar einen mit der normalen Saatstärke, einen mit geringerer und einen mit höherer Saatstärke.

Mit 68 Parzellen läßt sich so diese heikle, kombinierte Frage, die immerhin für die Praxis oft einige Bedeutung hat, am exaktesten beantworten.

Ein anderes Kapitel von einiger Wichtigkeit betrifft die Kombination mit Saatzeitversuchen. Hier ist die zweckmäßigste Anordnung eine andere, entsprechend der Arbeit der Drillmaschine. Es ist dann zweckmäßig, die Wiederholungen der Saatstärken hintereinander zu legen, sich jedoch auf fünf zu beschränken. Dagegen die Saatzeiten in ganzen Sätzen nebeneinander, in daktylischer Anordnung. Ein Beispiel macht das am besten klar (s. Abb. 36).

In Richtung *c d* haben wir dann drei Saatstärkenversuche in daktylischer Anordnung mit Wiederholungen hintereinander und zwar: einen in der üblichen Saatzeit in zehnfacher und je einen mit zwei späteren Terminen in fünffacher Wiederholung. In gleicher Richtung haben wir aber auch drei Saatzeitenversuche in daktylischer Anordnung mit Wiederholungen hintereinander und verschiedenen Saatstärken, für die üblichste Saatstärke sogar in zehnfacher Wiederholung (zwei nebeneinander), für die übrigen in fünffacher. Parzellenbedarf: 80.

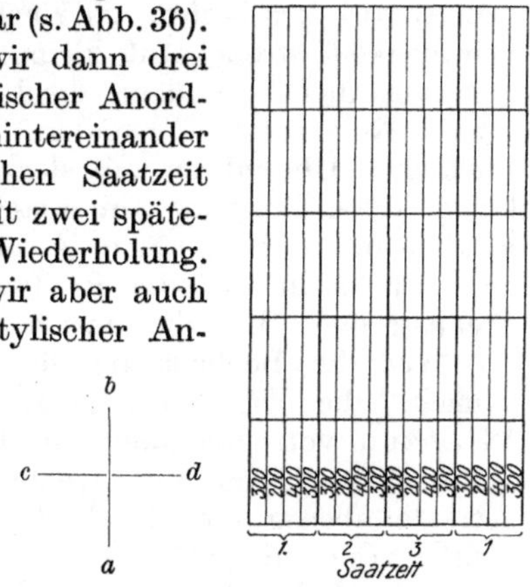

Abb. 36. Kombinierter Saatstarken- und Saatzeitenversuch

Ebenso wie bei der Kombination mit Saatzeiten ist bei einer Kombination mit Reihenweite vorzugehen.

Die Grundprinzipien bei der Anordnung sind die:

1. Die Saatstärkeunterschiede als die empfindlichsten immer in eng aneinander anschließenden Parzellen zu prüfen;

2. die N- und Saatzeitenunterschiede als die gröberen den weiter auseinanderliegenden Parzellen zu überlassen;

3. die wichtigsten Vergleiche bei der üblichen Saatstärke, Düngung, Saatzeit am öftesten zu wiederholen;

4. auf die Arbeitstechnik des gestaffelten Säens und Düngerstreuens möglichst Rücksicht zu nehmen.

2. Vorbereitung. Siehe Sortenversuche. Bei Saatstärkenversuchen ist die Ermittlung des Saatgutwertes des zu verwendenden Saatgutes besonders sorgfältig vorzunehmen. Die Triebkraftproben sind doppelt oder dreifach anzusetzen.

3. Anlage. Siehe Sortenversuche. Kein Schließen von Randtrichtern.

4. Pflege und Beobachtung. Zur Pflege ist vor allem die Stickstoffdüngung zu rechnen. Bei nicht mit N-Versuchen kombinierten ist sie ebenso zu geben wie bei Sortenversuchen: möglichst mit der Maschine quer oder schräg zur Drillrichtung. Bei kombinierten Saatstärken- und N-Versuchen in der angegebenen Anordnung ist ebenfalls die Durchführung der N-Düngung mit der Maschine zweckmäßig und arbeitsparend. Man läßt die betreffende Maschine auf $1/2$ N einstellen, probiert in einigen Gängen auf dem betreffenden Feld aus, ob sie diese Gabe auch in Wirklichkeit streut. Auf kleine Abweichungen kommt es dabei durchaus nicht an, denn die 1 N- und $1^1/_2$ N-Gabe wird nicht durch Neueinstellen, sondern einfach durch doppeltes und preifaches Überfahren mit der Maschine gegeben. Man verbindet diese Düngung am besten mit dem Festlegen der Sätze in Richtung *a b* und dem Aushacken der Trennstreifen, wobei man Rücksicht auf die Breite des Streuers nehmen und die Trennstreifen über die unsicheren Grenzstreifen führen kann.

Was die Beobachtung der Saatstärken anbelangt, so ist zunächst die Erfassung der tatsächlich aufgelaufenen Pflanzen von besonderer Wichtigkeit. Diese sind möglichst auszuzählen (siehe Sortenversuch S. 154). Dann bei Wintergetreide ebenso die Zahl der überwinterten Pflanzen. Meist ist es nicht möglich, diese bei allen Saatstärken festzustellen, da bei den hohen Saatstärken Bestockung und dichter Stand das Bild nach dem Winter allzusehr verwischen. Am ehesten ist die Zahl der überwinterten Pflanzen noch bei den geringen Saatstärken feststellbar, von welchen man dann auf die hohen schließt.

Ebenso wichtig sind natürlich die Halmzahlen nach vollendeter Ährenbildung.

Bei Saatstärkenversuchen ist die Bestimmung derselben auf dem Umweg über die Ährengewichtbestimmung bei der Ernte zu ungenau. Eine Auszählung auf der Parzelle ist hier vorzuziehen.

Neben der Kontrolle der Pflanzenzahl, Bestockung und Ährenbildung sind bei Saatstärkenversuchen besonders wichtig: Lagerbeobachtung, Beobachtung des Blütetermins (etwaige Verzögerungen bei Dünnsaat) und der Reife.

Erntevorbereitungen siehe Sortenversuche.

5. Ernte. (Siehe Sortenversuche.)

6. Aufarbeitung. Auch bei Saatstärkenversuchen sind Kontrollen des Wassergehaltes des Erntegutes, sowie Qualitätsbestimmungen (1000-Korngewicht), Bonitierung (bei Gerste), Hl-Gewicht usw. von Wichtigkeit.

Die Verrechnung erfolgt entsprechend der Anordnung.

b) Reihen- und Standweitenversuche

Solche kommen außer für Getreide auch für Hackfrüchte in Betracht.

1. Allgemeines. Auch Reihen- und Standweitenversuche sind sonst wie Sortenversuche durchzuführen, nur daß bei Kartoffelversuchen, bei denen nicht die Entfernung in der Reihe variiert wird, sondern der Reihenabstand selber, die sonst bei Kartoffelsorten praktische Anordnung nach Knut Vik keine Vorteile mehr bietet und zu einer Anlageform entsprechend den gedrillten Getreidesortenversuchen überzugehen ist. Auch bei Rübenstandweitenversuchen ist diese Form den sonst empfohlenen schmalsten Parzellen nach Sassonow unbedingt vorzuziehen.

Sonstige allgemeine Gesichtspunkte siehe Getreidesorten- und Saatstärkenversuche.

2. Vorbereitung. Bei Getreide ist auch hier eine sorgfältige Ermittlung des Saatgutwertes erforderlich.

3. Anlage. siehe Sorten- und Saatstärkenversuche. An Stelle des Einschüttens einer neuen Sorte oder des Einstellens einer neuen Saatstärke tritt das Umändern der Scharzahl und Umstellen des Säemechanismus auf hierbei gleiche Saatstärke. (Immer nur einen Faktor auf einmal variieren!)

Bei Anlage einfacher Reihenweitenversuche mit der großen Drillmaschine ist es zweckmäßig, Sorte, Saatstärke und Standardstandweite wie auf dem ganzen Feld zu wählen (ebenso bei Kartoffeln nach der Pflanzenlochmaschine). Man läßt die Maschine die entsprechenden Streifen zwischen den Standardstreifen leer fahren und stellt sie dann nacheinander auf die verschiedenen Standardweiten um. Noch praktischer ist es, wenn man zu diesem Zwecke eine zweite große Maschine mit hinausnehmen kann: eine alte Reservemaschine oder eine geborgte. Während die andere weiter drillt, wird diese umgestellt, nach beendigter Umstellung die Pferde vorgespannt, die Streifen ausgesät (am praktischesten zwei Wiederholungen nebeneinander), abgehängt, wieder neu umgestellt usw. Ganz entsprechend kann auch bei der Pflanzlochmaschine vorgegangen werden.

4. Pflege, Beobachtung. (Siehe Saatstärkenversuche.) Auch bei Hackfruchtversuchen sind die tatsächlichen Pflanzenzahlen unbedingt auszuzählen. Bei Getreideversuchen sind auch hier zur Erntevorbereitung die zwei Randreihen jeder Parzelle erst kurz vor der Ernte auszuscheiden. Bei Hackfruchtversuchen ist ein Weghacken unnötig, da die Randreihen einfach bei der Ernte liegen bleiben.

5. Ernte. Siehe Sortenversuche.

6. Aufarbeitung und Verrechnung. Siehe Saatstärkenversuche.

Hier kommt nur eines hinzu: Nach Ausschalten der Randreihen haben die Parzellen mit verschiedener Standweite auch verschiedene Erntefläche. Beim Arbeiten nach der Standardmethode, aber auch bei Ausgleichsmethoden, müssen bereits die einfachen Ertragszahlen je Parzelle auf gleiche Ernteflächen umgerechnet werden. Dies nimmt man am praktischesten so vor, daß man bereits vorher für die verschiedenen Standweiten entsprechende Faktoren errechnet, mit denen die Ertragszahlen zu multiplizieren sind; der Faktor für die Standardstandweite wird hierbei = 1 gesetzt.

Z. B. sei ein Rübenstandweitenversuch gegeben. Standardweite 7 Reihen auf 3 m = 43 cm. Verglichen seien damit 8 Reihen = 37,5 cm und 6 Reihen = 50 cm. Bei Ausschalten der zwei Randreihen ergibt sich folgende Berechnung der Faktoren f:

Standweite	Berechnung	f
43	43 × 5 = 215	× 1,00
37,5	37,5 × 6 = 225	× 0,96
50	50 × 4 = 200	× 1,08

Bei Rüben und Kartoffelstandweiteversuchen sind Zucker und Stärkegehaltsbestimmungen durchaus anzustreben.

c) Versuche mit verschiedenen Saatmethoden

Druckrollensaat, Bandsaat, Dibbelsaat, Einzelkornsaat, verschiedener Saattiefe usw.

Anlageform und Ausführung völlig entsprechend den Saatstärken und Reihenweitenversuchen.

d) Versuche mit verschiedenen Saatzeiten

Auch diese sind völlig nach der Art der Sortenversuche nach der Standardmethode mit Wiederholungen hintereinander durchzuführen. Nur können hierbei die Parzellen nicht so schmal genommen werden. Jeder Streifen muß so breit sein, daß man im Notfalle — nach inzwischen eingetretenen, starken Regengüssen —

die Bearbeitung zur Saatvorbereitung wiederholen kann, er muß also mindestens 3 bis 6 m breit und dementsprechend kürzer gewählt werden; die Randstreifen sind erst vor der Ernte wegzuschneiden, bzw. bei der Ernte auszuschalten. Da bei der Saat kein öfteres Abprobieren notwendig ist, ist die Anlage mit großen Gutsmaschinen vorzuziehen.

Auch die Saatzeitversuche stellen an die Beobachtung hohe Anforderungen und bieten interessante Vielseitigkeit, insbesondere in Bezug auf Krankheitsbefall. Die Kontrolle von Pflanzen- (und Halm-)zahl ist sehr wichtig, ebenso bei der Ernte das Verhältnis Korn zu Stroh, bzw. Wurzel zu Kraut.

Durchführung und Verrechnung wie bei großen Sortenversuchen, normale Saatzeit = 100.

e) Versuche mit verschieden zubereitetem Saatgut

Korngrößen-, Stimulations-, Beiz-, Impfversuche und ähnliche.

Diese Versuche erfordern eine mehr oder minder peinliche Vorbehandlung des Saatgutes und weitere eingehende Beobachtung (Auszählen der Brandprozente usw.). Sie werden daher zu Getreide am besten nach Art der Mikrosortenversuche durchgeführt, wobei jene Arbeiten auf ein Minimum eingeschränkt werden können. Näheres siehe dort.

Zu Rüben- und Kartoffeln siehe die entsprechenden Sortenversuche. Bei diesen Versuchen führt man zweckmäßigerweise parallel zum Feldversuch einen Laboratoriumsversuch in Triebkästen mit drei- bis viermaliger Wiederholung durch, um die verschiedenen Aufgangsgeschwindigkeiten und -verhältnisse zahlenmäßig exakt erfassen zu können.

Nach beendigtem Aufgang bricht man dann den Laboratoriumsversuch ab.

Das Auszählen der Flugbrandprozente erfolgt kurz nach dem Ährenschieben. Das Auszählen der Steinbrandprozente nach dem Schnitt an den Garben.

f) Erntezeitversuche

Sie kommen vor allem bei Rüben, aber auch bei Kartoffeln in Betracht.

Meistens werden sie nicht direkt angelegt, sondern nachträglich auf dem Felde vor der Ernte ausgesucht. Das hat insofern große Nachteile, als doch keine genügende Gewähr für sonst gleichmäßige Behandlung der Stücke gegeben ist. Vor allem ungleichmäßige Stickstoffdüngung und bei Rüben ungleichmäßiges

Verziehen können die Ergebnisse sehr verwischen. Es ist daher zweckmäßig, das betreffende Stück bereits vor der Kopfdüngung mit Stickstoff und vor dem Verziehen auszusuchen. Die Stickstoffgabe ist dann quer oder schräg zu den Reihen mit der Maschine zu geben, und das Verziehen des Versuchsstückes hat von einer Person fortlaufend zu erfolgen. Die Anordnung der Parzellen erfolgt dann so: jede Parzelle erhält nur eine Reihe, die so lang gewählt wird, daß 100 bis 125 Pflanzen darauf stehen. Quer zu den Drillreihen werden am Anfang und Ende dieser Strecke je ein 0,50 bis 1 m breiter Streifen nach der Schnur vorgerodet, damit die Grenzen klarliegen. Zwei solche Wiederholungen werden zweckmäßig hintereinander geschaltet. (Siehe nebenstehende Abbildung.) In der Seitenrichtung bleiben die Parzellenreihen durch je eine Zwischenreihe getrennt, damit keine Randwirkungen entstehen. Der normale Erntetermin ist als Standardreihe jede dritte Parzellenreihe einzuschieben. Von den Wiederholungen sind, soweit keine Pflugfurchen stören, mindestens drei nebeneinander zu legen; dahinter ist ein zweiter Satz anzuordnen, so daß ein derartiger Versuch folgendermaßen aussehen würde (siehe Abb. 37).

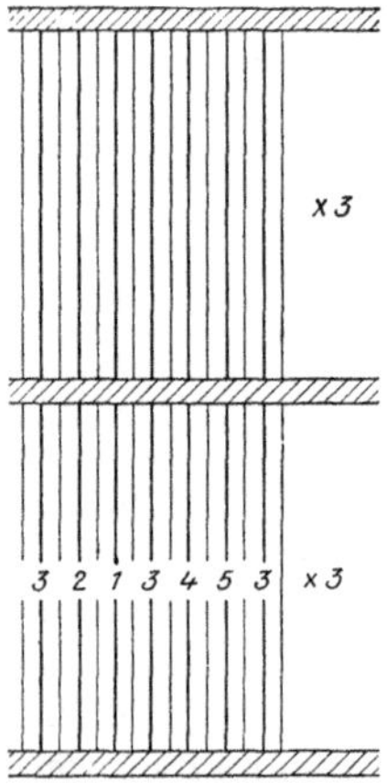

Abb. 37. Erntezeitenversuch zu Ruben
1 Ernte 21,9.
2 Ernte 1,10.
3 Ernte 11,10.
4 Ernte 21,10.
5 Ernte 31,10.

Konnten die Vorsichtsmaßregeln in punkto Düngung und Verziehen nicht rechtzeitig getroffen werden, ist diese an sich bequeme und genaue Arbeit gestattende Durchführungsform nicht anwendbar, da sie zu hohe Fehler ergibt. Es bleibt dann nichts anderes übrig, als den Versuch nach Knut Vik in Schachbrettform anzusetzen. Es genügt ja, bei einem Ausschneiden zur Zeit der Ernte entsprechende Pfähle stehen zu lassen; auch die Trennungsstreifen zwischen den Parzellen können bequem nach der Schnur gearbeitet werden. Bei Frühkartoffelversuchen, wo die Erntezeitpunkte nicht weit auseinanderliegen, kann auf Trennstreifen verzichtet werden; es ist bei diesen die Schachbrettform überhaupt vorzuziehen. Im übrigen siehe Kartoffelsortenversuch nach Knut Vik (S. 183).

Die Bestimmung der Gehaltszahlen (Zucker, Stärke) oder Bonitierung der Qualität (Frühkartoffel) ist bei derlei Versuchen besonders wichtig.

g) Bodenbearbeitungsversuche

Dieses Feld ist noch wenig beackert, da es sehr schwer ist, auf dem Gebiete der Bodenbearbeitung allgemeinere Fragen aufzuwerfen, ebenso schwer, sie allgemein zu beantworten. Die Institute haben wenig Interesse dafür, da Doktoranden nicht gern drei- bis fünfjährige Versuchsaufgaben angehen, wie sie die Bodenbearbeitung zum mindesten stellt, überdies der Platz dafür meist nicht vorhanden ist. Auch der Praxis fehlt meist die Geduld und das Verständnis hierfür, steht doch dieses Gebiet den großen, direkten Barausgabeposten meist recht fern. Da diese Versuche nur einen Sinn haben, wenn sie während drei bis fünf Jahren durchgeführt werden und auch dann oft nur, wenn dies immer an der gleichen Stelle geschieht, ist die Fragestellung stets so einfach wie möglich zu wählen, möglichst nur eine in einem Versuch. Anderseits verweist die Arbeitsweise aller Ackergeräte auf schmale, lange Streifen. So kann als allgemeines Schema für derartige Versuche folgendes gegeben werden:

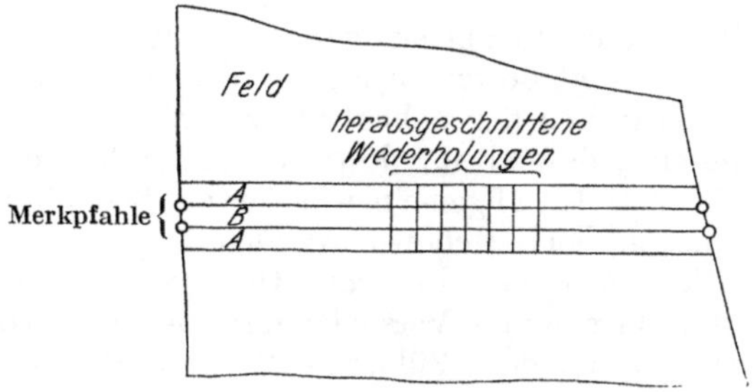

Abb. 38. Schema eines Bodenbearbeitungsversuches
A = ubliche Feldbearbeitung
B = Zusatzmaßnahme

Also jambische Anordnung mit Wiederholungen hintereinander. Die Arbeit bei der Anlage besteht dann zunächst immer nur in der abweichenden Bearbeitung des Streifens *B*. Erst zur Ernte werden die *A*-Streifen und die Wiederholungssätze herausgeschnitten.

Es braucht dann auch auf weiter nichts geachtet zu werden, als daß sämtliche sonstige einflußreiche Bearbeitungen, Düngungen und so weiter, quer dazu erfolgen. Da diese sonstigen Arbeitsgänge meist ein Vielfaches der betreffenden variierten Versuchsbearbeitung darstellen, wird man nach Möglichkeit letztere in die „unbequeme“ Richtung legen. Dann braucht man sich nicht so sehr um die anderen Dinge zu kümmern, da diese dann eo ipso quer dazu in der gewohnten „bequemen“ Richtung erfolgen. Die Festlegung des Streifens *B* am Feldrand erfolgt bei Versuchen, die dauernd an derselben Stelle wiederholt werden sollen, genau so wie bei anderen Dauerversuchen (siehe S. 93).

Sehr aufschlußreich ist es manchmal, wenn in der anderen Richtung ein anderer Faktor variiert wird: etwa Düngung oder Sorte. Besonders die Stickstoffdüngung eignet sich hierzu. Die Zahl der Wiederholungen muß dann für jede Behandlung mindestens drei bis vier betragen. So würde ein Tiefkulturversuch, mit einem N-Versuche kombiniert, folgendermaßen aussehen:

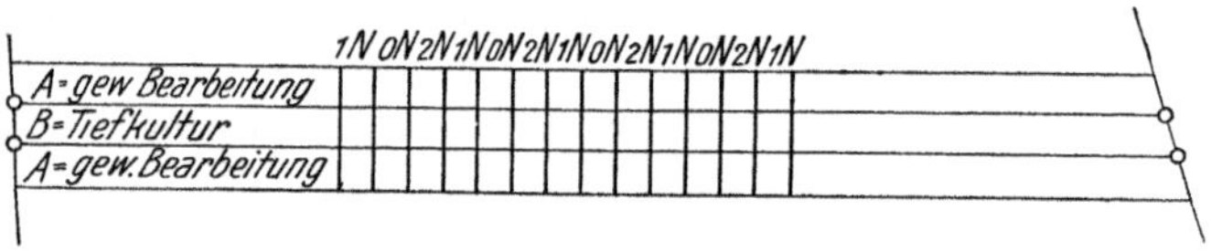

Abb. 39. Bodenbearbeitungsversuch kombiniert mit N-Versuch

Bei allen diesen Versuchen wird man die Streifen nicht zu schmal wählen — mindestens 5 m, von denen je 1 m rechts und links als Trennstreifen liegen bleiben, so daß zwischen einem *A*- und *B*-Streifen jedesmal mindestens 2 m Schutzstreifen vorhanden sind. Von den allgemein wichtigeren Bodenbearbeitungsversuchen mögen hervorgehoben werden:

I. Tiefkulturversuche (mit Untergrundlockerern, Tiefpflügen, Tiefwühlern) und Versuche mit sonstigen nachhaltigen Bearbeitungsmaßnahmen: Wühlen — Pflügen, Fräsen — Pflügen und andere.

Bei all diesen Versuchen handelt es sich ganz speziell um einmalige oder seltenere Bearbeitungsmaßnahmen, deren Wirkungen bei sonst gleicher, weiterer Behandlung unter Umständen durch mehrere Jahre untersucht werden sollen. Es ist hier besonders anzuraten, die zu prüfende Maßnahme quer zur sonst üblichen Bearbeitungsrichtung vorzunehmen.

Beim Aussuchen eines geeigneten Schlages und eines geeigneten Streifens soll man in punkto Bodenverschiedenheiten nicht ängstlich sein. Da auch bei wechselnden Böden die Schläge doch in einem bearbeitet werden müssen, ist ein Wechseln des Bodens auch in der Länge des Versuchsstreifens nur zu begrüßen. Es schafft vielfältigere Beobachtungs- und Auswertungsmöglichkeiten. Ich kann z. B. vier Wiederholungen auf einer schweren Stelle ausscheiden, vier auf einer leichteren, oder wieder andere an einer Stelle, die etwas unter Nässe leidet. Das Herausschneiden der zu erntenden Wiederholungen geschieht dann immer entsprechend den Anforderungen der im betreffenden Jahre auf dem Versuche angebauten Frucht.

An willkürlichen Variationen in der Längsrichtung (neben der Berücksichtigung der Bodenunterschiede) kommen vor allem gestaffelte Stickstoffgaben in Betracht, zur Ausschöpfung mobilisierter Bodenvorräte und Sichtbarmachung der Veränderungen in der Wasserführung.

II. Versuche mit Stallmistdüngung. Diese gehören zwar ihrem Sinne nach zu den Düngungsversuchen. Der Technik der Durchführung nach sind sie jedoch hier einzureihen. Meistens geht auch die Frage nicht nach der eigentlichen Nährstoffwirkung des Stallmistes — die interessiert den Praktiker weniger, da er dafür eine gute Anschauung aus alter Erfahrung hat — sondern nach den verschiedenen zeitlichen und technischen Möglichkeiten der Aufbringung und Einarbeitung. Herbst — Winter — Frühjahr, Einackern, Unterschälen, Liegenlassen, Eingrubbern usw., so lauten die Fragen, die betriebswirtschaftlich oft recht wichtig sind.

Hier gilt dasselbe wie für die Tiefkulturversuche: Ein schmaler, langer Streifen, der abweichend behandelt worden ist, wird verglichen mit rechts und links davon herausgeschnittenen, normal behandelten Streifen. Lage möglichst in der „unbequemen" Richtung, da es sich um eine in drei bis vier Jahren einmalige Maßnahme handelt.

Ganz besonders ist auf die gleichmäßige Aufbringung gleichmäßigen Düngers innerhalb der Versuchsstreifen zu achten.

Auch ist eine Kombination in der Längsrichtung mit steigenden N-Gaben besonders aufschlußreich. Durchführung der Versuche sonst entsprechend den allgemeinen Gesichtspunkten und den Anforderungen der auf dem Felde zum Anbau kommenden Früchte.

III. Gründüngungsversuche. Hier gilt dasselbe wie für die Stallmistversuche. Nur kommt hier die direkte Frage nach der Wirkung und Nachwirkung bereits öfter in Betracht.

Es sind folgende Fragestellungen, die am häufigsten interessieren:

1. Wie hoch ist überhaupt die Wirkung?

2. Stoppelsaat oder Untersaat? (Oder manchmal verschiedene Formen der Stoppelsaat und Untersaat).

3. Abfüttern oder nicht?

Die Fragen 2 und 3 wird man immer in Verbindung mit 1

lösen wollen, so daß sich die Notwendigkeit von Doppelstreifen ergibt.

Z. B. zu 2. Auf einem geernteten Felde, das guten Seradella-Kleebestand zeigt, wird sofort ein 10 m breiter Streifen quer zur allgemeinen Bearbeitungsrichtung geschält und 5 m Breite davon mit Lupinen (Erbsen-Bohnen) besät.

Es ergib sich dann folgende Anordnung:

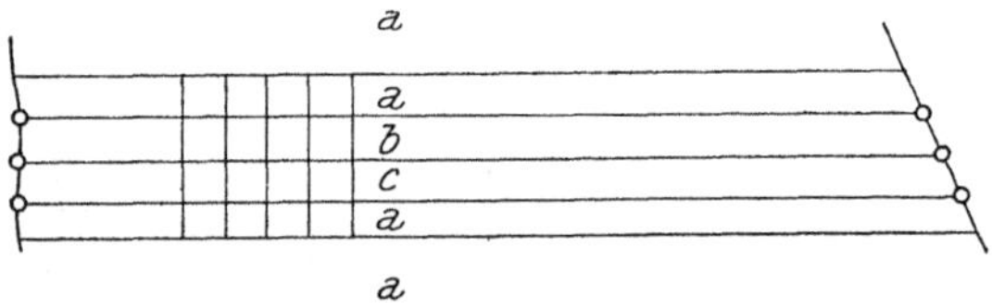

Abb. 40. Kombinierter Grundüngungsversuch
a = Seradelle, *b* = Lupine, *c* = ohne Grundungung

Also ein Versuch in daktylischer Standardanordnung mit Wiederholungen hintereinander. Die Lage der Streifen wird am Feldrand festgelegt, die Wiederholungen später quer dazu herausgeschnitten und nach Möglichkeit so zahlreich genommen, daß mehrfach gestaffelte Stickstoffdüngung mitgeprüft werden kann.

Ebenso kann die Frage 3 in Verbindung mit 1 angegangen werden, indem nur 5 m umgeschält und 5 m daneben später abgefüttert werden.

Der Versuch ist durch eine Fruchtfolge durchzuführen und nach Möglichkeit an derselben Stelle zu wiederholen. Durchführung zu den einzelnen Früchten entsprechend den Erfordernissen der jeweiligen Fruchtgattung.

h) Versuche zur Saaten- und Bodenpflege

Sie entsprechen in vielem den Bodenbearbeitungsversuchen. Auch bei diesen ist das Hineinlegen abweichend bearbeiteter Streifen in ein wie üblich bearbeitetes Feld die zweckmäßigste Form für Versuche in der Praxis. Also in jambischer Standardmethode mit Wiederholungen hintereinander. Nur brauchen sie nicht mehrjährig auf derselben Stelle durchgeführt zu werden, so daß die Streifen ruhig in die bequeme Richtung gelegt werden können. Auch sind hier breite Trennstreifen überflüssig: es genügt das Ausschalten von Randreihen, wie bei Sortenversuchen.

Vor allem sind die verschiedenen Hack-, Meißel-, Häufel-, Egg- und Walzversuche in dieser Form durchzuführen.

Eine abweichende Form verlangen die meisten Unkrautbekämpfungsversuche mit Spritz-, Staub- und mechanischen Mitteln. Zwar ist für reine Demonstrationszwecke eine Anlage in der Form langer Streifen besonders wirksam. Jedoch ist dann keine Kontrolle über die Wirkung der Maßnahme auf folgende deutlich zu trennende Punkte möglich:

1. Einfluß der Maßnahme auf den Unkrautbesatz.
2. Einfluß des Unkrautbesatzes auf den Ertrag.
3. Einfluß der Maßnahme auf den Ertrag, unabhängig vom Unkrautbesatz.

Obendrein kommt hier die Schwierigkeit der Ungleichmäßigkeit des Unkrautbesatzes dazu. Sie verweist auf die Verwendung kleinster Parzellen nach Art der Mikroleistungsprüfungen von 3 bis 6 qm Größe. Wenn man als allgemeines Schema für solche Versuche folgendes annimmt:

ohne Unkraut unbearbeitet	ohne Unkraut bearbeitet	mit Unkraut bearbeitet	mit Unkraut unbearbeitet

so ergibt sich bei sechsfacher Wiederholung und Gleitverrechnung ein Bedarf von 26 Parzellen = 75 bis 150 qm.

Eine derartige Fläche mit einigermaßen gleichmäßigem Unkrautbestande wird nicht schwer auszuschneiden sein. Gelegentlich ist es bei einigen Unkrautarten (Senf) auch möglich, den gleichmäßigen Bestand durch Aussäen herzustellen. Das dazu notwendige Saatgut ist auf jedem Kornhändlerspeicher und in jeder größeren Mühle stets reichlich zu haben.

Sobald das Unkraut aufgelaufen ist, wird der Versuch abgesteckt, wobei die Form der Fläche die Anordnung vorschreibt. Zwar ist die Langreihe am bequemsten. Da aber hierbei infolge der unsicheren Randwirkung der Bekämpfungsmaßnahmen die Parzellen nicht lang und schmal angelegt werden können, sondern mehr quadratisch sein müssen, ist es oft nicht möglich, sie anzuwenden, da der Versuch unverhältnismäßig lang werden würde. Man muß sich dann eben anpassen und entweder zur Doppelreihe oder zur Schachbrettform greifen.

Die Parzellen ohne Unkraut werden nun sorgfältig gejätet und der Versuch entsprechend den Vorschriften und Anforderungen der Bekämpfungsmittel durchgeführt. Eine Ertragsfeststellung entsprechend der bei Mikroleistungsprüfungen, sowie Zusatzuntersuchungen, als da sind Pflanzen- und Halmzählungen, Korn-Strohverhältnis bei Getreide, Feststellung der Unkrautgewichte usw., sind bei Versuchen mit solchen kleinen Parzellen leicht durchzuführen und können ungemein aufschlußreich und richtunggebend für die praktische Ausführung sein. Sind bei den Versuchen zur Unkrautbekämpfung noch allgemeine Richtlinien möglich, so ist das bei Versuchen zur Schädlingsbekämpfung nicht der Fall. Hier hat man sich ganz den Gewohnheiten der betreffenden Lebewesen anzupassen. Und es bleibt keine andere Richtlinie übrig, als die, stets Sorge zu tragen, daß Zufallsergebnisse ausgeschlossen bleiben.

i) Vorfruchtversuche

Die genaue Erfassung der Vorfruchtwirkungen in einem Gebiete kann betriebswirtschaftlich von allergrößter Bedeutung sein. Sie ist nur ungemein schwierig.

Ein kleiner Teil dieser Fragen wird sich durch Verarbeitung langjähriger, sorgfältiger Buchführungen klären lassen. Aber gerade die wichtigsten Fragen für die betreffenden Wirtschaften in dieser Richtung pflegen auf Maßnahmen zu gehen, die bisher nicht regelmäßig, sondern höchstens vereinzelt oder gar nicht getroffen wurden.

Eine Anlage solcher Versuche nach der Streifenmethode (wie bei den Bearbeitungsversuchen) kommt nun in den meisten Fällen überhaupt nicht in Betracht, da sie für die Wirtschaften eine höchst unangenehme Arbeitszersplitterung mit sich bringen würde. Dagegen ergibt sich meist ganz von selbst, daß dieser oder jener Schlag einmal geteilt wird, mit verschiedenen Früchten bestellt und danach wieder einheitlich angebaut wird. Das ist die Stelle, an der Untersuchungen einsetzen und Versuche herausgeschnitten werden können.

Gegeben ist dann immer eine scharfe, gerade Grenzlinie zwischen zwei Vorfrüchten. Man wird zunächst Sorge tragen, daß alle Bearbeitung, vor allem aber die N-Düngung quer oder schräg zu dieser Grenzlinie geschieht, während das Drillen (Pflanzen) genau in derselben Richtung zu erfolgen hat — was sich meist zwanglos ergibt.

An dieser Grenze entlang werden dann möglichst schmale und lange Parzellen, bei unsicherer Grenze mit einem Trennstreifen von $\frac{1}{2}$ Parzellenbreite, vor der Ernte herausgeschnitten. Lang und schmal, damit Bodenunterschiede in seitlicher Richtung, die das Ergebnis in unkontrollierbarer Form fälschen würden, möglichst ausgeschaltet werden. Z. B. wie auf Abb. 41 dargestellt.

In einem Gebiete mit stärkerem Bodenwechsel genügt das jedoch nicht. Da muß man eine Kontrolle der Bodenveränderungen in der Richtung des Pfeiles von I nach II zu gewinnen trachten. Es ist dies auf dem Wege möglich, daß man bei der Ernte die Streifen I und II noch einmal der Länge nach teilt und den Ertrag mit zwei Wägungen feststellt. Das ist, wenn Drill- und Pflanzrichtung in die Richtung der Grenze gelegt werden, ohne jede Zusatzarbeit an Hand der Reihen möglich. Man erhält dadurch für jede Parzelle zwei Gewichte, sagen wir a und b bei I, und c und d bei II. Diese müssen zusammengezählt werden, um die vorläufigen Erträge A und C der Parzellen

I. Weizen nach Flachs

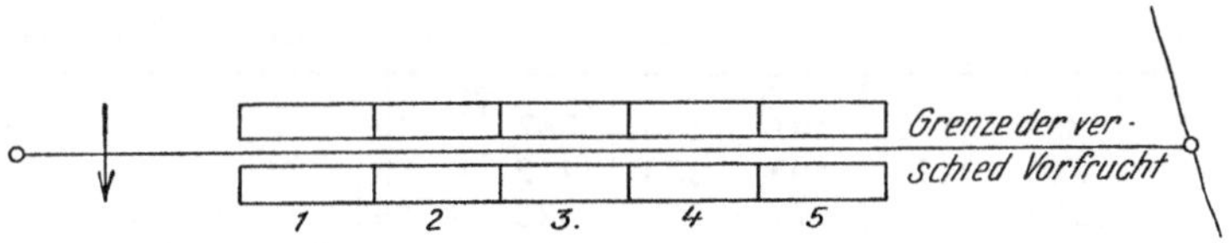

II. Weizen nach Gerste

Abb. 41. Vorfruchtversuch zu Weizen

zu erhalten. Wenn man sie jedoch von einander abzieht, $a - b$ und $c - d$, erhält man zwei Maße für die Bodenveränderungen von A nach C, aus denen man auf die Größe derselben folgendermaßen schließen kann:

1. Fall. Kein Trennstreifen (eventuell nur zwei Randreihen ausgeschnitten) siehe Abb. 42.

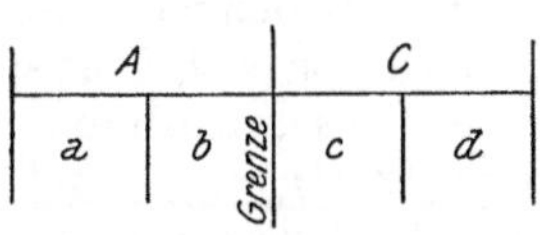

Abb. 42. Vorfruchtversuch ohne Trennstreifen

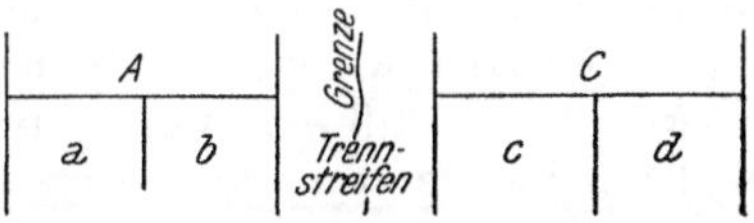

Abb. 43. Vorfruchtversuch mit Trennstreifen

Bodenänderung von b nach c interpoliert: $\frac{(a - b) + (c - d)}{2} = \frac{D}{2}$

Erforderliche Korrektur von C: $C_{\text{korr}} = C + 2\,D$.

2. Fall. Trennstreifen von halber Parzellenbreite (siehe Abb. 43).

Wenn $D = (a - b) + (c - d)$ beträgt die erforderliche Korrektur durch Interpolation der Bodenveränderung:

$$C_{\text{korr}} = C + 3\,D$$

Schaltet man auf diese Weise die seitlichen Bodenvariationen aus, wird eine direkte Differenzbildung zwischen den I. und II.

Parzellen in jeder Wiederholung möglich und ist diese sogar vorzuziehen, da die Wiederholungen in der Längsrichtung infolge der schmalen, langen Form besonders stark Bodenschwankungen ausgesetzt sein werden, die mit dem Ergebnis des Versuches nichts zu tun haben.

Ein Beispiel mag dies zeigen. Versuch ohne Trennstreifen. Rüben nach Klee I und nach Getreide II.

Zahlen *a b c d* in Pfd/25 qm.

a	b	I	c	d	II	D	II korr.	I—II Pfd/Parz.
185	229	410	191	196	387	— 49	289	121 (+ 18)
190	235	423	209	203	412	— 39	334	89 (— 14)
192	231	423	177	203	380	— 65	250	173 (+
196	225	421	181	189	370	— 37	296	125 (+ 22)
219	213	432	202	216	418	— 8	402	30 (— 73)
189	226	415	207	215	422	— 45	332	83 (— 20)
		(421)			(397)			103 ± 20
		(diff = 24 in ctr/mo = + 12)				in ctr/mo = + 51 ± 10		

Ein Blick auf die Zahlen zeigt, daß hier z. B. von links nach rechts durchwegs eine zunehmende, starke Bodenverbesserung festzustellen ist, welche die Überlegenheit der Rübe nach Klee stark verwischt, so daß bei Verrechnung ohne Berücksichtigung der Bodenänderung nur ein Unterschied von 12 ctr/mo festgestellt werden konnte, während derselbe in Wirklichkeit etwa viermal so groß ist.

Mit Trennstreifen ist die Verrechnung entsprechend, nur daß II statt mit 2 *D* mit 3 *D* zu korrigieren ist.

Diese Methode läßt sich auch bei allen sonstigen improvisierten Versuchen längs einer Grenze zwischen zwei Sorten, zwei Bearbeitungsweisen usw. anwenden, wie sie sich in der Praxis manchmal ergeben. Vorbedingung dafür ist allerdings immer wieder — das möchte zum Schluß noch einmal betont werden — die Gewähr, daß nur ein Faktor längs der Grenze verändert wurde, sei dieser eine Sorte, eine Bearbeitung oder eine Düngung (dies kommt besonders bei Prüfung von Gründüngung- und Stallmistwirkungen in Betracht!).

IV. Hinweise zur Durchführung von Feldversuchen mit sonstigen Früchten

1. Versuche mit Erbsen, Wicken, Peluschken

Parzellengröße und Anordnung wie bei Getreideversuchen, wenn zum Drusch bestimmt.

Wenn zum Grünschnitt mit Sense, genügen 10 bis 20 qm.

Trennungsstreifen mindestens 50 cm breit aushacken. Reifernte zweckmäßig durch Raufen und Rollen in „Kugeln“ je Parzelle. Festlegen und Bezeichnen derselben mit durchgesteckten, leicht eingeschlagenen Pfählen auf den zugehörigen Parzellen; erst zum Drusch zusammentragen. Drusch wie Getreide.

2. Versuche mit Pferdebohnen und Lupinen

Wie Getreideversuche. Bei größerer Drillreihenentfernung in der Drillrichtung keine Trennungsstreifen erforderlich.

3. Versuche mit Seradella

Sie werden meistens zur Grünmahd bestimmt, entsprechend dem praktischen Nutzungszweck. Parzellen und Anordnung wie bei Getreideversuchen. Größe zirka 15 bis 25 qm, je nach Seradellawüchsigkeit der Lage.

4. Versuche mit Buchweizen

Falls zur Grünmahd bestimmt, wie Seradellaversuche.

Falls zur Reifernte bestimmt, Anordnung und Größe der Parzellen wie bei Getreideversuchen.

Bei Ernte die Mahd auf den Parzellen selber in kleinen Kapellen auf- und zusammenstellen. Erst zum Drusch zusammentragen. Drusch wie bei Getreideversuchen.

5. Versuche mit Raps, Rübsen, Senf und Leindotter

Parzellenanordnung wie bei Getreideversuchen.

Parzellengröße bei zum Drusch bestimmten Versuchen größer, da alles auf sorgfältigen Einzelparzellendrusch und -kornertrag ankommt und Wägung im Stroh infolge dessen Wertlosigkeit, Sperrigkeit und Empfindlichkeit gegen Ausfall sich erübrigt.

Bei Anlage von Sortenversuchen Rücksicht auf Tausendkorngewicht nicht notwendig. Daher bei genügender Triebkraft mit einer Saatstellung zu säen und Anlage mit großen Gutsmaschinen praktisch.

Trennungsstreifen (50 cm) nur quer zur Drillrichtung notwendig.

Ernte (rechtzeitig!) mit Sense; Binden von Garben in Strohseile oder Garbenbänder; Zusammentragen wie Getreide und Aufstellen in Doppelpuppen.

Drusch wie bei Getreide, parzellenweise, ohne vorherige Wägung im Stroh.

6. Versuche zu Lein

Parzellenanordnung wie bei Getreideversuchen. Parzellengröße nur 10 bis 15 qm, um jede Parzelle in ein starkes Bund fassen zu können.

Sortensaat wie bei Getreideversuchen. Trennungsstreifen nur quer zur Drillrichtung notwendig.

Ernte: Raufen, Auf- und Zusammenstellen in Kapellen auf den betreffenden Parzellen. Nach genügender Trocknung parzellenweise Binden in etikettierte Bunde und Einfahren mit letztem Flachs des Feldes, so daß er im Flachsbansen in einer Ecke obenauf gelegt werden kann.

Weiterverarbeitung im Winter oder in nachfolgender Regenperiode, im Rahmen der allgemeinen Flachsbearbeitung; entweder Riffeln und Flegeldrusch der Knoten, oder einfacher (falls keine Faserprüfung beabsichtigt ist) ganzer Flegeldrusch, oder Verarbeitung mit Entknotungsmaschine.

7. Versuche zu Mais

a) Mais zu Kolben

Zur Ausschaltung des individuellen Einflusses der Einzelpflanze sind erforderlich:

Bei gezüchteten Sorten 50 Pflanzen (d. i. 18 bis 25 qm);
bei ungezüchteten Landsorten 70 bis 80 Pflanzen (d. i. 30 bis 40 qm);

Vormarkieren der Pflanzstellen mit Markör auf 60 × 60 cm oder 70 × 70 cm;[1]

Legen mit der Hand;

Parzellenanordnung wie bei Kartoffeln;

Fehlstellen mit Pflanzen ähnlicher Wuchsform (etwa Zirok-Besenhirse) nachbauen.

Bei der Ernte hat sich folgendes Verfahren bewährt:

Nach Auszählen der vorhandenen Pflanzen und Feststellen der Fehlstellen werden die Kolben jeder Parzelle geerntet, gezählt, sofort entliescht und gewogen. Von jeder Parzelle werden dann etwa 60 bis 70 Kolben wahllos herausgegriffen, gewogen und

[1] Vgl. Mader: Standraumversuche bei Mais. Pflanzenbau, Nr. 21, S. 331. 1925/26.

an geeigneten Orten zum Trocknen aufgeschüttet. Nach dem Trocknen werden die Kolben abermals gewogen, abgerebelt und das Gewicht der Maiskörner festgestellt. Mit Hilfe des so gewonnenen Verhältnisses von Grüngewicht, Trockengewicht (Austrocknung) und des gleichfalls ermittelten Korn-Spindelverhältnisses können dann die Parzellengewichte auf das Erntegewicht an Maiskörnern umgerechnet werden, wobei man am besten von einer einheitlichen Basis, z. B. Kolben, ausgeht. Es ergibt sich eine Zusammenstellung etwa in folgender Form:

Parzelle	Pro Parzelle						Pro 100 Pflz.				
	Pflanzenzahl	Kolbenzahl	Kolbengewicht[1]	Austrocknung	Korrigiertes Erntegewicht	Einzelkolbengewicht	Kolbenzahl	Kolbengewicht	Kolbengewicht/ha[2]	Korn-Spindelverhältnis	Körnergewicht pro ha

Wie bei kaum einer anderen Kulturpflanze läßt sich bei Mais der Ertrag in seine Komponenten zerlegen. Sie seien nachfolgend angedeutet:[3]

Ertrag in Körnern = Pflanzenzahl × Kolbenzahl × Einzelkolbengewicht × Korn-Spindelverhältnis.

Ferner Körnergewicht pro Kolben = Kolbenumfang × Reihenzahl pro 1 cm Umfang × Kolbenlänge × Kornzahl pro 1 cm Kolbenlänge × Einzelkorngewicht.

b) Grünmais und Silomais

Wie Getreideversuche. Rechtzeitig schneiden, Trockensubstanzbestimmung durchführen.

8. Versuche mit gedrillten Futterrüben, Kohl (Steckrüben) und Zichorie

Wie Zuckerrübenversuche.

9. Versuche mit gepflanzten Futter- und Kohlrüben

Parzellengröße und Anordnung wie bei Zuckerrübenver-

[1] Eventuell auch Strohgewicht pro Parzelle.

[2] Errechnet mittels der aus dem Standraum ermittelten Zahl der Pflanzen je Hektar und aus dem Kolbengewicht pro 100 Pflanzen.

[3] Nach Mader: Die Ertragskomponenten in ihrer Wechselwirkung bei verschiedenen Maissorten. Pflanzenbau, Nr. 17, S. 261. 1926/27.

suchen. Sortenversuche wie Düngungsversuche anzuordnen oder wie Kartoffelversuche nach Knut Vik.

Düngung vor der Pflanzung nach Beendigung der Vorbereitung, bei Dauerversuchen mit Randstreifen schon eher.

Pflanzung nach sorgfältiger Markierung, die zu absolut gleichen Pflanzenzahlen je Parzelle und gleichen Abständen führen muß. Am Rande, außerhalb des Versuchsstückes, einige Bündel Reservepflanzen einschlagen; Parzellen nach 8 bis 14 Tagen durchgehen und Fehlstellen ausbessern.

10. Versuche mit Mohrrüben und Wasserrüben

Wie Zuckerrübenversuche, nur Parzellengröße geringer, 15 bis 25 qm, da größere Pflanzenzahl je Parzelle und hohe Erntegewichte.

11. Versuche mit Feldgemüse

a) Buschbohnen wie Getreideversuche.

b) Pflückerbsen wie Reiferbsen. Ernte durch parzellenweises Raufen und Durchpflücken im Ganzen.

c) Spinat wie Grünfutter.

d) Krautarten, Rotebeete, Oberrüben, Sellerie, wie Pflanzrübe.

e) Zwiebel und Pastinake wie Mohrrübe.

f) Gurke:

Benutzung der Beeteinteilung (zirka 50 bis 100 qm groß), die der besseren Lese halber üblich ist. Jedes Beet = 1 Parzelle; sonstige Anordnung wie bei linearen Hackfruchtdüngungsversuchen.

Die Versuchsbeete durch Tafeln numerieren; müssen immer gleichzeitig abgelesen werden, der Ertrag eines jeden Beetes in einen Sack mit der Nummer des Beetes gesammelt und vom Anbauer jeweils auf seiner Hofwage abgewogen werden (eventuell nach Sortierung).

Der Anbauer notiert die Erträge fortlaufend in ein Buch, das er nach Abschluß der Lesezeit (Anfang August), dem Versuchsleiter übergibt.

2. Abschnitt

Die Versuchsbuchführung

Von Wichtigkeit ist bei der Anstellung von Versuchen eine geordnete Aufschreibung aller in Betracht kommenden Daten. Diese soll alle übrigen Anforderungen jeder Registratur erfüllen — übersichtlich, einfach, leicht zu führen sein, wenig

Arbeit verursachen usw. —, sie muß aber noch einem Anspruch genügen, der sonst nicht üblich ist: sie muß leicht transportabel sein und aufs Feld mitgenommen werden können.

Am besten hat sich hierbei das Arbeiten mit losen Blättern bewährt. Es bringt zwar einige Nachteile mit sich — die Möglichkeit des Verlierens oder „Verrutschens" einzelner Blätter —; doch sind die Vorteile dieses Systems so erheblich, daß man diese Nachteile mit in den Kauf nehmen kann. Als Format hat sich hier die Blattgröße 13,7 × 19,4 cm bewährt; es ist groß genug, um alles Notwendige darauf unterzubringen, und doch noch nicht so groß, daß es nicht mehr ungefaltet in die Tasche gesteckt werden kann. Daheim, im Laboratorium sind die Blätter in einem Zettelkasten von entsprechendem Ausmaße untergebracht; auf dem Felde klemmt man die benötigten Blätter in ein Baschaga-Klemmbuch (Nr. 2014) ein. Ringbücher sind nicht geeignet, da sie bei Sturm und Regen die eingelegten Blätter nicht fest genug zu sichern vermögen. Dadurch, daß man stets nur diejenigen Blätter im Klemmbuche mit sich führt, die man gerade benötigt, fällt das lästige Mitschleppen von umfangreichen Notizbüchern auf die Felder weg. Von großem Vorteil ist es, wenn bei allen Aufzeichnungen — also auch z. B. Skizzen auf Millimeterpapier u. dgl. m. — stets ein und dasselbe Format, bzw. ein Vielfaches davon, in Verwendung genommen wird.

Die grundsätzliche Anordnung ist folgende: Jeder Versuch erhält zunächst ein Doppelblatt als Übersichtsblatt. Dieses Blatt enthält alles Wesentliche über den Versuch. Am besten wird dies ein Beispiel klar machen:

Seite 1.

Baumdorf (5), 1927. Hafersorten

Schlag: Wasserbusch.
Boden: Sandiger Lehm.
PH-Zahl: 5 bis 6.
Vorfrucht: 1926: Kartoffel, 70 q, in Stallmist und Gründungung.
1 ss. A, 1½ P, ¾ K.
1925: Roggen 10 q mit Seradella-Düngung dtto.
1924: Kartoffel 100 q in Stallmistdüngung, dtto.
Frucht: Hafer, v. Lochow Gelb, Original;
Pflugs Früh, Original;
Hohenheimer, Original;
Lüneburger Kley, Original;
Fischers Wirchenblätter Früh XVI, Original;
Streckentiner Gelb, Original;
Svalöfs Sieges, Original;
v. Lochow Gelb, ältere Absaat.

Seite 2

Saat: 21. und 23. III.

Bodenbearbeitung {Herbst: 20 cm Ackerung.
Frühjahr: Grubbern und Schleifen.}

Düngung: 1 ctr. Natron-Salp./mo.

Anordnung:

(Lochow Orig. /	Pflug /	Hohenh. /	Lochow Orig. /	Kley /	Wirchenbl.)
1 (St. I)	2	3	4 (St. II)	5	6

(Lochow O. /	Streck. /	Sieges /	Lochow O. /	Lochow. O. /	Lochow O.)
				dick	dünn
7 (St. III)	8	9	10 (St. IV)	11	12

(Lochow. O. /	Lochow Abs. /	Lochow Abs. /	Lochow O.)
	norm.	spät	
13 (St. V)	14	15	16 (St. VI)

Anlagefläche: $^1/_6$ Morgen, 1,50 × 275 m pro Sorte.

Erntefäche: 25 m² (1,50 × 16,60).

Ernte: 2/8 alle bis auf 15 geschnitten.
10/8 15 geschnitten

Seite 3

Versuchsplan.

		a	b	c		d	e	f
St. I	1							
	2							
	3							
St. II	4							
	5				Mitte ausschalten			
	6				wegen			
St. III	7				Mäuseschaden			
	8							
	9							
St. IV	10							
	11							
	12							
St. V	13							
	14							
	15							
St. VI	16							

Es enthalten also:

Seite 1 und 2: Als Überschrift: Versuchsort, Nummer und Charakteristik des Versuches. Ferner: Schlag, Boden, Reaktion, Vorfrucht samt Düngung und Erträgen, Bodenbearbeitung, Saatzeit, Aufgang, Grunddüngung, Anordnung des Versuches, bei Düngungsversuchen: gegebene Düngermengen pro Parzelle, Zeitpunkt der Gabe, Anlagefläche, Erntefläche.

Seite 3: Übersichtsskizze des Versuches.

In dieses Doppelblatt werden sodann alle übrigen Blätter, die auf den Versuch Bezug haben, eingelegt. Jedes dieser Blätter erhält, um Verwechslungen vorzubeugen, oben als Aufschrift z. B.: Baumdorf (5) 1927. Als solche Blätter kommen in Betracht:

Blatt Vegetationsbeobachtungen.
„ Saatgutwert und Saatgutmengen (s. S. 168).
„ Bonitierungen (s. S. 153).
„ Halmzählungen (s. S. 100).
„ Druschergebnisse und Verrechnung (s. S. 117, 120).
„ Spelzenbestimmungen, Wassergehalt.
„ Übersichtsblatt der Endergebnisse; eventuell graphische Darstellung der Ergebnisse.
„ Eventuelle Ergebnisse von NEUBAUER-Analysen, MITSCHERLICH Gefäßversuchen o. dgl. m.
„ Botanische Analyse (bei Wiesen).

Alle eine Wirtschaft betreffenden Versuche kommen wieder in ein Umschlagblatt, welches außen eine Übersicht trägt; z. B.

Tazdorf 1927.

Nr.	Schlagwort	Parzellen		M D %[1]
		Größe	Zahl	
(1)	Weizensorten	25,0	64	2,3
(2)	Weizen — N Zeit	37,5	19	3,1
(3)	„ — N Art	37,5	19	3,0
(4)	„ — N Höhe	25	13	2,2
(5)	Roggen, Saatstärke	25	80	2,0
(6)	„ Säureschaden	100	25	nicht geerntet
(7)	„ Windhalmbekämpfung	37,5	37	3,8
(8)	Wiesenversuch	50,0	41	{ 3,0 / 3,3
(9)	P. K.-Dauerversuch	25	25	2,3
(10)	Grasgarten	10	34	—

[1] Wird erst nach Ernte ausgefüllt.

Auf diese Art und Weise hat man alles, was man von einem Versuch wissen will, stets beisammen. Fährt man aufs Feld hinaus, so greift man den betreffenden Versuch heraus und klemmt ihn ins Taschenbuch. Hat man etwa einmal das Buch vergessen und will irgend eine wichtigere Bemerkung über einen Versuch festhalten, so schreibt man sie auf einen Zettel, den man dann daheim dem Versuche beilegt, ohne ihn erst nochmals abschreiben zu müssen. Von großem Vorteil ist dieses System dann auch bei der Verarbeitung der Versuchsresultate; man ist hier in der Lage, die zusammengehörigen Versuche herauszusuchen und zusammenzulegen, was die Arbeit wesentlich erleichtert. Ist dann die Arbeit eines Jahres abgeschlossen, so kann man die Versuche dieses Jahres, geordnet nach den Versuchsorten, ablegen. Die durch mehrere Jahre laufenden Versuche werden ins neue Jahr mit herübergenommen. Aus den Umschlagblättern des verflossenen Jahres ist man dann fast ohne Arbeit imstande, sich einen Überblick über die in dem letzten Jahre geleistete Arbeit nach Zahl der Versuche, Größe der zu Versuchen herangezogenen Fläche, Zahl der aufgearbeiteten Parzellen und Höhe der Fehler zu machen.

3. Abschnitt

Auswertung der Versuche[1]

Allgemeines

Die Versuche sind nun geschnitten, gedroschen, gewogen, die Trockensubstanzgehalte, Stärke usw. bestimmt, die Fehler errechnet. Jetzt setzt ein weiterer wichtiger Arbeitsabschnitt ein: 1. Das Herausholen der brauchbaren und wesentlichen Ergebnisse aus dem Material des Einzelversuchs.

2. Das Zusammenstellen der Einzelergebnisse in geeigneter Form und

3. Die Berichterstattung.

1. Auswertung des Einzelversuchs

Hierüber ist sowohl bei den einzelnen Versuchsarten als auch im allgemeinen Teil alles Nötige enthalten; es braucht daher an dieser Stelle hier nicht näher darauf eingegangen zu werden.

2. Zusammenstellung der Einzelergebnisse

Einzelergebnisse werden der Natur des landwirtschaftlichen Pflanzenbaues nach nur selten von Wert sein und als

[1] Lit. s. S. 239.

erstrebtes Endziel gelten können. Am ehesten ist dies noch bei Kalk-, Phosphorsäure- und Kaliversuchen der Fall, die besonders im Hinblick auf den Zustand des betreffenden Schlages angestellt wurden. Oder bei Versuchen, die bestimmte, von Witterung und Boden verhältnismäßig unabhängige Maßnahmen betreffen — z. B. Beizversuche, Stimulationsversuche und ähnliche — und welche die an sie gestellte Frage klar beantwortet haben.

Bei den meisten Sorten-, Düngungs- und Bearbeitungsversuchen gilt dies jedoch nicht. Von ihnen verlangt der Landwirt eine Richtlinie für das kommende Jahr, dessen Witterungscharakter nicht vorauszusehen ist. Er muß mit dem Durchschnittsjahr als dem wahrscheinlichsten rechnen — daher müssen wir die Richtlinien auf dem Durchschnitt mehrerer Jahre aufbauen. Er will auch oft — ja meistens — Richtlinien für im Grunde recht bunte Ackerschläge haben; wir müssen sie darum auch auf dem Durchschnitt mehrerer Versuche auf entsprechenden Böden aufbauen. Wie sind diese Durchschnitte nun in zweckmäßiger und zuverlässiger Weise zu bilden?

a) Auswertung von Sortenversuchen

Das Verhältnis der Erträge einzelner Sorten zu einander ist nicht nur von Boden und Vorfrucht, sondern vor allem von der Jahreswitterung abhängig. Daher sind hier zunächst Jahresdurchschnitte zu bilden und diese dann weiter zu vergleichen — also nicht sämtliche Versuche mehrerer Jahre als gleichwertig nebeneinander zu stellen. Des weiteren ist bei allen Versuchen mit einer Frucht die am weitesten verbreitete Sorte des Gebietes als Standard aufzunehmen und sind alle Ergebnisse darauf zu beziehen. Es ist dies zweckmäßiger als die früher übliche Beziehung auf das Mittel sämtlicher Sorten, wie sie auch noch Mitscherlich[1] empfiehlt, da letzteres je nach der Zahl und Art der übrigen in die Versuche aufgenommenen Sorten sehr stark wechselt und solche Versuche, streng genommen, in dieser Art nicht zusammengestellt werden dürfen. In jedem Jahre scheiden erfahrungsgemäß alte Sorten aus und werden neue erstmalig herangezogen. Da ist ein Weiterführen von Sortengruppen praktisch unmöglich und allerhöchstens ein Weiterführen einer leistungsfähigen Standardsorte möglich, bis sie durch eine neue ersetzt wird.

Das Vorhandensein einer Standardsorte erlaubt so das Zusammenfassen bestimmter Vergleiche aus den verschiedensten Versuchen, erleichtert dazu die Rechenarbeit und bringt die

[1] Pflanzenbau, H. 12. 1925.

Ergebnisse dem Praktiker in handlicherer, ihm verständlicherer Form. Die Beziehungen zur Standardsorte sind nun am zweckmäßigsten in Prozenten ihres Ertrages auszudrücken. Die Prozentrechnung ist hier in den großen Durchschnitten auf alle Fälle wissenschaftlich richtiger. Es ist hierauf bereits bei der Auswertung des Einzelversuchs Rücksicht zu nehmen, auch wenn bei Anwendung der korrigierenden Methoden die Differenzrechnung vorgezogen wurde. Die Durchschnittsdifferenzen und ihre mittleren Fehler sind in Prozenten der Standardsorte auszudrücken, und zwar am zweckmäßigsten in prozentischen Ertragsveränderungen mit ihrem prozentischen Fehler versehen. Z. B.: Es habe ergeben die Standardsorte: 10 ctr/Mo

Sorte II — 2,0 ± 1,0 ctr/Mo
„ III — 4,0 ± 2,0 „

Das Endresultat, das zur Weiterverarbeitung gebraucht wird, sieht dann so aus: Standard 100 (= 10 ctr/Mo)

Sorte II — 20 ± 10%
„ III — 40 ± 20%

Wir müssen nur bei der weiteren Verarbeitung dauernd im Auge behalten, daß die Fehler nicht auf den Ertrag der Sorte, sondern auch auf Standard = 100 bezogen sind. Der absolute Ertrag der Standardsorte ist außerdem in einer einfachen Ziffer anzugeben, die später gebraucht werden wird.

Es ist zweckmäßig, in den einzelnen Jahren und über die Jahre hinweg nicht sämtliche Sortenversuche einer Frucht zusammenzufassen, sondern den besonderen Verhältnissen Rechnung tragende Gruppen zu bilden. Diese Gruppen werden bei den verschiedenen Böden und Verhältnissen jedesmal nach verschiedenen Gesichtspunkten zusammengefaßt werden müssen: Vorfrucht, Boden, Saatzeit usw. Als Beispiel seien die Sortengruppen angegeben, mit denen ein niederschlesischer Versuchsring arbeitet:

Wintergerste	1. Abtragend vor Hackfrucht (zeitige Saat),
	2. Nach Hackfrucht (spätere Saat).
Roggen	1. Kartoffelroggen.
	2. Abtragender Roggen nach verschiedenem Getreide.
	3. Roggen für leichtere Böden.
Weizen	1. Nach guter Vorfrucht (Flachs, Leguminosen, Raps).

	2. Nach Klee (Lager und Rost!).
	3. Nach Hackfrucht (späte Saat).
	4. Nach Getreide (zeitige Saat, aber schlechte Vorfrucht).
	5. Sammelgruppe: Weizen auf leichten Böden.
Sommerweizen	1. Bei zeitiger Saat.
	2. Bei später Saat.
Sommergerste	1. Zeitig reifende (für Weizenwirtschaft).
	2. Spät reifende (für Roggenwirtschaft).
Hafer	1. Auf besseren Böden (nach Rübe).
	2. Auf leichtesten Böden (nach Kartoffel).
Zuckerrübe	1. Bei zeitiger Saat (Wachstumsdauer).
	2. Bei später Saat.
Kartoffeln	1. Frühkartoffeln.
	2. Gelbe Speisekartoffeln.
	3. Stärkekartoffeln.
	4. Stärkekartoffeln auf leichteren, trockenen Sandböden.

Die Versuche sind in derartigen Gruppen zusammenzustellen, die Durchschnitte zu bilden, die Durchschnitte der verschiedenen Jahre wiederum zusammenzustellen und als vorläufiges oder endgültiges Ergebnis der Durchschnitt der Gruppe für den ganzen bearbeiteten Zeitraum zu bilden.

Der Durchschnitt der einzelnen Jahre ist hierbei nach den Regeln für die Mittelbildung aus Beobachtungen verschiedener Genauigkeit zu bilden.[1] Sind nämlich Beobachtungen, die zur Bildung eines Mittels herangezogen werden, von verschiedener Genauigkeit, so muß den genaueren Beobachtungen ein größerer Einfluß auf die Höhe des Mittels eingeräumt werden als den ungenaueren. Dies geschieht in der Form, daß man den Einzelbeobachtungen einen bestimmten Wert, das sogenannte Gewicht beilegt. Z. B. das Mittel aus den beiden gleichwertigen Beobachtungen 7 und 3 wäre $\frac{7+3}{2} = 5$. Hätte aber die Ablesung 3 die doppelte Sicherheit wie die Ablesung 5 etwa dadurch, daß sie aus zwei Ablesungen gewonnen wurde, so müßten wir ihr auch das doppelte Gewicht beilegen wie Ablesung 5. 3 hätte also als Gewicht $p = 2$, wenn wir der Zahl 7 das Gewicht $p = 1$ beilegen. Die Berechnung des Mittels würde sich dann folgendermaßen gestalten: $A = \frac{2 \times 3 + 1 \times 7}{3} = 4{,}3$ oder allgemein $A = \frac{\Sigma a p}{\Sigma p}$,

[1] Vgl. Möller-Arnold: Über Auswertung von Versuchsreihen. Fortschr. d. Landw., H. 13, S. 585. 1928.

d. h. das sogenannte gewogene Mittel wird errechnet, indem man die Summe aller mit ihrem Gewichte multiplizierten Einzelbeobachtungen ($\Sigma a p$) durch die Summe der Gewichte (Σp) dividiert.

Das Gewicht, das dem Ergebnisse eines Einzelversuches in diesem Falle beizulegen ist, wird durch die Größe des mittleren Fehlers m bestimmt und ist nach den Regeln der Wahrscheinlichkeit der reziproke Wert des Quadrates von m, also $\frac{1}{m^2}$. Um bequemer arbeiten zu können, multipliziert man alle Werte von $\frac{1}{m^2}$ mit der gleichen, derart gewählten Größe (meist 10 oder 100), daß man als Gewicht p ganze Zahlen erhält; diese Operation hat auf das Endresultat der Berechnung keinen Einfluß. Die Bildung des gewogenen Mittels erfolgt nach der oben bereits gebrachten Formel $A = \frac{\Sigma a p}{\Sigma p}$. Ein Beispiel einer solchen Berechnung siehe S. 220 u. 228.

Es ist leicht einzusehen, daß auch der mittlere Fehler des gewogenen Mittels ein anderer sein wird als der des gewöhnlichen Mittels. Der Einfluß einer vom Mittel stark abweichenden, aber unsicheren Beobachtung wird die Sicherheit des Resultates nur wenig beeinflussen dürfen. Mathematisch trägt man dem wie bei der Mittelbildung dadurch Rechnung, daß man den mittleren Fehler m des gewogenen Mittels nach der Formel $m = \sqrt{\frac{\Sigma p v^2}{(n-1)\,\Sigma p}}$ berechnet. Unter v versteht man hier die Abweichung der Einzelbeobachtung a vom gewogenen Mittel A. Ein Beispiel dieser Berechnung findet sich Seite 220 u. 228. Als Kontrolle der Rechnung dient gewöhnlich die Errechnung der Werte von $p \,.\, v$, deren Summe unter Berücksichtigung der Vorzeichen $= 0$ sein muß.

Für bestimmte Zwecke ist außer diesen relativen Jahresdurchschnitten der absolute Durchschnittsertrag der Standardsorte für das betreffende Jahr aus den betreffenden Versuchen hinzuzufügen.

Bei der Zusammenfassung mehrerer Jahre ist das Verfahren des gewogenen Mittels nicht anwendbar, da die Gewichte, mit denen die Zahlen bei dieser Rechnungsweise versehen werden, nur die Zuverlässigkeit derselben berücksichtigen, während der zufällige Witterungscharakter der Zahl eines Jahres ein ganz anderes Gewicht gibt. Hier ist die Stelle, wo die mechanisch-mathematische Arbeitsweise eine Grenze findet und das gefühlsmäßige Abwägen, die Intuition, der gesunde Tiefblick und der gute Überblick des Versuchsauswerters entscheidet. Wir können nur einiges tun, diesen Blick zu unterstützen, und zwar durch Anordnung der Zahlen in übersichtlichen Tabellen.

Als solche kommen in Betracht:

a) Relative Werte der Sorten für die einzelnen Jahre.
b) Witterungsdaten in graphischer Darstellung.
c) Ertragstreue in bezug auf Witterungsschwankungen.
d) Sonstiges.

Zu a. Die relativen Werte der Sorten für die einzelnen Jahre, bezogen auf die Standardsorte = 100, sind in nachfolgender Tabelle für ein Beispiel (Hafersorten auf leichtem Boden 1924—1927) zusammengestellt.

Relative Werte der Sorten für die einzelnen Jahre

Hafersorten auf leichterem Boden 1924—1927

Relative Erträge, bezogen auf Petkuser = 100

	1924	1925	1926	1927	dz 24/27
Siegeshafer	**122 ± 2,7**	94 ± 4,0	**104 ± 1,8**	109 ± 2,3	107 ± 5,9
Kleyhafer	104 ± 2,8	91 ± 4,8	98 ± 1,8	**91 ± 1,2**	96 ± 3,4
Petkuser Gelb ...	100	100	100	100	100
Petkuser (ctr/Mo).	16,55	15,10	16,70	17,3	16,40

Die Werte, die sich dabei sicher von 100 unterscheiden ($D > 2\,m\%$) sind zu unterstreichen. (In der Tabelle fett gedruckt.) Eine Schlußspalte enthält die einfachen Durchschnitte sämtlicher Jahre zur Orientierung. Man kann zur vorläufigen Orientierung über die Sicherheit der Überlegenheit einer Sorte zu ihrer Durchschnittszahl aus den Relationszahlen für die einzelnen Jahre einen Fehler errechnen. Da hierbei die einzelnen Jahre als gleichgewichtig zu nehmen sind, ist ihr Fehler nicht zu berücksichtigen und die Ergebnisse der einzelnen Jahre sind als Beobachtungen gleicher, unbekannter Genauigkeit zu grunde zu legen.

Zur Veranschaulichung der Berechnung obiger Tabelle seien nachfolgend unter a zunächst die Erträge angeführt, welche der Berechnung für 1925 zu Grunde lagen; dann sei unter b für eine der Sorten die Berechnung des Jahresdurchschnittes mit Gewichten durchgeführt.

Beispiel zur Errechnung der Jahreswerte

a) Erträge 1925

	Absolut ctr/Mo			Petkuser = 100			Jahres-durch-schnitt
	Versuch I	Versuch II	Versuch III	I	II	III	
Sieges	— 2,0 ± 0,8	— 0,7 ± 0,4	— 0,8 ± 0,42	75 ± 6,0	96 ± 2,2	94 ± 2,9	93,6 ± 4,0
Kley	+ 1,1 ± 0,5	— 2,8 ± 0,46	— 1,4 ± 0,28	108 ± 3,8	87 ± 2,3	90 ± 2,0	91,3 ± 2,8
Petkuser	13,2	18,0	14,2	100	100	100	100

b) Berechnung des Jahresdurchschnittes mit Gewichten

Z. B. Siegeshafer: a = Abweichung von 100, v = Abweichung von A, m = mittlerer Fehler, p = Gewicht ($1/m^2 \times 100$), A = gewogenes Jahresmittel

a	m	m^2	$1/m^2$	p	$p \times a$	v	v^2	$p\ v^2$	Kontrolle $p\ v$
— 25	± 6	36	0,028	3	— 75	+ 18,6	345	1035	+ 55,8
— 4	± 2,2	4,8	0,21	21	— 84	— 2,4	5,7	119	— 50,4
— 6	± 2,9	8,4	0,12	12	— 72	— 0,4	0,2	2	— 4,8
				36	—231			1156	+ 0,6

$$A = \frac{\Sigma\,(p\,.\,a)}{\Sigma\,p} = \frac{-231}{36} = -6{,}4\ (= 93{,}6\,^0/_0)$$

$$m = \sqrt{\frac{\Sigma\,(p\,v^2)}{(n-1)\,.\,\Sigma\,p}} = \sqrt{\frac{1156}{2 \times 36}} = \pm 4{,}0$$

Zu b. Witterungseinflüsse. Zum Gebrauche neben obiger Tabelle werden die wichtigsten Witterungsdaten in graphischer Darstellung, und zwar zur besseren Übersicht einfach als Abweichungen von den Normalwerten angegeben und dargestellt. (Siehe Abb. 44.)

Die wichtigsten Werte, die jedenfalls praktisch allein berücksichtigt werden können, sind Temperatur und Niederschlag. Am aufschlußreichsten ist hierbei eine Einteilung des Vegetationszeitraumes nach den wichtigsten Entwicklungsperioden. Z. B. bei Getreidearten. Richtungstage: Aufgang und Blüte.

I. Saat bis Aufgang.
II. Herbstentwicklung } fällt bei Sommerungen fort.
III. Winterruhe }
IV. Jugendentwicklung und Bestockung (Aufgang bis 20 Tage vor Blüte).
V. Schossen 20 Tage vor Blüte.

VI. Blüte zirka 14 Tage.
VII. Reife, Blütenende bis Schnitt.

Bei Rübe. Richtungstage: Aufgang.
I. Saataufgang.
II. Vom Aufgang bis 1. August (Jugendentwicklung).
III. Vom 1. August bis Ernte (Herbstreife).

Bei Kartoffeln. Richtungstage: Aufgang und Blüte.
I. Saat bis Aufgang.
II. Entwicklung bis zur Blüte (Ansatz).
III. Blüte bis Ernte (Reife).

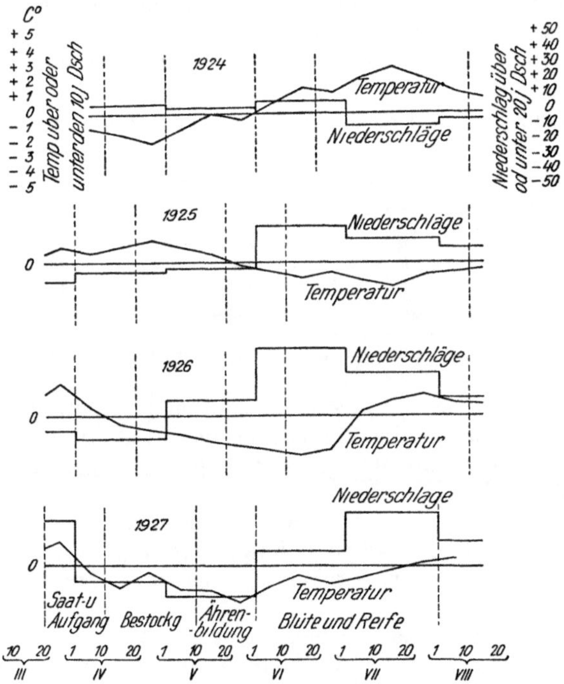

Abb. 44. Witterungsdaten in graphischer Darstellung

Zu c. Ertragstreue in bezug auf Schwankungen der Jahreswitterung. Hierzu sind die überall miterrechneten, absoluten Erträge der Standardsorte zu verwenden. Mit Hilfe derselben und der Tabelle S. 219 sind die absoluten Werte auch für die übrigen Sorten ohne Fehler zu errechnen. Diese so errechneten absoluten

Werte jeder Sorte für die verschiedenen Jahre, die Gewichtsdurchschnitte darstellen, sind untereinander zu schreiben, der Durchschnittsertrag zu bilden und die „Fehler“ der Durchschnitte zu berechnen (siehe unten). Diese sind hier nicht als Maß der Zuverlässigkeit der Prüfungen anzusehen, sondern als Schwankungswerte, als Maßzahlen für die Ertragstreue. Je größer diese Schwankungswerte sind, desto schwankender sind die Erträge, desto geringer ist die Ertragstreue. Diese Schwankungswerte sind jedenfalls ein zuverlässigeres Maß als die alten Schwankungskoeffizienten Rümkers, die nur aus einem Versuche errechnet waren und Zufallsfehler samt Empfindlichkeit gegen Bodenvariation in einem enthielten; auch ein zuverlässigeres Maß als die „Sicherheitskoeffizienten“ Moldenhauers,[1] die ebenfalls dem zufälligen Fehler zu starken Einfluß gewähren.

Ertragstreue in bezug auf Witterungsschwankungen

Jahr	Sieges	Kley	Petkuser
1924	20,20	17,20	16,55
1925	14,20	13,90	15,10
1926	17,40	16,40	16,70
1927	18,80	15,80	17,30
	17,65 ± (**1,33**)	15,82 ± (**0,7**)	16,40 ± (**0,47**)

Bei Kartoffelabbauversuchen sind in einer zweiten Zusammenstellung hiebei die Zahlen für das 1. Jahr gleich 100 zu setzen und die Ernte der folgenden Jahre in Prozenten davon auszudrücken.

Zu d. Sonstiges. Hier werden die sonstigen Wertangaben untergebracht: Lagerfestigkeit, Krankheitsempfindlichkeit, Brauqualität, Spelzengehalt, Strohertrag, Zuckerprozent, Blattertrag, Stärkeprozent usw.

Nebenstehend das Beispiel (siehe S. 223).

Die Beurteilung der Ergebnisse für eine Wirtschaft wird dann so vor sich gehen: In den einzelnen Jahren werden bereits verschiedene Sorten infolge von offensichtlichen Nachteilen ausgeschieden sein. Zur tabellarischen Verarbeitung kommen an sich nur noch Sorten, die ernstlich in Betracht kommen.

Aus diesen wird an Hand der Durchschnitte von Tabelle S. 219

[1] Moldenhauer, Über den Sicherheitskoeffizienten bei Sortenversuchen. Pflanzenbau 1926/27, Seite 285.

Sonstiges

		Sieges	Kley	Petkuser
Strohertrag in %	24	130	110	100
	25	113	106	100
	26	104	107	100
	27	103	82	100
	Ds	112,5	101	100
Spelzengehalt in %	24	34,4	34,2	32,6
	25	30,3	30,0	29,0
	26	27,3	27,8	25,0
	27	28,9	30,1	28,3
	Ds	30,2	30,5	28,7
Lager	24	—	—	—
	25	—	× ×	× × ×
	26	—	× ×	× ×
	27	—	×	× ×
Reihenfolge der Reife	24	2	1	1
	25	2	2	1
	26	3	2	1
	27	3	2	1
Befall mit Fritfliege	24	—	—	—
	25	× × × ×	× ×	×
	26	—	—	—
	27	—	—	—
Befall mit Thrips.	24	—	—	—
	25	×	—	—
	26	× × ×	×	×
	27	× ×	×	×

eine im Ertrage überlegene Gruppe von Sorten herausgegriffen. Aus den Werten und Fehlern für die einzelnen Jahre ersieht man, welche davon in ihrer Überlegenheit zuverlässiger sind, besonders wenn man die Witterungsbilder (Abb. 44) zu Hilfe nimmt. Hierbei ist auch ein Eingehen auf die speziellen Witterungs- und Bodenverhältnisse der Wirtschaft möglich und diese oder jene Sorte wird hierbei aus dem Wettbewerb bereits ausgeschieden.

Mit Hilfe von Tabelle S. 222 erfolgt weiter eine Auslese der übriggebliebenen auf Ertragstreue, und eine letzte Entscheidung erfolgt dann mit Hilfe der sonstigen Werteigenschaften (Tabelle S. 223).

Solche allgemeine Vergleiche sind natürlich nur möglich für die Sorten, die in allen Versuchen der betreffenden Gruppe vertreten waren. Es kommt jedoch vor, daß uns eine Sorte besonders interessiert, die in einigen Versuchen nicht mitberücksichtigt worden ist, da wir sie für unwichtig hielten — ein Emporkömmling. In diesem Falle hat man zur Prüfung des Ertragsverhältnisses auf dem gleichen Wege vorzugehen, dabei aber nur die Versuche zu berücksichtigen, in denen diese Sorte vorkommt; selbstverständlich auch in der Zusammenstellung der Werte für andere Sorten, die wir damit vergleichen wollen. Es müssen also hierzu Sonderzusammenstellungen gemacht werden, wobei jedoch die Tabellen S. 221 u. 223 gleich verwendbar bleiben.

Eine Prüfung auf Ertragstreue in bezug auf den Faktor Boden erfolgt dabei nicht. Diese erübrigt sich in sehr vielen Fällen, da der Landwirt sich heutzutage recht gut mit verschiedenen Sorten an verschiedene Bodenarten anpassen kann. Die Gruppenbildung nimmt darauf ja bereits Rücksicht. Wo das nicht der Fall ist, wo sehr bunte Schläge zu einer Beachtung dieses Momentes zwingen, zieht man zur Ermittlung dieser Größe am besten einzelne Versuche heran, die über wechselnden Boden laufen. Da sind die sonstigen Faktoren konstant und eine Ermittlung der Reaktion auf den Boden am ehesten zulässig. Hierbei geht man am besten so vor, daß man erst den Versuch im ganzen auswertet und den zufälligen Fehler möglichst zuverlässig bestimmt, und zwar nicht nur den Fehler des Mittels, sondern auch den Fehler der Einzelbeobachtung.

Aus den Ertragszahlen ersieht man, welche Wiederholungen auf bessere, welche auf schlechteren Bodenarten zu liegen gekommen sind, und faßt dann die betreffende Wiederholungen zu Sondermitteln der betreffenden Bodenarten zusammen. Aus der Gegenüberstellung dieser Mittel läßt sich ein klares Bild der Empfindlichkeit für verschiedene Bodenarten gewinnen; aus dem durchschnittlichen Fehler der Einzelbeobachtung, unter Berücksichtigung der hierbei verwendeten Wiederholungszahlen, ein Maß für die Genauigkeit.

Beispiel: Weizen. Grossendorf mit acht Wiederholungen.

Auf einen Blick ist die große Empfindlichkeit der an sich leistungsfähigen Sorten II, III, IV, einwandfrei zu erkennen.

		m_8	σ	
Sorte I	17,2	$+ 5,8 \pm 0,80$	2,3	Durchschnitt 2,3
II	16,2	$+ 4,8 \pm 0,64$	1,8	
III	15,4	$+ 21 \pm 0,76$	2,2	
IV	13,2	$+ 0,1 \pm 0,98$	2,8	
Standard	11,4			

	2 Wiederholungen auf trockenen Böden $m_3 = \frac{\sigma}{\sqrt{2}}$ [1]	2 Wiederholungen auf nassen Böden $m_2 = \frac{\sigma}{\sqrt{2}}$ [1]	Reaktion Differenz $\pm\sqrt{m_3^2 + m_2^2}$ [1]	
Sorte I	19,0	15,3	$3,7 \pm 2,3$	Durchschnitt $\pm$ 2,3
II	20,4	11,1	$9,3 \pm 1,8$	
III	21,5	9,7	$11,8 \pm 2,2$	
IV	19,0	7,8	$11,2 \pm 2,8$	
Standard	13,3	7,8	5,5	

Rentabilitätsberechnungen erübrigen sich bei Sortenversuchen allermeist. Neues Saatgut wird sowieso gekauft und es ist an sich gleichgültig, für welche Sorte das Geld ausgegeben wird. Es hat höchstens erzieherischen Wert, einmal an den Anbauzahlen eines typischen Betriebes zu zeigen, welche finanzielle Bedeutung das sichere Erkennen einer im mehrjährigen Durchschnitt überlegenen Sorte besitzt und welcher Schaden im Durchschnitt der Jahre erwachsen kann, wenn — wie es oft der Fall ist — ungeeignete Sorten angebaut werden, die durch irgendwelche Äußerlichkeiten oder durch zufällig extrem hohe Erträge in einem Jahre den Praktiker bestechen. Hierzu benützt man am besten die Prozentverhältnisse und geht von den durchschnittlichen Erträgen der betreffenden Güter aus.

Eine echte Rentabilitätsberechnung in puncto Sortenwahl kommt nur bei Kartoffeln in stark abbauendem Klima in Betracht, da das Saatgut hierbei unverhältnismäßig teurer ist als das Ernteprodukt und einen größeren Teil der Betriebskosten ausmacht. Hier sind Saatgutmehrbedarf und Mehrkosten für Original der

---

[1] Die Berechnung des mittleren Fehlers der Wiederholungen auf trockenem und nassem Boden ist überflüssig; das Genauigkeitsmaß läßt sich direkt aus σ errechnen. In obigem Beispiel z. B. ist dieses Maß $\pm\sqrt{m_2^2 + m_2^2} = \pm\sqrt{\left(\frac{\sigma}{\sqrt{2}}\right)^2 + \left(\frac{\sigma}{\sqrt{2}}\right)^2} = \sigma$. Bei drei Wiederholungen auf trockenem und zwei Wiederholungen auf nassem Boden wäre es $\pm\sqrt{\left(\frac{\sigma}{\sqrt{3}}\right)^2 + \left(\frac{\sigma}{\sqrt{2}}\right)^2} = \sigma\sqrt{\frac{5}{6}}$ usw.

Mehrernte, ausgehend vom Durchschnittsertrage und ihren Preisen, gegenüberzustellen.

b) Auswertung der Kalk-, Kali- und Phosphorsäuredüngungsversuche

Allen diesen Versuchen ist gemeinsam, daß ihre Ergebnisse viel mehr von dem Boden und der Fruchtfolge abhängen als von der Jahreswitterung. Sie werden meist mit ganz bestimmter Fragestellung in bezug auf den betreffenden Schlag angelegt. In diesem Falle erfolgt die Auswertung am besten durch Eintragen der Ergebnisse in einfachster Form, d. h. in ctr/Mo-Mehrertrag und Prozent-Mehrertrag in das Schlägebuch der betreffenden Wirtschaft, um es bei Erwägung von Düngungsmaßnahmen jederzeit zur Hand zu haben. Oft wird man auf dem betreffenden Gute ein solches Buch erst anlegen müssen. Darum sei die Form kurz angedeutet. Man wähle großes Format, um die Angaben mehrerer Jahre übersichtlich beisammen zu haben. Für jeden Schlag oder Schlagteil, der selbständig bewirtschaftet wird, sind drei Blätter vorzusehen. Auf Blatt 1 wird zunächst eine Karte des Schlages eingezeichnet, wenn möglich, unter Eintragung der Grundsteuerbonitäten nach der Katasterkarte gepaust. Diese Karte wird allmählich durch Eintragung von Profilen, Ergebnissen von Bodenuntersuchungen usw. vervollständigt, durchgeführte Versuche werden darauf eingezeichnet usw.

Auf einem zweiten Blatte wird Buch geführt über Bestellung, Düngung und Erträge in den einzelnen Jahren, in folgender Anordnung:

Jahr	Frucht (Sorte)	Event. Saatgut	Düngung			N Kunstdünger	Legumi-nosen Hauptfr.	Grün-düngung	Stallmist	Ertrag ctr/Mo
			Ca	P	K					

Auf einem dritten Blatte endlich werden die Ergebnisse vor allem jener Versuche und Untersuchungen eingetragen, die den Kalk-, Phosphorsäure- und Kalizustand des Schlages betreffen.

Aber wenn jene Versuche auch zunächst schlagweise ausgewertet werden, so müssen daraus auch allgemeine Schlußfolgerungen gezogen werden können, da nicht alle Schläge auf einmal untersucht werden können und doch von diesen Versuchen Richtlinien auch für die Gesamtwirtschaft gefordert werden.

Diese können nur mit einiger Sicherheit aus großen Durchschnitten sehr zahlreicher Versuche gewonnen werden. Da hierbei die Jahreswitterung nur eine sekundäre Rolle spielt, sind alle gleichartigen Versuche für den ganzen Zeitraum zusammenzustellen. Im allgemeinen wird man hierbei nach Früchten trennen, außerdem Gruppen bilden, vor allem nach Bodenart, z. B. Hafer auf Rüben und Hafer auf Kartoffelböden; oder nach der oft ebenso wichtigen Stellung in der Fruchtfolge: z. B. Roggen nach gedüngter Hackfrucht oder Roggen nach Getreide; oder nach Art der organischen Beidüngung, z. B. Rübe in Stallmist und Rübe ohne Stallmist. Oder bei Kalkversuchen nach der Reaktion. Es können auch Gruppen mehrerer Früchte gebildet werden, z. B. Sommerung nach gedüngter Hackfrucht. Für diese Gruppen sind die Ergebnisse sämtlicher dazugehöriger Versuche zusammenzufassen. Am besten verwendet man dazu die Ertragssteigerungen oder -minderungen in Prozenten mit ihren Fehlern in Prozenten — ganz gleich, ob sie als sichere oder unsichere Ergebnisse anzusprechen sind. Die Errechnung des Gesamtdurchschnittes hat nach der Regel für Einzelbeobachtungen ungleicher Genauigkeit zu geschehen. Wir erhalten so gewogene Durchschnitte mit entsprechenden mittleren Fehlern. Zur Vervollständigung sind die

Beispiel.

Kalidüngung zu Hafer nach Getreide auf Mittelboden 1924—26 bei 40 Pfd. K_2O

Versuch		Grundertrag ctr/Mo	abs. +	% +
1924	1	11,6	+ 1,4	**+ 12,2 ± 1,5**
	2	13,0	+ 1,6	**+ 12,4 ± 3,1**
	3	15,0	+ 1,6	**+ 10,8 ± 1,4**
	4	6,9	+ 0,1	+ 1,8 ± 4,5
1925	5	13,6	− 7,5	— 5,5 ± 3,9
	6	17,8	+ 0,2	+ 1,1 ± 1,0
1926	7	13,4	+ 0,8	+ 6,0 ± 4,5
Gesamtdurchschnitt		13,0	+ 0,9	+ 6,0 ± 2,2
davon 3 sichere Wirkungen = %		13,2	+ 1,5	+ 11,5 ± 0,51

Versuche mit sicherer Reaktion (> als 2 m%) zu unterstreichen (hier fett gedruckt), ihre Zahl in Prozenten aller Versuche anzugeben und ihr Durchschnitt auszurechnen. Die Zusammenstellung wird vervollständigt durch Angabe der Durchschnittserträge und der absoluten Ertragssteigerung ohne Fehler (s. S. 227).

Ausrechnung siehe folgende Tabelle.

Berechnung zu obigem Beispiel

a) Alle Versuche

	a	m	m^2	$1/m^2$	p	$a.p$	v	v^2	$p.v^2$	Kontrolle $p.v$
1	+12,2	+1,5	2,25	0,44	44	+537	+ 6,2	38	1670	+273
2	+12,4	+3,1	9,60	0,10	10	+124	+ 6,4	41	410	+ 64
3	+10,8	+1,4	2,00	0,51	51	+550	+ 4,8	23	1170	+244
4	+ 1,8	+4,5	20,20	0,05	5	+ 9	—4,2	18	90	— 21
5	— 5,5	+3,9	15,20	0,07	7	— 39	—11,5	132	924	— 80
6	+ 1,1	+1,0	1,00	1,0	100	+110	—4,9	24	2400	—490
7	+ 6,0	+4,5	20,20	0,05	5	+ 30	+ 0	—	—	—
										+581
					222	1321			6660	—591

$$A = \frac{\Sigma\, a\, p}{\Sigma\, p} = \frac{1321}{222} = +\,5{,}9,\quad m = \sqrt{\frac{\Sigma\, p\, v^2}{(n-1)\,\Sigma\, p}} = \sqrt{\frac{6660}{6.222}} = \pm\,2{,}2$$

b) Versuche mit sicherer Wirkung

	a	m	m^2	$1/m^2$	p	$a.p$	v	v^2	$p.v^2$	Kontrolle $p.v$
1	12,2	1,5	2,25	0,44	44	+537	+0,7	0,49	21,6	+ 30,8
2	12,4	3,1	9,60	0,10	10	+124	+0,9	0,81	8,1	+ 9,0
3	10,8	1,4	2,00	0,51	51	+550	—0,7	0,49	25,0	— 35,7
					105	1211			54,7	

$$A = \frac{1211}{105} = +\,11{,}5 \qquad m = \sqrt{\frac{54{,}7}{2{,}105}} = 0{,}51$$

Bei den K-P-Versuchen wird man sich in sehr vielen Gebieten mit einfachen Gaben begnügen können und die Frage nur dahin stellen, ob sichere Reaktion oder nicht eintritt und wie hoch sie im Durchschnitt bei einer üblichen, praktischen Gabe ist. Versuche mit steigenden Gaben kommen nicht in Betracht, da die Differenzen in den Ertragssteigerungen viel zu fein sind, um mit dem hierfür viel zu groben Feldversuch direkt erkannt zu werden.

Nur da, wo außerordentlich hohe Wirkungen zu erwarten sind, kommt eine zweite gesteigerte Gabe in Betracht. Da wird eben eine Sonderzusammenstellung für Versuche mit gesteigerter Gabe vorgenommen werden müssen, in denen beide Zahlenreihen wie oben behandelt werden. In den meisten Fällen wird man mit einer Reihe auskommen und sich damit begnügen, wenn im Gesamtdurchschnitt eine gute Wirkung zu verzeichnen ist. Für diesen Gesamtdurchschnitt sind — auf jeden Fall aber für die Sondergruppe der Versuche mit sicherer Wirkung — die wahrscheinlichen Mehrerträge weiter gesteigerter Gaben nach dem Mitscherlich-Gesetz zu errechnen, was mit Hilfe der später S. 282 gebrachten Behelfe sehr einfach für beliebig gesteigerte Gaben abzulesen ist; auch verminderte Gaben sind ähnlich zu berücksichtigen.

In obigem Beispiele ergeben sich folgende Reihen:

Mehrerträge bei Düngung

mit Reinkali Pfd./Mo		20	40	60	80	100	120
Ertragssteigerung im Ges.-Durchsch.	in Prozent....	5,0	5,9	6,2	6,4	—	—
	abs. bei 10 ctr. Grundertrag .	0,50	0,59	0,62	0,64		ctr/Mo
Ertragssteigerung der sicheren Wirkungen in %....		10,0	11,5	12,8	13,2	13,4	13,5
absolut bei 10 ctr Grundertrag		1,0	1,1	1,28	1,32	1,34	1,35

Jetzt kommt der letzte Schritt: die Rentabilitätsberechnung. Hier genügt es, bei jeder Gruppe von einem mittleren Grundertrag für das gesamte Gebiet auszugehen — auf keinen Fall ist der Durchschnitt der Versuche hierzu zu verwenden, der bestimmt zu hoch ist. Durch die Benützung des mittleren Grundertrages wird wenigstens ein Teil des Ernterisikos der Wirtschaften berücksichtigt. Als Produktenpreise sind die Durchschnitte der Notierungen der letzten Jahre abzüglich Lokalabschlag zu verwenden. Als Düngerpreise die Durchschnittspreise frei Hof. Für die Arbeitsausgaben des Streuens und Einerntens seien die Mehrerträge an Nebennutzungen (Stroh, Blätter usw.) aufgerechnet, da beide in der schmerzhaften Geldrechnung keine direkte Rolle spielen.

Es sind nun die Mehrerträge nacheinander in ctr/Mo und Mk/Mo auszurechnen und die Düngerkosten abzuziehen. Ergibt sich hierbei im Gesamtdurchschnitt eine nur geringe Rentabilität der einfachen Gabe, so ist das Ergebnis auf seine Sicherheit nach der Methode Feichtinger[1] zu prüfen.

Sie sei nachfolgend kurz dargelegt. Wir errechnen die Wahrscheinlichkeit, bei Wiederholung eines Versuches einen Mehrertrag zu erzielen, indem wir den Quotienten $\frac{D}{m}$ bilden und den entsprechenden Wert aus der zugehörigen Tabelle ablesen (vgl. S. 18). Dagegen ist die Wahrscheinlichkeit, bei einer bestimmten Düngung einen wirtschaftlichen Erfolg zu erzielen, geringer, denn diese errechnet sich nach der Formel

$$\text{Wahrscheinlichkeit laut Tabelle} = \frac{\text{Mehrertrag} \times \text{Produktenpreis} - \text{Düngergabe} \times \text{Düngerpreis}}{\text{Produktenpreis} \times \text{mittlerer Fehler}}$$

Wenden wir diese Formel auf das gebrachte Beispiel der Kalidüngung zu Hafer an, so erhalten wir

a) bei einer Gabe von 20 Pfd./Mo Rein-Kali Mehrertrag 0,50 q $\pm$ 0,19

Haferpreis . . . 1 dz . . . . = 8,— Mk
Düngerpreis . . 20 Pfund Rein-Kali . = 2,25 Mk

$$\text{Wahrscheinlichkeit} = \frac{4,0 - 2,25}{8 \times 0,19} = 1,4 \text{ entspricht } 92\%$$

Ist die Wahrscheinlichkeit einer Rentabilität hoch, so ist das Optimum derselben an den Reihen mit variierten Gaben festzustellen. Letzteres wird immer für die Sondergruppe der Versuche mit sicherer Wirkung angebracht sein. Nachfolgend ein Beispiel.

Rentabilitätsberechnung der Kalidüngung zu Hafer

Verwendete Preise:
Hafer 1 ctr = 8,— Mk
40% Kali 1 ctr = 4,50 Mk

a) Gesamtzusammenstellung aller Versuche

Rein-K_2O-Dungung Pfd./Mo	20	40	60	80
Wert des Mehrertrages Mk	4,0	4,60	5,00	5,10
Düngerkosten Mk	2,25	4,50	6,75	9,00
Reinertrag.............	+1,75	+0,10	−1,75	−3,90

[1] Feichtinger: Die wirtschaftliche Bedeutung des mittleren Fehlers. Fortschr. d. Landw., H. 14. 1927.

b) Zusammenfassung der Versuche mit sicherer Wirkung

Rein-K_2O-Dungung Pfd./Mo	20	40	60	80	100
Wert des Mehrertrages Mk	8,00	8,80	10,20	10,60	10,70
Düngerkosten Mk	2,25	4,50	6,76	9,00	11,25
Reinertrag	+5,75	+4,30	+3,45	+1,60	−0,55

Optima beide Male bei der niedrigsten Gabe. Bei den Versuchen mit sicherer Wirkung ist hierbei jedoch bei weiteren Schlußfolgerungen bezüglich Düngung Rücksicht auf die Kali-Entnahme durch die Ernte zu nehmen.

c) Auswertung der N-Versuche

1. Steigende Gaben

Auch die N-Wirkung ist stark von der Jahreswitterung abhängig, besonders die oberste Grenze der rentablen Wirkung. Kommt doch zu den sonstigen Unsicherheiten noch die Lager- und die Auswaschungsgefahr hinzu.

Es wird also bei den N-Versuchen ähnlich vorzugehen sein wie bei den Sortenversuchen; es werden zunächst gewogene Jahresdurchschnitte zu errechnen sein, dann aber die Zahlen für die einzelnen Jahre als gleichgewichtig oder entsprechend der Bedeutung, die man dem Jahre beilegt, weiter zu verrechnen sein. Daß hierbei entsprechende Gruppen für verschiedene Böden, Stand in der Fruchtfolge usw. zu bilden sind, wie bei den K-, P-, Ca-Versuchen, braucht wohl nicht weiter betont zu werden. Ebenso wie bei diesen ist auch hier mit den prozentischen Ertragssteigerungen zu rechnen.

Bei der Auswertung der Stickstoffversuche mit steigenden Gaben kommt jedoch eines hinzu: Das endgültig Interessierende daran ist die Feststellung der rentabelsten Gabe im Durchschnitt der Jahre, möglichst für verschiedene Preisverhältnisse. Da das Wirkungsgesetz der Wachstumsfaktoren gerade beim Stickstoff und gerade an den oberen Grenzen in der Praxis die stärksten Durchbrechungen erfährt, ist mit diesem Gesetz nicht ohne weiteres etwas anzufangen, und Versuche mit steigenden Gaben, zum mindesten mit einer mittleren und einer hohen Gabe, sind nicht zu umgehen. Bei der Zusammenfassung solcher Versuche ergeben sich regelmäßig Schwierigkeiten dadurch, daß nicht überall dieselben

Gaben verwendet wurden. Selbst wenn man sich das streng vornimmt, gelingt es nur selten, da man bei N gezwungen ist, sich ganz den gegebenen Verhältnissen anzupassen. In einem Versuch sind die Gaben 10, 20, 30 Pfd. N angewendet, in einem zweiten nur 15, 30 Pfd. N, in einem dritten, wo zeitlich verschiedene Gaben verwendet wurden, gar nur 30 Pfd. Wie diese Versuche unter einen Hut bringen? Hier hilft das Mitscherlich-Gesetz. Wir dürfen zwar damit nicht über einen gegebenen Wert ohneweiters hinausrechnen, da die Depressionen der höheren Gaben dadurch nicht erfaßt werden, wir dürfen aber doch fehlende Werte innerhalb der festgestellten Grenzen interpolieren. Wir suchen uns eine Reihe aus, die am häufigsten verwendet wurde, etwa z. B. 10, 20, 30 Pfd./Mo N und rechnen die zugehörigen Werte der anderen Reihen durch Interpolation nach dem Mitscherlich-Gesetz — am einfachsten mit der Ertragstabelle oder dem Nomogramm — aus. Z. B. in Reihe II die Ertragssteigerung für 20 Pfd. N durch Interpolation zwischen den Ertragssteigerungen bei 15 Pfd. und 30 Pfd./Mo N. Was hat hierbei mit den Fehlern zu geschehen? Es ist am praktischesten, wenn wir auf spezielle Fehler für die Einzelwerte — auch der Reihen, die nicht interpoliert werden, verzichten und einfach einen Fehler für die gesamte Reihe errechnen. Dies ist wissenschaftlich einwandfrei möglich, mit Hilfe der Formel $\sqrt{\frac{m_1^2 + m_2^2 + m_3^2}{n} \ldots}$

Ich erhalte also endgültig eine Anzahl von Reihen, die prozentische Ertragssteigerungen bei der gleichen steigenden N-Düngung darstellen und die dazugehörigen Fehler m. Die Durchschnitte für die einzelnen Jahre sind nun als gewogene Durchschnitte unter Berücksichtigung der Zuverlässigkeit der einzelnen Versuche zu errechnen. Die $\frac{1}{m^2}$ sind also als Gewichte zu verwenden. Beispiel: In einem Jahre seien die Stickstoffwirkungen zu Rübe in Stallmist folgende gewesen:

Perzentuelle Ertragssteigerung der Stickstoffdüngung zu Rüben in Stallmist 1923

Stickstoffgabe in Pfd. N/Mo	10	15	20	30
Versuch I	16 ± 3,2	—	24 ± 5,4	30 ± 4,5
„ II ...	8 ± 2,0	—	15 ± 3,2	21 ± 2,5
„ III...	—	27 ± 6,2	—	34 ± 5,5
„ IV ...	—	—	—	17 ± 4,3

Interpolierte Werte und Gesamtfehler der einzelnen Reihen

Pfd. N/Mo	10	20	30	m
Versuch I	16	24	30	$\pm 4{,}4$
„ II ...	8	15	21	$\pm 2{,}6$
„ III ...	24,7	29,3	34	$\pm 5{,}8$
„ IV ...	6,0	11,8	17	$\pm 4{,}3$

Jahresreihe = gewogenes Mittel aus obigen Reihen $\left(\text{Gewicht} = \frac{1}{m^2}\right)$

Jahresreihe ...	10,8	17,1	23,2	

Eine Fehlerrechnung für diese Durchschnittswerte ist ohne weiteres möglich (mit Hilfe der gleichen Gewichte), dürfte aber im allgemeinen überflüssig sein, da die N-Wirkung im Bereiche der Rentabilität immer sicher zu sein pflegt und die oberen Grenzen, bei denen sie allein einen Sinn hätte, meistens infolge geringerer Rente nicht in Betracht kommen.

Aus den Durchschnitten der einzelnen Jahre, die ich als gleichgewichtig behandeln muß (wenn es sich um eine genügende Anzahl Jahre handelt), errechne ich nun die mehrjährigen Durchschnitte als einfache arithmetische Mittel. Z. B.:

	10	20	30	Pfd. N
1923	10,8	17,1	23,2	%
1924	6,2	13,0	17,0	%
1925	6,0	10,8	14,0	%
1926	4,0	8,0	11,0	%
1927	9,0	21,1	27,0	%
Mittel	+7,2	+14,0	+18,5	%

Um die Zone der höchsten Rentabilität besser erfassen zu können, interpoliere ich in diese Reihe noch Zwischenwerte nach Mitscherlich. Z. B.:

Pfd. N	5	10	15	20	25	30
Mehrertrage in %	3,6	7,2	10,7	14,0	16,7	18,5

Jetzt kann die Rentabilitätsberechnung einsetzen. Ich kann hier ähnlich vorgehen wie bei den K-P-Versuchen: den durchschnittlichen Ertrag der Wirtschaften für „ohne N“, der aus den bisherigen Ernten bei den bisherigen Düngungen errechnet wird, zu grunde legen und die Durchschnittspreise für Produkte und N-Dünger, wie oben angegeben, dazu heranziehen. Es ergibt sich dann z. B. in diesem Falle folgende Reihe:

Grundertrag 120 ctr Rüben je Morgen, Preis 1,40 Mk für 1 ctr Rüben und 65,— Mk für 1 ctr Rein-N.

Dungung	5	10	15	20	25	30	Pfd. N/Mo
Mehrertrag	4,3	8,6	12,8	16,8	20,1	22,3	ctr/Mo
Mehrertrag in Geld	6,0	12,0	17,9	23,5	28,2	31,0	Mk/Mo
Kosten der Dungung	3,3	6,5	9,8	13,0	16,3	19,5	Mk/Mo
Reinertrag der Düngung	2,7	5,5	8,1	10,5	**11,9**	11,5	Mk/Mo

2. Stickstoffarten

Bei Versuchen zum Vergleiche verschiedener Stickstoffdünger sind Zusammenstellungen besonders notwendig, da der Einzelversuch bei den feinen Unterschieden selten ein sicheres Ergebnis hat. Es sind hier etwas abweichende Wege einzuschlagen, denn es liegen meist nicht genügend Versuche eines Jahres vor, um Jahresdurchschnitte zu bilden. Eine Zusammenfassung sämtlicher entsprechender Versuche eines Zeitraumes ist auf der anderen Seite unbedenklicher, da die Verschiedenheit in der Wirkungsweise verschiedener Stickstoffarten mindestens ebenso sehr vom Boden abhängig ist wie von der Jahreswitterung.

Man wird also sämtliche Versuche einer Frucht auf bestimmten Böden für den ganzen Zeitraum zusammenstellen.

Dazu verwendet man am besten die prozentischen Ertragssteigerungen der Vergleichsversuche gegenüber ungedüngt samt ihren Fehlern. Man wird diese dabei auf eine allgemeine Einheit, etwa 16 oder 20 Pfd Rein-N nach Mitscherlich umrechnen, um auch eventuelle Versuche mit verschiedenen Früchten, die ja meist mit verschieden hohen N-Gaben durchgeführt werden, zusammenfassen zu können. Gerade bei vergleichenden N-Versuchen kommt man manchmal in die Verlegenheit, dieses bei extremen Bodenarten tun zu müssen.

Beispiel. Vergleich von Natronsalpeter und Leunasalpeter zu Winterung auf leichten Böden.

1924	Versuch I	15 Pfd.	Leuna	+ 14 ± 4,0%
			Natron	+ 17 ± 5,0%
	Versuch II	20 Pfd.	Leuna	+ 20 ± 3,5%
			Natron	+ 21 ± 4,0%
1925	Versuch III	10 Pfd.	Leuna	+ 10 ± 3,8%
			Natron	+ 14 ± 4,1%
1926	Versuch IV	20 Pfd.	Leuna	+ 30 ± 3,4%
			Natron	+ 46 ± 4,0%

Zusammenstellung. 20 Pfd. N/Mo

	als Leuna	als Natron
Versuch I	+ 18 ± 4,0	+ 21 ± 5,0
„ II	+ 20 ± 3,5	+ 21 ± 4,0
„ III	+ 20 ± 3,8	+ 27 ± 4,1
„ IV	+ 24 ± 3,4	+ 37 ± 4,0
gewogenes Mittel	+ 20,8 ± 1,3	+ 27,3 ± 3,2

Aus den gewogenen Durchschnitten und ihren Fehlern kann ich schließlich die durchschnittliche Wirkung in Prozenten, bezogen auf den verbreitetsten Dünger = 100, mit ihrem Fehler ausrechnen.

Beispiel:

Wirkung von Natronsalpeter = 100

„ „ Leunasalpeter = **71 ± 3,3**

Sinngemäß ist das Verfahren auch bei Vergleichen der Wirkung verschiedener Düngerformen anderer Nährstoffe anzuwenden, ebenso bei Versuchen mit verschiedenem Anwendungszeitpunkt, geteilten Gaben und ähnlichem.

d) Sonstige Versuche

Bearbeitungsversuche usw. bieten ebenfalls in ihrer Zusammenfassung keine Besonderheiten. Es sind sinngemäß die vorbezeichneten Wege einzuschlagen.

3. Berichterstattung

Die Berichterstattung hat einen mehrfachen Zweck zu erfüllen:

1. Den versuchsanstellenden Betriebsleitern die Ergebnisse ihrer Versuche darzulegen.

2. Denselben eine allgemeine Übersicht über die Versuchstätigkeit und Ergebnisse in ihrem Bezirk bzw. Ringe zu geben.

3. Für den Versuchsleiter selbst die wichtigsten Daten in solcher handlicher Form und Übersichtlichkeit zusammenzustellen, daß sie für Beratungszwecke, für weitere Zusammenstellungen und sonstige wissenschaftliche Aufarbeitungen jederzeit und rasch weiter verwendet werden können.

4. Berichterstattung an neugierige Kammern, Institute, Nachbarversuchsleiter, über einzelne Versuche auch an Syndikate, Beratungsstellen, an Züchter und Saatgutlieferanten.

Die Berichterstattung soll dabei möglichst übersichtlich sein, möglichst wenig Arbeit verursachen und möglichst wenig kosten.

Diesen verschiedenen Anforderungen ist nun nicht leicht gerecht zu werden.

Zunächst: eine Benützung von Formularen ist ausgeschlossen oder nur für Sonderzwecke möglich. Formulare müssen von Hand aus geschrieben werden, was unnütze Zeitvergeudung ist.

Man tut jedenfalls in den meisten Fällen gut, sich von vorneherein auf mechanische Vervielfältigungen einzustellen, bei denen allerhöchstens ein gewisses Schema befolgt werden kann. Welche Vervielfältigungsmethode man wählt, hängt ganz von den Finanz- und örtlichen Verhältnissen ab. Am billigsten in bezug auf Kapitalaufwand und Materialkosten arbeitet man mit Hektographenmassen (z. B. „Reko" der Greifwerke), die bis zu 50 Abzügen einer handschriftlichen Urschrift ermöglichen. Ein sicherer und rascher Maschinenschreiber wird sehr gut mit Wachspapier arbeiten, da es beliebig viel Abzüge ermöglicht. Immer bleibt die Möglichkeit, das Manuskript einer graphischen Anstalt anzuvertrauen. Nur ist das meist zu teuer.

Dem eigentlichen Bericht wird man eine kurze Übersicht über den Witterungsverlauf in dem Gebiete, über allgemeine Erträge und Preise, die in den Berechnungen verwendet wurden, sowie über angewendete Versuchstechnik, Verrechnungsmethode, verwendete Maße und Gewichte (streng einheitlich!) vorausschicken. Falls in einem einzigen Berichte alle Versuche eines Jahres zusammengefaßt werden, ist auch ein Inhaltsverzeichnis mit Angabe der Seitenzahl voranzuschicken — sonst stellt man es den Einzelberichten voran. Eine Einteilung der Berichterstattung in Einzelberichte, in denen jeweils die Versuche zu einer Frucht zusammengefaßt werden, ist überhaupt empfehlenswert. Sie ergibt sich einerseits zwanglos aus der fortlaufenden Aufarbeitung, andererseits ist die Lese- und Aufnahmsfähigkeit des praktischen Landwirtes eng begrenzt. Wenn man Wert darauf legt, daß er von dem Bericht auch etwas hat, so mute man ihm nicht zu viel zu. Auch ist so eine rechtzeitige Berichterstattung über die Winterungsversuche vor der neuen Bestellung möglich, die immer angenehm empfunden wird.

Auf jeden Fall ist die Einteilung des gesamten Materials nach einzelnen Früchten die weitaus praktischeste. Also nicht nach Art der Versuche: Sortenversuche, Düngungsversuche usw. Oder nach Gütern oder nach Böden usw. Das kann man immer noch als Spezialzusammenstellung am Schlusse der Berichte über die einzelnen Früchte bringen. Dafür eignen sich vor allem die Kali-, Phosphorsäure-, Kalk-, gewisse allgemeine Bearbeitungsversuche, Stallmistversuche, Beizversuche, Versuche mit verschiedenen Stickstoff-Formen usw.

Auch die Berichte über die einzelnen Früchte (oder Kulturarten: Wiese, Weide), sind sorgfältig zu gliedern. Hier ist ebenfalls die Gliederung sinnvoll nach der Reihenfolge der Entschließungen, die der Landwirt zu treffen hat, durchzuführen, nicht nach Gütern oder Versuchen. Im folgenden solch eine Einteilung:

Weizen

1. Anbaufläche,
2. Vorfrucht,
3. Saatzeit,
4. Sortenwahl,
5. (Absaatstufe),
6. Saatstärke,
7. Reihenweite, eventuell Saatmethode,
8. Stickstoffdüngung,
   a) Höhe der Gabe,
   b) Stickstofform,
   c) Einteilung (Herbst, Frühjahr),
   d) Zeit (der Frühjahrsgabe),
9. Phosphorsäuredüngung,
10. Kalidüngung,
11. Kalk, eventuell organische Düngung,
12. Bearbeitungsversuche,
13. Verschiedenes.

Innerhalb der einzelnen Kapitel schreitet man so fort, daß man erst die einzelnen Versuche der Güter ausführlich mit allen Angaben: Vorfrucht usw., Düngungen, Ergebnissen samt Fehlern und Wahrscheinlichkeiten, kurz alles, was an zahlenmäßigen und Beobachtungsergebnissen festgestellt wurde, der Reihe nach bringt. Hierbei ist es praktisch, jeden Versuch auf ein Sonderblatt zu schreiben und gleich im Manuskript zu bemerken, wieviel Sonderabzüge von diesem Blatt über die allgemeine Zahl hinaus eventuell hergestellt werden sollen: z. B. für Syndikate, Züchter usw.

Nach den einzelnen Versuchen bringt man dann frei von allem irgend entbehrlichen Beiwerk und möglichst plastisch die Zusammenstellungen der wichtigsten Ergebnisse für das betreffende Jahr und für sämtliche Jahre bis dato.

Ad 1. Zweckmäßig ist es immer, eine Übersicht über die Bewegung der Anbaufläche der betreffenden Frucht im Verhältnis zur gesamten, landwirtschaftlich genutzten Fläche oder zu den wichtigsten Konkurrenzfrüchten zu geben. Die Angaben verschafft man sich durch Aufzeichnung der Anbauflächen der einzelnen Güter und Verrechnung nach Prozenten.

Hier kann man auch allgemeine Erörterungen über Zweckmäßigkeit von Ausdehnung oder Einschränkung einflechten.

Ad 2. Auch wenn keine Versuche vorliegen, oft beachtenswert; vor allem als Grundlage für das Folgende. In manchen Gebieten sind Streitfragen hierüber leicht aus langjährigen Buchführungsergebnissen zu klären.

Ad 3. Wichtig für das folgende Kapitel Sortenwahl, daher vorauszuschicken, wenn Versuche vorliegen.

Ad 4. Hier ist es wieder zweckmäßig, wenn irgend möglich, die Übersicht über die Flächenanteile der in Betracht kommenden Sorten vorauszuschicken, am besten sogar der drei bis vier letzten Jahre. Die Angaben verschafft man sich gleichzeitig mit den Anbauflächen und stellt sie dann für das in Frage kommende Gebiet oder Teilgebiet zusammen. Sie sind oft sehr lehrreich, auch für den Versuchsansteller selber.

Ad 5. Besonders bei Kartoffeln wichtig.

Ad 6. Die Saatstärken sind in den Versuchen und Zusammenstellungen immer in Zahl keimfähiger Saatkörner je Quadratmeter anzuführen. Am Schlusse für den Praktiker die Angabe, wieviel Pfd./Mo bei mittlerer Triebkraft und dem Tausendkorngewicht der verbreitetsten Sorten und des laufenden Jahres dieser Zahl entsprechen.

Ad 8 bis 10. Sämtlichen Düngungsversuchen schließt man hinter den Zusammenstellungen und ihren Ergebnissen möglichst eine Übersicht über die bisherigen Normen und Gepflogenheiten an und beleuchtet sie finanziell von diesen Ergebnissen aus; dem stellt man dann die finanzielle Auswirkung der nach den Ergebnissen besten Maßnahmen gegenüber.

Ad 11. Hier ist es immer am Platze, auf die Reaktionsverhältnisse einzugehen und auf die Lagen, Böden oder Güter hinzuweisen, die besondere Beachtung verdienen, auch wenn noch keine Versuche dort durchgeführt sein sollten.

Ein Bericht in dieser Form wird dem Praktiker immer lebendig sein und andererseits dem Versuchsleiter ein handlicheres Nachschlagewerk bieten als die tabellarischen Zusammenstellungen über sämtliche Versuche einer bestimmten Art eines ganzen Gebietes. Letztere sind darum aber doch nicht ganz zu verwerfen. Als Zusatz zum eigentlichen Bericht sind sie vor allem für die Düngemittel, die mehr den Boden düngen (oder Vorrat auffüllen), wie K, P, Ca, sehr am Platze. Man unterlasse dabei nicht, möglichst alle Angaben, z. B. auch Fehler unsicherer Mehrerträge, anzuführen und in einer Spalte „Bemerkungen" darauf hinzuweisen, wo weitere Angaben (z. B. Stroherträge, Analysenergebnisse, Gehaltsangaben usw.), in welchem Bericht und auf welcher Seite, zu finden sind. Es wird dies die Brauchbarkeit des Berichtes für den Versuchsleiter und seine Nachbar-Versuchsleiter nur erhöhen.

Literatur zu „Auswertung und Berichterstattung"

Czuber, Wahrscheinlichkeitsrechnung und ihre Anwendung auf Fehlerausgleichung. Berlin. 1924. — Feichtinger: Über die wirtschaftliche Bedeutung des mittleren Fehlers. Fortschritte der Landwirtschaft 1927, H. 14. — Derselbe: Zur Frage der wirtschaftlichen Auswertung von Düngungsversuchen. Landw. Jahrb. 1927, Bd. 66, H. 5. — Heller u. Krey: Zur Auswertung von Grünland versuchen in betriebswirtschaftlicher Hinsicht. Pflanzenbau, 4. Jahrg., Nr. 18, S. 275. 1927/28. — Kapff, Das Feldversuchswesen und seine zweckmäßige Anwendung im landw. Großbetrieb. Berlin 1928 — Lamberg: Die wirtschaftliche Auswertung von Düngungsversuchen. 4. Jahrg., Nr. 18, S. 280. 1927/28. — Markoff: Wahrscheinlichkeitsrechnung. Deutsch von H. Liebmann. 1912. — Mitscherlich: Ein Beitrag zur Bewertung der Ergebnisse von Sortenanbauversuchen. Pflanzenbau, H. 21. 1924/25. — Derselbe: Die Verarbeitung mehrjähriger Sortenanbauversuche. Pflanzenbau, H. 12. 1925/26. — Moldenhauer: Die Praxis der Ausgleichsrechnung. Pflanzenbau, H. 14. 1924/25. — Derselbe: Über den Sicherheitskoeffizienten bei Sortenversuchen. Pflanzenbau, S. 285. 1926/27. — Möller-Arnold: Gedanken zur Fehlerrechnung bei Feldversuchsergebnissen. Pflanzenbau, H. 8. 1925/26. — Derselbe: Über Auswertung von Versuchsreihen. Fortschritte der Landwirtschaft 1928, H. 13, S. 585. — Derselbe: Methoden der Zusammenfassung und Auswertung wiederholter Feldversuche und ganzer Versuchsserien. Pflanzenbau, 5. Jahrg. Nr. 3 u. 4, S. 33—43. 1928/29. — Obst: Die Auswertung der Bodenprüfungen nach Mitscherlich. Pflanzenbau, Jahrg. 3, S. 168. 1926/27. — Remy u.

Steinberg: Bericht über 1926 zur Förderung des zünftigen Frühkartoffelbaues durchgeführte Versuche. Heft 29 der Arbeiten der Kartoffelbaugesellschaft Berlin. 1927. — Vik: Bedommelse av feilene pa forsöksfelter med og uten maalestokk. Meldinger fra Norges Landbrukshöiskole. 1924. — Zade: Die Beurteilung des Sortenwertes nach den Ergebnissen von Feldanbauversuchen. Pflanzenbau, H. 2. 1924/25.

4. Abschnitt

Laboratoriumsarbeit

Einleitung

Es soll hier nicht dafür eingetreten werden, bei der praktischen Versuchstätigkeit die Aufmerksamkeit allzusehr auf Laboratoriumsuntersuchungen zu richten; das letzten Endes Maßgebende und Entscheidende ist und bleibt bei den meisten pflanzenbaulichen Fragen der Praxis der Freiluftfeldversuch. Immerhin vermögen manche einfach durchzuführende Untersuchungen wertvolle Anhaltspunkte über den Nährstoffgehalt der Böden zu geben, bei der Kalkfrage z. B. sogar den Feldversuch zum großen Teil zu ersetzen; andere Untersuchungen wieder, wie z. B. Bestimmung der Saatgutqualität, Stärkebestimmung bei Kartoffeln u. a. m. müssen zur Durchführung gelangen, wenn die Ergebnisse des Feldversuches einwandfrei sein sollen. In nachfolgendem sind nun diejenigen Untersuchungen kurz angeführt, die zur Durchführung gelangen müssen und ferner von den sonstigen Laboratoriumsarbeiten diejenigen herausgegriffen, welche von größerer, praktischer Bedeutung sind, wegen ihrer Umständlichkeit jedoch in der Regel bloß von Versuchsanstalten durchgeführt werden können. Wer Gelegenheit — wie sie z. B. in Zuckerfabrikslaboratorien geboten wird — und Lust hat, noch andere eingehendere und kompliziertere physikalische oder chemische Arbeiten durchzuführen, der kann aus einem der zahlreichen Handbücher alles über dieses einfachste Rüstzeug hinaus Nötige entnehmen.[1]

Wir werden die Laboratoriumsarbeiten nach zwei Gruppen geordnet bringen, welche sich oft nicht streng voneinander scheiden lassen, aber für eine Einteilung genügen:

1. Arbeiten, welche den Boden selbst untersuchen,
2. Arbeiten, welche die Erzeugnisse des Bodens untersuchen.

[1] Z. B. als Universalwerk: König: Die Untersuchung landwirtschaftlich wichtiger Stoffe. 1923. — Wahnschaffe und Schucht: Wissenschaftliche Bodenuntersuchung. P. Parey.

In beiden Gruppen lassen sich dann wieder die regelmäßig durchzuführenden und die möglichen Untersuchungen unterscheiden.

I. Untersuchungen des Bodens

Teil 1. Notwendige Untersuchungen

1. Probenahme auf dem Felde

Die Entnahme von Bodenproben auf dem Felde kann nach zweierlei Gesichtspunkten erfolgen:

1. Man hält die entnommenen Proben getrennt voneinander und führt sie auch einer getrennten Untersuchung zu.

2. Man entnimmt Proben an verschiedenen Stellen des Feldes, soweit der Boden nicht äußerlich Ungleichheiten zeigt, und mischt sie miteinander.

Im ersten Falle erhält man eine Bodenprobe, wie sie wirklich auf dem Felde vorkommt; man läuft dabei allerdings dann — wenn zu wenig Proben genommen werden — Gefahr, daß man durch Zufall auf eine Stelle trifft, welche eine vom übrigen Felde abweichende Beschaffenheit aufweist. (Lager eines Kalkhaufens u. dgl. m.) Man wird diese Art der Probenahme anwenden, wenn man z. B. den Kalkzustand eines Feldes untersuchen will, welcher oft auf verhältnismäßig engem Raume rasch wechselt. Wie viele Proben dieser Art zu nehmen sind, ist durchaus durch die Ungleichmäßigkeit des Feldes bedingt; in den meisten Fällen werden pro $^1/_4$ ha etwa 4 Proben genügen. Der Gefahr, auf die Überreste eines Kalkhaufens oder dergleichen zu stoßen, beugt man dadurch vor, daß man bei jeder Probe vier Schaufelstiche nimmt. Die Orte dieser Schaufelstiche verteilt man auf einen Umkreis von 10 m und mischt dann die Proben zusammen.

Im zweiten Falle erhält man ein Gemisch, dessen Zusammensetzung dem durchschnittlichen Charakter des Feldes nahekommt. Dieser durchschnittliche Charakter ist es aber gerade, den man dann wissen will, wenn es sich um Düngungsfragen handelt, bei denen ja in der Regel der ganze Schlag einheitlich abgedüngt wird. Für die Mischprobe genügen in der Regel 10, auf großen Schlägen 15 Proben vom betreffenden Ackerstück.[1]

Die praktische Entnahme der Probe erfolgt in folgender Weise: Man gräbt ein Loch aus bis zu der Tiefe, bis zu der die Probe genommen werden soll, also in der Regel bis zur Pflugsohle, und

[1] D. H. Hähne: Die Entnahme von Bodenproben auf dem Felde. Pflanz.-Ern. u. Düngung, Teil B, H. 1, S. 24. 1926.

sticht die eine Wand des Loches senkrecht ab. Dann beseitigt man die am stärksten verwitterte Ackerkrume, also die obersten 1 bis 2 cm des Bodens und geht mit einem Spatenstich parallel mit der senkrecht abgestochenen Wand so tief herunter, als man eben die Probe haben will. Die aus verschiedenen Löchern gewonnenen Ausstiche werden dann auf einer sauberen Unterlage (Plaue) durcheinandergemengt; eine Zigarrenkiste voll (1 bis 2 kg) dieser Mischung genügt für die Laboratoriumsarbeit.

2. Die Bestimmung der Bodenreaktion[1]

Durch zahlreiche Untersuchungen der letzten Jahre wurde festgestellt, daß die Bodenreaktion von großem Einfluß auf das Wachstum der Pflanzen ist und die Feststellung der Azidität, Neutralität oder Alkalidität des Bodens praktisch von großer Bedeutung sein kann, um so mehr, als es der Landwirt in der Hand hat, durch Kalkung und ferner durch die Wahl sogenannter physiologisch saurer oder alkalischer Düngermittel diesen Zustand weitgehend zu beeinflussen.

Nach der heute allgemein üblichen Einteilung von Kappen[2] unterscheidet man:

1. Die aktive oder wirkliche Azidität auf Moorböden und auf bestimmten Arten von Mineralböden; sie äußert sich bereits im wässerigen Bodenauszug durch das Auftreten freier Säuren. Da sie in der Regel zu Schädigungen der landwirtschaftlichen Kulturpflanzen führt, ist sie für den Landwirt von großer Bedeutung.

2. Die echte Neutralsalzzersetzung bei Humusböden gibt sich bei Ausschütteln mit echten Neutralsalzen, z. B. KCl, dadurch zu erkennen, daß unmittelbare, freie Säure entsteht. Die hier erfolgende komplizierte Umsetzung kann etwa in folgender Weise angedeutet werden:

Humussäurekolloid + KCl → Kaliumhumatkolloid + HCl.

Diese Aziditätsform ist für die landwirtschaftliche Praxis so gut wie bedeutungslos.

3. Hydrolytische Azidität. Diese beruht darauf, daß bei der Zersetzung eines hydrolytisch gespaltenen Salzes, z. B. Na-

[1] Die ausführlichste und modernste Monographie über dieses Gebiet vgl. Mevius: Reaktion des Bodens und Pflanzenwachstum. Dort auch ausführliche Literaturangabe.

[2] Kappen, H.: Über die Aziditätsformen des Bodens und ihre pflanzenphysiologische Bedeutung. Landw. Untersuchungsstation, Nr. 96. 1920.

triumazetat (gespalten in NaOH und CH_3COOH), durch den Boden ein Teil der freien Base adsorbiert wird, so daß ein entsprechender Säurerest zurückbleibt und meßbar ist. Es ist dies die schwächste Form der Azidität, welche eventuell noch bei Pflanzen mit hohem Kalkbedürfnis[1] (Luzerne) eine Rolle spielt. Die Bestimmung der hydrolytischen Azidität erfolgt wie die Bestimmung der Gesamtbodensäure nach Daikuhara, nur wird der Bodenauszug statt mit Chlorkaliumlösung mit Natriumazetatlösung hergestellt.

Sehr wichtig für den praktischen Landwirt ist die

4. Austauschazidität. Diese bildet sich bei Einwirkung echter Neutralsalze (z. B. KCl) durch Abgabe von Al- und Fe-Ionen an die Bodenlösung. Die Umsetzung im Boden kann durch folgende Gleichung angedeutet werden:

Aluminiumsilikat + 3 KCl = Kaliumsilikat + $AlCl_3$. Dieses Aluminiumsalz erleidet infolge der ungleichen Stärkeverhältnisse seines Kations und Anions eine hydrolytische Spaltung, welche eine saure Reaktion zur Folge hat:

$$Al \begin{matrix} \diagup Cl \\ -Cl \\ \diagdown Cl \end{matrix} + H_2O = Al \begin{matrix} \diagup OH \\ -Cl \\ \diagdown Cl \end{matrix} + HCl.$$

Auf dem Acker erfolgt ein ähnlicher Umsetzungsvorgang, wenn auf dazu neigenden Mineralböden gewisse Düngesalze, vor allem schwefelsaures Ammoniak oder Kalisalze, zugesetzt werden.

a) Die Untersuchung der Azidität

Für die Untersuchung der Aziditätsgrade bieten sich zwei verschiedene Wege dar:

a) Die Feststellung der Wasserstoffionenkonzentration (von manchen Autoren auch als wahre, aktuelle Azidität bezeichnet). Die Bestimmung wird auf eine der später zu besprechenden Arten kolorimetrisch oder elektrometrisch durchgeführt.

b) Die Feststellung der Titrationsazidität (auch als potentielle Azidität, Gesamtsäuremenge bezeichnet). Durch Zusatz von Lauge zur Bodenlösung wird z. B. bei der Austauschazidität die zuerst entstandene Menge Salzsäure neutralisiert und das Aluminiumchlorid veranlaßt, weiter aufzuspalten. Nun erfolgt wieder Laugenzusatz, Neutralisation, weitere Aufspaltung usw., bis endgültig der Zustand der Neutralität erreicht ist.

[1] Kappen: Untersuchungen zur Bodenaziditätsfrage durch Vegetationsversuche. Pflanz.-Ern. u. Düngung, A. IV, H. 4, S. 202.

Der rohe Unterschied zwischen beiden Bestimmungen ist folgender: Die Wasserstoffionenkonzentration kann als Maß für den augenblicklichen Aziditätszustand des Bodens dienen, während die Titrationsazidität angibt, welche Basenmenge — dem entspricht in der Natur etwa die für den Acker erforderliche Kalkmenge — zur Neutralisation erforderlich ist.

Bei fast allen Aziditätsbestimmungen ist es von grundlegender Bedeutung, hierbei eine Bodenlösung in Anwendung zu bringen, die alle sauren Bestandteile des Bodens enthält und dabei ungefärbt und frei von Schwebeteilchen ist. Da diesen Anforderungen beim Wasserauszuge schwer und nur durch Anwendung besonderer Methoden zu genügen ist (siehe später Herstellung des Bodenauszuges), so hat sich allgemein die Ausschüttelung des Bodens mit einer Normal-Chlorkaliumlösung eingebürgert. Dies ist streng genommen nicht richtig, da es „in der Natur kein KCl, sondern Wasser regnet" — trotzdem dürften die Verhältnisse im KCl-Auszuge von dem Zustande regelmäßig mit Kunstdünger versehener Böden wenig abweichen.

b) Maße der Azidität

Gemessen wird die Titrationsazidität in Kubikzentimetern $^1/_{10}$ normal Natronlauge, welche bei der Titration bis zur Erreichung des Neutralpunktes erforderlich sind.

Die Bestimmung der Wasserstoffionenkonzentration erfolgt als sogenannte P_H-Zahl. Diese Bestimmung beruht darauf, daß die Reaktion einer Lösung bestimmt ist durch das Mengenverhältnis der vorhandenen Wasserstoffionen und Hydroxylionen. Da nach dem Massenwirkungsgesetz das Produkt der Konzentrationszahlen von Wasserstoff- und Hydroxylionen immer konstant ist, so genügt es zur Charakterisierung des Reaktionszustandes, die Konzentration einer der beiden Ionen-Gruppen anzugeben. Dazu ist es üblich, die Zahl der Wasserstoffionen heranzuziehen.

Es sind z. B. vorhanden Grammion Wasserstoff in 1 l:

n/100 Salzsäure	0,01	= 1	mal	10^{-2}
n/10 Essigsäure	0,0014	= 1,4	„	10^{-3}
saure Bodenlösung . . .	0,000015	= 1,5	„	10^{-5}
gewöhnliches Wasser . . .	0,000001	= 1	„	10^{-6}
neutrales Wasser	0,0000001	= 1	„	10^{-7}
alkalischer Boden	0,000000023	= 2,3	„	10^{-8}
n/1000 Ammoniak	0,0000000005	= 5	„	10^{-10}

Für die Größe der Wasserstoffzahl ist also in erster Linie die Zehnerdimension maßgebend. Nach einem Vorschlag von

Arrhenius wird nun gebräuchlicherweise die Wasserstoffionenzahl nur mehr mittels des negativen Exponenten der Zehnerdimension angegeben und als P_H-Zahl (gesprochen Wasserstoffionenexponent) bezeichnet. Z. B. n/100 Salzsäure ($= 10^{-2}$ gH im Liter) hätte $P_H = 2$, neutrales Wasser ($= 10^{-7}$ gH im Liter) hätte $P_H = 7$ (Neutralpunkt). Wir erhalten demnach etwa folgende, für die Bezeichnung des Reaktionszustandes des Bodens zurechtgemachte Skalen.[1]

Reaktions-bezeichnung	P_H-Zahl	ccm n/10 Natronlauge fur 100 g Boden im KCl-Auszug	Erforderlich fur 1 ha dz kohlensaurer Kalk
alkalisch	> 7,5	0—=	0
neutral	7,4—6,5	0—0,3	0—0,5
schwach sauer	6,4—5,3	0,3—2,5	0,5—3,0
sauer	5,2—4,6	2,6—7,0	4—10
stark sauer	4,5—4,1	7,1—14,0	11—20
sehr stark sauer ..	< 4	über 14	über 20

Bemerkt muß hier werden, daß es durchaus unmöglich ist, durch derart einfache Zahlen die komplizierten Vorgänge, die durch Kalkung für den Bodenzustand und für die Ernährung der Pflanze ausgelöst werden, einwandfrei zu erfassen. So verhalten sich hier die Böden sehr verschieden, je nachdem sie sandiger, toniger oder humoser Natur sind.[2] Eine besonders charakteristische Erscheinung ist das sogenannte „Pufferungsvermögen" mancher, besonders der tonigen oder viel organische Substanz enthaltenden Böden. Man versteht darunter die Eigenschaft dieser Böden, zur Erzielung z. B. der neutralen Reaktion einen größeren Zusatz an Alkalien zu benötigen, als bei einer Lösung von starken Elektrolyten gleicher Wasserstoffionenkonzentration erforderlich ist.[3] Es wird diese Eigenschaft derart geprüft, daß durch Zusatz ver-

[1] Vereinbarungen des Verbandes d. Landw. Versuchsstation i. D. R. in Würzburg am 19. Sept. 1924.

[2] Vgl. Gehring: Die Methoden zur Bestimmung des Kalkbedürfnisses der Böden. Pflz. Ern. u. Düng., A. Bd. VIII, H. 5, S. 257. 1927.

[3] Uhl: Über den Begriff der Pufferung in der Bodenkunde. Fortschr. d. Landw., H. 20, S. 645. 1927. — Kappen: Über den Begriff und die Bestimmung des Pufferungsvermögens bei sauren Böden. Pflz. Ern. u. Düng., Bd. VIII, H. 5, S. 277. 1927.

schiedener, genau abgemessener Mengen von Alkalien bzw. Säuren zu Proben desselben Bodenauszuges und Bestimmung

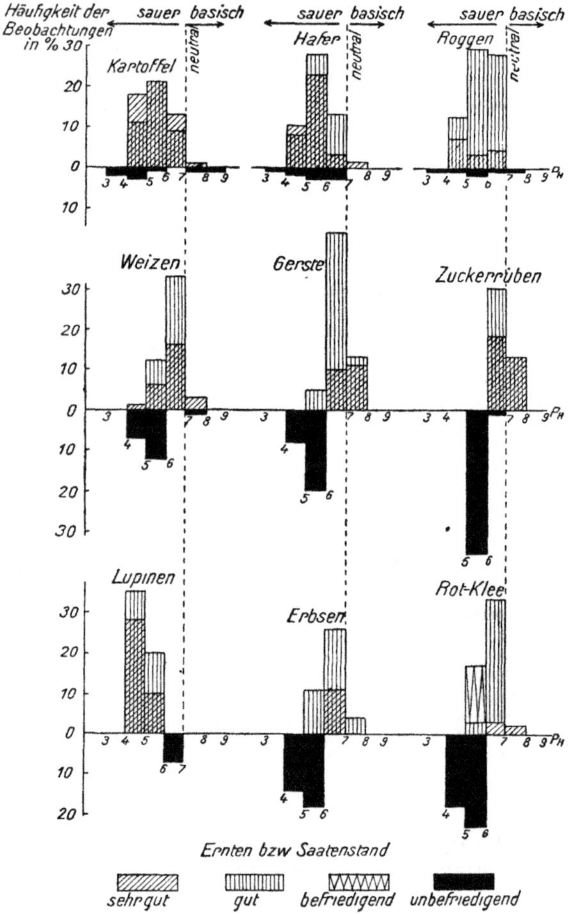

Abb. 45. Einfluß der Bodenreaktion auf das Gedeihen der Kulturpflanzen[1]

der P_H-Zahl jeder dieser Proben eine „Pufferungskurve" festgestellt wird.[2]

[1] Aus Trénel, Über Bestimmung des Kalkbedarfes der Kulturböden. Fortsch. d. Landw. 1927, Heft 19, S. 606.

[2] Z. B. Hudig: Das Wesen, die Bedeutung und die Bestimmungsmethode der Bodenazidität. Pflz. Ern. u. Düng., A. 4, S. 229. 1925.

Des weiteren darf nicht vergessen werden, daß der Wasserstoffexponent einen Logarithmus darstellt und daß daher eine Änderung seines Wertes um 0,3 Einheiten eine Konzentrationsabweichung von 100% bedeutet, was rein numerisch bei P_H 4,0 sehr viel mehr bedeutet als bei $P_H = 7,0$.

Am wichtigsten ist es, zu wissen, wie weit der P_H-Zustand des Bodens für das Wachstum der Pflanzen von Bedeutung ist. Wie bereits erwähnt, ist die Art des Bodens hierbei mit zu berücksichtigen. Immerhin sei im nachfolgenden eine graphische Darstellung gebracht, welche gute Anhaltspunkte hiefür zu liefern vermag. Darin ist das Ergebnis von über 2000 Untersuchungen auf den verschiedensten Böden Deutschlands statistisch verwertet (s. Abb. 45. S. 246).

Wir wollen im nachfolgenden ganz kurz die wichtigsten Methoden der Bodenaziditätsuntersuchung bringen, wie sie sich in der Praxis eines Versuchsringes bewährt haben; anschließend folge die Darstellung des praktischen Vorgehens bei ihrer Anwendung in einem bestimmten Falle. Es soll damit dem Anfänger die Möglichkeit geboten werden, sofort und ohne allzu große Fehler — welche Zeit- und Materialverschwendung bedeuten — zu arbeiten. Abänderungen und Verbesserungen, welche den lokalen Verhältnissen angepaßt sind, können dann ohne Schwierigkeiten an der Hand der zahlreichen Literatur vorgenommen werden.

c) Untersuchungsmethoden auf Bodenazidität

Probenahme. Diese wurde bereits auf S. 241 beschrieben.

1. Prüfung mit Salzsäure

In manchen Fällen wird es genügen, auf den Boden bloß einige Tropfen verdünnter Salzsäure (1 Teil HCl auf 2 Teile H_2O) fallen zu lassen. Ein Aufbrausen verrät, daß allfällige Pflanzenschädigungen nicht durch Kalkmangel hervorgerufen sein können. Auch aus der Art des Aufbrausens, ob es langsam oder schnell erfolgt, ob überall oder nur an einzelnen Stellen, lassen sich manche Schlüsse ziehen.

Erforderliche Apparatur: Ein Probeschälchen und ein Fläschchen mit HCl.

2. Volumetrische Messung der Kohlensäure mit dem Passonschen Apparat

Bei stark kalkhaltigen Bodenarten interessiert es manchmal, den ungefähren Gehalt an kohlensaurem Kalke zu erfahren. Es genügt für die Praxis hiezu völlig der *Passonsche* Apparat, der leicht und schnell zu handhaben ist. Er beruht im Prinzip darauf, die sich aus dem Boden bei Zusatz von Salzsäure entwickelnde Kohlensäure aufzufangen; entsprechend dem sich entwickelnden Volumen an CO_2 kann der Gehalt des Bodens an kohlensaurem Kalk am Apparate direkt in Prozenten abgelesen werden. Alles Nähere ist der dem Apparate beigegebenen Gebrauchsanweisung zu entnehmen. Zu beziehen durch die Firma F. Tiessen, Breslau I. Preis zirka Mk 15,—.

3. Lackmusprobe

Einen vorläufigen Anhaltspunkt über die Reaktion eines Bodens kann man auch mit Lackmuspapier gewinnen. Der Boden wird mit Wasser (oder KCl-Lösung) zu Brei verrührt und ein Streifen rotes und blaues Lackmuspapier hineingelegt.

Blaues Lackmuspapier wird rot = Boden sauer,
rotes Lackmuspapier wird blau = Boden alkalisch.

4. Herstellung von wässerigen Bodenauszügen

a) Wasserauszug nach Kolthoff[1]

In der Regel wird bei sämtlichen kolorimetrischen Verfahren der Bodenauszug durch Schütteln mit KCl hergestellt, da die Erzielung einer klaren Lösung hiebei leichter fällt als im Wasserauszug. Handelt es sich jedoch darum, festzustellen, aus welchem Grunde an einer bestimmten Stelle des Bodens Pflanzenschädigungen auftreten, so ist zunächst eine Untersuchung im Wasserauszug zu empfehlen. Hier zeigt sich bei tonigem Boden die Schwierigkeit, die zur kolorimetrischen Bestimmung erforderliche Klarheit des Wasserauszuges zu erzielen; dem hilft das von Kolthoff empfohlene Verfahren ab: 20 g Boden werden mit 15 ccm Wasser gemischt und in ein Dialysierfilter gebracht, das sich in einem Dialysierglas (dm zirka 4 cm) befindet. Auf der anderen Seite des Dialysierfilters werden 7 ccm destilliertes Wasser aufgefüllt. Nach 24 stündigem Stehen unter Luftabschluß kann die kolorimetrische Bestimmung erfolgen.

Erforderlich: Einige Dialysierfilter- und Gläser.

b) Chlorkaliumauszug

Lufttrockener Boden wird mit Normal-Chlorkaliumlösung (75 KCl auf 1 l ausgekochtes destilliertes Wasser) im Verhältnis 1 : 2,5 gemengt und 1 Stunde im Schüttelapparat ausgeschüttelt.

---

[1] Chem. Weekblad 20 675 (1923), ref. in Pflz. Ern. u. Düng., Bd. 3, H. 5, S. 352. 1924.

(Ausreichend für gewöhnliche Untersuchungen der Praxis: eine große Eprouvette, 10 g Boden und 25 ccm KCl-Lösung. In der Regel genügt 24-stündiges Stehen und etwa sechsmaliges Schütteln während dieser Zeit. Auch das Verhältnis 1 : 2,5 ist nicht heikel). Dann filtrieren (oder abpipettieren der klaren Lösung).

c) Natriumazetatauszug

Wie die Herstellung des KCl-Auszuges. Auf 1 l Wasser kommen 136 g Natriumazetat.

5. Merkscher Universalindikator

Von der chemischen Fabrik E. Merk, Darmstadt, wird ein Universalindikator hergestellt, der von der Fabrik in einem Tropfglas geliefert wird. (Preis 100 g = zirka 8 Mk). Von diesem Universalindikator setzt man zwei Tropfen zu dem in die Vertiefung einer Porzellanpalette gegebenen Bodenauszug zu, der dann je nach der Reaktion von pH 4 — P_H 9 zwischen Rot, Orange, Gelb, Grau, Grün und Blau wechselt. An einer beigegebenen Farbenskala lassen sich dann die P_H-Werte von 0,5 zu 0,5 Einheiten ablesen. Die Herstellung des Bodenauszuges kann entweder durch Ausschütteln mit Wasser oder mit Kaliumchlorid erfolgen. Die Methode liefert Ergebnisse, die sich mit den elektrometrisch gemessenen Werten bis auf etwa 0,5 P_H recht gut decken.[1] Sie leistet ganz ausgezeichnete Dienste als Vorprüfung für eine der genaueren kolorimetrischen Methoden.

Erforderlich: Eine Porzellanpalette, ein Fläschchen Merkscher Indikator, eine Vergleichs-Farbskala.

6. Methode Michaelis

Eine der besten und einfachsten derzeit üblichen Methoden. Es werden außer Phenolphthalein Nitro- und Dinitroverbindungen als Indikatoren benützt, welche auch in stark verdünnter Lösung lange haltbar sind. Dies gestattet es, Indikatordauerreihen anzufertigen, welche in Gläschen eingeschmolzen sind und die Farbentöne von 0,2 zu 0,2 P_H angeben; solche Vergleichsreihen sind jeder Apparatur beigegeben und ermöglichen es, die P_H-Zahlen auf 0,2 genau abzulesen und durch Interpolation auf 0,1 genau zu bestimmen. Der Vorgang ist kurz folgender: Nachdem man etwa nach Merk eine grobe Vorprüfung des P_H-Zu-

---

[1] Vgl. Wissmann und Steinfalt: Die Bestimmung der Bodenreaktion mit dem Merkschen Universalindikator. Fortschr. d. Landw., H. 15, S. 488. 1927.

standes vorgenommen hat, versetzt man 10 ccm der zu untersuchenden Flüssigkeit mit 1 ccm des für den betreffenden Spielraum in Betracht kommenden Indikators. Aus dem Vergleiche des erzielten Farbtones mit der Indikatorreihe läßt sich dann der P_H-Zustand des Bodenauszuges ermitteln. Durch sinnreiche Anordnung der Probegläschen in einem kleinen Komparator wird die Trübung des Bodenauszuges ausgeschaltet. Liegt der Bodenauszug am Rande des für einen bestimmten Indikator in Betracht kommenden Spielraumes, so ist stets der nächste Indikator zur Prüfung mit heranzuziehen. Alles Nähere über das Verfahren entnimmt man am besten der jeder Apparatur beigegebenen Gebrauchsanweisung. (Zu beziehen von der Firma Leitz, Berlin, für zirka Mk 25,—.)

7. Methode Wherry, Hasenbäumer, Sörensen

Hier werden als Indikatoren eine Reihe von Farbstoffen verwendet, die von Clark & Lubs zusammengestellt sind. Nachfolgend ein Überblick darüber. Der Vorteil dieser Indikatoren gegenüber der Methode Michaelis besteht darin, daß die Grenzen der einzelnen Indikatoren sich in viel weitgehenderem Maße überschneiden, als es dort der Fall ist. (Siehe Tabelle S. 251.)

8. Indikator-Folienmethode nach Wulff

Diese Methode kann als die gegenwärtig modernste und einfachste Methode zur kolorimetrischen Bestimmung des P_H-Zustandes im Wasserauszuge gelten, da sie selbst dann anwendbar ist, wenn die Lösungen getrübt oder gefärbt sind, so daß die übrigen kolorimetrischen Methoden versagen, oder wenn sie reduzierende oder oxydierende Stoffe enthalten, so daß die elektrometrische Methode nicht anwendbar erscheint. Überdies erfordert die Messung nur geringe Zeit und kann sofort in der noch trüben Aufschlämmung des Bodens in Wasser vorgenommen werden. Das Prinzip der Methode ist folgendes:

Die Indikatorfolie ist eine für wässerige Lösungen diffundierbare Membrane, in der sich in adsorbiertem Zustande ein Indikator befindet. Diese Folie wird in die zu untersuchende Flüssigkeit — den Bodenauszug stellt man in diesem Falle besser in wässeriger Lösung als im KCl-Auszug her — eingetaucht und dort zirka 1 bis 2 Minuten belassen. In dieser Zeitspanne sind Wasserstoff und Hydroxylionen in genügender Menge in die Membrane eingedrungen, um die Verfärbung des Indikators hervorzurufen. Die Folie wird sodann aus der Lösung genommen,

Indikatorentabelle

P_H	Thymolblau	Brom-phenolblau	Methylrot (Hasenbäumer)	Bromkresol-purpur	Brom-thymolblau	Phenolrot	Kresolrot	Thymolblau
1,5								
2	↑							
2,5	rot,							
3	orange, gelb	↑						
3,5	↓	gelb						
4		schmutzig-grün	↑					
4,5		braun-violett	anilin-rot	↑				
5		violett	orange	gelb				
5,5		↓	gelb	schmutzig-gelb	↑			
6			↓	violett-braun	gelb	↑		
6,5				tief violett	grün-gelb	blaß-gelb	↑	
7					grün	rosa	orange-gelb	↑
7,5				↓	grün-blau			gelb
8					blau	anilin-rot	rosa	schmutzig-gelb
8,5					tief-blau	↓	karmin-rot	violettgrün
9					↓		↓	blauviolett
9,5								tiefblau-violett ↓

kurz mit destilliertem Wasser abgespült oder mit Filtrierpapier abgewischt und dann ihre Färbung mit der beigegebenen Vergleichsskala verglichen. Diese Färbungen sind genau geeicht, so daß man auf 0,2 P_H Einheiten messen und auf 0,1 = Einheiten abschätzen kann.

Drei Arten von Folien, nebst dazugehörigen Skalen, umfassen die Maßbereiche 2,6 bis 5,0, 5,0 bis 7,2, 7,0 bis 9,0 P_H. (Kosten einer kompletten Apparatur zirka Mk 60.—, zu beziehen von der Firma Lautenschläger, München. Ersatzfolien Mk 2,50 je 50 Stück).

Die Apparatur hat eine praktische Größe; das komplette Instrument ist 26 × 10 × 3 cm groß und wiegt zirka 500 g.

9. Gaskettenmethode oder elektrometrische Bestimmung der Wasserstoffionenkonzentration

Diese physikalisch-chemische Methode ist sehr scharf, da sie die geringsten Unterschiede im Säuregrad festzustellen erlaubt. Von Trénel[1] wurde ein verhältnismäßig einfach zu handhabendes Gerät für diesen Zweck konstruiert. Trotzdem kommt die Arbeit mit diesem Instrument wegen der hohen Kosten des Apparates (zirka M 600,—) wohl nur für wissenschaftliche Institute in Betracht.

10. Methode Daikuhara

(Bestimmung der Titrationsazidität)[2]

100 g lufttrockener Boden werden mit 250 ccm einer Normalchlorkaliumlösung eine Stunde in einem Schüttelapparat ausgeschüttelt. (Bezüglich Vereinfachung siehe oben unter Herstellung der Auszüge.) Von dem Filtrat werden 125 ccm zur Vertreibung der Kohlensäure aufgekocht, mit 15 Tropfen Methylrot (Umschlagspunkt bei P_H 4,0 bis 6,2) versetzt und mit 1/10 n NaON auf gelb titriert. Die so gefundene Anzahl Kubikzentimeter n/10 NaOH wird mit 3,5 multipliziert; diese Zahl entspricht dann der in 100 g Boden enthaltenen Gesamtsäuremenge. Auf $CaCO_3$ umgerechnet, entspricht 1 ccm 1/10 n NaOH, 0,005 g $CaCO_3$. Nimmt man das Bodengewicht von 1 ha mit 3,000.000 kg an, so ergibt eine einfache Rechnung die zur Neutralisation von 1 ha erforderliche Kalkmenge. Man multipliziert die erhaltenen Kubik-

---

[1] Trénel, Über ein einfaches Gerät zur elektrometrischen Bestimmung der Wasserstoffionenkonzentration. Pflz.-Ern. u. Düngung. A IV. Heft 4. S. 239. — Uhl, Über eine neue Zelle z. Azid. Methode von Trénel, Fortschr. d. Landw. Heft 16, S. 516. 1927.

Nach den Vorschlägen des Verbandes Landw. Vers. Stationen

zentimeter $\frac{n}{10}$ NaOH mit 1,5 und erhält die für 1 ha erforderliche Menge kohlensauren Kalkes zu 100% $CaCO_3$ in Doppelzentnern. Dieselbe Multiplikation mit 0,84 ergibt die Menge an gebranntem Kalk (ebenfalls zu 100% CaO) in Doppelzentnern für 1 ha.

Zur Kontrolle ist es empfehlenswert, nochmals zwei Tropfen Phenolphthalein zuzusetzen und weiter zu titrieren, bis rosa Umschlag erfolgt, was etwa bei 8 bis 9 P_H der Fall ist.

Herstellung der Reagenzien:

Methylrot: . . . . 0,5 g in 100 ccm neutralem 90% Alkohol.
Phenolphthalein: . 1 Teil Phenolphthalein in 100 Teilen 90% Alkohol.
1/10 n NaOH . . . Zur Selbstherstellung sehr praktisch der

Zertrümmerungsapparat „Fixanal" der Firma de Haën A. G., Seelze bei Hannover; man erhält in Röhrchen eingeschmolzen die Präparate, welche durch Lösung des Inhaltes in 1000 ccm destilliertem Wasser 1/10 n Lösungen ergeben. Ein kleiner, gläserner Zertrümmerungsapparat mit Stoßdorn erleichtert das verlustlose Mischen des Inhaltes eines solchen Röhrchens mit dem destillierten Wasser. Preis des Apparates zirka M 2,—.

11. Bestimmung der hydrolytischen Azidität

Diese kommt dann in Betracht, wenn Schädigungen bei Pflanzen auftreten, welche ein hohes Kalkbedürfnis haben (Luzerne u. dgl.). Die Bestimmung erfolgt genau so wie die Bestimmung der Titrationsazidität nach Daikuhara (siehe oben), nur wird statt Chlorkaliumlösung Natriumazetatlösung benützt (136 g Natriumazetat auf 1 l destilliertes Wasser). Das Resultat wird in Kubikzentimetern 1/10 n Natronlauge auf 125 ccm Bodenauszug (= 50 g Boden) angegeben und ergibt naturgemäß stets höhere Zahlen als bei Bestimmung der Austauschazidität.

Diese Methode führt auch bei Moorböden[1] zu relativ guten Vergleichswerten, wo die Methode Daikuhara versagt. Für genauere Bestimmungen auf Moorböden müssen allerdings kompliziertere Methoden, z. B. die von Tacke-Süchting,[2] angewendet werden, die weit über das Allereinfachste, was hier gebracht werden soll, hinaus gehen.

---

[1] Methode Baumann-Gully, vgl. Wahnschaffe und Schucht: Wissenschaftliche Bodenuntersuchungen, S. 201.

[2] Wahnschaffe, S. 199.

12. Bestimmung des Pufferungs- oder Neutralisationsvermögens eines Bodens gegen Säuren

Unter „Pufferungsvermögen" eines Bodens versteht man, wie bereits erwähnt, die Eigenschaft mancher Böden, zur Erzielung der neutralen Reaktion einen größeren Zusatz an Alkalien zu benötigen, als bei einer Lösung von starken Elektrolyten gleicher Wasserstoffionenkonzentration erforderlich ist. Je schwerer ein Boden und je größer sein Gehalt an zeolithischen Verbindungen und an kohlensaurem Kalk ist, um so größer ist sein Pufferungsvermögen; ein Gehalt an Humussäuren wirkt entgegengesetzt. Die Kenntnis des Pufferungsvermögens ist von Bedeutung für die richtige Bemessung der Kalkgaben, da ein stark gepufferter Boden bis zur Erreichung des Neutralpunktes erheblich höhere Kalkmengen aufzunehmen in der Lage ist als ein schlecht gepufferter. Nachstehend die wichtigsten Bestimmungsmethoden:

a) Methode der elektrometrischen Neutralisation nach J. Jensen

5 bis 10 Portionen Boden von je 10 g Gewicht werden in Glasgefäßen mit so viel gesättigter Kalziumhydroxydlösung versetzt, als 1 bis 10 ccm 0,1 normaler Kalziumhydroxydlösung entspricht. Mit Wasser wird dann auf 100 ccm Flüssigkeit aufgefüllt und nach 24 stündigem Stehen der mehrfach umgeschüttelten Mischung wird die Reaktionszahl gemessen. Aus der mit Hilfe der P_H-Werte konstruierten Neutralisationskurve kann man die Menge an Kalk ablesen, die zur Erreichung einer bestimmten Reaktionszahl dem Boden hinzugefügt werden muß.

b) Methode Kappen-Hilkowitz[1]

50 g Boden sind mit 250 ccm 1/10 n Salzsäure eine Stunde lang zu schütteln. Nach 24 Stunden filtriert man ab und titriert 125 ccm unter Benützung von Phenolphthalein mit 1/10 n Natronlauge zurück. Die durch den Boden neutralisierte Säure, auf 100 g Boden umgerechnet und in Milligrammäquivalenten ausgedrückt, ergibt die Gesamtmenge an austauschfähigen Basen.

c) Nach der Azotobaktermethode: Diese erlaubt auch Rückschlüsse auf das Pufferungsvermögen eines Bodens, da die Menge der beim Azotobakterwachstum entstehenden Säure um so größer ist, ein je geringeres Pufferungsvermögen der betreffende

---

[1] Vgl. Kappen: Leitsätze für die Untersuchung und Düngung der sauren Mineralböden. Pflz. Ern. u. Düng., Bd. VII, H. 1, S. 16. 1928.

Boden aufweist; sie kommt jedoch wegen ihrer Unzuverlässigkeit kaum in Betracht.

13. Beziehungen der wichtigsten Kennziffern zueinander

Um einen Überblick darüber zu ermöglichen, in welchem Verhältnis die Resultate der wichtigsten Untersuchungsmethoden zueinander stehen, sei in zusammengezogener Form eine von Goy als Ergebnis von 1351 Untersuchungen zusammengestellte Tabelle angeführt.[1] Sie enthält im Kopfe die P_H-Zahlen des Bodenauszuges in Chlorkalilösung. Am linken Rande sind zum Vergleiche die anderen Methoden mit ihren wichtigsten Meßbereichen angegeben. Die Zahlen in den Spalten bedeuten die prozentische Verteilung der auf den am Kopfe angegebenen P_H-Bereich entfallenden Fälle auf diese Meßbereiche. Nachfolgend die Tabelle (siehe S. 256).

d) Praktische Anwendung der Methoden

Vorstehende Methoden haben im wesentlichen folgenden Zwecken der Praxis zu dienen:

1. Dem Versuchsleiter eine Übersicht über die Reaktionsverhältnisse der Böden des Ringes und insbesondere der Versuchsstücke zu geben, um dies bei seinen Maßnahmen zu berücksichtigen.
2. Den Betriebsleitern Anhaltspunkte bei beabsichtigten Kalkdüngungen zu geben.
3. Bei auftretenden Pflanzenschädigungen, Mißerfolgen usw., eventuelle Mitverursachung durch Bodenreaktion oder Kalkgehalt festzustellen.

Der Gang der Untersuchung wird in allen Fällen am besten mit der Salzsäureprobe (siehe S. 247) begonnen. Proben, die hiebei aufbrausen, brauchen in der Regel nicht weiter untersucht zu werden, da sie sicher immer mehr oder minder großen Gehalt an $CaCO_3$ und auch alkalische Reaktion aufweisen. In Fall 3 dagegen, also wenn Pflanzenschädigungen aufgetreten sind, wird man eine Reaktionsbestimmung im wässerigen Auszug vornehmen, eventuell auch eine ungefähre Bestimmung des Gehaltes an kohlensaurem Kalk nach Passon (siehe S. 247).

Zeigt sich kein Aufbrausen, so wird man zur Gewinnung einer Übersicht über die Reaktionsverhältnisse, also in Fall 1,

---

[1] Goy, Müller u. Roos, Über die Nachweisbarkeit des Kalkbedürfnisses der Böden. Pflanz.-Ern. u. Düngung. B. VII, Heft 9, S. 393—434. 1928.

Beziehungen zwischen der Wasserstoffionenkonzentration in Chlorkalilösung und den übrigen Kennziffern.

P_H im Chlorkaliauszug		4,1—4,5	4,6—5,0	5,1—5,5	5,6—6,0	6,1—6,5	6,6—7,0	7,1—7,5
Einteilung für den praktischen Gebrauch		stark → schwach			Mangel an Kalkreserven		genug.	reichl.
		sauer					Kalkgehalt	
$Ca CO_3$ in Prozent	0	**97,9**	**92,4**	**87,0**	**76,0**	**54,1**	20,8	.
	Spuren	1,5	7,6	12,5	21,8	44,7	**52,4**	17,8
	bis 0,40	0,6	.	0,5	1,9	1,2	9,6	22,2
	0,41—1,0	.	.	.	0,3	.	7,1	**26,6**
	1,10—2,0	.	.	.	.	.	6,6	15,6
	über 2,0	.	.	.	.	.	3,5	17,8
		100,0	100,0	100,0	100,0	100,0	100,0	100,0
P_H im H_2O-Auszug	unter 4,0	.	.	.	.	.	.	.
	4,1—5,0	3,6	1,4	.	.	.	.	.
	5,1—6,0	**74,0**	**50,4**	13,0	4,0	1,2	0,6	.
	6,1—7,0	22,4	48,2	**86,5**	**90,0**	**88,1**	**50,0**	4,4
	über 7,0	.	.	0,5	6,0	10,7	49,4	**95,6**
		100,0	100,0	100,0	100,0	100,0	100,0	100,0
Hydrolytische Azidität ccm	0	.	.	.	.	.	.	4,4
	0,1—2,0	.	.	1,5	1,3	4,7	38,0	**77,8**
	2,1—4,0	.	2,1	4,8	15,3	33,0	**41,7**	13,4
	4,1—6,0	0,7	2,8	20,8	**38,7**	**37,2**	13,9	4,4
	6,1—8,0	3,6	13,8	**32,5**	27,5	18,2	4,2	.
	8,1—10,0	11,6	28,3	19,5	10,9	4,5	0,6	.
	10,1—15,0	**55,1**	**39,2**	15,6	4,0	1,8	1,6	.
	über 15,0	29,0	13,8	5,3	2,3	0,6	.	.
		100,0	100,0	100,0	100,0	100,0	100,0	100,0
Austausch-Azidität ccm	0	.	5,6	**36,4**	**64,9**	**82,3**	**89,8**	**97,8**
	0,0—1,0	0,7	4,8	22,4	17,9	11,2	4,8	2,2
	1,1—2,0	2,8	13,9	21,4	13,2	4,1	4,2	.
	2,1—4,0	8,0	**35,8**	13,6	2,5	1,5	0,6	.
	4,1—7,0	17,4	10,3	3,8	1,2	0,3	0,6	.
	7,1—11,0	16,7	11,7	.	0,3	.	.	.
	11,1—15,0	11,6	6,2	1,4	.	.	.	.
	über 15,0	**42,8**	11,7	1,0	.	0,6	.	.
		100,0	100,0	100,0	100,0	100,0	100,0	100,0

Anmerkung: Die punktierten Linien bezeichnen die nach der derzeitigen Anschauung bestehende Grenze zwischen kalkbedurftig und nicht kalkbedurftig fur die seitlich angegebenen Kennzahlen; die fettgedruckten Ziffern die Maxima in der Verteilung der Falle je 25 ccm Chlorkalium-Ausschüttelung herstellen, erst mit dem Merckschen Universalindikator (oder ähnlichem) die ungefähre P_h-Zahl bestimmen und diese dann nach einer der genaueren Methoden kontrollieren und feststellen (z. B. nach Michaelis).

Böden unter P_h 5,2 unterwirft man dann noch der Untersuchung nach titrimetrischer Methode (Daikuhara), die Unterschiede in diesem Bereiche (< 4,0 bis 5,2) besser zu erfassen erlaubt.

Im Falle 2, wo es sich um direkte Entscheidung über eine Kalkung handelt, wird man je nach Art des vorliegenden Bodens noch Zusatzuntersuchungen machen. Z. B.:

a) Auf anscheinend schlecht gepufferten (Sand-) Böden die Bestimmung der P_h-Zahl im wässerigen Auszug. Falls diese erheblich höher ist, wird man auf eine starke Kalkung verzichten und sich mit schwachen Kalkungen, die einen zu starken Reaktionsumschlag vermeiden, und mit der Verwendung basischer Düngemittel begnügen.

b) Auf anscheinend gut gepufferten (Ton- und Lehm-) Böden eine erneute Feststellung der P_h-Zahl in KCl-Ausschüttelung nach Zugabe der nach Daikuhara errechneten Basenmenge in Form von verdünntem NaOH zum Bodenauszug. Es wird sich hiebei oft herausstellen, daß diese Menge eine zu geringe Änderung der P_h-Zahl hervorruft; die vorgesehene Kalkgabe für den Acker ist dann zu erhöhen. Kappen[1] empfiehlt, die Kalkgabe nach folgenden Grundsätzen zu bemessen:

1. Für wenig empfindliche Pflanzen (Kartoffel, Roggen, Hafer, Mais, Buchweizen, Seradella, Spörgel und Lupinen). Kalkgabe nach dem Grade der Austauschazidität.

2. Für empfindliche Pflanzen (Gerste, Rübe, Weizen, Klee, Luzerne, Erbsen). Kalkgabe auf Grund der Bestimmung der hydrolytischen Azidität unter Anwendung des Faktors 3.

Im Falle 3, also wenn sich Pflanzenschädigungen zeigen, wird in erster Linie die Feststellung der P_h-Zahl im wässerigen Auszug in Betracht kommen (Gang ebenso wie bei Fall 1). In zweiter Linie bei P_h-Zahlen unter 5,2 die Titrierung in KCl-Auszug nach Daikuhara, bei P_h-Zahlen über 5,2 in Natriumazetat-Auszug nach Kappen (hydrolytische Azidität).

---

[1] Kappen, Leitsatze für die Untersuchung und Düngung der sauren Mineralböden. Pflanz.-Ern. u. Düngung. B. VII. Heft 1, S. 16. 1928.

Überblick über das Hauptvorkommen der Leitpflanzen

Dieses ist angegeben:

1. fur Bóden mit ausreichendem Kalkgehalt,
2. fur Böden mit beginnendem Kalkmangel,
3. fur Böden mit ausgepragtem Kalkmangel,
4. fur Boden mit starkem Kalkmangel.

Diese Klasseneinteilung ergab sich aus der Beobachtung, die Grenzen konnen daher nur ungefahre sein

Pflanzennamen	ihr Hauptvorkommen auf Boden			
	mit genugendem Kalkgehalt	mit Kalkmangel		
		beginnend	ausgepragt	stark
Silbergras, Weingaertneria canescens			+	+
Ackerhoniggras, Holcus mollis			+	+
Fruhlingssporgel, Spergula Morisonii			+	+
Tisdalie, Teesdalia nudicaulis			+	+
Sandstiefmutterchen, Viola tricolor-vulgaris			+	+
Hasenklee, Trifolium arvense			+	+
Sandwegerich, Plantago ramosa			+	+
Berg-Sandglockchen, Jasione montana			+	+
Kleines Schimmelkraut, Filago minima			+	+
Acker-Schimmelkraut, Filago arvensis			+	+
Deutsches Schimmelkraut, Filago germanica			+	+
Saatwucherblume, Chrysanthemum segetum			+	+
Kleiner Sauerampfer, Rumex acetosella		+	+	+
Ackerspörgel, Spergula arvensis		+	+	+
Ackerknaul, Scleranthus annuus		+	+	+
Hasenlattich, Hypochoeris glabra		+	+	+
Lammersalat, Hyoseris minima		+	+	+
Ackergipskraut, Gypsophila muralis		+	+	
Rote Schuppenmiere, Spergularia rubra		+	+	
Bruchkraut, Herniaria glabra		+	+	
Knorpelblume, Illecebrum verticillatum		+	+	
Hederich, Raphanus Raphanistrum		+	+	
Gelbes Ruhrkraut, Gnaphalium luteo-album		+	+	
Grüner Fennich, Setaria viridis	+	+	+	+
Bluthirse, Panicum sanguinale	+	+	+	+
Vogelknöterich, Polygonum aviculare	+	+	+	+
Steifer Sauerklee, Oxalis stricta	+	+	+	+
Weiße Tagnelke, Melandryum album	+	+	+	+
Reiherschnabel, Erodium cicutarium	+	+	+	+
Ackerschöterich, Erysimum cheiranthoides	+	+	+	
Feldstiefmütterchen, Viola tricolor arvensis	+	+	+	
Kanad. Berufskraut, Erigeron canadensis	+	+	+	
Spitzwegerich, Plantago lanceolata	+	+	+	
Franzosenkraut, Galinsoga parviflora	+	+	+	
Ackerhundskamille, Anthemis arvensis	+	+	+	
Mauseschwanzchen. Myosurus minimus	+	+		
Thals Schmalwand, Arabidopsis Thaliana	+	+		
Ackersenf, Sinapis arvensis	+	+		
Sumpfruhrkraut, Gnaphalium uliginosum	+	+		
Geruchlose Kamille, Chamomilla inodora	+	+		

e) Anhang

Die Erkennung der Kalkarmut eines Bodens nach seinen Unkräutern[1]

Bei der Bestimmung der Kalkarmut eines Bodens nach dem Unkrautbestande kommt man mit der rein mechanischen Betrachtung einiger weniger Leitpflanzen nicht aus. Es kommt dabei nicht allein auf das Auftreten gewisser Unkräuter schlechtweg an, sondern auch auf die Menge ihres Vorkommens. Auch ist die genaueste Kenntnis der einzelnen Arten Voraussetzung einer richtigen Beurteilung — gibt es doch eine ganze Reihe an Pflanzen derselben Gattung, von denen eine Art kalkfeindlich, die andere kalkliebend ist (z. B. Hasenklee und Rotklee u. a. m.). Bei einiger Übung genügt dann allerdings, selbst im Winter, ein Blick auf den Unkrautbestand der Ackerstoppel, um ein gutes Bild über den ungefähren Kalkzustand eines Bodens zu erhalten. Die Tabelle S. 258 gibt eine Übersicht über das Hauptvorkommen der zur Beurteilung heranzuziehenden Pflanzen (nach Eichinger).

3. Bestimmung des den Pflanzen verfügbaren Stickstoffes nach der Diphenylaminmethode[2]

Es ist dies eine einfache und leicht auszuführende Untersuchung, welche wertvolle Anhaltspunkte über den augenblicklichen Stickstoffzustand des Bodens zu geben vermag, was bei der Frage der Kopfdüngung, beim Vergleiche verschieden behandelter Schläge untereinander usw. wertvolle Dienste leisten kann.

Das Verfahren beruht auf folgendem:

Diphenylaminschwefelsäure ergibt mit Nitraten und Nitriten eine intensive Blaufärbung, die auf Bildung von chinoidem N—N^1-Diphenylbenzidin zurückzuführen ist. In der Praxis läßt sich die Sache am besten in folgender Weise durchführen: In eine 0,5%ige Lösung von Diphenylamin in konzentrierter Schwefelsäure werden die zu prüfenden Pflanzen mit der Abriß- oder

[1] Nach Eichinger: Die Unkrautpflanzen des kalkarmen Ackerbodens. Berlin: Kalkverlag. 1927.

[2] Niklas: Die Brauchbarkeit der Diphenylaminreaktion im Pflanzenbau, in der Düngerlehre und Bodenkunde. Pflz. Ern. u. Düng., A. III. Bd., H. 5, S. 323. — Möller-Arnold: Ergebnisse der Prüfung der Diphenylaminmethode zur Bestimmung des Stickstoffzustandes eines Bodens. Pflanzenbau, Nr. 23, 1925. — Möller-Arnold und Feichtinger: Weitere Prüfung der Diphenylaminmethode. Pflanzenbau, Nr. 24, 1927. — Niklas-Graudel: Über die Beziehungen zwischen Pflanzen und Bodennitraten. Naturw. u. Ldwschft., H. 12. Vlg. Datterer. 1927.

Schnittwunde eingetaucht: bei Vorhandensein von salpetersauren Salzen tritt Blaufärbung auf. Aus der Schnelligkeit und Intensität dieser Reaktion und aus den hierbei auftretenden Farbentönen kann ein Schluß auf den Gehalt an Nitraten in der Pflanze und damit auf den Stickstoff des Bodens gezogen werden.

Nicht alle Pflanzen sind für die Anwendung der Reaktion gleich geeignet. So ergibt z. B. Sinapis alba fast stets Reaktion, während fast alle Gramineen für die Durchführung der Versuche ungeeignet sind. Im Gegensatz zu der von Niklas vertretenen Ansicht lassen sich jedoch junge Weizen- und Roggenpflanzen recht gut zur Durchführung der Reaktion verwenden. Voraussetzung ist nur, daß durch stärkeres Quetschen der Saft zum Austritte aus der Wunde gebracht wird. Es wurden verschiedene Pflanzen auf ihre Verwendbarkeit geprüft; als besonders geeignet zur Durchführung sind zu nennen: von Feldfrüchten selbst: die Zuckerrübe und die Kartoffel, ferner junge Weizen- und Roggenpflanzen; von Unkräutern: Taraxacum officinale, Papaver rhoeas und Veronica hederifolia; mit weniger ausgeprägter Reaktion: Veronica triphyllos und Stellaria media.

Zur genauen Beurteilung der Reaktion kann man eine kleine Skala verwenden, nach der die Fälle klassifiziert werden. Sie lautet etwa folgendermaßen:

Note 4 Pflanze und Lösung tiefblau,
,, 3 Wunde allein tiefblau,
,, 2 Leitbündel blau,
,, 1 Leitbündel blau, dann rot oder braun,
,, 0 sofortige Verfärbung in Rot oder Braun.

Will man die unvermeidlichen Fehler möglichst ausschalten oder doch auf ein geringes Maß reduzieren, so wird man von einer Stelle mehrere Proben nehmen, z. B. 10. Legt man sich dafür eine kleine Tabelle an in der Art wie folgt, so erhält man als Schlußziffer eine Note, die ein recht gutes Urteil über den Stickstoffzustand des Bodens ermöglicht.

Note	Zahl der Falle	Produkt Note × Zahl der Falle
4	////	12
3	/////	15
2	/	2
1		—
0	/	—
	Summe	29,0
	Durchschnitt	2,9

Als Beispiel für die Anwendung die Klassifizierung eines Stickstoffdüngungsversuches zu Roggen. Untersuchungspflanze Veronica hederifolia.

Es ergaben:

	Note	Kornerertrag der Parzelle in dz/ha
Die Parzelle ohne Stickstoff	0,02 ± 0,03 ..	16,0 ± 1,4
,, ,, mit 20 kg Stickstoff je ha	0,40 ± 0,08 ..	18,4 ± 1,4
,, ,, ,, 40 ,, ,, ,, ,,	1,72 ± 0,15 ..	22,0 ± 0,4
,, ,, ,, 60 ,, ,, ,, ,,	3,00 ± 0,24 ..	24,2 ± 0,9

Eine derartige Klassifizierung ist aber für gewöhnlich durchaus nicht erforderlich — für die Praxis genügt es bei einiger Übung in der Regel vollständig, wenn man mit Flasche und Schale über das Feld läuft und von Zeit zu Zeit Proben macht; man erhält so einen recht guten Überblick über den Stickstoffvorrat des Bodens.

Herstellung der Lösung: 1 g Diphenylamin in 108 ccm konzentrierter Schwefelsäure (spez. Gew. = 1,84).

4. Bestimmung des schwefelsauren Eisenoxyduls[1]

Es kann gelegentlich Bedeutung haben, das Vorhandensein schädlicher Eisenverbindungen, welche z. B. in den Sanden der Torfmoore wiederholt auftreten, festzustellen. Da die Bestimmung sehr leicht durchzuführen ist, sei sie hier angeführt.

Einem Wasserauszug des zu untersuchenden Bodens wird eine Lösung von rotem Blutlaugensalz zugesetzt. Das schädliche Eisenoxydul gibt sich dann sofort durch die blaue Färbung der Flüssigkeit zu erkennen.

I. Untersuchung des Bodens

Teil 2. Empfehlenswerte Untersuchungen, welche kompliziertere Apparatur erfordern

1. Bestimmung des Nitrifikationsvermögens im Ackerboden Verfahren Nemec[2]

Das Verfahren beruht darauf, daß die Intensität der Nitratbildung in Böden ein sicheres Bild über die Stickstoffversorgung

---

[1] Wahnschaffe, S. 148.

[2] Nemec A.: Über ein neues Verfahren zur Feststellung des Stickstoffbedürfnisses der Ackerböden durch mikrochemische Analyse. Deutsche Ldw. Presse, Nr. 50, S. 629, und Nr. 51, S. 642. 1926.

des Bodens liefern kann, während der augenblickliche Nitratstickstoffgehalt in dieser Richtung keine Auskunft gibt. Das Verfahren zerfällt in zwei Teile:

a) in den Nitrifikationsprozeß und

b) in die Bestimmung des Nitratgehaltes.

Diese Bestimmung basiert auf kolorimetrischen Grundlagen; sie beruht auf der Nitrierung der Phenoldisulfonsäure, wobei nach Alkalisierung gelbe Salze der Nitrophenoldisulfonsäure entstehen, deren Farbe mit Standardlösungen verglichen wird.

a) Durchfuhrung des Nitrifikationsprozesses in der Bodenprobe

30 g Boden werden in einem geräumigen Erlenmayer-Kolben mit breiter Bodenfläche in lufttrockenem Zustande flach ausgebreitet und durch vorsichtiges Zutropfen auf 30% Wassergehalt gebracht. Der Kolben wird 14 Tage, vor Lichtzutritt geschützt, bei zirka 18° C aufbewahrt. Hierauf wird der Kolbeninhalt mit 150 ccm destilliertem, nitratfreiem Wasser ausgelaugt (eine Stunde) und in 50 ccm des klaren Filtrats[1] (Filtrierpapier Faltenfilter Schleicher-Schüll Nr. 605) nach dem kolorimetrischen Verfahren der Nitratgehalt bestimmt.

b) Durchführung der kolorimetrischen Bestimmung

50 ccm des klaren Filtrats werden mit einer Messerspitze von reinem Kalkoxyd im Wasserbade erwärmt, bis durch Auflockerung der Kolloide durch entstehende Hydroxylionen die Humussubstanzen ausgeschieden werden. Die Flüssigkeit wird dekantiert und in eine Porzellanschale filtriert, der Rest im Filter gründlich mit heißem Wasser ausgewaschen. Die in die Porzellanschale filtrierte Lösung wird im Wasserbade vorsichtig bis etwa zur Trockene abgedampft. Es ist ratsam, die Porzellanschale vom Wasserbade wegzunehmen und frei dem völligen Ausdampfen zu überlassen, wenn die Flüssigkeit bis auf nur einige Tropfen abgedampft ist, da ein weiteres Erhitzen nach dem vollständigen Abdampfen Verluste an Nitratstickstoff herbeiführen kann. Nach Erkalten wird zu der abgedampften Substanz schnell ein Überschuß von Phenoldisulfonsäure (2 bis 4 ccm) zugeführt und durch passende Bewegungen der Schale quantitativ mit den Salzen, welche die Oberfläche der Porzellanschale bedecken, in Berührung gebracht. Nach 10 Minuten ist meistens der Nitrierungsprozeß beendet; nun fügt man 20 ccm destilliertes Wasser

[1] Bei nicht genügend klarer Lösung kann abzentrifugiert werden.

zu und alkalisiert die Flüssigkeit durch Zusatz von verdünntem Ammoniak (1 Teil Ammoniak spez. Gew. 0,880 auf 1 Teil Wasser). Das gebildete Ammoniaksalz der Nitrophenoldisulfonsäure färbt die Flüssigkeit gelb. Die Lösung in der Schale wird in einem 100 ccm Meßkolben gespült und bis zur Marke aufgefüllt. Nach eventuellem Filtrieren wird die Farbe im Duboscq-Kolorimeter mit einer in derselben Weise behandelten Standardlösung von chemisch reinem Kaliumnitrat verglichen.

Es ist ratsam, zuerst eine orientierende Messung vorzunehmen und zur endgültigen Analyse eine Standardlösung zu wählen, deren Gehalt nicht wesentlich von der untersuchten Lösung differiert, damit die Fehler der Messungen, die auf Lichtabsorption und Reflexionen zurückzuführen sind, auf ein Minimum herabgesetzt werden.

c) Herstellung der Lösungen

Lösung der Phenolschwefelsäure: 3 g reines kristallinisches Phenol werden in 20,1 ccm Schwefelsäure (spez. Gew. 1,84) gelöst und die Lösung sechs Stunden im Wasserbade erwärmt.

Standardlösung der Trikaliumphenoldisulfonsäure: 100 ccm Kaliumnitratlösung (7,2 mg Kaliumnitrat in 1 l Wasser) werden mit 1 ccm n/2 Kaliumhydroxyd gemischt und zur Trockene abgedampft. Weiterer Vorgang wie bei Bodenauszug (siehe oben). Die Verfärbung der Standardlösung entspricht 0,1 Nitratstickstoff in der Lösung (= 10 mg in 1 kg Boden). Nach den Ergebnissen der von Nemec durchgeführten Versuche besteht Düngerbedürftigkeit für Stickstoff, wenn 1 kg Boden weniger enthält als

35 mg	Nitratstickstoff	bei	Zuckerrüben,
32 ,,	,,	,,	Kartoffeln,
19 ,,	,,	,,	Hafer,
25 ,,	,,	,,	Gerste,
20 ,,	,,	,,	Wiesen,

welche Grenzzahlen aber nicht als endgültig betrachtet werden dürfen. Wahrscheinlich werden diese Zahlen auch nach Bodenarten eine Abstufung erfahren müssen.

Zur Vermeidung des umständlichen Arbeitens mit Standardlösungen sowie des kostspieligen Duboscq-Kolorimeters (zirka M 210,—) ist, — wie uns Dr. Nemec mitteilt — beabsichtigt, einen besonderen Apparat mit dauerhafter Skala herzustellen, was eine wesentliche Verbesserung des Verfahrens bedeuten würde. Zurzeit sind jedoch die Untersuchungen hierüber noch nicht abgeschlossen.

2. Zitratmethode nach Lemmermann zur Ermittlung des Düngerbedürfnisses der Böden an Phosphorsäure[1]

Diese Methode vermag wertvolle Anhaltspunkte über den für die Pflanzen verfügbaren Phosphorsäuregehalt des Bodens zu geben. Da sie ziemlich umständlich ist und in der Regel nur in den chemischen Laboratorien der Institute zur Durchführung gelangen dürfte, so sei hier nur auf das Grundsätzliche von Methode und Auswertung näher eingegangen. Bezüglich Arbeitsvorschriften sei auf die zweite, unten angegebene Veröffentlichung verwiesen.

Methode: Das Wesen der Zitratmethode besteht darin, daß drei Zahlenwerte bestimmt werden, um ein möglichst genaues Urteil über die Menge und die Löslichkeitsverhältnisse der im Boden vorhandenen Phosphorsäure zu gewinnen.

1. Bestimmung der Gesamtphosphorsäure durch Behandeln des Bodens mit Königswasser.

2. Bestimmung der zitronensäurelöslichen Phosphorsäure durch Ausschütteln des Bodens mit 1%iger Zitronensäurelösung, deren Lösungskraft eine gewisse Parallelität mit der Lösungskraft der Pflanzenwurzeln aufweist.

3. Bestimmung der sogenannten relativen Löslichkeit der Phosphorsäure; es ist dies die Angabe, wieviel Prozent der nach Punkt 1 bestimmten Gesamtphosphorsäure durch Behandlung mit Zitronensäure nach Punkt 2 in Lösung gegangen sind.

Bewertung der Resultate: Nach der Annahme Lemmermanns lassen sich folgende vorläufige Normen als Anhaltspunkte geben:

Phosphorsaurebedurfnis des Bodens	Enthalten zitronenlösl. P_2O_5 in mg 100 g Boden	kg je ha[2]
nicht vorhanden	über 25	750
zweifelhaft	20—25	600—750
vorhanden..............	unter 20	600

Im Bereiche „zweifelhaft“ kann der relative Lösungswert mit Vorteil zur Beurteilung herangezogen werden: je höher der

[1] Lemmermann: Über die Bestimmung der relativen Löslichkeit der Bodenphosphorsäure. Pflz. Ern. u. Dung., A, Bd. II, H. 5' S. 363. 1923. — Derselbe: Die Ermittlung des Düngerbedürfnisses der Böden für Phosphorsäure mit Hilfe der Zitratmethode. Pflz. Ern. u. Düng., Bd. VI, H. 4, S. 163 (enthält Arbeitsvorschrift).

[2] 1 mg P_2O_5 in 100 g Boden = 30 kg P_2O_5 je Hektar.

relative Lösungswert ist, um so günstiger gestaltet sich der Löslichkeitszustand der Bodenphosphorsäure für die Pflanze. Z. B.:

Boden	In 100 g Boden vorhanden		Löslichkeit %	Durch Versuche ermitteltes Düngerbedurfnis
	Gesamt- P_2O_5 mg	zitronensaure-losliche P_2O_5 mg		
Sand Nr. 1 .	48	20	41·5	keines
Löß-Lehm Nr. 7	148	21	14·2	stark
Löß-Lehm Nr. 8	80	16	20·0	stark

Trotz des gleichen Gehaltes an zitronensäurelöslicher Phosphorsäure war also Boden 1 infolge seiner hohen relativen Löslichkeitszahl nicht P_2O_5-bedürftig, während Boden 7 sehr stark auf eine P_2O_5-Gabe reagierte.

3. Methode König und Hasenbäumer[1]

Von beiden obigen Forschern wurden, unabhängig von Lemmermann, ebenfalls Methoden ausgearbeitet, welche, hauptsächlich mit 1%iger Zitronensäure arbeitend, das Düngerbedürfnis des Bodens festzustellen suchen. Da das Verfahren ebenso wie das von Lemmermann nur in gut ausgerüsteten Laboratorien durchgeführt werden kann, so sei bezüglich Einzelheiten und Verfahrensvorschrift auf die unten angegebene Publikation verwiesen.

Von Interesse für den Praktiker sind die Grenzwerte, die hierbei für eine Nährstoffbedürftigkeit des Bodens festgelegt wurden. Danach reicht der Gehalt eines Bodens an Nährstoffen für die landwirtschaftlichen Kulturpflanzen aus, wenn an zitronenlöslichen Nährstoffen vorhanden sind:

	In 1 kg Boden mg	In 100 g Boden mg	Je ha kg
Phosphorsäure ..	250	25	750
Kali	160	16	480

[1] König und Hasenbäumer: Die Ermittlung des Düngungsbedürfnisses des Bodens. Pflz. Ern. u. Düng., T. B., Bd. III, H. 12, S. 497.

4. Keimpflanzenmethode Neubauer[1]

Diese Methode beruht auf der Beobachtung, daß die Getreidearten in der ersten Entwicklungszeit ein sehr hohes Aneignungsverfahren für Bodennährstoffe besitzen. Erfolgt diese Entwicklung außerdem noch auf einer Bodenmenge, die für die Zahl der darauf wachsenden Pflanzen viel zu gering ist, erscheint die Annahme durchaus einleuchtend, daß dann die Pflanzen sämtliche „wurzellöslichen" Nährstoffe daraus entnommen haben; durch chemische Analyse der gesamten erzeugten Pflanzenmasse einschließlich der Wurzeln sollen dann diese Werte ermittelt werden.

Nach Neubauer werden diese Vegetationsversuche derart durchgeführt, daß 100 Roggenkörner von etwa 4,0 g Gewicht in Glasschalen von nur 11 cm Durchmesser ausgesät werden. Der Boden — 100 g in jeder Schale — ist überdies mit 300 g Quarzsand verdünnt. Nach 14 bis 18 Tagen werden die etwa fingerlangen Roggenpflänzchen, deren Wurzeln den Boden der Schale als dichter weißlicher Filz bedecken, durch sorgfältiges Abspritzen von Boden und Sand befreit, verascht und auf Kali und Phosphorsäure analysiert. Neben den in mehrfacher Wiederholung angelegten „eigentlichen" Versuchen mit dem zu prüfenden Boden laufen außerdem stets Blindversuche, welche unter genau denselben Bedingungen angelegt sind wie der Hauptversuch, aber anstatt des Bodens nur reinen Sand enthalten; bei der Analyse können diese Blindversuche also nur diejenigen Nährstoffe aufweisen, die bereits im Samenkorn enthalten waren oder aus dem so gut wie nährstofffreien Sande entnommen wurden. Die dem Boden entzogenen Mengen an Kali und Phosphorsäure gewinnt man nun dadurch, daß die Ergebnisse des Blindversuches von denen des Hauptversuches abgezogen werden.

So einleuchtend das Verfahren erscheint, so hat es leider bisher nicht das geleistet, was man von ihm erhofft hat. Möglich, daß auch die zahlreichen Fehlerquellen und Schwierigkeiten, die das Verfahren derzeit noch bietet, hierbei mitsprechen und eine Verbesserung seiner Sicherheit erhoffen lassen. Wenn es aber auch den Feldversuch nicht zu ersetzen vermag und auch teuerer kommt als ein einfacher Düngungsversuch, so kann es ihn immerhin wertvoll ergänzen; viele Versuchsstationen sind bereits auf seine Durchführung eingestellt und man kann dadurch in viel schnellerer Zeit über den Gehalt eines Bodens annähernd

---

[1] Arbeitsvorschriften enthalten in: Neubauer und Schneider: Die Nährstoffaufnahme der Keimpflanzen usw. Pflz. Ern. u. Düng., Teil A, Bd. II, H. 5, S. 229. 1923.

unterrichtet sein als durch einen über eine ganze Vegetationsperiode hinweglaufenden Feldversuch. Als Faustregel für den Praktiker hat sich bisher die Anschauung bewährt, daß dort, wo die Neubauer-Analyse Nährstoffüberschuß feststellt, dieser sich in der Regel auch im Feldversuche zeigt, daß aber dort, wo durch die Analyse ein ungenügender Nährstoffvorrat festgestellt wurde, sich trotzdem nicht selten keine Wirkungen der Düngung im Feldversuche zeigen.[1]

Neubauer hat auf Grund seiner Untersuchungen Grenzwerte aufgestellt, durch welche angegeben ist, welchen Mindestgehalt eine Bodenprobe von 100 g an P_2O_5 und K_2O aufweisen muß, um als ausreichend versorgt zur Erzeugung mittlerer Ernten zu gelten. Da die festgesetzten Grenzwerte nur für die Höhe der von ihm angesetzten mittleren Ernten Geltung haben und bei Böden mit geringeren Ernten entsprechend herabzusetzen sind, überdies die Feststellung von Grenzwerten stets ein sehr angreifbares Unternehmen ist, so erscheint es begreiflich, daß darüber keine Einigkeit erzielt werden konnte. Immerhin seien zur Orientierung folgende von Römer angenommene Grenzwerte angegeben:

Mindestgehalt an wurzellöslichen Nährstoffen in je 100 g Boden zur Erzeugung mittlerer Ernten.[1]

	P_2O_5	K_2O
Hafer und Roggen	4 mg	20 mg
Gerste und Weizen Wiese und Weide	6 „	30 „
Kartoffel	6 „	40 „
Zuckerrübe	8 „	30 „

Neubauer selbst[2] stellt dazu die praktische Regel auf, daß für jedes Milligramm Phosphorsäure, das an der Grenzzahl fehlt, mit 30 kg Phosphorsäure je Hektar gedüngt werden muß. Beim

[1] Römer, Dirks und Noak: Dreijahrige Ergebnisse von Neubauer-Analysen im Vergleich zu Feldversuchen. Pflz. Ern. u. Düng., Teil B, VI. Jahrg., H. 12, S. 529. 1927.

[2] Neubauer: Intensive Düngung auf rationeller Grundlage. Deutsche Landw. Presse, Nr. 13, S. 188. 1928, und Ernährung der Pflanze. Nr. 14, S. 273. 1928.

Kali erheischt derselbe Fehlbetrag eine Düngung von 20 kg Kali. Werden die betreffenden Schläge regelmäßig mit mittleren Stallmistgaben (250 q/ha) gedüngt, so können die Neubauerschen Grenzzahlen um etwa 8 mg Kali und 1,5 mg Phosphorsäure niedriger gehalten werden.

5. Bestimmung des Düngerbedürfnisses nach Mitscherlich

Allgemeines

Von Mitscherlich, Königsberg, wurde der Vegetationsversuch in Töpfen weiter ausgebaut und so ausgestaltet, daß die sich ergebenden Resultate nicht mehr bloß qualitative, sondern auch quantitative Bedeutung haben, d. h. es kann dadurch nicht bloß festgestellt werden, daß ein bestimmter Nährstoff eine Wirkung zeigt, sondern es ergibt sich daraus, wie groß die Wirkung bestimmter Mengen eines Nährstoffes ist. Die Ausgestaltung des Topfversuches zu einer quantitativen Methode führte naturgemäß weiterhin zu Untersuchungen über die Gesetzmäßigkeit der Wirkungen der einzelnen Nährstoffe auf den Ertrag und zu einer mathematischen Formulierung dieser Gesetzmäßigkeit im sogenannten „Wirkungsgesetz der Wachstumsfaktoren". Beide Fragen — erstens wieweit sich die Ergebnisse des Mitscherlichschen Gefäßversuches quantitativ auf den feldmäßigen Ertrag einer Frucht übertragen lassen und zweitens, ob die mathematische Formulierung der Ertragsgesetze, wie sie von Mitscherlich aufgestellt wurde, theoretisch haltbar ist, haben zu einem lebhaften Streit in der Literatur geführt, der noch nicht zum Abschlusse gekommen ist.

Für den praktischen Versuchsansteller liegt die Sache gegenwärtig so:

1. Der Gefäßversuch Mitscherlichs bildet — wenn auch seine unmittelbare qualitative Übertragung auf das Feld, ohne Kontrolle durch den Feldversuch noch problematischer Natur ist — zweifellos die bisher exaktest ausgearbeitete Methode des Gefäßversuches und vermag, in Verbindung mit dem Feldversuche, sehr wertvolle Anhaltspunkte über den Nährstoffbedarf eines Bodens zu geben. Wird er — wie z. B. in Ostpreußen — von eigenen Zweckverbänden oder wissenschaftlichen Instituten serienmäßig zur Durchführung gebracht, so sind die Kosten im Verhältnis mäßig. Aber auch der praktische Versuchsleiter selbst vermag bei einiger Sorgfalt in geeigneten Töpfen ohne allzu große Mühe recht brauchbare Ergebnisse zu erzielen.

2. Die mathematische Formulierung des Ertragsgesetzes — mag sie nun theoretisch richtig oder anfechtbar sein — bietet

auf jeden Fall die Möglichkeit, bei einem Feldversuche, der nur mit einer Düngungsgabe zur Durchführung gelangt ist, sowohl Zwischenwerte als auch Werte höherer Düngergaben mit für die Praxis völlig genügender Genauigkeit zu errechnen. Durch die Anwendung graphischer Methoden oder vorberechneter Tabellen, wie wir sie in nachfolgendem bringen, wird überdies das lästige und umständliche Rechnen mit Logarithmen, das der praktischen Verbreitung der Berechnung von Düngungsversuchen bisher stets stark hinderlich war, vollständig vermieden.

Wir wollen im nachfolgenden das Wichtigste aus der bahnbrechenden Arbeit Mitscherlichs bringen, und zwar in folgender Anordnung:

1. Arbeitsweise bei Gefäßversuchen.
2. Auswertung von Versuchen nach dem Wirkungsgesetz der Wachstumsfaktoren.

Bezüglich der Einzelheiten sei auf die Mitscherlichsche Originalveröffentlichung verwiesen.[1]

Arbeitsweise bei Gefäßversuchen

Als Gefäß für den Versuch verwendet Mitscherlich eigene, sogenannte Mitscherlich-Gefäße: weiße, emaillierte Töpfe von 20 cm Höhe und 20 cm Durchmesser, welche unter einem durchlöcherten Boden einen Untersatz haben, mit dem das etwa abtropfende Wasser aufgefangen und wieder in den Topf zurückgegossen wird, um Nährstoffverluste durch Auswaschung zu vermeiden. Außerdem tragen die Töpfe eine Einrichtung zum Einstecken eines Drahtgestelles, welches die Halme vor dem Lagern schützen soll.

In jedem Topf wird die gleiche Menge (zirka 6 kg) des zu untersuchenden Bodens eingewogen, nachdem sie vorher mit den zu gebenden Düngermitteln auf das sorgfältigste gemengt wurde. Zur Verschärfung der Reaktion wird denjenigen Gefäßen, welche Phosphorsäure oder Kaliwirkung zeigen sollen, möglichst reiner Sand beigemengt, dessen Gehalt an diesen beiden Nährstoffen, soweit er von der Pflanzenwurzel aufgenommen werden kann, gleichzeitig zu untersuchen ist. Die Beimengung des Sandes erfolgt derart, daß ein Sechstel der in den anderen Gefäßen gegebenen Bodenmenge mit fünf Teilen Sand vermengt wird. Die Düngung ist möglichst in physiologisch neutraler

[1] Mitscherlich: Die Bestimmung des Düngerbedürfnisses des Bodens. P. Parey. 1. Aufl. 1924, 2. Aufl. 1925 RM 4,—. — Maquard: Mitscherlichs Lehre von der Bestimmung usw. Gemeinverständliche Einführung. P. Parey. RM 1,50.

Form und — wegen der besseren Verteilung — in Lösung zu geben. Außerdem pflegt Mitscherlich stets eine gewisse Menge an Chlornatrium zuzusetzen, da Kali seinen vollen Wirkungswert nur dann ausübt, wenn im Boden geringe Mengen Chlornatrium vorhanden sind.

Mitscherlich schlägt als gewöhnlichen Mangelversuch folgende Anordnung vor, wobei jede Düngergabe in vierfacher Wiederholung geprüft wird:

a) Stickstoffwirkung

4 Gefäße à 6 kg ungemengten Boden	Volldüngung	P K N
4 ,, à 6 ,, ,, ,,	,, ohne N	P K —

b) Phosphorsäure und Kaliwirkung

4 Gefäße à 6 kg	1 kg Boden 5 ,, Sand	Volldüngg. ohne P	— K N
4 ,, à 6 ,,	1 ,, Boden 5 ,, Sand	,, ,, K	P — N
4 ,, à 6 ,,	1 ,, Boden 5 ,, Sand	Volldüngung	P K N
20 Gefäße			

Als Düngergabe wäre ist auf jedes Gefäß mit zirka 6 kg Inhalt anzuwenden:

			entspricht einer feldmaßigen Dungung von
an P_2O_5:	5 g	Thomasmehl	32,3 q/ha
	+ 5 g	Superphosphat	
an K_2O:	3 g	schwefelsaures Kali	9,7 q/ha
an N:	3,5 g	Ammonnitrat	10,2 q/ha
oder	2,1 g	Harnstoff	6,8 q/ha
dazu noch	0,5 g	Chlornatrium in jedes Gefäß	

Nun werden in 25 Löcher von 0,5 cm Durchmesser und 1,5 cm Tiefe im Quadratverbande von 3 × 3 cm je 2 Korn Hafer gesät und zugedeckt. Nach 14 Tagen wird die Anzahl der Pflanzen auf 35 Stück verzogen. Wichtig ist die Regulierung des Wachstumsfaktors Wasser, der bei allen Versuchen während der ganzen Vegetationsperiode konstant gehalten werden muß. Solange die Pflanzen klein sind, geschieht dies mittels der Wage, und zwar derart, daß das Gesamtgewicht jedes Versuchsgefäßes gleich ist dem Gewicht des Topfes + Gewicht des Bodens + Gewicht des Wassers, wobei die betreffende Bodenmenge zu 50% mit Wasser zu sättigen ist. Von Woche zu Woche werden nun

15% der Wasserkapazität zugegeben, so daß zur Zeit des Schossens die Gefäße bei voller Wasserkapazität gehalten werden. Von nun an wird so lange jedes Gefäß gegossen, bis unten das Wasser durchläuft. Gegen Ende der Vegetationszeit kann weniger gegossen werden und acht Tage vor der Ernte können die Gefäße trocken stehen bleiben. Bei der Ernte werden die Körner von den Halmen abgestreift, das Stroh abgeschnitten und beide in lufttrockenem Zustande gewogen.

Nun kommt der angreifbarste Punkt des ganzen Verfahrens, soferne es quantitative Resultate ergeben soll: die Übertragung der Erträge des Gefäßversuches auf das freie Feld. Mitscherlich geht nun, gestützt auf die aus dem Vergleiche von Gefäß- und Feldversuchen gewonnenen Erfahrungen, hierbei folgendermaßen vor:

Es wird zunächst aus der Ertragssteigerung der verschiedenen Düngemittel im Gefäßversuche mit Hilfe des Ertragsgesetzes auf später zu besprechende Weise (siehe S. 276ff.) der Nährstoffvorrat im Boden errechnet, den wir in Gramm pro Gefäß erhalten. Diesen Nährstoffvorrat müssen wir entsprechend den Bedürfnissen der Praxis auf dz/ha umrechnen. Hierbei müssen wir außer den verschiedenen Maßeinheiten noch folgende, im freien Felde und im Gefäße voneinander abweichenden Umstände berücksichtigen.

1. Die Bodenoberfläche,
2. die Tiefe der Krume,
3. die durch Sandzusatz bewirkte Verdünnung.

Zu 1. Die Bodenoberfläche eines Mitscherlich-Gefäßes ist 308 qcm, die eines Hektars $100 \times 100 \times 10000$ qcm. Bedenken wir ferner unter Berücksichtigung der verschiedenen Maßeinheiten, daß ein Doppelzentner 100×1000 g hat, so ergibt sich nachstehender Umrechnungsschlüssel:

$$\text{Nährstoffvorrat in dz/ha} = \text{Nährstoffvorrat in Gramm/Gefäß} \times \times 3{,}25$$

$$\left(3{,}25 = \frac{100 \times 100 \times 10\,000}{308 \times 100 \times 1000}\right).$$

Zu 2. Die Tiefe der Ackerkrume ist auf dem Felde zirka doppelt so groß als im Gefäß. Die Wirkung der Nährstoffe wird also im Gefäß eine größere sein als auf dem Felde, wo der Pflanze ein doppelt so großer Nährstoffvorrat zur Verfügung steht. Mitscherlich nimmt daher an, daß der für die Pflanze verfügbare Nährstoffgehalt des Bodens auf freiem Felde doppelt so hoch ist wie im Topfversuche.

Zu 3. Bei den mit Sand im Verhältnis 1 : 5 gemischten Gefäßen ist natürlicherweise in dem Boden des Gefäßes nur noch ein Sechstel des im gewöhnlichen Boden enthaltenen Nährstoffes vorhanden, so daß im Boden des Feldes ohne Berücksichtigung der tieferen Ackerkrume (Punkt 2) der sechsfache Nährstoffvorrat enthalten ist als in den verdünnten Töpfen.

Berücksichtigen wir nun alle drei Punkte, so müssen wir den im Gefäßversuch in Gramm pro Gefäß ermittelten Nährstoffvorrat zur Umrechnung auf das freie Feld mit folgenden Zahlen multiplizieren:

Bei Stickstoff mit $3{,}25 \times 2$,

bei Kali und Phosphorsäure mit $3{,}25 \times 2 \times 6$.

Wir erhalten dann als Endziffer den Bodenvorrat an diesen drei Nährstoffen in Doppelzentner pro Hektar.

Was besagt uns nun diese Ziffer? Kennen wir den Nährstoffvorrat im Boden, so können wir — dies sei hier vorweggenommen — damit folgendes beurteilen:

1. Wir ersehen wieviel Prozent des möglichen Höchstertrages ohne Beidüngung der einzelnen Nährstoffe zu erzielen sind; dies ist aus den Tabellen S. 279/80 zu entnehmen. Phosphorsäure und Kali sollen möglichst zum Höchstertrage (100%) ausreichen, bei Stickstoff ist diese Forderung nicht erfüllbar.

2. Wir können aus der Höhe des Bodenvorrates an Nährstoffen entnehmen, welche perzentuelle Steigerungen der Ernten bei einer Zudüngung einer bestimmten Menge eines Nährstoffes zu erzielen sein werden; zum mühelosen Ablesen können die Tabellen S. 282/86 herangezogen werden; von ihnen ist diese Steigerung nicht nur in Prozenten des Höchstertrages, sondern in Prozenten von ungedüngt direkt abzulesen. Dies ist besonders bei Stickstoff wichtig, da danach die rentable Höhe der Gabe zu beurteilen ist. Allerdings ist gerade bei Stickstoff eine Übertragung der Ergebnisse der Gefäßversuche aufs freie Feld besonders unsicher und wird daher auch nur noch selten durchgeführt.[1]

Zu 3. Falls der Nährstoffvorrat an Phosphorsäure und Kali größer ist, als zur Erzielung des möglichen Höchstertrages gefordert wird, kann man sich ein Urteil darüber bilden, wie lange eine Beidüngung weggelassen werden kann. Man muß dazu nur

[1] Vgl. diesbezüglich: O. Lemmermann, Hasse und Jessen: Die Beziehungen zwischen Pflanzenernährung und Pflanzenwachstum und die Methode Mitscherlichs zur Bestimmung des Düngerbedürfnisses des Bodens. Pflz. Ern. u. Dung., Teil B, Bd. VII, H. 2, S. 49. 1928, nebst der anschließenden Polemik ebenda B. VII, H. 8, S. 345 und S. 352.

ungefähr wissen, welche Mengen von diesen Nährstoffen durch die Ernten entzogen werden. Als Anhaltspunkte hierfür folgende Zusammenstellung:

Entzug an Nährstoffen in dz/ha durch Korn und Stroh (bzw. Wurzel und Kraut) bei folgenden Erträgen[1]

Frucht		Ertrag dz/ha		Entzug an Nahrstoffen in kg/ha K_2O		P_2O_5	
Roggen	Korn	20	80	10	60	12	67
	Stroh	60		50		55	
Weizen	Korn	30	80	15	75	30	40
	Stroh	50		60		10	
Gerste	Korn	20	50	15	45	20	25
	Stroh	30		30		5	
Hafer	Korn	25	70	15	100	20	30
	Stroh	45		85		10	
Raps	Korn	20	50	19	53	33	40
	Stroh	30		34		7	
Erbsen	Korn	15	45	15	45	12	22
	Stroh	30		30		10	
Kartoffel	Knollen	250	280		155		45
	Kraut	30					
Zuckerrübe	Rüben	350	420		161		35
	Blätter	170					
Futterrübe	Rüben	500	630		296		51
	Blätter	230					
Wiesenheu			60		100		25
Rotkleeheu			50		95		28
Luzerneheu			100		150		53

An der Hand der oben angeführten Beurteilungspunkte wird es nicht mehr schwer fallen, die praktische Nutzanwendung einer Mitscherlich-Untersuchung zu ziehen, wenn das Gutachten des betreffenden Institutes z. B. folgendermaßen lautet: „Auf Grund des Versuches ergibt sich ein Bodenvorrat 1,93 dz Phosphorsäure und 7,59 dz Kali je Hektar. In Prozenten des Höchstertrages werden nach Mitscherlich ohne Phosphorsäure 92,7, ohne Kali 100% geerntet.“

Man erkennt aber auch bei Betrachtung der Überlegungen, nach denen die Umrechnung erfolgt, daß Mitscherlich bei der quantitativen Übertragung der Resultate des Gefäßversuches

[1] Nach Hitschmanns Vademekum I. S. 329. Wien, Perles 13. Auflage 1923

mit mehr oder minder willkürlichen Annahmen arbeiten muß, die nur dann ihre Berechtigung haben, wenn sie durch Feldversuche kontrolliert werden.[1]

Ausführliche dreijährige Untersuchungen über die Übereinstimmung der Mitscherlich-Gefäßversuche mit Feldversuchen sowie über ihre praktische Verwertbarkeit bei der Vorschreibung der Düngung liegen aus dem Versuchsring Prassen, Ostpreußen, vor.[2] Es wurden dort verschiedene Schläge teils durch Feldversuche, teils durch Gefäßversuche auf ihre Nährstoffbedürftigkeit geprüft; die Steigerung des Ertrages durch Stickstoff, Phosphorsäure und Kali wurde hierbei in Prozenten von Ungedüngt ausgedrückt und aus ihr auf die wahrscheinliche Ertragssteigerung durch eine bestimmte Düngung im nächsten Jahre geschlossen. Wich nun im Feldversuche des nächsten Jahres die Ertragssteigerung um nicht mehr als 5% von dem auf Grund des Topfversuches prophezeiten Ergebnis ab, so wurde die Folgerung als richtig gewertet, die Gefäßuntersuchung also als Treffer angesehen. In derselben Weise wurden nicht nur Gefäßversuch durch Feldversuch, sondern auch Feldversuch durch Gefäßversuch, Feldversuch durch Feldversuch und Gefäßversuch durch Gefäßversuch überprüft. In übersichtlicher Zusammenstellung sind die Ergebnisse der Untersuchung folgende:

Prozentzahl der Treffer beim Vergleich von Feld- und Gefäßversuch:

Zahl der Untersuchungen	Bestimmung 1	Bestimmung 2 (Kontrolle)	Trefferprozente bei		
			Kali-	P_2O_5-	Stickstoff-
			Bestimmung		
125	im Gefaß	im Felde	97	91	40
83	im Felde	im Felde	94	84	37
68	im Felde	im Gefäß	98	82	47
67	im Gefaß	im Gefäß	98	87	55

[1] Vgl. diesbezüglich: O. Lemmermann, Hasse und Jessen: Die Beziehungen zwischen Pflanzenernährung und Pflanzenwachstum und die Methode Mitscherlichs zur Bestimmung des Düngerbedürfnisses des Bodens. Pflz. Ern. u. Düng., Teil B, Bd. VII, H. 2, S. 49. 1928.

[2] Lamberg: Erfahrungen mit der pflanzenphysiologischen Bodenanalyse nach Prof. Mitscherlich. Landw. Jahrb., Bd. 67, H. 4, S. 457. 1928. — Derselbe: Fünf Jahre Versuchsringarbeit in Ostpreußen. Landw. Versuchsring-Ztg., Nr. 6, 7 und 8, S. 46, 58 und 67. 1928.

Aus dem untersuchten Material ergibt sich, daß die Vorhersage auf Grund der Gefäßversuche sogar eine etwas größere Anzahl von Treffern aufzuweisen hat als die Vorhersage auf Grund der Feldversuche; beide Verfahren ergeben vorzügliche Resultate bei Phosphorsäure und Kali. Schlecht sind die Ergebnisse bei Stickstoff; bei diesem Nährstoffe lassen sich richtige Folgerungen eben nur aus mehrjährigen statistisch aufgearbeiteten Feldversuchen ziehen.

Versuchsring Prassen verwendet Feld- und Gefäßversuch nebeneinander und zieht folgende Folgerungen für die ergänzende Anwendung beider Methoden aus seinen Untersuchungen:

Gefäßversuche sind anzuwenden:

1. Auf Schlägen, auf denen Feldversuche nicht gemacht werden können, also auf Klee, Brache und auf sogenannten Vorfruchtschlägen (Grünfutter, Gemenge u. dgl.).

2. Auf Schlägen, wo die Feldversuche unsichere Ergebnisse liefern, d. h. auf Hackfruchtschlägen; die Hackfrucht entzieht dem Boden derartige Mengen von Nährstoffen, daß sich bei der Nachfrucht ein deutlicher Mangel an Nährstoffen bemerkbar machen kann, selbst wenn beim Hackfruchtversuche nicht die mindeste Reaktion zu bemerken war.

Außerdem wurde noch die Erfahrung gemacht, daß schwerere Böden im Gefäßversuche bessere Resultate ergeben, da leichtere Böden infolge ihrer lebhafteren Tätigkeit im Gefäßversuche oft reicher erscheinen, als sie dann im nächsten Jahre sind. Die Gefäßversuche ergeben ferner weit deutlichere Bilder als die Feldversuche, weil durchaus mit Extremen (großen Pflanzenmengen, starken Düngergaben, ausreichenden Wassermengen usf.) gearbeitet wird; tritt daher im Gefäß keine Reaktion eines Nährstoffes auf, so läßt sich ohne weiteres schließen, daß auch auf dem Felde keine Reaktion eintreten wird, ja dieser Schluß ist sogar auf Jahre hinaus möglich.

Die von Mitscherlich vorgeschlagenen Düngergaben sind übrigens vielfach Abänderungen unterworfen worden; auch der Grad der Sandverdünnung wurde herabgesetzt. So arbeitet derzeit z. B. eine größere landwirtschaftlich chemische Untersuchungsanstalt mit folgenden Düngergaben:

P_2O_5 { 0,5 g Phosphorsäure als Superphosphat
0,5 g „ „ Thomasmehl }

K_2O 1,25 g als schwefelsaures Kali

N { 0,5 g Stickstoff als Ammonsulfat
0,5 g „ „ Natriumnitrat }

Der bereits erwähnte Versuchsring Prassen verwendet folgende Anordnung:

2 Gefäße ungedüngt,
2 Gefäße mit Ammonnitrat (3,5 g),
2 Gefäße mit Ammonnitrat (3,5 g) und Kaliumsulfat (1 g),
2 Gefäße mit Ammonnitrat (3,5 g) und Natriumphosphat (3 g).

Diese Düngemittel werden in Wasser gelöst und den Bodenproben mit der Pipette zugemessen. Ernte und Aufarbeitung erfolgen bald nach dem Schossen; dadurch können die Gefäße ohne Drahthaus aufgestellt werden (Vogelfraß!), ferner ist die Durchführung von zwei Versuchsreihen in einem Jahre möglich (1. Serie April bis Juni, 2. Serie Juni bis September).

Die exakte Durchführung von quantitativen Mitscherlich-Gefäßversuchen ist eine mühsame Arbeit, die in der Regel wissenschaftlichen Instituten oder eigenen Zweckverbänden vorbehalten bleiben wird; für den praktischen Feldversuchsansteller wird es aber oft genügen, die bloß qualitative Wirkung von Phosphorsäure und Kali im Topfversuch als Ergänzung zum Freilandversuche festzustellen. Es können dann die oben angeführten Maßnahmen eine wesentliche Vereinfachung erfahren.

Immerhin wird auch bei vereinfachten Versuchen die obige genaue Anleitung mit Vorteil mit herangezogen werden können, um eine wirklich exakte Durchführung der Versuche zu gewährleisten.

Das Wirkungsgesetz der Wachstumsfaktoren und seine Anwendung bei der Versuchsauswertung

Von jeher schon haben sich Landwirte die Frage vorgelegt, die für sie von außerordentlicher praktischer Bedeutung ist: in welchem Verhältnis stehen Düngung und Stoffproduktion. Der erste, der diesen Zusammenhang in die Form eines Gesetzes zu bringen versuchte, war Liebig mit seinem bekannten Minimumgesetz: „Die Größe der Stoffproduktion wird von dem Faktor bestimmt, der am meisten fehlt, d. h. im Minimum ist.“ Die Frage, wie sich die Größe der Stoffproduktion ändert, wenn man die Menge des Minimumfaktors wachsen läßt, beantwortete Liebig dahin, daß die Stoffproduktion proportional mit der Menge des betreffenden Faktors steigt, solange, bis ein anderer Faktor die Rolle des Minimumfaktors übernimmt. In graphischer Darstellung ergäbe sich davon etwa folgendes Bild (siehe Abb. 46): d. h. direkte Proportionalität zwischen Nährstoffzufuhr und Stoffproduktion bis zu dem Punkte, wo ein anderer Faktor in das

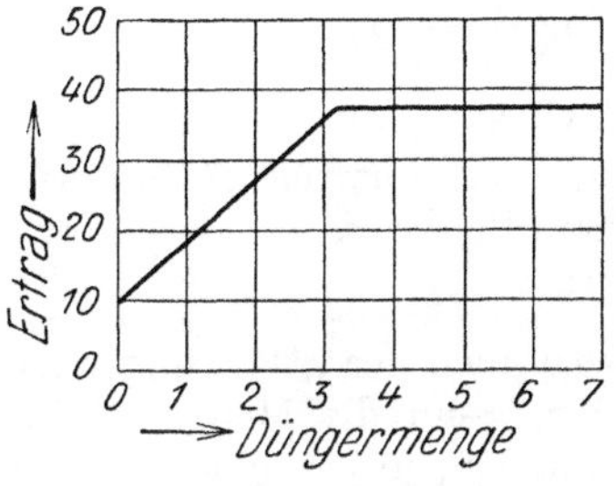

Abb. 46. Graphische Darstellung des Liebigschen Minimumgesetzes

Minimum tritt; von diesem Punkte an dann Wirkungslosigkeit einer weiteren Zufuhr.

In neuerer Zeit war es nun Mitscherlich, der diese Behauptung bestritt, nachdem bereits verschiedene Forscher das Liebigsche Gesetz angefochten hatten. Er stellte fest, daß die Ausbeute pro zugeführte Nährstoffeinheit abnimmt und daher in der graphischen Darstellung als Kurve verläuft wie aus Abb. 47 ersichtlich. Und zwar ist die Wirkung des zugeführten Nährstoffes proportional dem Unterschiede zwischen der Ausbeute, die man bereits erreicht hat, und der Ausbeute, die überhaupt mit diesem Nährstoff zu erreichen ist; je weniger daher von einem bestimmten Nährstoff der Pflanze zur Verfügung steht — etwa im Boden vorhanden ist —, um so stärker wird sich die Zugabe dieses Nährstoffes auf den Ertrag auswirken. Ist aber etwa in zwei Fällen die gleiche Menge eines Nährstoffes vorhanden, so wird dieselbe Menge eines Nährstoffes als Zusatzdüngung wiederum eine ganz andere Wirkung zeigen, ob sie etwa an der Seeküste oder in der ungarischen Tiefebene gegeben wird: sie wird im Seeklima den Ertrag um ein bedeutendes mehr erhöhen als Steppenklima. Der Mathematiker formuliert diese Gesetzmäßigkeit in folgender Weise:

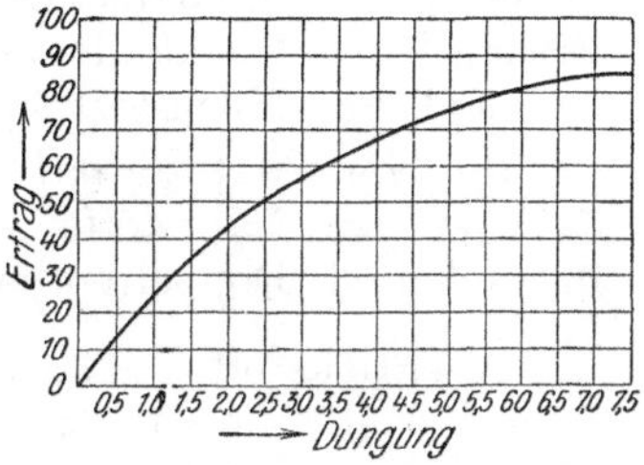

Abb. 47.
Graphische Darstellung des Wachstumverlaufes nach Mitscherlich

$$\frac{d\,y}{d\,x} = (A - y)\,c$$

Das bedeutet: Der Zuwachs in der Stoffproduktion ($d\,y$) für einen ganz kleinen Zuwachs des Produktionsfaktors x ist proportional (c) dem Unterschiede zwischen der Ausbeute, die man schon hat (y), und der Ausbeute, die überhaupt erreichbar ist (A).

Durch mathematische Operationen (Integration und Eliminierung der Integrationskonstanten) erhält man daraus die Gleichung

$$\log (A - y) = \log A - c\,x,$$

wobei ein A = erreichbarer Höchstertrag,
x = gegebene Menge eines bestimmten Nährstoffes,
y = Ertrag bei der Nährstoffgabe x,
c = Proportionalitätsfaktor.

Der Proportionalitätsfaktor c wird auch der „Wirkungswert" des betreffenden Nährstoffes genannt, denn die Menge x eines Nährstoffes wird um so größer sein müssen, je geringer c ist, um das Produkt $c\,x$ gleichbleiben zu lassen; dieses Produkt $c\,x$ ist aber maßgebend für die Höhe des Ertrages y. Mitscherlich will nun durch zahlreiche Versuche empirisch ermittelt haben, daß der Wirkungswert eines Nährstoffes eine Konstante ist, die unabhängig ist vom Klima, von den physikalischen Bodeneigenschaften, von der Bodenmenge, von anderen im Boden vorhandenen Nährstoffen und ferner unabhängig von der Pflanzenart. Was durch diese verschiedenen Umstände verändert wird, ist stets nur die Höhe des möglichen Höchstertrages A.

Die von Mitscherlich gefundenen Wirkungswerte c für die einzelnen Nährstoffe sind folgende (bei Rechnung in den Maßeinheiten Doppelzentner/Hektar):

Stickstoff	0,122
Kali.............................	0,93
Phosphorsäure.....................	0,60
Kali (bei Abwesenheit von Na)	0,33

Sehen wir nun davon ab, den möglichen Höchstertrag in absoluten Zahlen (Doppelzentner/Hektar) angeben zu wollen, sondern setzen wir ihn mit dem Werte $A = 100$ an, so haben wir alles, was wir zur Ausrechnung obiger Gleichung benötigen. Wir können nun ohne weiteres angeben, wie viel Prozent des Höchstertrages 100 wir durch eine bestimmte Düngung zu erzielen imstande sind. Stellen wir die Ergebnisse dieser Berechnung zusammen, so erhalten wir folgende Ertragstafeln:

Ertragstafel für Stickstoff[1]

Wirkungsfaktor = 0,122

Bei einem Gehalt des Bodens an Stickstoff in „Doppelzentner/Hektar" wird erzielt ein Ertrag in Prozenten „%" des Höchstertrages:

[1] Nach Mitscherlich, I. Aufl., S. 38.

dz/ha	%	dz/ha	%
0,1	2,8	2,6	51,8
0,2	5,5	2,7	53,2
0,3	8,1	2,8	54,5
0,4	10,6	2,9	55,7
0,5	13,1	3,0	56,9
0,6	15,5	3,2	59,3
0,7	17,8	3,4	61,5
0,8	20,1	3,6	63,6
0,9	22,3	3,8	65,6
1,0	24,5	4,0	67,5
1,1	26,6	4,2	69,3
1,2	28,6	4,4	70,9
1,3	30,6	4,6	72,5
1,4	32,5	4,8	74,0
1,5	34,4	5,0	75,4
1,6	36,2	5,5	78,7
1,7	38,0	6,0	81,5
1,8	39,7	6,5	83,9
1,9	41,4	7,0	86,0
2,0	43,0	8,0	89,4
2,1	44,6	9,0	92,0
2,2	46,1	10,0	94,0
2,3	47,6	15,0	98,5
2,4	49,0	20,0	99,6
2,5	50,4	25,0	99,9

Ertragstafel für Kali[1]

Wirkungsfaktor = 0,93

Bei einem Gehalt des Bodens an Kali in „Doppelzentner/Hektar" wird erzielt ein Ertrag in Prozenten „%" des Höchstertrages. (Siehe Tabelle, S. 280 oben.)

Ertragstafel für Phosphorsäure[2]

Wirkungsfaktor = 0,60

Bei einem Gehalt des Bodens an Phosphorsäure in „dz/ha" wird erzielt ein Ertrag in Prozenten „%" des Höchstertrages. (Siehe Tabelle, S. 280 unten.)

[1] Nach Mitscherlich, S. 66.
[2] Nach Mitscherlich, S. 68.

Ertragstafel für Kali Wirkungsfaktor = 0,93

dz/ha	%	dz/ha	%	dz/ha	%	dz/ha	%	dz/ha	%
0,01	2,1	0,16	29,0	0,31	48,5	0,6	71,3	2,1	98,9
0,02	4,2	0,17	30,5	0,32	49,6	0,7	77,7	2,2	99,1
0,03	6,2	0,18	32,0	0,33	50,7	0,8	83,0	2,3	99,3
0,04	8,2	0,19	33,4	0,34	51,7	0,9	85,4	2,4	99,4
0,05	10,2	0,20	34,8	0,35	52,7	1,0	88,2	2,5	99,5
0,06	12,1	0,21	36,2	0,36	53,7	1,1	90,5	2,6	99,6
0,07	13,9	0,22	37,6	0,37	54,7	1,2	92,3	2,7	99,7
0,08	15,7	0,23	38,9	0,38	55,7	1,3	93,8	2,8	99,8
0,09	17,5	0,24	40,2	0,39	56,6	1,5	95,0	2,9	99,8
0,10	19,3	0,25	41,5	0,40	57,5	1,4	96,0	3,0	99,8
0,11	21,0	0,26	42,7	0,42	59,3	1,6	96,7	3,2	99,9
0,12	22,7	0,27	43,9	0,44	61,0	1,7	97,4	3,4	99,9
0,13	24,3	0,28	45,1	0,46	62,6	1,8	97,9	3,6	100,0
0,14	25.9	0,29	46,3	0,48	64,2	1,9	98,3	3,8	100,0
0,15	27,5	0,30	47,4	0,50	65,7	2,0	98,6	4,0	100,0

Ertragstafel für Phosphorsäure Wirkungsfaktor = 0,60

dz/ha	%	dz/ha	%	dz/ha	%	dz/ha	%	dz/ha	%
0,01	1,4	0,16	19,8	0,42	44,0	0,84	68,7	1,60	89,0
0,02	2,8	0,17	20,9	0,44	45,5	0,88	70,4	1,70	90,4
0,03	4,1	0,18	22,0	0,46	47,0	0,92	71,9	1,80	91,7
0,04	5,4	0,19	23,1	0,48	48,5	0,96	73,4	1,90	92,8
0,05	6,7	0,20	24,1	0,50	49,9	1,00	74,9	2,00	93,7
0,06	8,0	0,22	26,2	0,53	51,9	1,05	76,6	2,20	95,2
0,07	9,2	0,24	28,2	0,56	53,9	1,10	78,1	2,40	96,4
0,08	10,5	0,26	30,2	0,59	55,7	1,15	79,6	2,60	97,2
0,09	11,7	0,28	32,1	0,62	57,5	1,20	80,9	2,80	97,9
0,10	12,9	0,30	33,9	0,65	59,3	1,25	82,2	3,00	98,4
0,11	14,1	0,32	35,7	0,68	61,0	1,30	83,4	3,50	99,2
0,12	15,3	0,34	37,5	0,71	62,5	1,35	84,5	4,00	99,6
0,13	16,5	0,36	39,2	0,74	64,0	1,40	85,5	4,50	99,8
0,14	17,6	0,38	40,8	0,77	65,5	1,45	86,5	5,00	99,9
0,15	18,7	0,40	42,5	0,80	66,9	1,50	87,4	5,60	100,0

Wir können also aus der Tabelle S. 279 ohne weiteres entnehmen: Durch eine Düngung von 0,4 dz N/ha (= 2 dz schwefelsaures Ammoniak/ha) kann ich 10,6% des möglichen Höchstertrages erzielen — wenn der Boden überhaupt keinen Stickstoff enthält, ein Fall, der praktisch wohl nie vorkommen wird. Einen gewissen, wenn auch manchmal geringen Nährstoffvorrat b wird jeder Boden enthalten. Hätte der Boden z. B. bereits 0,6 dz/ha enthalten, also ohne Düngung bereits 15,5% des Höchstertrages gebracht, so ergeben sich mit der Zudüngung von 0,4 dz/ha nunmehr 24,5% des Höchstertrages. Der Ertrag von ungedüngt ist dadurch von 15,5 auf 24,5%, also um 9,0% des Höchstertrages gesteigert worden. Diese 9,0% des Höchstertrages sind $\frac{9 \times 100}{15,5} =$ $= 58\%$ des Ertrages von ungedüngt. Der ohne Düngung erzielte Ertrag ist also um 58% gesteigert worden. Wäre der Nährstoff des ungedüngten Bodens bei der Zudüngung von 0,4 dz N/ha größer gewesen als früher angenommen, z. B. bereits 1 dz N/ha, so wäre die Wirkung dieser Düngung eine geringere gewesen; sie hätte den Ertrag von 24,5 bis auf 32,5% des Höchstertrages gesteigert, was einer Steigerung des Ertrages von ungedüngt um 32,7% gleichkommt $\left(\text{nämlich } \frac{32,5 - 24,5 \,.\, 100}{24,5}\right)$. Wir sehen also bereits: Eine bestimmte Düngergabe wird den jeweiligen Ertrag prozentuell um ganz verschiedene Beträge steigern, je nach dem Nährstoffvorrate, der augenblicklich im Boden vorhanden ist. Ist der Boden reich an Nährstoffen, so wird diese prozentuelle Steigerung eine viel geringere sein, als wenn der Boden arm daran ist. Und umgekehrt: durch die prozentuelle Ertragssteigerung einer bestimmten Nährstoffzugabe ist jeweils genau festgelegt, wieviel Nährstoffvorrat bereits im Boden vorhanden war.

Diese Feststellung gibt uns ein wertvolles Hilfsmittel an die Hand, ohne viel Rechenarbeit Versuche nach dem Mitscherlich-Gesetz auszuwerten, indem wir uns für jeden Nährstoff Tabellen über diese prozentuellen Ertragssteigerungen errechnen und zusammenstellen. Auf S. 282—286 sind solche Tabellen abgedruckt.

Die Benützung der Tabellen erfolgt folgendermaßen:

Ein Versuch hätte folgendes Ergebnis gehabt:

Ertrag ungedüngt	20 dz
Ertrag bei Zudüngung von 3 dz Natronsalpeter (= rund 50 kg N/ha)	28,0 „
Ertragssteigerung	8,0 dz

Diese Ertragssteigerung in Prozent von ungedüngt ausgedrückt $= \frac{8,0 \times 100}{20} = 40\%$. Nun sehen wir in der Tabelle S. 282/83 nach:

Tabelle der bei verschiedenem Nährstoffvorrate
prozentuellen Ertrags-

Bodenvorrat in dz N/ha	Dadurcherzielbarer Ertrag in % des Höchstertrages	Düngerzugabe in									
		0,05	0,10	0,15	0,20	0,25	0,30	0,35	0,40	0,45	0,50
0,05	1,39	99,3	195,7	293,5	387,8	481,3	573,4	664,0	754,0	821,0	939,0
0,10	2,77	48,6	97,5	144,7	191,7	237,9	283,4	328,5	372,9	416,6	460,3
0,15	4,12	32,8	64,6	91,6	127,3	157,8	188,1	218,0	247,3	276,7	304,9
0,20	5,47	23,9	47,7	71,1	94,2	117,0	139,5	161,6	183,7	204,9	226,3
0,25	6,78	19,2	38,1	56,6	75,1	93,2	111,1	128,9	146,0	163,3	180,1
0,30	8,08	15,8	31,4	46,9	62,1	77,1	92,1	106,4	120,9	135,0	149,1
0,35	9,36	13,4	26,8	40,0	52,9	65,8	78,2	90,7	102,9	116,6	126,9
0,40	10,62	11,8	23,4	34,7	46,1	57,1	68,1	78,8	89,5	100,0	110,4
0,45	11,87	10,4	20,6	30,7	40,5	50,0	59,6	69,6	78,9	88,2	97,3
0,50	13,10	9,2	18,5	27,3	36,3	45,0	53,7	62,1	70,5	78,8	86,9
0,55	14,31	8,4	16,6	24,7	32,7	40,7	48,4	56,1	63,7	71,1	78,9
0,60	15,52	7,5	15,0	22,4	29,7	36,9	43,9	50,9	57,8	64,6	71,3
0,65	16,68	7,0	13,8	20,7	27,3	33,9	40,4	46,8	53,1	59,4	65,5
0,70	17,85	6,5	12,7	19,0	25,2	31,2	37,2	43,1	49,0	54,6	60,3
0,75	18,99	6,0	11,8	17,6	23,3	29,0	34,5	40,0	45,4	50,7	55,9
0,80	20,13	5,6	11,0	16,3	21,6	26,9	32,1	37,1	42,2	47,1	52,0
0,85	21,24	5,2	10,3	15,3	20,2	25,2	29,9	34,7	39,4	44,0	48,6
0,90	22,34	4,8	9,6	14,4	19,0	23,5	28,1	32,5	36,9	41,3	45,6
0,95	23,42	4,4	9,0	13,5	17,9	22,2	26,4	30,6	34,8	38,8	42,8
1,00	24,49	4,1	8,3	12,7	16.9	20,9	24,9	28,9	32,8	36,6	40,4
1,10	26,59	3,8	7,6	11,4	15,0	18,7	22,3	25,8	29,3	32,8	36,1
1,20	28,62	3,5	6,9	10,3	13,6	16,9	20,1	23,3	26,5	29,6	32,7
1,30	30,59	3,2	6,3	9,4	12,4	15,4	18,3	21,3	24,1	27,0	29,7
1,40	32,52	2,9	5,7	8,5	11,3	14,1	16,8	19,4	22,0	24,6	27,2
1,50	34,38	2,7	5,3	7,9	10,4	13,0	15,4	17,9	20,3	23,0	25,0
1,60	36,20	2,5	4,9	7,3	9,6	12,0	14,3	16,5	18,7	20,9	23,1
1,70	37,97	2,3	4,5	6,7	8,9	11,1	13,2	15,3	17,4	19,4	21,4
1,80	39,69	2,1	4,2	6,3	8,3	10,6	12,3	14,2	16,2	18,0	19,9
1,90	41,36	2,0	3,9	5,9	7,7	9,6	11,5	13,3	15,1	16,8	18,6
2,00	42,98	1,9	3,7	5,5	7,3	9,0	10,7	12,4	14,1	15,8	17,4
2,10	44,56	1,7	3,5	5,1	6,8	8,4	10,1	11,6	13,2	14,8	16,3
2,20	46,10	1,6	3,2	4,8	6,4	7,9	9,4	11,0	12,4	13,9	15,3
2,30	47,59	1,5	3,0	4,5	6,0	7,5	8,9	10,3	11,7	13,1	14,4
2,40	49,04	1,4	2,9	4,3	5,7	7,1	8,4	9,7	11,1	12,3	13,6
2,50	50,45	1,4	2,7	4,1	5,4	6,7	8,0	9,2	10,4	11,7	12,9
2,60	51,83	1,3	2,6	3,8	5,1	6,3	7,5	8,7	9,9	11,0	12,2
2,70	53,16	1,2	2,4	3,6	4,8	6,0	7,1	8,3	9,4	10,5	11,6
2,80	54,46	1,2	2,3	3,5	4,6	5,7	6,8	7,8	8,9	9,9	11,0
2,90	55,72	1,1	2,2	3,3	4,3	5,4	6,4	7,4	8,5	9,4	10,4
3,00	56,95	1,1	2,1	3,1	4,1	5,1	6,1	7,1	8,0	9,0	9,9

des Bodens durch Düngerzugabe erzielbaren steigerungen. **Stickstoff I**

Doppelzentnern Rein-N je Hektar										Bodenvorrat in dz N/ha
0,55	0,60	0,65	0,70	0,75	0,80	0,85	0,90	0,95	1,00	
1017,0	1100,0	1184,0	1266,0	1348,0	1393,0	1471,0	1585,0	1662,0	1737,0	0,05
502,2	544,4	585,5	626,7	666,8	706,4	745,5	784,1	822,0	859,9	0,10
333,2	360,9	388,5	415,5	442,2	455,5	494,4	519,9	544,6	569,9	0,15
247,2	268,0	288,3	308,4	328,1	347,7	366,9	386,1	404,6	423,2	0,20
196,9	213,3	229,5	245,6	261,2	276,7	291,3	307,1	322,1	336,7	0,25
163,9	176,5	189,9	203,1	216,1	229,0	241,6	254,2	266,5	278,6	0,30
138,7	150,2	161,7	172,9	184,1	194,9	205,8	216,3	226,8	237,0	0,35
120,5	130,6	140,5	150,4	159,9	169,5	178,8	187,4	197,2	206,2	0,40
106,3	115,1	124,0	132,5	141,1	149,4	157,7	165,9	173,9	188,4	0,45
95,0	107,7	110,7	118,5	126,0	133,5	140,9	148,8	155,3	162,4	0,50
85,8	92,9	100,0	106,9	113,8	120,5	127,3	133,8	140,3	146,7	0,55
77,8	84,4	90,8	97,1	103,4	109,5	115,5	121,5	127,4	133,3	0,60
71,6	77,5	83,4	89,2	95,0	100,5	106,1	111,6	117,0	122,4	0,65
65,9	71,4	76,8	82,2	87,4	92,6	97,8	102,8	107,8	112,7	0,70
61,1	66,2	71,3	76,1	81,0	85,9	90,6	95,4	100,0	104,5	0,75
56,8	61,6	66,2	70,8	75,4	79,8	84,3	88,6	92,9	97,2	0,80
53,1	57,5	61,9	66,2	70,4	74,7	78,8	82,9	86,9	90,8	0,85
49,7	53,9	58,0	62,0	66,1	70,0	73,9	77,7	81,4	85,1	0,90
46,8	50,7	54,6	58,4	62,1	65,8	69,5	73,1	76,6	80,1	0,95
44,1	47,8	51,5	55,0	58,6	62,1	65,5	68,9	72,3	75,5	1,00
39,5	42,8	46,1	49,2	52,4	55,5	58,7	61,6	64,7	67,6	1,10
35,7	38,6	41,6	44,5	47,4	50,2	53,0	55,7	58,4	61,1	1,20
32,5	35,2	37,9	40,5	43,1	45,7	48,2	50,7	53,2	55,6	1,30
29,7	32,2	34,6	37,0	39,4	41,8	44,1	46,3	48,6	50,8	1,40
27,3	29,6	31,9	34,1	36,3	38,4	40,5	42,6	44,7	46,7	1,50
25,2	27,3	29,4	31,5	33,5	35,5	37,4	39,4	41,3	43,2	1,60
23,4	25,3	27,3	29,2	31,0	32,8	34,7	36,5	38,3	40,0	1,70
21,7	23,6	25,3	27,1	28,9	30,6	32,3	33,9	35,6	37,2	1,80
20,3	22,0	23,7	25,3	26,9	28,5	30,1	31,7	33,2	34,7	1,90
19,0	20,6	22,1	23,7	25,2	26,7	28,2	29,6	31,1	32,5	2,00
17,8	19,3	20,8	22,2	23,6	25,0	26,4	27,8	29,2	30,5	2,10
16,7	18,1	19,5	20,9	22,2	23,5	24,8	26,1	27,4	28,6	2,20
15,8	17,1	18,4	19,7	20,9	22,2	23,4	24,6	25,8	27,0	2,30
14,9	16,1	17,4	18,6	19,7	20,9	22,1	23,2	24,3	25,5	2,40
14,1	15,2	16,4	17,5	18,7	19,8	20,9	21,9	23,0	24,1	2,50
13,3	14,4	15,5	16,6	17,7	18,7	19,7	20,8	21,8	22,7	2,60
12,6	13,7	14,7	15,7	16,7	17,7	18,7	19,7	20,6	21,6	2,70
12,0	13,0	14,0	14,9	15,9	16,8	17,8	18,7	19,6	20,5	2,80
11,4	12,3	13,3	14,2	15,1	16,0	16,9	17,7	18,6	19,5	2,90
10,8	11,7	12,6	13,5	14,4	15,2	16,1	16,9	17,7	18,5	3,00

Tabelle der bei verschiedenem Nahrstoffvorrate des Bodens durch Düngerzugabe erzielbaren prozentuellen Ertragssteigerungen. **Stickstoff II**

Bodenvorrat in dz Rein-N/ha	dadurch erzielbarer Ertrag in $^0/_0$ des Höchstertrages	Dungerzugabe in Doppelzentnern Rein-N je Hektar									
		0,2	0,4	0,6	0,8	1,0	1,2	1,4	1,6	1,8	2,0
0,2	5,47	94,2	183,7	268,0	347,7	423,2	494,5	561,8	625,6	685,7	742,8
0,4	10,62	46,1	89,5	130,6	169,5	206,2	240,9	273,7	304,7	334,1	361,8
0,6	15,52	29,7	57,8	84,4	109,5	133,3	155,7	176,9	197,0	216,0	234,0
0,8	20,13	21,6	42,2	61,6	79,8	97,2	113,5	129,0	143,6	157,5	170,5
1,0	24,49	16,9	32,8	47,8	62,1	75,5	88,2	100,2	111,6	122,4	132,5
1,2	28,62	13,6	26,5	38,6	50,2	61,1	71,3	81,1	90,3	99,0	107,2
1,4	32,52	11,3	22,0	32,2	41,8	50,8	59,4	67,5	75,1	82,4	89,2
1,6	36,20	9,6	18,7	27,3	35,5	43,2	50,4	57,3	63,8	70,0	75,7
1,8	39,69	8,3	16,2	23,6	30,6	37,2	43,5	49,4	55,0	60,3	65,3
2,0	42,98	7,3	14,1	20,6	26,7	32,5	38,0	43,5	48,0	52,7	57,0
2,2	46,10	6,4	12,4	18,1	23,5	28,6	33,5	38,0	42‘3	46,4	50,3
2,4	49,04	5,7	11,1	16,1	20,9	25,5	29,7	33,8	37,6	41,3	44,7
2,6	51,83	5,1	9,9	14,4	18,7	22,7	25,0	30,2	33,7	35,1	38,2
2,8	54,46	4,6	8,9	13,0	16,8	20,5	23,6	27,2	30,3	33,2	35,9
3,0	56,95	4,1	8,0	11,7	15,2	18,5	21,6	24,6	27,4	30,0	32,5
3,2	59,30	3,7	7,3	10,6	13,8	16,8	19,6	22,3	24,8	27,2	29,5
3,4	61,52	3,4	6,7	9,7	12,6	15,3	17,9	20,3	22,6	24,8	26,9
3,6	63,62	3,1	6,1	8,9	11,5	14,0	16,4	18,6	20,7	22,7	24,6
3,8	65,61	2,9	5,6	8,1	10,5	12,8	15,0	17,0	19,0	20,8	22,5
4,0	67,49	2,6	5,1	7,5	9,7	11,8	13,8	15,7	17,4	19,1	20,7
4,2	69,27	2,4	4,7	6,9	8,9	10,9	12,7	14,4	16,1	17,6	19,1
4,4	70,95	2,2	4,3	6,4	8,2	10,0	11,7	13,3	14,8	16,3	17,6
4,6	72,53	2,1	4,0	5,9	7,6	9,3	10,8	12,3	13,7	15,0	16,3
4,8	74,03	1,9	3,7	5,4	7,0	8,6	10,0	11,4	12,6	13,9	15,0
5,0	75,45	1,8	3,5	5,0	6,6	8,0	9,3	10,6	11,8	12,9	14,0

Tabelle der bei verschiedenem Nährstoffvorrate des Bodens durch Düngerzugabe erzielbaren prozentuellen Ertragssteigerungen. **Phosphorsäure**

Bodenvorrat in dz Rein-P_2O_5 je ha	Dadurch erzielbarer Ertrag in % des Höchstertrages	Düngerzugabe in Doppelzentnern Rein-Phosphorsäure je Hektar																			
		0,1	0,2	0,3	0,4	0,5	0,6	0,7	0,8	0,9	1,0	1,1	1,2	1,3	1,4	1,5	1,6	1,7	1,8	1,9	2,0
0,1	12,90	87,1	163,0	229,1	286,7	336,8	380,5	418,5	451,6	480,5	505,6	527,4	546,5	563,2	577,6	590,2	601,2	610,7	619,1	626,3	632,5
0,2	24,14	40,5	75,9	106,6	133,4	156,7	177,1	194,8	210,2	223,6	235,3	245,5	254,4	262,1	268,8	276,4	279,8	284,3	288,1	291,5	294,4
0,3	33,93	25,1	47,0	66,1	82,7	97,1	109,7	120,6	130,2	138,4	145,8	152,1	157,6	162,4	166,6	170,2	173,4	176,1	178,5	180,6	182,4
0,4	42,46	17,5	32,7	46,0	57,5	67,6	76,3	84,0	90,6	96,4	101,5	105,9	109,7	113,0	115,9	118,5	120,7	122,6	124,2	125,7	127,0
0,5	49,88	13,0	24,3	34,1	42,7	50,1	56,6	62,3	67,2	71,5	75,2	78,5	81,3	83,8	86,0	87,8	89,5	90,9	92,1	93,2	94,1
0,6	56,35	10,0	18,7	26,3	32,9	38,6	43,6	48,0	51,8	55,1	58,0	60,5	62,7	64,6	66,3	67,7	69,0	70,1	71,0	71,8	72,6
0,7	61,98	7,9	14,8	20,8	26,1	30,6	34,6	38,0	41,0	43,7	45,9	47,9	49,7	51,2	52,5	53,6	54,6	55,5	56,2	56,9	57,5
0,8	66,89	6,4	11,9	16,8	21,0	24,7	27,9	30,7	33,1	35,2	37,1	38,7	40,1	41,3	42,3	43,3	44,1	44,8	45,4	45,9	46,4
0,9	71,16	5,2	9,8	13,7	17,2	20,2	22,8	25,1	27,1	28,8	30,4	31,7	32,8	33,8	34,7	35,4	36,1	36,7	37,2	37,6	38,0
1,0	74,88	4,3	8,1	11,4	14,2	16,7	18,9	20,8	22,4	23,9	25,1	26,2	27,1	28,0	28,7	29,3	29,9	30,3	30,8	31,1	31,4
1,1	78,12	3,6	6,8	9,5	11,9	14,0	15,8	17,4	18,7	19,9	21,0	21,9	22,7	23,4	24,0	24,5	24,9	25,3	25,7	26,0	26,2
1,2	80,94	3,0	5,7	8,0	10,0	11,8	13,3	14,6	15,8	16,8	17,6	18,4	19,1	19,6	20,2	20,6	21,0	21,3	21,6	21,8	22,1
1,3	83,40	2,6	4,8	6,8	8,5	9,9	11,2	12,3	13,3	14,2	14,9	15,6	16,1	16,6	17,0	17,4	17,7	18,0	18,2	18,5	18,7
1,4	85,55	2,2	4,1	5,7	7,2	8,4	9,5	10,5	11,3	12,0	12,7	13,2	13,7	14,1	14,4	14,8	15,0	15,3	15,5	15,7	15,8
1,5	87,41	1,9	3,5	4,9	6,1	7,2	8,1	8,9	9,6	10,2	10,8	11,2	11,6	12,0	12,3	12,6	12,8	13,0	13,2	13,4	13,5
1,6	89,04	1,6	3,0	4,2	5,2	6,1	6,9	7,6	8,2	8,8	9,2	9,6	10,0	10,3	10,5	10,8	11,0	11,2	11,3	11,4	11,5
1,7	90,45	1,4	2,6	3,6	4,5	5,2	5,9	6,5	7,0	7,5	7,9	8,2	8,5	8,8	9,0	9,2	9,4	9,6	9,7	9,8	9,8
1‘8	91,68	1,2	2,2	3,1	3,8	4,5	5,1	5,6	6,1	6,5	6,8	7,1	7,3	7,6	7,8	7,9	8,1	8,2	8,3	8,4	8,5
1,9	92,76	1,0	1,9	2,6	3,3	3,9	4,4	4,8	5,2	5,5	5,8	6,1	6,3	6,5	6,7	6,8	7,0	7,1	7,2	7,2	7,3
2,0	93,69	0,9	1,6	2,3	2,9	3,4	3,8	4,2	4,5	4,8	5,0	5,3	5,5	5,6	5,8	5,9	6,0	6,1	6,2	6,3	6,3

Tabelle der bei verschiedenem Nährstoffvorrate des Bodens durch Düngerzugabe erzielbaren prozentuellen Ertragssteigerungen. **Kali**

Bodenvorrat in dz Rein-K je ha	Dadurch erzielbarer Ertrag in % des Höchstertrages	Dungerzugabe in Doppelzentnern Rein-Kali je Hektar																			
		0,1	0,2	0,3	0,4	0,5	0,6	0,7	0,8	0,9	1,0	1,1	1,2	1,3	1,4	1,5	1,6	1,7	1,8	1,9	2,0
0,1	19,28	80,7	145,9	198,4	240,9	275,2	302,8	325,2	343,2	357,7	369,5	378,9	386,6	392,8	397,8	401,8	405,1	407,7	409,8	411,5	412,9
0,2	34,84	36,7	65,1	88,6	107,6	122,9	135,3	151,0	153,3	159,8	165,0	169,3	172,7	175,5	177,7	179,5	180,9	182,1	183,1	183,8	184,4
0,3	47,40	21,4	38,7	52,6	63,8	72,9	80,3	86,2	90,9	94,8	97,9	100,4	102,5	104,1	105,4	106,5	107,4	108,1	108,6	109,1	109,4
0,4	57,54	14,2	25,7	35,0	42,4	49,2	53,4	57,3	60,5	63,1	65,1	66,8	68,2	69,2	70,1	70,8	71,4	71,9	72,2	72,5	72,8
0,5	65,72	10,1	18,2	24,7	30,0	34,3	37,7	40,5	42,8	44,6	46,0	47,2	48,2	48,9	49,6	50,1	50,5	50,8	51,1	51,3	51,4
0,6	72,33	7,4	13,3	18,1	22,0	24,6	27,7	29,7	31,4	32,7	33,8	34,7	35,3	35,9	36,3	36,7	37,0	37,2	37,4	37,6	37,7
0,7	77,66	5,5	10,0	13,6	16,6	18,9	20,8	22,3	23,6	24,6	25,4	26,0	26,6	27,0	27,3	27,6	27,8	28,0	28,2	28,3	28,4
0,8	81,97	4,2	7,7	10,4	12,7	14,5	15,9	17,1	18,0	18,8	19,6	19,9	20,3	20,6	20,9	21,1	21,3	21,4	21,5	21,6	21,7
0,9	85,45	3,3	5,9	8,1	9,8	11,2	12,3	13,2	14,0	14,5	15,0	15,4	15,7	16,0	16,2	16,3	16,5	16,6	16,7	16,7	16,8
1,0	88,25	2,6	4,6	6,3	7,7	8,7	9,6	10,3	10,9	11,4	11,8	12,0	12,3	12,5	12,7	12,8	12,9	13,0	13,0	13,1	13,1
1,1	90,52	2,0	3,6	5,0	6,0	6,9	7,6	8,1	8,6	8,9	9,2	9,5	9,6	9,8	10,0	10,0	10,1	10,2	10,2	10,3	10,3
1,2	92,34	1,6	2,9	3,9	4,8	5,5	6,0	6,4	6,8	7,1	7,3	7,5	7,7	7,8	7,9	8,0	8,0	8,1	8,1	8,2	8,2
1,3	93,82	1,3	2,3	3,1	3,8	4,3	4,8	5,1	5,4	5,6	5,8	6,0	6,1	6,2	6,3	6,3	6,4	6,4	6,5	6,5	6,5
1,4	95,01	1,0	1,8	2,5	3,0	3,5	3,8	4,1	4,3	4,5	4,6	4,7	4,8	4,9	5,0	5,0	5,1	5,1	5,1	5,2	5,2
1,5	95,97	0,8	1,5	2,0	2,4	2,8	3,0	3,3	3,4	3,6	3,7	3,8	3,9	3,9	4,0	4,0	4,1	4,1	4,1	4,1	4,1
1,6	96,75	0,7	1,2	1,6	1,9	2,2	2,4	2,6	2,8	2,9	3,0	3,0	3,1	3,1	3,2	3,2	3,2	3,3	3,3	3,3	3,3
1,7	97,38	0,5	0,9	1,3	1,5	1,7	1,9	2,1	2,2	2,3	2,4	2,4	2,5	2,5	2,6	2,6	2,6	2,6	2,6	2,6	2,7
1,8	97,88	0,4	0,8	1,0	1,2	1,4	1,6	1,7	1,8	1,9	1,9	2,0	2,0	2,0	2,1	2,1	2,1	2,1	2,1	2,1	2,1
1,9	98,29	0,3	0,6	0,8	1,0	1,2	1,3	1,3	1,4	1,5	1,5	1,6	1,6	1,6	1,7	1,7	1,7	1,7	1,7	1,7	1,7
2,0	98,62	0,3	0,5	0,7	0,8	0,9	1,0	1,1	1,1	1,2	1,2	1,3	1,3	1,3	1,3	1,3	1,4	1,4	1,4	1,4	1,4

Oben suchen wir in der Spalte „Düngerzugabe“ den Wert 0,5 und verfolgen die Spalte nach abwärts, bis wir auf den Wert 40,0[1] stoßen. Wir können nun sofort ablesen, indem wir die Horizontalreihe verfolgen:

Nährstoffvorrat im Boden 1,0 dz N, mit diesem Nährstoffvorrat werden 24,5% vom Höchstertrag erreicht, ferner: bei demselben Nährstoffvorrat kann ich erzielen:

Durch eine Gabe von dz/ha	Eine Ertragssteigerung in % von ungedungt (d. i. 20 dz)	d. i. absolut dz/ha
0,1	8,3	1,66
0,2	16,9	3,38
0,3	24,9	4,98
0,4	32,8	6,56
0,5	40,4	8,08
0,6	47,8	9,56
0,7	55,0	11,00

Ganz analog erfolgt auch die Benützung der Tabellen für Phosphorsäure und Kali und der Tabelle S. 284 für höhere Stickstoffgaben.

Ein bequemes Arbeiten ermöglicht auch die graphische Methode, welche darauf beruht, daß auf sogenanntem einseitigen Logarithmenpapier die logarithmische Kurve der Mitscherlichschen Funktion zu einer Geraden wird.

Für Stickstoff eignet sich hierzu am besten das Logarithmenpapier Schleicher & Schüll Nr. 367½, für Phosphorsäure und Kali die Nr. 376½, da wir bei diesen beiden Nährstoffen mit Düngung oder Bodenvorrat oft nahe an die zur Erzielung eines Höchstertrages erforderlichen Mengen herankommen. Das Logarithmenpapier wird entsprechend der Tatsache, daß wir log $(100 - y)$ und nicht log y auf der Abszissenachse eintragen wollen, auf den Kopf gestellt und umgekehrt wie die vorgedruckte Bezifferung beschrieben. So kommen wir bei Stickstoff bis 90%, bei Phosphorsäure und Kali bis 99% des Höchstertrages. Auf der Abszissenachse tragen wir den zur Verfügung stehenden Nährstoffvorrat in Doppelzentnern/Hektar in dem entsprechenden Maßstab ein. Um auch bei niedrigeren Stickstoffgaben richtig ablesen zu können, wurden bei Stickstoff zwei Maßstäbe gewählt und daher bei Einteilung der Abszissenachse als 1 = 1 dz

[1] Genau genommen, finden wir nur den Wert 40,4%, doch hat diese kleine Differenz nicht viel zu bedeuten. Überdies könnten wir auch interpolieren.

und 1 = 0,1 dz angenommen. Man braucht nun nur aus den Ertragstafeln S. 282—286 einen Wert in Prozenten des Höchstertrages

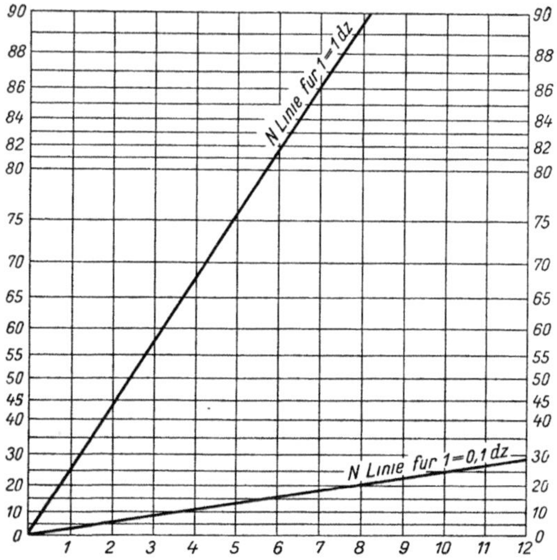

Abb. 48. Darstellung des Mitscherlichschen Wirkungsgesetzes für Stickstoff als Gerade

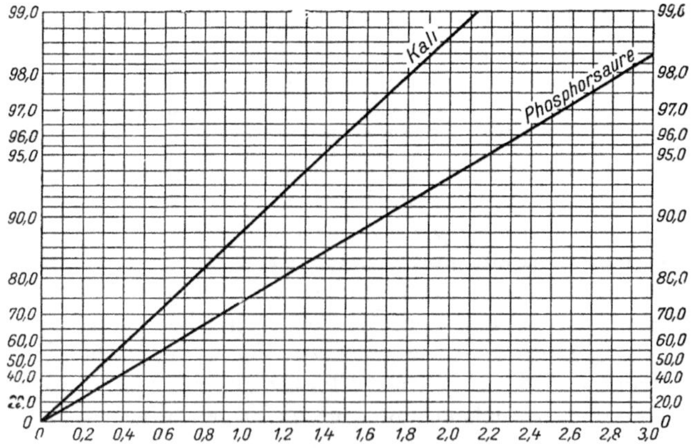

Abb. 49. Darstellung des Mitscherlichschen Wirkungsgesetzes für Kali und Phosphorsäure als Gerade

abzulesen, der einem bestimmten Nährstoffvorrate zugehört, und ihn auf dem Papier einzutragen — durch Verbindung des gefundenen Punktes mit dem Nullpunkt ist die Ertragsgerade gezeichnet (siehe die Abb. 48 und 49).

Nun sind wir bereits in der Lage, folgende Aufgaben zu lösen:

1. Wir können ablesen, wieviel Prozent des Höchstertrages durch eine bestimmte, der Pflanze zur Verfügung stehende Nährstoffmenge zu erzielen ist. Wir suchen auf der Abszissenachse die

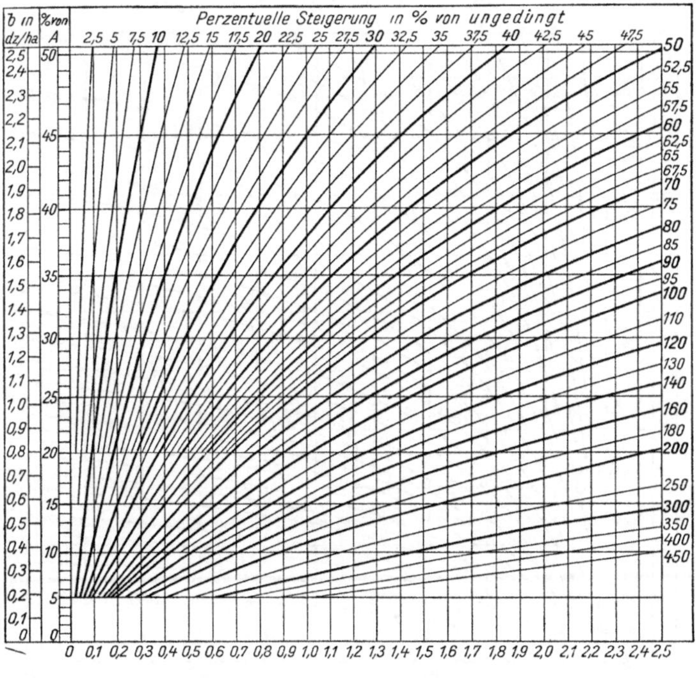

Abb. 50. Rechenbild zur Ermittlung des Stickstoffvorrates eines Bodens aus der prozentuellen Ertragssteigerung

betreffende Nährstoffmenge auf, verlängern nach oben bis zum Schnittpunkte mit der Ertragslinie; an der Ordinatenachse können wir nun, wenn wir vom Schnittpunkte aus horizontal nach links gehen, den erreichbaren Ertrag in Prozenten des Höchstertrages ablesen.

2. Wir können für jeden Ertrag, den wir in Prozent des Höchstertrages gegeben haben, ablesen, durch welche den Pflanzen zur Verfügung stehende Nährstoffmenge er erzielt wurde. Der Vorgang der Ablesung ist der umgekehrte wie oben beschrieben.

Zur wirklichen Auswertung der Tabelle für die Praxis fehlt uns nun noch etwas: wir wissen im Versuche ja niemals, wie hoch die den Pflanzen zur Verfügung stehende Nährstoffmenge ist, da wir ja nur die Zudüngung, nicht aber den Bodenvorrat b kennen. Wir haben bereits oben gesehen, daß wir zu seiner Ermittlung die Tatsache heranziehen können, daß eine bestimmte zugeführte

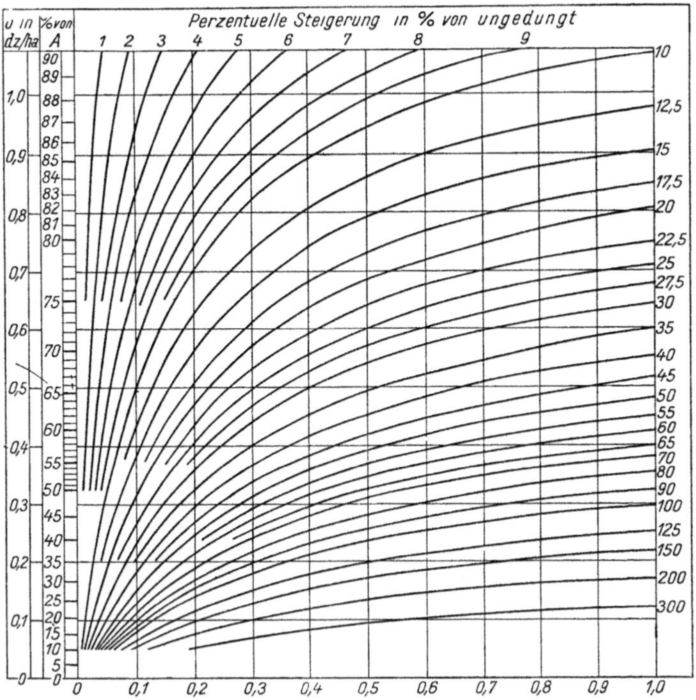

Abb. 51. Rechenbild zur Ermittlung des Kalivorrates eines Bodens aus der prozentuellen Ertragssteigerung

Nährstoffmenge eine ganz verschiedene Wirkung hat, je nachdem, ob sie bei hohem oder niederem Nährstoffvorrate des Bodens gegeben wird. Oben haben wir die berechneten Tabellen hierzu benützt; bei der graphischen Auswertung dienen hierzu die Abbildungen 50, 51 und 52. Ihre Benützung ist einfach und wird am besten an einem Beispiele erläutert. Wir hätten wie oben als Ergebnis eines Düngungsversuches erhalten:

Ertrag ungedüngt	20 dz
Ertrag bei Zusatzdüngung 0,50 dz N......	28 dz
Ertragssteigerung	8 dz = 40%

Nun ziehen wir das Rechenbild für Stickstoff (Abb. 50) zu Rate. Auf der Abszissenachse finden wir die gegebene Düngermenge in Doppelzentnern/Hektar eingetragen. Wir suchen hier

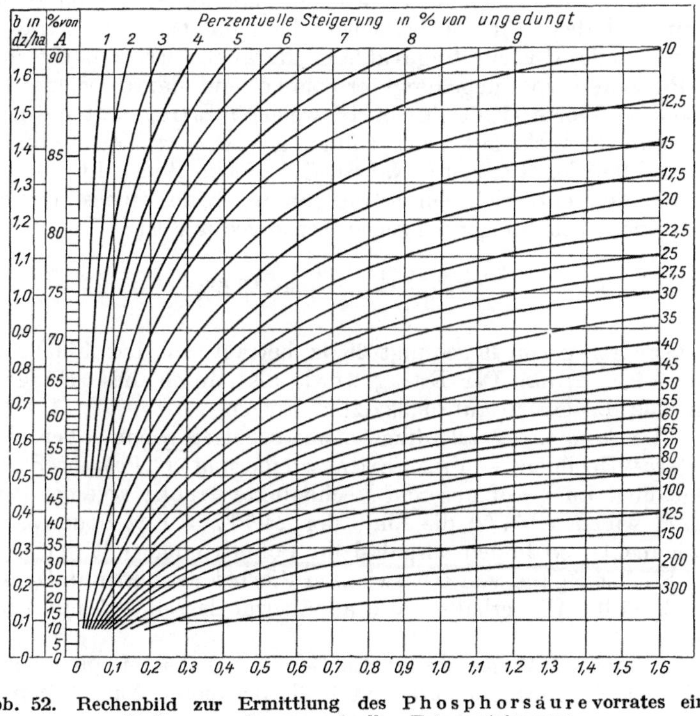

Abb. 52. Rechenbild zur Ermittlung des Phosphorsäurevorrates eines Bodens aus der prozentuellen Ertragssteigerung

den Betrag der Zusatzdüngung von 0,5 dz/ha auf und verfolgen diese Linie nach aufwärts bis zum Schnittpunkte mit derjenigen Kurvenlinie, die die Bezifferung „40%“ trägt und einer Ertragssteigerung von 40% entspricht. An der Projektionsstelle dieses Schnittpunktes auf die Ordinatenachse finden wir zirka 24,7% — das ist der Betrag in Prozenten des Höchstertrages, der durch den Nährstoffvorrat im Boden allein erzielt werden kann; er deckt sich mit dem, was wir früher aus der Zahlentabelle ablesen konnten. Auf der zweiten Teilung daneben können wir gleichzeitig den Nährstoffvorrat des Bodens in der Höhe von 1 dz ablesen. Durch Zugabe einer Menge von 0,5 dz kommen wir auf derselben Teilung bis 1,5 dz Nährstoffvorrat (linke Teilung) = = 34,5% des Höchstertrages (rechte Teilung). Die Ertragssteigerung beträgt $\frac{(34,5 - 24,7) \cdot 100}{24,7} = 40\%$, was den Voraussetzungen entspricht.

Wir können nunmehr, da wir den Nährstoffvorrat im Boden ermittelt haben, für alle beliebigen Düngergaben den Ertrag in Prozenten des Höchstertrages ablesen, daraus die Ertragssteigerung in Prozenten von ungedüngt errechnen und daraus wieder die absoluten Werte ermitteln. Z. B. welchen Ertrag hätten wir in unserem Beispiele mit einer Düngung von 4 dz Natronsalpeter = rund 0,60 kg N erzielt? Nährstoffvorrat im Boden 1,00 + 0,60 = 1,60, dem entspricht ein Ertrag von 36,2% des Höchstertrages. Die perzentuelle Steigerung gegenüber ungedüngt ist

$$\frac{(36,2 - 24,7) \times 100}{24,7} = 46,6\%;$$

da der Ertrag von ungedüngt 20 dz beträgt, so sind 46,6% davon = 9,32 dz/ha. Der Ertrag würde also durch diese Düngung um 9,32 dz von 20 auf 29,32 dz/ha steigen.

Wir können — allerdings etwas weniger genau, aber ohne weiteres Rechnen — diese Ertragssteigerung in Prozenten von ungedüngt auch auf unserem Rechenbilde direkt ablesen. Verfolgen wir in Abb. 50 die Linie der 24,7 % = 1 dz Bodenvorrat nach rechts, so finden wir, daß ihr Schnittpunkt mit der Linie der Stickstoffgabe von 0,6 zwischen die beiden Linien 45% und 47,5% fällt. Wir erhalten also annähernd dasselbe Resultat wie oben.

In gleicher Weise erfolgt die Benützung der entsprechenden Tabellen für Phosphorsäure und Kali; bei diesen Nährstoffen ist allerdings in der Regel der Bodenvorrat viel größer, so daß die Steigerung durch Düngung eine geringere ist und der obere Teil des Nomogrammes eine größere Rolle spielt.

Bisher war immer nur von einem Nährstoffe die Rede; wie steht es aber mit dem Ertrage, wenn man zwei Nährstoffe gleichzeitig steigert? Diese Berechnung ist einfach dadurch zu lösen, daß man die Wirkung beider Stoffe auf den Höchstertrag bezieht, der bei unbeschränktem Vorhandensein beider Nährstoffe erreicht werden kann. Eine Gabe Kali steigere den Ertrag von 70 (bei ungedüngt = 20 dz/ha) auf 81% des durch Kali zu erreichenden Höchstertrages, eine Gabe Stickstoff von 25 auf 36 des durch Stickstoff zu erreichenden Höchtsertrages; welche Ernte werde ich durch gemeinsame Gabe beider Nährstoffe erhalten?

Ohne Düngung wurden erreicht: 70% des Höchstertrages, der für Kaligaben erreichbar ist. Da aber Stickstoff mangelte, so war der Kali-Höchstertrag in diesem Falle verhältnismäßig niedrig; er betrug nur 25% des Betrages, der hätte erreicht werden können, wenn N im Überschusse vorhanden gewesen wäre. Es wurden daher insgesamt bloß erreicht $\frac{27 \times 70}{100} = 18{,}9\%$ des Höchstertrages, der bei vollem Vorhandensein **beider** Nährstoffe zu erreichen gewesen wäre und der natürlich höher liegt als die Höchsterträge, die durch volle Zugabe von Kali allein oder Stickstoff allein zu erreichen sind. Die ungedüngt erzielten 20 dz/ha sind nämlich 70% des durch bloße Kalkzugabe erzielbaren Höchstertrages von 28,6 dz; sie sind ferner 25% des durch bloße Stickstoffzugabe erzielbaren Höchstertrages von 80 dz und sie sind 18,9% des durch Stickstoff **und** Kali-Zugabe erzielbaren Höchstertrages von 106 dz. Alle drei Prozentzahlen bedeuten dieselbe absolute Größe, so verschieden sie untereinander erscheinen. Durch die oben erwähnte Kali- und Stickstoffzugabe steigern wir nun den Ertrag auf $\frac{81 \times 36}{100} = 28{,}2\%$ des N + K-Höchstertrages von 106 dz, das ist absolut $\frac{28{,}2 \times 106}{100} = 29{,}9$ dz; durch die bloße Kaligabe allein hätten wir den Ertrag auf $\frac{25 \times 81}{100} = 20{,}4\%$, d. i. absolut $\frac{20{,}4 \times 106}{100} = 21{,}5$ dz gesteigert, während wir bei Stickstoffgabe allein folgenden Ertrag erhalten hätten:

$$\frac{70 \times 36}{100} = 25{,}2\%, \text{ d. i. absolut } \frac{25{,}2 \times 106}{100} = 26{,}7 \text{ dz.}$$

Natürlich ist es auch möglich, rein rechnerisch die bereits durch Tabellen und auf graphischem Wege gefundenen Werte zu ermitteln. Die hierfür aus der zu Anfang gebrachten Gleichung abgeleiteten Formeln sind folgende:

1. Errechnung des Höchstertrages A

$$A = \frac{k \cdot y - y_0}{k - 1}.$$

wobei A = Höchstertrag,
y_0 = Ertrag ohne Düngung in Doppelzentnern/Hektar,

y = Ertrag mit Düngung in Doppelzentnern/Hektar,
k = antilog. $c \times x$,
x = Düngung in Doppelzentnern/Hektar Reinnährstoff,
c = Wirkungsfaktor,
berechnet für unser Beispiel ..... 20 dz/ha Roggen,
0,5 kg N/ha .... 28 dz/ha Roggen.

$c = 0{,}122$ (siehe S. 278),
$x = 0{,}5$,
$\log k = 0{,}122 \times 0{,}5 = 0{,}061$,
$k = 1{,}151$,
$y_0 = 20$,
$y = 28$,

$$A = \frac{1{,}151 \times 28 - 20}{1{,}151 - 1} = \frac{12{,}228}{0{,}151} = 80{,}98\,\text{dz/ha}.$$

2. Errechnung des Nährstoffvorrates *b* im Boden

$$\frac{b = \log A - \log (A - y_0)}{c} \qquad \frac{\log 80{,}98 - \log (80{,}98 - 20)}{0{,}122}$$

$$b = \frac{1{,}9083 - 1{,}7852}{0{,}122} = \frac{0{,}1231}{0{,}122} = 1{,}009.$$

Kontrolle der Rechnung mittels Ertragstafel (S. 279)

Bei **1,00** dz/ha im Boden Ertrag in Prozenten des Höchstertrages = 24,5% von 80,98 = 19,84.

(Die Differenz von 0,16 dz ist auf Vernachlässigung der 0,01 zurückzuführen).

3. Berechnung von anderen Werten,

z. B. für eine Düngung von 0,6 dz/ha

a) Am einfachsten mit Hilfe der Mitscherlichschen Ertragstafeln S. 279f.

Nährstoffvorrat *b* im Boden	1,0 dz/ha
Zudüngung	0,6 „
Nährstoff	1,6 dz/ha

Diesem Nährstoff entspricht ein Ertrag in Prozenten des Höchstertrages 36,2%, d. i. absolut $\frac{36{,}2 \times 80{,}98}{100} = 29{,}4$ dz/ha.

b) Als Prozente des Höchstertrages mittels der Gleichung $\log(100 - y) = \log 100 - c\,x$

$$\begin{aligned}
\log(100 - y) &= 2 - 1{,}609 \times 0{,}122 \\
\log(100 - y) &= 2 - 0{,}196298 = 1{,}803702 \\
100 - y &= 63{,}635 \\
y &= 36{,}365\% \text{ von } 80{,}98 = \mathbf{29{,}44}\ \text{dz/ha}
\end{aligned}$$

c) Direkt mittels der Gleichung $\log(A - y) = \log A - c\,(x + b)$

$$\begin{aligned}
\log(80{,}98 - y) &= \log 80{,}98 - 0{,}122\,(0{,}6 + 1{,}00) \\
\log(80{,}98 - y) &= 1{,}9083 - 0{,}1963 = 1{,}7120 \\
80{,}98 - y &= 51{,}53 \\
y &= 80{,}98 - 51{,}53 = 29{,}45
\end{aligned}$$

6. Azotobaktermethode zur Ermittelung der Phosphorsäurebedürftigkeit des Bodens

Diese Methode beruht darauf, daß Azotobakterbakterien in Nährstofflösungen, welche keine Phosphorsäure enthalten, nicht gedeihen. Es zeigte sich, daß die Entwicklung dieser Bakterien auf Lösungen von Böden, welche auch im Feldversuche keinen Mangel an Phosphorsäure aufweisen, einen guten Verlauf nimmt, während auf Auszügen aus phosphorarmen Böden überhaupt keine Bakterienflora zur Entwicklung zu bringen ist. Die Methode ist sehr einfach und schnell, nur bedarf es zu ihrer Durchführung eines Thermostaten, wie er in der Regel nur in wissenschaftlichen Instituten zur Verfügung steht, der die Kulturen durch 5 bis 7 Tage auf 25° C erhält. Doch läßt sich auch in der landwirtschaftlichen Praxis ein brauchbarer Thermostat, nach Art der Brutapparate, ohne allzu große Kosten herstellen, wenn man derlei Untersuchungen in größerem Maßstabe durchzuführen gedenkt.

Die Durchführung der Methode erfolgt folgendermaßen: Zunächst stellt man die erforderliche Nährlösung her. Sie besteht aus: 1000 ccm destilliertem Wasser, 20 g Mannit, 0,2 g Chlorkalium und 0,3 g Kaliumsulfat. Von besonderer Wichtigkeit ist die Reaktion des betreffenden Bodens; danach richtet sich die eventuell zu obiger Nährlösung hinzuzufügende Kalkmenge, da sauere Reaktion das Wachstum des Azotobakter unterbindet. Bei Böden mit über 1% $CaCO_3$ ist jede Kalkzugabe unnötig; bei Böden P_H 5,5 — 6,5 sind der angegebenen Nährlösung 0,05% K_2CO_3 zuzusetzen. Für noch saurere Böden erhöht sich die Zugabe zur Nährlösung auf 0,1% K_2CO_3; außerdem erhalten alle

Böden unter 1% $CaCO_3$-Gehalt vor dem Ansetzen etwa 0,1 g $CaCO_3$ (eine Messerspitze) zugesetzt.

In einen Erlenmeyer-Kolben mit etwa 75 ccm Inhalt gibt man 3 g Boden in lufttrockenem Zustande und so viel von dieser Nährlösung, daß der Boden gerade mit einer schwachen Flüssigkeitsschicht bedeckt ist, impft mit einer frischen Azotobakterkultur, verschließt mit einem Wattebausch und stellt den Kolben in den Thermostaten. Man überzeugt sich nun fortlaufend von der Entwicklung der Azotobakterkulturen, welche sich in Form einer dunkelbraunen bis schwärzlichen, auf der Flüssigkeit schwimmenden Haut zeigen; man muß zu diesem Zwecke zirka am fünften Tage mit Mannitlösung nachfüllen, so daß sich eine 2 bis 3 cm hohe Flüssigkeitsschicht über dem Boden befindet. Die Bildung der Haut ist nach zirka sieben Tagen beendet. Die Klassifizierung der Entwicklung erfolgt zweckmäßig nach dem von Christensen angegebenen Schema:

		Phosphorsäurebedarf des Bodens
Keine Entwicklung	0	vorhanden
Sehr geringe Entwicklung	+	zweifelhaft
Mäßige Entwicklung	++	
Gute Entwicklung	+++	keiner
Besonders gute Entwicklung	++++	

Die Klassifikation 0 und +++ bis ++++ geben brauchbare Anhaltspunkte für den Düngerbedarf eines Bodens an Phosphorsäure; in dem zweifelhaften Gebiete + und auch ++ wird wohl die Entscheidung über den Phosphorsäurebedarf dem Feldversuche vorbehalten bleiben müssen.

Diese bloß makroskopische Beurteilung der Azotobaktermethode ist entschieden ein Nachteil; von Prof. Niklas[1] wurde daher versucht, ein quantitatives Maß hierfür zu finden. Dazu wurde der Umstand nutzbar gemacht, daß das Verhältnis von Phosphorsäureaufnahme zu Stickstoffverbindung bei Azotobakter ein ziemlich konstantes ist; aus der (mittels Mikrokjeldahlbestimmung) gewonnenen Azotobakterstickstoffzahl kann dann auf die aufgenommene Phosphorsäuremenge geschlossen werden. Eine derartige Untersuchung kommt aber naturgemäß nur für Laboratorien in Betracht.

---

[1] Niklas, H., und Hock, A.: Die Biochemische Azotobaktermethode zur Prüfung der Phosphorsäurebedürftigkeit der Böden. Die Ernährg. d. Pflz., Nr. 19, S. 297. 1927.

Eine Vereinfachung dieses geschilderten Verfahrens wird von Simon[1] durch Anwendung von sogenannten Füllkörpern erreicht. Die Kultur des Azotobakter kann nunmehr in Reagenzgläsern durchgeführt werden, die im Brutschrank viel weniger Raum beanspruchen.

In gewöhnliche Reagenzgläser werden 2 g Boden, darauf 2 bis 3 cm hoch Glasperlen von 3,5 bis 5 mm Durchmesser und dann soviel der oben angegebenen Nährlösung gegeben, daß die Oberfläche der Glasperlenschicht nicht erreicht ist. Kommt es zur Entwicklung des Azotobakter, so bildet sich in dem mit Watte lose verschlossenen Röhrchen an der oberen Grenze der Nährflüssigkeit, zwischen den Glasperlen und an diesen haftend, ein mehr oder weniger breiter Schleimring, welcher sich tiefbraun zu pigmentieren pflegt; an den Glasperlen unter der Flüssigkeitsoberfläche zeigt sich häufig ein gelber Ring. Die leichte Erkennbarkeit gradueller Unterschiede und der Fortfall aller Störungen durch Schaum sind weitere Vorteile dieses Verfahrens. Die Impfung bewerkstelligt man am besten durch einige Tropfen der trüben Flüssigkeit, die man erhält, wenn man ein Stückchen gesunde Azotobakterhaut mit etwas destilliertem Wasser in einer kleinen Glastropfenflasche kurz, aber kräftig schüttelt.

Literatur: Veröffentlichungen aus dem Agrikulturchemischen Institut der Hochschule Weihenstephan über Azotobakter und Azotobaktermethode:

1. Niklas, H., und Hirschberger, W.: Eine neue Methode zur raschen Ermittlung der Phosphorsäurebedürftigkeit unserer Böden. Zeitschr. f. angewandte Chemie, Nr. 49, 1924, mit kurzem Bericht hieruber in „Die Ernährung der Pflanze", Nr. 20, 1924.

2. Hirschberger, W.: Über die Bestimmung des Kalk- und Phosphorsaurebedürfnisses der Böden unter besonderer Berücksichtigung der biologischen Methoden mittels Azotobakter chroococcum. Dissertation an der Technischen Hochschule München, 1924. (Nicht veröffentlicht.)

3. Niklas, H., Scharrer, K., Strobel, A., und Poschenrieder, H.: Phosphatlöslichkeit und Azotobakterwachstum. Thieles landwirtschaftliche Jahrbücher. 1926.

4. Niklas, H., Poschenrieder, H., und Hock, A.: Über die Verbreitung von Azotobakter in den Böden Bayerns unter Berücksichtigung der Bodenreaktion, des Kalk- und Phosphorsäuregehaltes dieser Böden. Zentralblatt für Bakteriologie, Bd. 66, Abt. 2. 1925.

5. Poschenrieder, H.: Azotobakter als Boden- und Wurzel-

[1] Simon: Über die künstliche Kultur des Azotobakter chroococcum Beijerinck nach der Füllkörpermethode. Fortschr. d. Ldw., H. 1, S. 6. 1928.

bakterium. Dissertation an der Hochschule Weihenstephan, 1925 (nicht gedruckt).

6. Roidl, J.: Untersuchungen über die Feststellung der Phosphorsäurebedürftigkeit der Böden mit Hilfe der biologischen Azotobaktermethode. Dissertation an der Hochschule Weihenstephan. (Ein Auszug dieser Arbeit ist für sich als Dissertationsauszug veröffentlicht worden.)

7. Niklas, H., und Poschenrieder, H.: Weitere Mitteilungen über die Verbreitung des Azotobakter im Boden unter Berücksichtigung der dabei maßgebenden Faktoren. Zentralblatt für Bakteriologie, Bd. 71, Abt. 2. 1927.

8. Niklas, H.: Die Ermittlung des Nährstoffbedürfnisses und der Impffähigkeit der Böden auf biochemischem Wege. Fortschr. d. Landw., H. 21. 1926.

9. Grollmitz, H.: Beiträge zur quantitativen Bestimmung des Azotobakterwachstums mit chemisch-analytischen und chemisch-physikalischen Methoden. (Dissertation an der Hochschule Weihenstephan, z. Z. im Druck.)

10. Niklas, H., Pürkhauer, R., und Poschenrieder, H.: Beziehungen zwischen pflanzenaufnehmbarer (wurzellöslicher) Phosphorsäure und geologischer Bildung des Bodens. (Ergebnisse aus der Untersuchung eines Bodenmaterials von 1300 Böden, geprüft mittels der biochemischen Azotobaktermethode). Zeitschr. f. Pflanzenernährung, Düngung und Bodenkunde, Teil A, 9. Bd., H. 3. 1927.

11. Niklas, H., und Hock, A.: Die biochemische Azotobaktermethode zur Prüfung der Phosphorsäurebedürftigkeit der Böden. (Kurze Zusammenfassung einiger wichtiger Ergebnisse mit 8 Tafeln.) Die Ernährung der Pflanze, Nr. 19. 1927.

Andere Veröffentlichungen: Christensen, M. R.: Über Vorkommen und Verbreitung des Azotobakter chroococcum in verschiedenen Böden. Zentralblatt f. Bakteriologie, II, 17, S. 109. 1917.

Derselbe und Larsen: Untersuchungen über Methoden zur Bestimmung des Kalkbedürfnisses des Bodens. Zentralblatt f. Bakteriologie, II, 29, S. 347. 1911.

II. Untersuchungen an Erzeugnissen des Bodens

1. Gewinnung eines Durchschnittsmusters von Saatgut

Nachfolgend bringen wir das Wichtigste aus den diesbezüglichen, für anerkannte Saaten geltenden Bestimmungen,[1] da darin alle zu beachtenden Einzelheiten enthalten sind. Die Probenahme erfolgt am besten folgendermaßen:

---

[1] Bezüglich der genauen Vorschriften siehe: Technische Vorschriften für die Prüfung von Saatgut ab 1. Januar 1928 nach den Beschlüssen der 47. Hauptversammlung des Verbandes Landwirt-

A. Aus gesackter Ware

a) Bei Saatgut von Getreide, Hülsenfrüchten, Kleearten und ähnlichen nichtsperrigen Samen: durch Entnahme kleiner Proben von oben, aus der Mitte und von unten; und zwar:

bei 1 bis 20 Säcken aus jedem Sack,
„ 21 „ 50 „ „ mindestens 20 Säcken,
„ über 50 „ sind mehrere Muster zu ziehen,

von denen jedes Muster aus nicht mehr als höchstens 50 Säcken stammt. Die Benützung von Probestechern ist zulässig.

b) Bei Rüben, den meisten Gräsern (Ausnahme Timothegras, entspelztes Honiggras usw.) und anderem sperrigem Saatgut: Durch vollständige Entleerung der oben angegebenen Säckezahl und nach gutem Durchmischen Entnahme kleiner Proben von oben, aus der Mitte und von unten; Probestecher sind hierfür nicht geeignet.

c) Bei Kartoffeln durch wahllose Entnahme von je etwa 100 Kartoffeln aus jedem Sack von oben, aus der Mitte und von unten, bei Entleerung aller Säcke.

B. Aus Haufen oder Mieten lagernder Ware

Durch wahllose Entnahme kleiner Proben von mindestens 20 Stellen des Haufens aus allen Schichten.

2. Ziehung einer Fließprobe

Man läßt die nach den oben angegebenen Gesichtspunkten gewonnene Probe durch einen großen Trichter fließen. Der herausfließende Strahl wird in regelmäßigen Zwischenräumen aufgefangen, so daß dadurch eine innige Mischung gewährleistet ist. Man benötigt zur weiteren Untersuchung zirka:

0,5 g von Rispen und Straußgräsern, Drahtschmiele, Goldhafer,
1,0 g „ Fuchsschwanz, Honiggras, Kammgras, Ruchgras, rotem Schwingel, Schafschwingel, Timothee,
2,0 g „ Bastardklee, Glanzgras, Knaulgras, Weißklee, Möhre, Dill, Fenchel, Anis, Kümmel, Rapünzchen,
5,0 g „ Gelbklee, Inkarnatklee, Luzerne, Raigräsern, Wiesenschwingel, Wundklee, Kohlarten,
10,0 g „ Hirse, Lein, Linse, Senf,
15,0 g „ Buchweizen,
20,0 g „ Esparsette, Zucker- und Futterrüben, Wicke,
50,0 g „ Getreide,
100,0 g „ Bohnen, Erbsen, Lupine, Mais.

---

schaftlicher Versuchsstationen. Landw. Versuchsstationen, Bd. 107, H. I bis II, S. 1.

3. Reinheit

Stets aus zwei Vergleichsbestimmungen das Mittel. Fremde Bestandteile (Unkrautsamen, Sand, Erdbröckchen, Spreu, Mangelkörner) ausscheiden und einzeln gewichtsmäßig bestimmen. Angabe der Verunreinigung in Gewichtsprozenten.

4. Keimfähigkeit

2 × 100 Körner in zwei Keimbetten; bei großen Samen (Mais usw.) 2 × 50 Körner.[1] Entnahme der Körner ohne Auswahl aus der nach 3 gereinigten Saat. Keimbett für Getreide, Klee, Gräser, Ölfrüchte usw. Filtrierpapier; für Erbse, Bohne, Wicke reiner Sand in Tonschalen, mit Glasplatte zuzudecken. Täglich anfeuchten, mäßiger Feuchtigkeitsgrad, faulende Samen entfernen. Temperatur zirka 20° C.

Dauer der Keimversuche

10 Tage bei: Roggen, Weizen, Gerste, Hafer, Mais, Hirse, Buchweizen, Spörgel, Mohn, Raps usw., Dotter, Lein, Wundklee, Soja, Platterbse, Linse, Lupine, Luzerne, Bohne, Saaterbse, Ackererbse, Peluschke, Inkarnat-, Rot-, Schweden-, Weißklee, Pferdebohne, Saatwicke.

14 Tage bei: Hanf, Futter- und Zuckerrüben, Schotenklee, Esparsette, Seradelle, Tabak, Gurken, Kürbis, Raigräsern, Zuckerhirse, Trespe, Glanzgras, Timothee, Quecke.

21 Tage bei: Fiorin und Straußgras, Schmiele, Fuchsschwanz, Ruchgras, Kammgras, Knaulgras, Strandhafer, Schwingel, Honiggras, Goldhafer.

28 Tage bei: Zwenke, Rispengras.

Beurteilung der Keimprüfung

Keimfähigkeit = Prozentsatz der nach der oben angeführten Versuchsdauer gekeimten Körner.

Keimenergie (Keimschnelligkeit) = Prozentsatz der nach folgendem, kürzerem Zeitraum gekeimten Körner:

nach 3 Tagen bei: Getreide (außer Hafer), Klee, Erbsen, Wicken, Raps, Linsen, Rübsen, Senf,

nach 4 Tagen bei: Hafer, Bohnen, Lupinen, Buchweizen,

nach 5 Tagen bei: Rüben, Timothee, Seradelle, Raigras, Wiesenschwingel, Glanzgras, Esparsette,

nach 6 Tagen bei: Goldhafer, Hornklee, Straußgräsern,

nach 7 Tagen bei: Fuchsschwanz, Ruchgras, Rispengras,

---

[1] Laut strenger Vorschrift 4 × 100 bzw. 4 × 50 Körner.

Knaulgras, Kammgras, Honiggras, Schafschwingel, Rübe (siehe später),

nach 10 Tagen bei Rispengras.

Keimfähigkeit bei Rübensamen

2 × 100 Knäuel[1] werden ohne Auswahl entnommen, gewogen und durch Ausgleich auf das für die gesamte Probe ermittelte 1000-Knäuel-Gewicht gebracht. Keimbett ist Sand, mäßig feucht. Die Knäuel werden flach eingedrückt und darauf eine Glasplatte gelegt, welche die Knäuel dauernd andrückt; womöglich Wechseltemperatur (6 Stunden 30° C, 18 Stunden 20° C). Keimenergie nach 7 × 24 Stunden. Knäuel mit Keimen gelten als gekeimt. Feststellung der Anzahl der gekeimten Knäuel und der Keimlinge, die vollständig zu entfernen sind. Weiterführung des Versuches in zwei getrennten Keimbetten: gekeimte Knäuel und ungekeimte Knäuel. Bestimmung der Keimfähigkeit nach insgesamt 14 × 24 Stunden, durch Hinzurechnung der neugekeimten Knäuel und der neuen Keimlinge.

Beispiel:

Keimbett I	Keimbett II	Zeitpunkt
100	—	bei Beginn der Untersuchung
55 gekeimt (150 Keimlinge)	45 ungekeimt	nach 7 × 24 Stunden
50 Keimlinge	30 gekeimt (90 Keimlinge)	nach 14 × 24 Stunden

Resultat: Gekeimt	55%	Keimlinge	150
	+ 30%		+ 50
			+ 90
	85%		290
Keimenergie	55%		

100 Knäuel wiegen 2,2 g; in 1 kg Samen sind daher:
45.000 Knäule,
132.000 Keimlinge nach 14 Tagen,
68.000 „ „ 7 „ .

[1] Laut strenger Vorschrift 3 × 100 Knäuel.

Die deutschen Normen für den Handel mit Zuckerrübensamen verlangen folgende Ergebnisse:

1 kg Rübensamen muß in 14 Tagen mindestens
a) bei großknäuligen Samen .... 60.000 Keime
b) „ mittelknäuligen Samen .... 65.000 „
c) „ kleinknäulige Samen .... 70.000 „
liefern. Davon sollen nach 7 Tagen mindestens 70% (das sind 42.000, 45.500, 49.000) ausgetrieben sein.

Von 100 Knäueln müssen in 14 Tagen mindestens
a) bei großknäuligen Samen .... 80 Knäuel
b) „ mittelknäuligen Samen .... 75 „
c) „ kleinknäuligen Samen .... 70 „
keimen.

Als großknäulig gilt der Samen, der höchstens 40 Knäuel auf 1 g enthält, als mittelknäulig der, welcher 41 bis 50 Knäuel, als kleinknäulig der Same, der 51 oder mehr Knäuel auf 1 g enthält.

Ähnlich für Futterrüben:

1 g Samen muß in 14 Tagen mindestens 60.000 Keime liefern, hiervon 70% in den ersten 7 Tagen.

Von 100 Knäueln müssen in 14 Tagen mindestens 75, bei großknäuligen Samen (45 oder weniger Knäuel auf 1 g) und 70 bei kleinknäuligen Samen (46 oder mehr anf 1 g) gekeimt haben.

5. Triebkraftbestimmung

Diese erfolgt nur bei Getreide und gibt hier bedeutend richtigere Anhaltspunkte für die Bestimmung der auszusäenden Menge als die bloße Ermittlung der Keimfähigkeit.

Zwei Zinkkästen (13,5 cm hoch, 10 cm breit, 10 cm tief), eventuell gewöhnliche Blumentöpfe, bis 3 cm vom Rande mit feinem Sand füllen, Einlegen von je 50 Körnern, mit grobem Sand auffüllen bis zum Rande. Die ersten Tage einstellen in eine mit Wasser gefüllte Wanne, so daß der Wasserspiegel über dem durchlöcherten Boden des Zinkkastens steht. Zimmertemperatur, Fensternähe. Bestimmung der Triebenergie nach 7 Tagen, Triebkraft nach 12 Tagen, in Prozenten ausgedrückt.

Die Triebkraftbestimmung erfolgt in der Regel an gebeiztem Saatgut; durch Vergleiche von gebeiztem mit ungebeiztem Saatgute im Triebkasten läßt sich Fusarium-Befall feststellen. Das Beizen erfolgt zweckmäßigerweise stets an einer größeren Menge Saatgut, da das Abmessen und richtige Verteilen der für 200 Korn benötigten Beizmittelmenge schwer durchführbar ist.

6. 1000-Korn-Gewicht (absolutes Gewicht)

Sorgfältiges Abzählen von 3 bis 4 × 100 Körnern[1] ohne Auswahl aus der gereinigten Mittelprobe, Abwägen und Bildung des Mittels.

7. 100-Knollen-Gewicht bei Kartoffeln

Wird ermittelt durch wahlloses Herausgreifen von 100 Knollen und Abwägen. Stets mehrere Parallelbestimmungen vornehmen und Durchschnitt ermitteln. Es dient als Maßstab zum Vergleiche der Knollengrößen und eventuell zur Berechnung des Gewichtes, das im Versuche von der Kartoffelernte als Gewicht des Saatgutes in Abzug zu bringen ist.

8. Bestimmung der Aussaatmenge

Mit Hilfe der durchgeführten Bestimmungen von 1000-Korn-Gewicht, Reinheit und Triebkraft kann nun die Errechnung der Aussaatmenge vorgenommen werden. Der Faktor Reinheit kann hierbei in der Regel vernachlässigt werden. Es ist heute üblich, die Saatmengen so zu bestimmen, daß bei Sortenversuchen möglichst die gleiche Anzahl Keimpflanzen je Flächeneinheit erzielt wird. Auch für den praktischen Landwirt wäre diese Berechnung, besonders bei Früchten mit stark wechselndem 1000-Korn-Gewicht, der heute üblichen Aussaat nach Gewicht vorzuziehen.

Beispiel:

Gegeben sind: Tausendkorngewicht........... 41 g

Triebkraft 81%

Es sollen fallen je Quadratmeter 300 Korn.

Wieviel Kilogramm sind je Hektar zu säen?

Wir rechnen zunächst ohne Berücksichtigung der Triebkraft: es sollen fallen je Quadratmeter 300 Korn, d. i. $\frac{41 \times 300}{1000} = 12{,}3$ g Gewicht.

Zur Umrechnung der so in Gramm/Quadratmeter ermittelten Aussaatmenge auf Kilogramm/Hektar ist dieser Ausdruck mit 10.000 (1 ha = 10.000 qm) zu multiplizieren und durch 1000 (1 kg = 1000 g) zu dividieren. Also:

$$\frac{41 \times 300 \times 10.000}{1000 \times 1000} = \frac{41 \times 300}{100} = 123 \text{ kg},$$

in Worten:

$$\text{Aussaatmenge in kg/ha} = \frac{\text{Tausendkorngew. in g} \times \text{Keimzahl je qm}}{100}.$$

[1] Laut Vorschrift 2 × 500 Körner.

Diese so errechnete Saatmenge genügt aber nicht, da nur 81% der Körner voll triebkräftig sind; es ist also diese Menge zu vergrößern, und zwar ist sie mit $\frac{100}{81}$ zu multiplizieren:

$$123 \times \frac{100}{81} = 152\,\text{kg/ha}.$$

Wir erhalten also als Endergebnis:

Aussaatmenge

$$\text{in kg/ha} = \frac{\text{Tausendkorngewicht in g} \times \text{Keimzahl je qm}}{\text{Triebkraft in \%}};$$

Setzen wir in diese Formel die Zahlen des Beispieles ein, so erhalten wir:

$$\text{Aussaatmenge in kg/ha} = \frac{41 \times 300}{81} = \frac{123{,}00}{81} = 152.$$

Soll die Reinheit berücksichtigt werden, so ist das Resultat mit dem Ausdrucke $\frac{100}{\text{Reinheit in \%}}$ zu multiplizieren.

Wollen wir die Aussaatmenge — wie wir es z. B. bei Mikroleistungsprüfungen benötigen — in Gramm pro Quadratmeter haben, so ist, umgekehrt wie oben, die Aussaatmenge in Kilogramm/Hektar mit 1000 zu multiplizieren und durch 10.000 zu dividieren; das ist also

$$\text{g/qm} = \text{kg/ha}\,\frac{1000}{10.000} = \frac{\text{kg/ha}}{10}$$

oder in die Endformel eingesetzt

$$\text{Aussaatmenge in g/qm} = \frac{\text{Tausendkorngew. in g} \times \text{Keimzahl pro qm}}{\text{Triebkraft in \%} \times 10}.$$[1]

9. Wassergehaltsbestimmung bei Getreide

Strenge Methode: 3×10 g der frischen Proben werden gemahlen und bei 105° C bis zur Gewichtskonstanz (etwa sieben Stunden) getrocknet, im Exsikkator abgekühlt und der Durchschnitt gebildet. Der Gewichtsverlust, in Prozenten des Anfangsgewichtes von 10 g ausgedrückt, ist der perzentuelle Wassergehalt des Getreides nach Drusch. Zum Vergleiche werden dann die Erträge aller Getreidesorten auf 14% Wassergehalt umgerechnet.

Abgekürztes Verfahren: Zu diesem Zwecke werden, ebenfalls in zwei Vergleichsbestimmungen, 200 g jeder Probe durch längere Zeit (zwei bis drei Wochen) im trockenen Zimmer aufgestellt und dann gewogen. Es wird hierbei von der Annahme ausgegangen, daß die zimmertrockene Probe 14% Wasser ent-

[1] Vgl. diesbezüglich S. 157.

hält. Die Druschgewichte werden dann im entsprechenden Verhältnis reduziert (mit dem Faktor $\frac{\text{Trockengewicht}}{200}$ multipliziert).

10. Spelzenbestimmung bei Hafer

Je drei Proben zu 200 Körnern werden gewogen und mit der Pinzette entspelzt. Spelzen und entspelzte Körner werden zurückgewogen und bei 105° C getrocknet. Der Spelzenanteil wird in Prozenten der Trockensubstanz ausgedrückt.

Bei beiden angeführten Bestimmungen ist ein Trockenschrank mit der ständigen Temperatur von 105° C nötig; am besten eignet sich hierfür ein elektrischer Apparat, der die Temperatur automatisch hält. Er muß mindestens so groß sein, daß er — wie bei Wiesenversuchen erforderlich — je zwei Proben von 30 bis 35 Parzellen gleichzeitig zu trocknen vermag. Alle anderen behelfsmäßigen Einrichtungen (mit Spiritusbrenner usf.) können durch die Notwendigkeit steter Kontrolle zur Verzweiflung bringen.

11. Bestimmung des Hektolitergewichtes (Volumgewicht)

Die Bestimmung geschieht mit dem Reichsgetreideprober. Gebrauchsanweisung jedem Apparate beiliegend. Im Notfalle genügt auch das Füllen eines Hohlmaßes von ½ hl, sorgfältiges Abstreifen der Oberfläche und Abwägen des Inhaltes (mindestens drei Parallelbestimmungen).

12. Bestimmung des Korngrößenverhältnisses

Kommt besonders bei Getreide in Betracht. Von 100 g werden Bruch und Auswuchs entfernt (sollen 1,5 g nicht übersteigen). Der Rest kommt auf eine kleine Klapper, in welcher vier Siebe übereinander liegen, und wird eine Minute lang in der Richtung der Längsschlitze des Siebes gerüttelt. Als Anhaltspunkte für die verschiedenen anzuwendenden Siebweiten mag folgende Zusammenstellung dienen (Versuchsstation Halle).

Getreideart	Schlitzbreite der Siebe mm			
	I	II	III	IV
Winterroggen	1,75	2,00	2,25	2,50
Winterweizen	2,25	2,50	2,75	3,00
Sommerweizen	2,50	2,75	3,00	3,25
Sommergerste	2,25	2,50	2,75	3,00
Weißhafer	2,00	2,25	2,50	2,75
Gelbhafer	1,75	2,00	2,25	2,50

Die Proben werden dann — je nach dem Ergebnis der Sortierung — mit den Bezeichnungen: sehr gut, gut, genügend klassifiziert. Auch hierfür seien durchschnittliche Anhaltspunkte gebracht, welche jedoch je nach den Wachstumsverhältnissen der einzelnen Jahre entsprechend abzuändern sind. Es sollen liegen geblieben sein:

Bei Bezeichnung	auf dem Siebe (in Gramm)			
	IV	III	II	I
sehr gut	67	33	—	—
gut	55	30	15	—
genügend	45	25	20	10

13. Bonitierung von Gersten

Beim Getreidebau zeigt sich eine zunehmende Tendenz, die Sorten nicht bloß auf Ertrag, sondern auch auf Qualität zu beurteilen. Es sei deshalb nachfolgend ein Bonitierungssystem für Braugersten gebracht.

Es gelangen zur Beurteilung:

Äußere Merkmale, wie Farbe, Milde (möglichst mehlig), Spelze, Spelzenkräuselung, Vollkörnigkeit, Ausgeglichenheit, Reinheit, Tausendkorngewicht, Geruch.

Innere Eigenschaften, wie Stickstoffarmut, spezifisches Gewicht, Spelzenanteil, Keimkraft und Keimenergie.

Das Haasesche Bonitierungssystem z. B. berücksichtigt Korngröße, Tausendkorngewicht, Eiweißgehalt, Wassergehalt.

1. Die Korngröße wird mit dem Steineckerschen Schüttelsieb festgestellt, Lochweite in normalen Jahren 2,8, 2,5, 2,2 mm, in dürren Jahren 2,8, 2,4, 2,1. Was unter 2,2 (bzw. 2,1) ist, fällt als Ausputz weg. Der Rest gelangt als sogenannte gute Sorte zur weiteren Bonitierung.

2. Bezüglich Punktierung von Tausendkorngewicht, Eiweiß und Wassergehalt siehe die Tabelle S. 307.

Vorausgesetzt ist bei diesem System 95% Keimfähigkeit, keine Mängel in Geruch und Reinheit.

14. Trockensubstanzbestimmung und Stärkegehalt bei Kartoffeln

a) Stohmannsche Methode (Spitzenapparat): Ein Glaszylinder (30 cm hoch, 5 l Inhalt) wird mit Wasser gefüllt, eine Latte übergelegt, in die ein 10 cm langer, spitzer, in das Wasser

Braugersten-Einkaufsbonitierungstafel nach Haase

Gute Gerste Sorte I und II %	Punktwert I	Tausendkorngewicht	Punktwert II	Punktwertsumme I	Eiweiß- und Wassergehalt	Punktwertsumme II	Wertklasse
					Eiweißgehalt:	44	
					Grenze des normalen	43	
					Gehalts 11%	42	
					für je $^1/_2$% Eiweiß	41	I
					unter 11% je 2 Punkte	40	
					höher,	39	
					für je $^1/_2$% Eiweiß	38	
					über 11% je 2 Punkte	37	
					Abzug	36	
						35	
						34	
				33		33	
				32		32	II
				31		31	
				30		30	
				29		29	III
				28		28	
				27		27	
				26		26	
				25	Wassergehalt:	25	
				24	Grenze des normalen	24	
				23	Wassergehalts 16%,	23	IV
				22	für je 1% Wasser	22	
		50	21	21	unter 16% je 2 Punkte	21	
		49	20	20	mehr	20	
		48	19	19		19	
		47	18	18		18	
		46	17	17		17	
		45	16	16		16	
		44	15	15		15	V
		43	14	14		14	
		42	13	13		13	
96—100	12	41	12	12		12	
91—95	11	40	11	11		11	
86—90	10	39	10	10	Hieraus entsteht aus	10	
81—85	9	38	9	9	Punktwertsumme I	9	
76—80	8	37	8	8	durch Erhöhung oder	8	
71—75	7	36	7	7	durch Abzüge die	7	
66—70	6	35	6	6	Punktwertsumme II	6	VI
61—65	5	34	5	5		5	
56—60	4	33	4	4		4	
51—55	3	32	3	3		3	
46—50	2	31	2	2		2	
41—45	1	30	1	1		1	

Tabelle

zur Bestimmung der Stärke und Trockensubstanz der Kartoffeln nach dem spezifischen Gewicht nach Untersuchungen von Behrend, Maercker und Morgen zu Halle a. d. Saale (Zeitschrift für Spiritus-Industrie 1879, S. 370)

Zum Gebrauch bei Reimanns Kartoffelwage

Gewicht der 5000 g Kartoff. in Wasser g	Spezifisches Gewicht	Gehalt an Trocken-substanz %	Gehalt an Starkemehl %	Gewicht der 5000 g Kartoff. in Wasser g	Spezifisches Gewicht	Gehalt an Trocken-substanz %	Gehalt an Starkemehl %
375	1,080	19,7	13,9	535	1,120	28,3	22,5
380	1,081	19,9	14,1	540	1,121	28,5	22,7
385	1,083	20,3	14,5	545	1,123	28,9	23,1
390	1,084	20,5	14,7	550	1,124	29,1	23,3
395	1,086	20,9	15,1	555	1,125	29,3	23,5
400	1,087	21,2	15,4	560	1,126	29,5	23,7
405	1,088	21,4	15,6	565	1,127	29,8	24,0
410	1,089	21,6	15,8	570	1,129	30,2	24,4
415	1,091	22,0	16,2	575	1,130	30,4	24,6
420	1,092	22,2	16,4	580	1,131	30,6	24,8
425	1,093	22,4	16,6	585	1,132	30,8	25,0
430	1,094	22,7	16,9	590	1,134	31,3	25,5
435	1,095	22,9	17,1	595	1,135	31,5	25,7
440	1,097	23,3	17,5	600	1,136	31,7	25,9
445	1,098	23,5	17,7	605	1,138	32,1	26,3
450	1,099	23,7	17,9	610	1,139	32,3	26,5
455	1,100	24,0	18,2	615	1,140	32,5	26,7
460	1,101	24,2	18,4	620	1,142	33,0	27,2
465	1,102	24,4	18,6	625	1,143	33,2	27,4
470	1,104	24,8	19,0	630	1,144	33,4	27,6
475	1,105	25,0	19,2	635	1,146	33,8	28,0
480	1,106	25,2	19,4	640	1,147	34,1	28,3
485	1,107	25,5	19,7	645	1,148	34,3	28,5
490	1,109	25,9	20,1	650	1,149	34,5	28,7
495	1,110	26,1	20,3	655	1,151	34,9	29,1
500	1,111	26,3	20,5	660	1,152	35,1	29,3
505	1,113	26,5	20,7	665	1,153	35,4	29,6
510	1,113	26,7	20,9	670	1,155	35,8	30,0
515	1,114	26,9	21,1	675	1,156	36,0	30,2
520	1,115	27,2	21,4	680	1,157	36,2	30,4
525	1,117	27,4	21,6	685	1,159	36,4	30,6
530	1,119	28,0	22,2				

reichender Stift eingeschlagen ist. Abhebern des Wassers mit Schenkel und Quetschhahn bis zum Abreißen der Wasseroberfläche vom Stift, Einsenken von 500 g gewaschener, kurz abgetrockneter, also noch feuchter durchgeschnittener Kartoffeln. Wieder abhebern der Wasseroberfläche vom Stift. Wasser im Meßzylinder messen. Spez. Gew. $\frac{500\,g}{x\,ccm}$. Die zum spezifischen Gewichte gehörige Trockensubstanz und Stärke werden aus der Maerckerschen Tabelle entnommen.[1]

b) Reimannsche Wage. 5000 g gereinigte Kartoffeln werden zunächst im oberen Drahtkorb über Wasser, dann im unteren Korb unter Wasser gewogen. Jeder Körper verliert im Wasser so viel an Gewicht, wie sein Volumen beträgt. Also Gewichtsverlust = Differenz zwischen 1. und 2. Wägungs-Volumen. Spezifisches Gewicht = Gewicht (5000 g) dividiert durch Volumen. Die Maerckersche Tabelle erspart jede Rechnung, indem man in sie direkt mit dem Unterwassergewicht der 5000 g Kartoffeln hineingeht.

c) Direkte Bestimmung: 2 × 200 g werden in dünne Scheiben geschnitten, auf Draht aufgezogen, bei 105° C bis zur Gewichtskonstanz getrocknet und nach Abkühlung gewogen.

15. Trockensubstanzbestimmung bei Rübe

Aus zirka zehn Rüben, die dem Durchschnitt entsprechen, wird je ein Sektor herausgeschnitten, im ganzen 2 × 200 g. Dann werden diese Sektoren entweder in dünne Scheiben geschnitten und auf Draht aufgezogen oder klein gehackt in Schälchen in den Trockenschrank von 105° C gebracht, dort bis zur Gewichtskonstanz getrocknet und gewogen. Eine exaktere Mittelprobe als nach dieser veralteten Vorschrift erhält man, wenn man nach dem neuen, von Zade vorgeschlagenen Verfahren vorgeht. Näheres hierüber siehe bei Rübensortenversuch S. 179.

Bei Futterrüben kann die Trockensubstanz mit Vorteil dazu herangezogen werden, einen Anhaltspunkt über den Zuckergehalt dieser Rüben zu gewinnen, da das Verhältnis Zuckergehalt zu Trockensubstanz (ähnlich wie bei Kartoffeln Stärke zu Trockensubstanz) innerhalb der einzelnen Sorten in engen Grenzen schwankt. Bei verschiedenen Sorten schwankt allerdings der Zuckergehalt von zirka 50 bis 75% der Trockensubstanz.[2]

---

[1] Tabelle s. S. 308.

[2] Anhaltspunkte hierfur z. B. aus den Arbeiten der D. L. G., H. 327, Ratgeber zur Sortenwahl. Vorprufungsergebnisse mit Futterrüben 1920 bis 1922.

16. Trockensubstanzbestimmung bei Futter

Bei der Ernte von Wiesen- oder Grünfutterversuchen muß zur Umrechnung des Versuches auf Heuertrag eine Bestimmung der Trockensubstanz vorgenommen werden. Der Vorgang hierfür ist am besten folgender:

Bei der Ernte werden grüne Proben derart genommen, daß man mit einer großen Scheere 1 bis 2 cm große Schnipsel von der Mitte, vom Kopf und vom Fuß einer Durchschnittsprobe der gemähten Pflanzen abschneidet, auf Papier sammelt, gut durchmischt und davon ein Glasfläschchen mit weitem Halse füllt. Dieses muß zur möglichsten Vermeidung von Verlusten durch Verdunstung voll gefüllt und mit einem Gummi- oder Glasstöpsel luftdicht abgeschlossen werden. Von jedem Versuchsobjekt sind mindestens zwei Parallelbestimmungen vorzunehmen.

Im Laboratorium werden sofort 5 oder 10 g dieser Schnipsel in eine Porzellanschale eingewogen und im Trockenschrank bei 105° C bis zur Gewichtskonstanz getrocknet.

17. Bestimmung des Zuckergehaltes

In der Regel wird wohl die nächste Zuckerfabrik die Bestimmung des Zuckergehaltes der Rübe in Sortenversuchen vornehmen. Es wird sich jedoch in manchen Fällen empfehlen, der Bestimmung selbst beizuwohnen oder sie selber durchzuführen, da die erhaltenen Zahlen nicht immer den wirtschaftlichen Interessen der Zuckerindustrie, die oft denen des Landwirtes entgegengesetzt sind, genehm sind. Daher im nachfolgenden kurz die Arbeitsvorschrift:

Bestimmung des Zuckergehaltes

Probenahme und Herstellung des Breies siehe unter Rübensortenversuch S. 179. Brei innig mischen, von Wurzeln und Fasern mit der Pinzette befreien oder durch 4- bis 5-mm-Sieb drücken. Doppeltes Normalgewicht $= 2 \times 26{,}084$ g in Nickelschale abwiegen, quantitativ in den 200-ccm-Kolben bringen. 8 bis 10 ccm Bleiessig zusetzen, bis zu vier Fünftel mit Wasser auffüllen und eine Stunde im kochenden Wasserbad erwärmen. Abkühlen lassen, bis zur Marke auffüllen, filtrieren, nach Zusatz von zwei bis vier Tropfen Essigsäure im auf $2 \times 26{,}048$ g geeichten Ventzke-Soleil-Polarisationsapparat polarisieren. Ablesung auf der Skala ergibt direkt den Gehalt an Zucker.

5. Abschnitt

Disposition der Versuchsarbeiten im großen[1]

Die Disposition der einzelnen Arbeitsgänge ist bei der Beschreibung derselben angeführt.

Es bleibt noch übrig, die zweckmäßige Disposition im Rahmen des Jahres, aber auch die Einteilung der Versuchsarbeit über mehrere Jahre hinweg zu besprechen. Letztere sei vorweg behandelt.

a) Disposition der Versuchsarbeit im Laufe der Jahre

Es ist nicht möglich, hierfür allgemeine Grundsätze aufzustellen, da die Aufgaben allerorten andere sein werden, daneben auch der Komplex der bereits geklärten Fragen und gelösten Aufgaben überall ein verschieden großer ist.

So sei nur eine Disposition in großem Rahmen für den häufigsten Fall angedeutet: daß die lokalen Verhältnisse eines engeren Bezirkes in bezug auf die für die Praxis wichtigsten Fragen zu klären sind und noch keinerlei Versuche vorliegen. Es ist dies die Aufgabe, vor die ein Versuchsleiter, ein Landwirtschaftslehrer, ein Wirtschaftsberater, eine lokale Versuchsstation in ihrer Außentätigkeit in den allermeisten Fällen gestellt werden.

Es kommt hierbei sehr viel auf den geschickten Anfang an; auf eine Vermeidung von Zeitverlusten durch unsicheres Herumtasten. Denn jeder Fehler in dieser Beziehung kostet bei der Art des landwirtschaftlichen Pflanzenbaues immer mindestens ein Jahr.

Dann ist aber auch zu bedenken, daß gerade der wichtigste und größte Teil der Aufgaben, die zu lösen sind, eine mindestens drei- bis fünfjährige Versuchsdurchführung und Durchschnitte über dieselben Zeiträume erfordert, um der Praxis wirklich brauchbare Unterlagen für ihre Maßnahmen zu bieten. Für die Versuche, die eine sofortige Auswertung gestatten, gilt das übrigens auch: z. B. für die Kali- und Phosphorsäuredüngungsversuche in Gebieten, wo nur mit geringen Ausschlägen zu rechnen ist; ebenso für Kalkuntersuchungen und -versuche. Immer ist neben der Auswertung für die betreffende Wirtschaft und den betreffenden Schlag die statistische Auswertung im Rahmen gleicher Versuche, unter ähnlichen Bedingungen für allgemeine Schlußfolgerungen von Bedeutung. Denn an den wenigsten Stellen wird es möglich sein, jeden kleinen Schlag eines Bezirkes,

[1] Literaturverzeichnis siehe S. 325.

womöglich mehrere Jahre hindurch, hintereinander mit allen Arten von Versuchen auf seine wichtigsten Anforderungen zu prüfen. Immer wieder wird man gezwungen sein, aus solchen mehrjährigen Versuchskomplexen heraus auch allgemeine Schlüsse für die Schläge des Bezirkes abzuleiten, die noch nicht mit Versuchen geprüft werden konnten.

Bei der Disposition zu Beginn einer lokalen Versuchstätigkeit kommt es nun vor allem darauf an, die für die Praxis geldlich wichtigsten Fragen zunächst anzugehen, damit der Landwirt auch möglichst bald einen sichtbaren Nutzen von den ja meist recht skeptisch und mißtrauisch betrachteten Versuchen habe. Es sind dies in allerester Linie die Fragen der künstlichen Düngung. Sie betreffen einen der bedeutendsten Barausgabeposten der Betriebe, und zwar noch dazu einen Posten, der willkürlich am leichtesten beeinflußt werden kann.

In zweiter Linie kommen die Fragen der Sortenwahl. Und erst in dritter Linie die anderen Fragen der Standweite, Saatzeit, Bearbeitung usw., die meist mit keinem Barausgabekonto in Beziehung stehen.

Die wichtigsten Fragen werden nun sofort möglichst umfassend anzugehen sein. Dazu wird es angebracht sein, sich zunächst ein Bild von den Hauptbodenarten des Gebietes mit Hilfe von geologischen Karten, Katasterkarten, alten Kennern des Gebietes (Lehrern) und durch eigene Besichtigung zu verschaffen. Die Bodenarten teilt man am besten in große Gruppen ein, die man dann für die Verteilung der Versuche benützen kann. In einem niederschlesischen Ring z. B. sind dies:

1. die guten Lehmböden mit Steinschicht und Mergelunterlage der letzten Grundmoräne in primärer Lagerung;

2. die umgelagerten Glazialböden,
a) leichte lehmige Sande,
b) Kiese und sehr leichter Sand,
c) Letteböden;

3. die alluvialen Böden des Odertales, überwiegend Auenlehm auf Sandunterlage.

Darauf verschafft man sich durch Einsichtnahme einer Reihe von Bestellungsplänen von Gütern auf diesen verschiedenen Böden einen Überblick über den Flächenanteil der einzelnen Nutzungsarten, der einzelnen Früchte und womöglich auch der verschiedenen Sorten derselben. Es ist dies deshalb wichtig, damit man auch bei Versuchen, die zunächst nur Fragen an den Boden stellen, doch vor allem die für das Gebiet wichtigsten

Früchte berücksichtigen kann — wichtig weiter auch für spätere statistische Aufarbeitung.

Und schließlich sieht man die gleichen Bestellungspläne nach den üblichsten Fruchtfolgen durch, um eine Einteilung der einzelnen Früchte auch danach treffen zu können, nach welchen verschiedenen Vorfrüchten sie gebaut werden. So kommt man zu einer Gesamtübersicht der gegenwärtigen pflanzenbaulichen Möglichkeiten eines Bezirkes, nach welcher die Versuche dann einzuteilen sind. So ergab sich z. B. für jenen niederschlesischen Bezirk mit den oben genannten Böden folgende Übersicht:

1. Winterungen:

Roggen: Auf Boden 1, 2c, 3 ..	1. abtragend nach Sommerweizen, Gerste, Hafer, Weizen.
Auf Boden 2a	2. nach Kartoffel,
	3. nach Hafer.
Auf Boden 2b	4. nach Roggen.
(Unwichtig daneben: nach Klee, Gemenge, Lupine.)	
Weizen: Auf Boden 1 und 3...	1. nach Leguminosen,
	2. „ Flachs,
	3. „ Sommergetreide,
	4. „ Rübe,
	5. „ Klee.
Auf Boden 2a	6. „ Kartoffel,
	7. „ Klee.
Auf Boden 2c	8. „ Klee,
	9. „ Gemenge.
Wintergerste: Auf Boden 1, 2c, 3	1. abtragend vor Hackfrucht in Stallmist,
	2. nach Flachs, Leguminosen, als Kleeüberfrucht.
Auf Boden 2a ...	3. nach Kartoffeln.
Unwichtiger: Raps, Vicia, Inkarnatklee, Timothee zu Samen.	

2. Sommergetreide:

Hafer: Auf Boden 1, 2a und c, 3	1. nach Rübe,
	2. abtragend nach Weizen und ähnlichem Getreide.
Auf Boden 2a	3. nach Kartoffeln.
Unwichtiger auf 2b nach Klee.	
Gerste: Auf Boden 1, 3	1. nach Rübe,
	2. nach Kartoffeln.

Sommerweizen: Auf Boden 1, 3 — 1. nach Rübe.

Unwichtiger: Gemenge, Erbsen, Bohnen, Peluschken, Mohn, Wicken, Lein, Leindotter.

3. Hackfrucht:

Zuckerrübe: Auf Boden 1, 2a, 3 — 1. nach Klee,
2. „ Getreide in Stallmist,
3. „ Getreide in Stallmist und Gründüngung.

Kartoffeln: Auf Boden 2a und b — 1. ohne Gründüngung,
2. mit Gründüngung.

Unwichtiger: Futterrübe vor allem auf 2c, Mais, Gurke, Samenrübe, Zichorie, Möhre, Kohlrübe, Kraut.

4. Futterbau:

Luzerne: Auf verschiedenen Böden, vor allem 1, 2c, 3.

Wiesen und Weiden: .... 1. Flußwiesen,
2. Feldwiesen und Weiden auf Boden 2a und 2c.

Unwichtig: Grüngetreide, sonstige Kleearten, Grünlegumi-nosen.

Von den Düngungsversuchen sind die wichtigsten die Stickstoffdüngungsversuche und von diesen wieder die, welche die rentabelste Höhe der Gabe betreffen. Diese Versuche sind von vorneherein auf breitester Basis, also zu allen Früchten, für welche eine Stickstoffdüngung überhaupt in Betracht kommt, nach der obigen Einteilung als einjährige Versuche, mit mehrjähriger statistischer Durchführung anzusetzen.

In zweiter Linie kommen dann Versuche über die zweckmäßigste Form der Stickstoffgaben in Betracht. Auch diese Versuche sind als einjährige Versuche mit mehrjähriger statistischer Durchführung anzusetzen. Doch lassen sich hierbei bereits eine ganze Reihe von Gruppen zusammenfassen, z. B. Weizen nach Bodenarten und ähnlichem. Hierbei ist es zweckmäßig, neben den einjährigen Versuchen je einen Dauerversuch auf den wichtigsten Bodenarten anzusetzen, der möglichst lange mit hohen Gaben durchgeführt wird, um die Einwirkungen dauernd wiederholter Anwendungen der wichtigsten Stickstoffdünger auf den Boden kontrollieren und verfolgen zu können.

Versuche über die zweckmäßigste Zeit der Gabe spielen eine nebensächliche Rolle und kommen erst bei fortgeschrittener Versuchstätigkeit in Betracht. Hierbei genügen wenige einjährige Versuche zu den betreffenden Früchten, für die diese Frage überhaupt aufzuwerfen lohnt (Winterungen, Rübe) auf den wichtigsten Bodenarten, natürlich ebenfalls mit mehrjähriger Durchführung und statistischer Aufarbeitung.

An zweiter Stelle stehen die Phosphorsäure- und Kalidüngungsversuche. Diese sind grundsätzlich verschieden zu betrachten, je nachdem es sich um ein Gebiet oder um Böden handelt, die bestimmt und mit ähnlicher Sicherheit wie auf Stickstoff auch auf die Zufuhr eines dieser oder beider Nährstoffe reagieren, oder ob ein Gebiet in Frage kommt, in dem nur hie und da vereinzelt Reaktionen auftreten, in den meisten Fällen aber keine Wirkung dieser Nährstoffe festzustellen ist. Im ersten Falle sind die Versuche ähnlich durchzuführen wie die Stickstoffversuche, mit der Hauptfragestellung nach der rentabelsten Höhe im langjährigen Durchschnitte auf möglichst breiter Basis, d. h. zu allen Früchten in verschiedener Fruchtfolgestellung. (Die Frage nach der Form der Kali- oder Phosphorsäuredüngung spielt daneben eine geringere Rolle und läßt sich meist ohne Versuche entscheiden). Im zweiten Falle, dem häufigeren in der nordostdeutschen Tiefebene, ist grundsätzlich anders vorzugehen.

Hier kommt es zunächst darauf an, zu erkennen, welche Wirtschaften und welche Schläge überhaupt Wirkungen zeigen, und wo und wie lange die Düngung eventuell eingeschränkt werden kann.

Zu diesem Zwecke ist zunächst auf jedem Gut, jedem Dorf oder jeder Feldmark desselben je ein einfacher Dauerversuch anzusetzen (bei mehreren Rotationen auch mehrere), der nur Parzellen ohne den betreffenden Nährstoff und Parzellen mit einer (jährlich wiederholten) mittleren Gabe des betreffenden Nährstoffes enthält. Dieser Versuch ist auf einem typischen Boden des Gutes zu Beginn einer Rotation, also zur Frucht, die die stärkste Stallmistdüngung erhält, anzusetzen und zunächst eine Rotation lang durchzuführen. Zeigt sich am Ende derselben noch keine Reaktion, so ist er als verschärfter Raubbauversuch weiterzuführen und die ordnungsmäßige Stalldüngung der Versuchsfläche zunächst zu unterlassen.

Zweitens sind gleichzeitig damit Jahr für Jahr eines oder einige der Güter (Dörfer) schlagweise (hofweise) auf den Kali-Phosphorsäurezustand ihrer Äcker durch einfachste einjährige Versuche (nur Parzellen mit üblicher Gabe und ohne dieselbe!) zu untersuchen, wobei diese Güter natürlich mit anderen Versuchen zu verschonen sind. Man findet auf diese Weise allmählich die Schläge, Böden und Güter heraus, die auf jeden Fall düngen müssen, aber auch die, die sparen können und als Anhalt für die zulässige Dauer der Einschränkung den Dauerversuch benützen können. Gefäßversuche nach Mitscherlich, Zitronensäure-, Azotobakter- und Neubauer-Untersuchungen können diese Arbeit in wertvollster Weise unterstützen. Daneben können die Ergebnisse dieser Versuche nach mehrjähriger Durchführung nebenbei noch nach der Einteilung S. 227 aufgearbeitet werden und einen Anhaltspunkt für die noch nicht schlagweise untersuchten Güter (Dörfer) geben. Schließlich ist es auch praktisch, zwecks Vermeidung grober Mißgriffe auf allen Schlägen (Gütern, Dörfern, Feldern), auf denen eine Düngung vorläufig eingestellt oder zeitweise eingeschränkt wird, immer wieder einen schmalen Streifen, einen Gang, quer zur Richtung der Stickstoffdüngung ohne umständliche Messungen und Wägungen abdüngen zu lassen und am Feldrand zu bezeichnen. Die gelegentliche Beobachtung dieser Streifen ergänzt die übrigen Kontrollen in einfacher, aber zweckmäßiger Weise und vermag immerhin darauf aufmerksam zu machen, wenn der Schlag unvermutet früher als erwartet Wirkungen zeigen sollte.

An dritter Stelle stehen die Kalkdüngungsversuche. Handelt es sich um ein Gebiet, das als kalkreich bekannt ist, spielen sie natürlich überhaupt keine Rolle. Die Gebiete, auf denen wenigstens ein Teil der Böden regelmäßiger Kalkdüngungen bedarf, überwiegen jedoch weitaus. In letzteren ist es zweckmäßig, sich zunächst im ersten Jahre durch Reaktionsuntersuchungen einen möglichst umfassenden Überblick über die Reaktionsverhältnisse des Gebietes zu verschaffen. Man wird hierbei eine Gruppe von Böden herausfinden, deren Reaktion im Verhältnis zu den Früchten, die darauf gebaut werden, schon zu sauer erscheint.

Diese sind in typische Gruppen zu gliedern und für jede ein Dauerversuch anzusetzen, der einmal mit stark steigenden Gaben angesetzt und zunächst ohne Wiederholung der Düngung weitergeführt wird, bis die Düngung nach 3 bis 5 Jahren wiederholt wird. Daneben ist es in manchen Fällen noch notwendig, auf neutralen, aber sehr schweren Lehmböden, für die eine Kalkdüngung als Bodenverbesserung in Betracht kommt, ebenfalls einen Dauerversuch mit verschieden hohen oder in verschieden langen Zeiträumen wiederholten Kalkgaben anzusetzen.

Die zweite wichtigste Gruppe sind die Sortenversuche. Die Disposition derselben ist ähnlich der der Stickstoffdüngungsversuche: mehrjährig durchgeführte Sortenversuche zu den wichtigsten Früchten, nach den verschiedenen Möglichkeiten derselben (siehe S. 152) und zu verschiedener Saatzeit, wo eine solche in Betracht kommt.

Diese Versuche sind bei Getreide als kleine, handgelegte Mikroversuche drei bis vier Jahre durchzuführen, die sicher ungeeigneten Sorten immer wieder auszumerzen und schließlich durch einige große Versuche, mit wenigen Sorten, abzuschließen. Die Siegersorte(n) ist dann als Standardsorte in neuen Mikroversuchen etwa neu auftauchenden Sorten gegenüber zu stellen und wiederum erneute Großversuche einzuschalten, wenn einige derselben überlegen scheinen.

Erst neben den Sortenversuchen, und erst nachdem Ergebnisse derselben vorliegen, kommen Saatstärken-, Reihenweiten- und Standweitenversuche in Betracht, die dann, zum Teil im Anschluß an die Sortenversuche, mit den besten und für die allgemeine Verbreitung in Betracht kommenden Sorten durchgeführt werden müssen. Dann erst, mit dem vorläufigen Abschluß der wichtigsten Düngungs- und Sortenversuche, gewinnt man Raum für die Fragen zweiter Ordnung: neu auftauchende Düngermittelformen, Verwendungsmethode, Abbau- und Absaatstufenfragen, Vorfruchtversuche, Versuche mit Mischungen, mit verschiedenen Früchten gleichzeitig, Beiz- und Stimulationsversuche, Stallmist- und Gründüngungsversuche, Versuche zum breiten, aber noch wenig erforschten Kapitel der Bodenbearbeitung und Saatpflege u. a. m. Doch wird hier die Entwicklung je nach dem Gebiete, den Passionen der Versuchsleiter und den Bedürfnissen der Versuchsansteller unendlich verschieden sein, so daß allgemeine Richtlinien völlig belanglos wären.

b) Disposition der Versuchsarbeiten im Rahmen des Jahres

Zunächst die Frage, wie viel Versuche von einem Versuchsleiter jährlich bewältigt werden können.

Diese Anzahl wird verschieden sein, je nach der verschiedenen Ausdehnung des Gebietes, der Beschaffenheit der zur Verfügung stehenden Verkehrsmittel, der Unterstützung seitens der Betriebe, der Art der zur Verfügung stehenden Geräte, der klimatischen Lage und weiter je nachdem, ob der Versuchsleiter diese Tätigkeit nur nebenher ausübt oder durchaus vollamtlich beschäftigt ist. Da die wichtigsten Arbeiten ausgesprochene Saisonarbeiten sind und in der Hauptsache in den Sommer fallen, wird ein Versuchsleiter, der im Sommer allein arbeitet, im Winter zeitweise andere Beschäftigung suchen müssen. Andererseits vermag ein Versuchsleiter, dem wenigstens zur Zeit der Getreide- und Hackfruchternte und der Winterungsbestellung eine Hilfskraft zur Verfügung steht, die doppelte Anzahl von Versuchen zu bewältigen. Untenstehend sei eine kleine Übersicht über die möglichen Leistungen unter den klimatischen Bedingungen der nordostdeutschen Ebene gegeben, unter der Voraussetzung eines motorischen Verkehrsmittels und maximaler Ausdehnung des Gebietes von 20 bis 30 km in jeder Richtung:

		1 Versuchsleiter mit Sommerhilfe und Parzellendrescher	ohne Parzellendrescher	ohne Sommerhilfe, mit Parzellendrescher	ohne Sommerhilfe und ohne Parzellendrescher
Getreide	Parzellenzahl	2000—3000	1000—1500	1000—1500	500—1000
	Versuchszahl	80—120	30—50	40—60	20—30
	Fläche ha	5,0—7,5	2,5—3,5	2,5—3,5	1,5—2,5
Hackfrucht	Parzellenzahl	1000—1500	1000—1500	600—800	600—800
	Versuchszahl	30—50	30—50	20—30	20—30
	Fläche ha	3,0—4,5	3,0—4,5	1,5—2,5	1,5—2,5
Grünland	Parzellenzahl	500—800	500—800	200—500	200—500
	Versuchszahl	20—30	20—30	10—20	10—20
	Fläche ha	1,5—2,5	1,5—2,5	1,0—1,5	1,0—1,5
Gesamt	Parzellenzahl	3500—5300	2500—3800	1800—2800	1300—2300
	Versuchszahl	130—200	80—130	70—110	50—80
	Fläche ha	9,5—14,5	7,0—10,5	5,0—7,5	4,0—6,5

Diese Versuchsarbeit ist nur bei geschickter Verteilung der Arbeit über das Jahr zu bewältigen, wobei nicht gesagt sein soll, daß unter günstigen Bedingungen nicht noch mehr geleistet werden kann.

Für die Verteilung über den Jahreslauf sei zunächst eine mittlere Vegetationsperiode von acht Monaten = 30 Dekaden angenommen, vom Beginn der Kopfdüngung der Wintersaaten an bis zur Beendigung der Zuckerrübenernte (1. März bis 1. November). Im äußersten Osten und in größerer Höhenlage wird dieser Zeitraum kürzer sein, im Nordwesten erheblich länger.

Bei der Verteilung der Arbeiten ist auch darauf Rücksicht zu nehmen, daß im Durchschnitt der Sommermonate mit 11 bis 18 Niederschlagstagen je Monat gerechnet werden muß. Wenn auch eine Anzahl davon Tage mit geringen, bei vielen Außenarbeiten nicht störenden Niederschlägen darstellt, so muß doch die Disposition darauf zugeschnitten werden; es sind für jede Dekade Außenarbeiten für ausgesprochenes Trockenwetter, Außenarbeiten für feuchtere Witterung und Innenarbeiten für Regentage vorzusehen.

In folgender Übersicht sei mit dem Beginne der Kopfdüngung zu Wintersaaten angefangen und die Disposition dekadenweise fortgeführt. Nur zur Verdeutlichung sei dieser Beginn auf den 1. März festgesetzt — es könnte ebensogut der 20. Februar oder 1. April gewählt werden.

	Außenarbeiten		Innenarbeiten
	bei trockener Witterung	bei feuchter Witterung	
1. Dekade 1. bis 10. 3.	Streuen der N-Düngungsversuche zu Winterungen u. Durchhacken der Parzellengrenzen	Auszählen der überwinterten Winterungssorten u. Saatstärkeversuche	Einkeimen und Triebkraftprüfungen der Sommerungssorten
2. Dekade 10. bis 20. 3.	Überwachen der N-Düngung zu Winterungssortenversuchen	Vorbesprechung und Abstecken der Hackfruchtversuche	Bestimmen der 1000-Korn-Gew.
3. Dekade 20. bis 30. 3.	Saat der 1. Sommerungssortenversuche: Sommerweizen, Hafer, Erbsen, Bohnen	Wie 2. Dekade	Ausrechnen der Saatmenge und Vorbereiten der Formulare und Versuchspläne

	Außenarbeiten		Innenarbeiten
	bei trockener Witterung	bei feuchter Witterung	
4. Dekade 1. bis 10. 4.	Saat d. Sommerungssorten: Hafer, Gerste, Lein. Abdüngen der Wiesendüngungsversuche und der gesäten Sommerungs-N-Versuche	Auszählen der aufgelaufenen Sommerungssorten und Saatstärken	Einkeimen und Saatmengeberechnung
5. Dekade 10. bis 20. 4.	Wie 4. Dekade. Dazu Anlage der ersten P-K-Versuche zu aufgelaufenen Sommerungen	Wie 4. Dekade. Dazu Durchhacken der Parzellengrenzen der Winterungssorten	Einkeimen und Saatmengeberechnung. Vervollständigen der Versuchspläne, insb. der gefallenen Saatmengen
6. Dekade 20. bis 30. 4.	Wie 5. Dekade. Vor allem Fortsetzung der P-K-Versuche. Legen d. ersten Kartoffelsortenversuche	Wie 5. Dekade.	Berechnung der Überwinterungs- und Aufgangsprozente
7. Dekade 1. bis 10. 5.	Legen der Kartoffelsortenversuche. Abdüngung der letzten Kart.- u. Rüben-N-Vers. sowie der Rüben- und Getreide-P-K-Versuche	Auszählen der aufgegangenen Sommerungssaatstärken- und Sortenvers. Beobachtung der Winterungsversuche. Ausgraben der Dauerversuche zu Sommergetreide und Rüben und Durchhacken d. Parzellengrenzen	Wie 5. und 6. Dekade

	Außenarbeiten		Innenarbeiten
	bei trockener Witterung	bei feuchter Witterung	
8. Dekade 4. bis 20. 5.	Legen d. Kart.-Sorten. Erster Schnitt der Luzerne-, Klee-Vers., eventuell d. Grasgärten	Durchhacken u. Ausgraben der Rübendauerversuche. Beobachtung des Ährenschiebens d. Roggens u. d. Wintergerste	Trockensubstanzbestimmung der Luzerne-, Klee-, Grasernten. Berechnung der Ergebnisse
9. Dekade 20. bis 30. 5.	Abdüngen der Kartoffel-P-K-Versuche und Nachpflanzen. Erster Schnitt d. Luzerne-, Klee-, Grasgärten	Durchhacken u. Ausgraben der Kartoffeldauerversuche. Beobachtung der Roggenblüte	Wie 8. Dekade
10. Dekade 1. bis 10. 6.	Abdüngen und Nachpflanzen d. letzten Kartoffel-P-K-Versuche. Abdüngen der Grasgärten zum zweiten Schnitt	Beobachtung d. Jugendwachstums der aufgelaufenen Sommerungsversuche sowie des Ährenschiebens des Winterweizens. Probenahme von Böden d. angelegten Sommerungsversuchsfelder	Untersuchungen der Proben d. Versuchsfeldböden. Aufarbeitung der Klee-, Luzerne- u. Grasgärten
11. Dekade 10. bis 20. 6.	Probenahme z. botanischen Analyse der Wiesenversuche	Vorbereitung d. Wintergerstenversuche f. d. Ernte. Halmzählung der Wintergersten- und Roggenversuche	Wie 10. Dekade. Dazu Aufarbeitung d. Proben der botanischen Analysen. Bestellung von Tüten und Etiketten zur Getreideernte

	Außenarbeiten		Innenarbeiten
	bei trockener Witterung	bei feuchter Witterung	
12. Dekade 20. bis 30. 6.	Ernte der Wiesenversuche. Ernte der Wintergersteversuche	Halmzählung d. Sommergerste u. d. Roggens. Beobachtung. Vorbereitung d. Roggens u. der W.-Gerstenversuche f. d. Ernte	Trockensubstanzbestimmung d. Wiesenversuche u. ihre Aufarbeitung. Vorbereiten der Ernteformulare für die Getreideernte
13. Dekade 1. bis 10. 7.	Wintergerstenernte. Ernte d. Luzerne und Grasgärten. Abdüngen der Wiesen u. Grasgärten zum 2. Schnitt	Halmzählung d. Weizen- und Haferversuche und ihre Vorbereitung für die Ernte	Aufarbeitung d. Wiesenversuche Trockensubstanzbestimmung der Luzerne u. Grasgärten. 2. Schnitt
14. Dekade 10. bis 20. 7.	Drusch der Wintergersten	Frühkartoffelernte	Aufarbeitung d. Luzerne und Grasgärten (2. Schnitt) sowie der Wintergerste und Frühkartoffelversuche
15. Dekade 20. bis 30. 7.	Beginn der allgemeinen Getreideernte, Schnitt, ev. Anlage von Gründüngungs-P-K-Versuchen	Aufstellen umgefallener Puppen. Beobachtung: Kartoffel, Rüben usw.	Aufarbeitung fertig geernteter Versuche
16. Dekade 1. bis 10. 8.	Schnitt und Drusch	Aufstellen, Beobachten: Kartoffel usw.	Aufarbeiten der abgeschlossenen Versuche

	Außenarbeiten		Innenarbeiten
	bei trockener Witterung	bei feuchter Witterung	
17. Dekade 10. bis 20. 8.	Wie 16. Dekade	Wie 16. Dekade. Eventuell botanische Anal. des 2. Wiesenschnittes	Wie 16. Dekade. Eventuell Aufarbeitung der botanischen Analyse
18. Dekade 20. bis 30. 8.	Drusch der letzten Getreideversuche. 2. Schnitt der Wiesenversuche	Auszählen der Hackfruchtversuche	Aufarbeiten der abgeschlossenen Versuche. Besprechung der neuen Winterungsversuche. Bestellung der Winterungssorten zu den neuen Versuchen. Trockensubstanzbestimmung des 2. Schnittes der Wiesen
19. Dekade 1. bis 10. 9.	3. Schnitt der Luzerne und Grasgärten. Abdüngung der Winterungsdauerversuche	Auszählen der Hackfruchtversuche	Trockensubst.-Bestimmung des 3. Schnittes Luzerne und Grasgärten. Einkeimen und Berechnen der Winterungsversuche. Zusammenstellen der Berichte über die Winterungsversuche
20. Dekade 10. bis 20. 9.	Saat der Wintergerstenversuche. Beginn der Ernte d. Spätkartoffelversuche	Auszählen der Hackfruchtversuche. Stärkebestimmung d. Kartoffelsorten	Einkeimen u. Berechnen der Winterungssorten

	Außenarbeiten		Innenarbeiten
	bei trockener Witterung	bei feuchter Witterung	
21. Dekade 20. bis 30. 9.	Saat der Roggensortenversuche	Auszählen der Hackfruchtversuche. Stärkebestimmung d. Kartoffelsorten	Einkeimen der Winterungen. Aufarbeiten d. Kartoffelversuche
22. Dekade 1. bis 10. 10.	Saat der Roggen- u. Weizensorten (ev. N-Versuche). Abdüngen der Wintergersten-P-K-Versuche; Kartoffel- und Rübenernte	Auszählen der aufgegangenen Wintergerste, ev. Ausgraben der Dauerversuche	Aufarbeitung der Kartoffel- u. Rübenvers. u. d. gefallenen Saatmengen. Stärke- und Zuckerbestimmungen
23. Dekade 10. bis 20. 10.	Weizensaat und Weizendüng. Abdüngung der Roggen-P-K-Vers.; Ernte: Kartoffel u. Rüben	Auszählen der aufgegangenen Roggenversuche; Ausgraben d. Roggen-Dauerversuche	Aufarbeitung d. Kart.- u. Rübenvers. u. d. gefallenen Saatmengen. Stärke- und Zuckerbestimmungen
24. Dekade 20. 10. bis 1. 11.	Ernte der letzten Rübenversuche. Ernte d. Gründüngungs-P-K-Versuche. Abdüngung der Weizen-P-K-Versuche	Ausgraben der Weizendauerversuche. Auszählen des aufgegangenen Weizens	Aufarbeitung der Rübenversuche. Zuckerbestimmung
25. bis 27. Dekade November	Auszählen der Winterungsversuche. Probenahme von den Böden d. Winterungsversuche, event. ganzer Güter		Untersuchungen der Böden der Winterungsversuche u. anderer. Durchwiegen der Trockenproben d. Getreideversuche. Korrigieren und Vervollständigen d. Einzelberichte

	Außenarbeiten	Innenarbeiten
	bei trockener und feuchter Witterung	
28. bis 30. Dekade Dezember	Beobachtung der Winterungsversuche	Auswertung und Berichterstattung über die Versuche
31. bis 33. Dekade Januar	Beobachtung d. Winterungsversuche. Abstecken der Sommerdüngungsversuche	Besprechung d. Frühjahrsbestellung und Düngung d. Güter sowie der Sommerungsversuche. Urlaub
33. bis 36. Dekade Februar	Bei offenem Wetter Abdungung der Sommerungsdauerversuche	Anlage der Pläne zu Sommerungsversuchen. Bestellung der Sorten und Einkeimen derselben

Literatur zu „Disposition der Versuchsarbeiten"

Board of Agriculture for Scotland Agricultural education and research in Scotland. Edinburg. 1925. — Departement van Binnenlandsche Zaken en Landbouw. Verslagen and Mededelingen van de Directie van den Landbouw. 1924—26, 'sGravenhage.— Eichinger: Organisation der Versuchsringe in der Lausitz. Zeitschr. f. Pflanzenernährung und Düngung, H. 5, S. 193. 1927. — Forsberg u. Aronsson: Jordbruksförsöken i Malmöhuslän 1924. Malmö. 1925. — Hahne: Fragen der Organisation und Technik des Versuchsringwesens. Mitt. d. D. L. G., St. 1, S. 9. 1928. — Lamberg: Fünf Jahre Versuchsringarbeit in Ostpreußen. Landw. Versuchsring-Ztg., Nr. 6, 7 u. 8. 1928. — Larsen: Statens forsögsvirksomhed i plantekultur Köbenhavn. 1924. — Kapff, Das Feldversuchswesen und seine zweckmäßigste Anwendung im landw. Großbetrieb. Berlin. 1928. — Maiwald: Der Landkreisberater in Nordamerika und seine Tätigkeit. Mitt. d. D. L.-G., St. 32, S. 780. 1927. — Ministry of agriculture and fisheries. Technical advice for farmers. Leaflet 279. London. — Nebel: Arbeitsplan und Versuchstechnik der Rotenburger bäuerlichen Versuchsringe. Pflanzenbau, Jahrg. 3, S. 287. 1926/27. — Rasmussen: Beretning om Landboforeningers virksomhed for planteavlen paa Sjaelland 1924. Köbenhavn. 1925. — U. S. A. Experiment Station record 1926. Washington D. C. 1927. — Wodarz: Wesen, Aufgabe und Organisation der Versuchsringe. Pflanzenbau, Jahrg. 1, Nr. 1, S. 2. 1924/25.

Sachverzeichnis

Manzsche Buchdruckerei, Wien IX

GPSR Compliance

The European Union's (EU) General Product Safety Regulation (GPSR) is a set of rules that requires consumer products to be safe and our obligations to ensure this.

If you have any concerns about our products, you can contact us on ProductSafety@springernature.com

In case Publisher is established outside the EU, the EU authorized representative is:

Springer Nature Customer Service Center GmbH
Europaplatz 3
69115 Heidelberg, Germany

Batch number: 10815962

Printed by Printforce, the Netherlands